Selbstorganisierte Unternehmen

W0195685

Siegfried Kaltenecker ist geschäftsführender Gesellschafter der Wiener Unternehmensberatungsfirma Loop, die auf systemische Organisations- und Managemententwicklung spezialisiert ist.

Er ist zertifizierter systemischer Organisationsberater, Scrum Master und Scrum Product Owner sowie Kanban Coaching Professional. Zudem ist er Verfasser zahlreicher Fachartikel zu agilen Themen, Autor von *Selbstorganisierte Teams führen* und Koautor des Buches *Kanban in der IT. Eine Kultur kontinuierlicher Verbesserung schaffen*.

Als Experte für Agilität und Selbstorganisation war Siegfried Kaltenecker bereits für viele Unternehmen tätig, von denen in diesem Buch berichtet wird.

Papier plus+ PDF.

Zu diesem Buch – sowie zu vielen weiteren dpunkt.büchern – können Sie auch das entsprechende E-Book im PDF-Format herunterladen. Werden Sie dazu einfach Mitglied bei dpunkt.plus+:

www.dpunkt.plus

Siegfried Kaltenecker

Selbstorganisierte Unternehmen

Management und Coaching in der agilen Welt

dpunkt.verlag

Dr. Siegfried Kaltenecker
Web: www.loop-beratung.at
Mail: siegfried.kaltenecker@loop-beratung.at
Twitter: @sigikaltenecker

Lektorat: Christa Preisendanz
Copy-Editing: Ursula Zimpfer, Herrenberg
Fotos: Siegfried Kaltenecker (Abb. 5–4 mit freundlicher Genehmigung von Matthias Patzak,
Abb. 14–6 mit freundlicher Genehmigung von *sipgate* und Oliver Tjaden)
Satz: Birgit Bäuerlein
Herstellung: Susanne Bröckelmann
Umschlaggestaltung: Helmut Kraus, www.exclam.de
Druck und Bindung: M.P. Media-Print Informationstechnologie GmbH, 33100 Paderborn

Bibliografische Information der Deutschen Nationalbibliothek
Die Deutsche Nationalbibliothek verzeichnet diese Publikation in der Deutschen Nationalbibliografie; detaillierte bibliografische Daten sind im Internet über http://dnb.d-nb.de abrufbar.

ISBN:
Print 978-3-86490-453-0
PDF 978-3-96088-195-7
ePub 978-3-96088-196-4
mobi 978-3-96088-197-1

1. Auflage 2017
Copyright © 2017 dpunkt.verlag GmbH
Wieblinger Weg 17
69123 Heidelberg

Die vorliegende Publikation ist urheberrechtlich geschützt. Alle Rechte vorbehalten. Die Verwendung der Texte und Abbildungen, auch auszugsweise, ist ohne die schriftliche Zustimmung des Verlags urheberrechtswidrig und daher strafbar. Dies gilt insbesondere für die Vervielfältigung, Übersetzung oder die Verwendung in elektronischen Systemen.
Es wird darauf hingewiesen, dass die im Buch verwendeten Soft- und Hardware-Bezeichnungen sowie Markennamen und Produktbezeichnungen der jeweiligen Firmen im Allgemeinen warenzeichen-, marken- oder patentrechtlichem Schutz unterliegen.
Alle Angaben und Programme in diesem Buch wurden mit größter Sorgfalt kontrolliert. Weder Autor noch Verlag können jedoch für Schäden haftbar gemacht werden, die in Zusammenhang mit der Verwendung dieses Buches stehen.

5 4 3 2 1 0

❖ Für Selina & Stella ❖

Vorwort

»Meine Rolle ist die eines Katalysators«, schreibt Ricardo Semler in *Maverick*, »ich versuche ein Umfeld zu schaffen, in dem andere Entscheidungen treffen« [Semler 1993, S. 3]. Semlers Beschreibung mag einem banal vorkommen angesichts der tiefgreifenden Veränderungen, die den brasilianischen Maschinenbauer *Semco* zu einem Vorreiter unternehmerischer Selbstorganisation gemacht haben: vom Abbau von Managementfunktionen über die Stärkung lokaler Entscheidungsautorität und die Transparenz aller relevanten Geschäftsinformationen bis hin zur Gewinnbeteiligung der Arbeiter.

Für mich gehört die in *Maverick* skizzierte Evolution zum Spektakulärsten, was die Geschichte der Selbstorganisation hergibt. Sie erscheint mir als würdiger Auftakt zu meinem neuen Buch, in dem es um viele aufsehenerregende Geschichten geht. Semlers Katalysatoren-Statement pointiert gleich drei Kernelemente selbstorganisierter Unternehmen: erstens die Wichtigkeit des Umfelds, also der Rahmenbedingungen, unter denen gearbeitet wird; zweitens das Treffen von Entscheidungen, durch die wir uns ständig neu organisieren; und drittens, dass diese Entscheidungen von Fachexperten statt von Vorgesetzten getroffen werden.

Ähnlich spektakulär kommt mir die Veränderung vor, die Semlers eigene Rolle im Laufe der weiteren Unternehmensentwicklung erfährt. Nach vielen Jahren als CEO zieht er sich nämlich aus dem operativen Management von *Semco* zurück. »Nun also bin ich bloß ein weiterer Berater. Aber meine Aufgabe hat sich nicht verändert. Ich versuche, bestimmte Dinge passieren zu lassen, wie ein Katalysator« [Semler 1993, S. 253].

Dass Semler seine Management- und seine Beratungsrolle mit der gleichen Metapher verbindet, halte ich zumindest in zweierlei Hinsicht für interessant: Zum einen werden dadurch zwei Klammern gesetzt, die einen wichtigen Abschnitt von *Semcos* Evolution umfassen; zum anderen verbindet Semler ad personam jene zwei Aufgabenfelder, die im Mittelpunkt dieses Buches stehen. Management und Coaching werden hier als essenzielle Dienstleistungen für eine erfolgreiche Unternehmensentwicklung veranschlagt. Schließlich arbeiten beide gleichsam am offenen Herzen dieser Entwicklung: nämlich an einem Arbeitssystem, das ebenso schlank wie beweglich gestaltet werden muss, um fit für sich rasch ändernde Marktanforderungen zu sein. Selbstorganisation, so die zentrale These, stellt heutzutage eine Kernkompetenz für eine solche Fitness dar. Denn wenn wir nicht die Voraussetzungen für eine konzentrierte Arbeit der Fachleute schaffen, diesen Leuten keine angemessenen Gestaltungsfreiräume geben und nicht darauf vertrauen, dass alle ihr Bestes geben, wird es verdammt schwer.

Der Traum vom agilen Unternehmen, der vielerorts verfolgt wird, ist ohne Selbstorganisation nicht zu verwirklichen. Kluge Konzepte und geschliffene Managementrhetorik sind dafür zu wenig. Es braucht ein profundes Verständnis, flexible Interaktionsformen und ausreichend Kondition für den langen Weg der schrittweisen Verbesserung. Glücklicherweise ist Selbstorganisation heute keine Geheimwissenschaft mehr. Wir kennen längst genügend Unternehmen, die darauf setzen und von denen wir praktisch lernen können, um unseren eigenen Weg zu finden. *Semco* ist dafür nur ein Beispiel, zahlreiche andere werden Sie in diesem Buch kennenlernen.

Bleibt die Frage, warum ausgerechnet Management und Coaching eine besondere Funktion für selbstorganisierte Unternehmen zukommen sollte. Was genau müssen Manager tun, um solche Unternehmen zu ermöglichen? Worauf sollten sich Coaches konzentrieren, um ihrer Rolle als Impulsgeber gerecht zu werden? Und welche speziellen Chancen ergeben sich aus der Kombination von Führungs- und Beratungskompetenzen?

In vier Buchteilen liefere ich Ihnen Antworten auf diese Fragen. In Teil I geht es um die Grundlagen eines Managements, das den Herausforderungen der agilen Welt gewachsen ist. Dazu versuche ich zuerst einige Mythen zu erhellen, die Agilität und Selbstorganisation beharrlich verfolgen. Danach greife ich einige Themen aus meinem letzten Buch zu *Selbstorganisierte Teams führen* [Kaltenecker 2015b] auf und zeige unter anderem, wie sich solche Teams weiterentwickeln können.

In Teil II des Buches gehe ich über einzelne Teams und Methoden hinaus, um den unternehmensweiten Einsatz von Selbstorganisation zu beleuchten. Dazu gibt es einen Baukasten mit acht verschiedenen Gestaltungsbereichen, die jeweils in einem Kapitel näher betrachtet werden:

- Zuerst der Kunde
- Transparente Steuerung der Abläufe
- Kurze Feedbackschleifen
- Kundennahe Entscheidungen
- Mutige Verbesserungs- und Innovationsexperimente
- Schlanke Aufbauorganisation
- Verteilte Managementaufgaben
- Laufendes Training und Coaching

Eine breite Palette an Praxisbeispielen aus den verschiedensten Branchen, Kontexten und Ländern soll Ihnen dabei helfen, Ihr eigenes Bauvorhaben zu verfolgen, ohne dabei auf schablonenartige Anleitungen zurückgreifen zu müssen.

Buchteil III erläutert, warum ich Coaching als Schlüsselqualifikation für ein solches Vorhaben ansehe. Zuerst versuche ich, der Begriffsinflation eine solide Definition gegenüberzustellen: Was ist Coaching? Was unterscheidet diese Beratungsform von anderen Formen professioneller Hilfe? Und was hat sie mit Selbstorganisation am Hut? Dazu stelle ich vier Unterstützungsarten vor, die in selbstorganisierten Unternehmen mittlerweile zum Tagesgeschäft gehören: kollegiale Beratung, kollegiales Feedback, Coaching von Managern sowie Manager als Coaches. Ausgewählte Anwendungsbeispiele sollen auch hier helfen, ein möglichst praxisnahes Verständnis zu vermitteln.

In Teil IV fokussiere ich auf die Klammern, die ich eingangs mit Ricardo Semler gesetzt habe. Management und Coaching miteinander verbindend, riskiere ich sogar ein kleines Manifest für selbstorganisierte Führung. Rund um den Begriff der Sparringspartnerschaft versuche ich diese besondere Form der Führung zu umreißen und anhand einiger Erfahrungen aus dem echten Manager- und Beraterleben zu verdeutlichen.

Für wen habe ich diese vier Teile zusammengestellt? Der Untertitel des Buches – Management und Coaching in der agilen Welt – legt nahe, dass ich mich vor allem an zwei Zielgruppen wende: erstens an Linienmanager, die agile Unternehmen gestalten wollen und wissen oder zumindest ahnen, dass sie dafür Selbstorganisation und ein verändertes Verständnis von Führung brauchen; und zweitens an Coaches, die mit ihrem speziellen Fach- und Prozesswissen zu einer solchen Organisation und Veränderung beitragen wollen. Als Coach den Managementteil zu lesen, ist indes so wenig verkehrt, wie sich als Manager in den Coachingteil zu vertiefen. Im Gegenteil: Gerade der verstärkte Einsatz von Managern als interne Berater und Mentoren oder das in Teil IV erläuterte Konzept der Sparringspartnerschaft legen eine derart grenzüberschreitende Lektüre nahe.

Da dieses Buch für Führung auf allen Ebenen plädiert, hat es auch vielen anderen Organisationsmitgliedern etwas zu bieten – seien das nun Fachexperten, Produktmanager, Projektleiter oder Personalspezialisten. Die Verteilung der Managementaufgaben, die selbstorganisierte Unternehmen charakterisiert, die Delegation von Entscheidungsbefugnissen oder die kollegiale Ausrichtung von Beratung und Feedback sind Praktiken, von denen alle etwas haben.

Doch warum sollten Sie jetzt tatsächlich weiterlesen? Was haben Sie davon? Grundsätzlich, so mein zugegebenermaßen vollmundiges Glücksversprechen, erfahren Sie in diesem Buch, wie Sie Ihre Kunden besser versorgen, allen Mitarbeitenden ein zufriedenstellenderes Arbeitsleben ermöglichen und dabei ansehnliche Profite erwirtschaften. Kein schlechter Deal, wie ich meine. Im Speziellen beschreibe ich:

- Wie Sie sich als Manager auf das Design zukunftsfähiger Arbeitssysteme konzentrieren können. Ich zeige, wie Sie solche Systeme so ein- und ausrichten, dass Autonomie sukzessive ausgebaut und dennoch über alle Subsysteme hinweg ausreichend Abstimmung abgesichert wird. Ein explizites Entscheidungsmanagement, kurze Feedbackschleifen und die umsichtige Verteilung traditioneller Managementaufgaben sind dafür handlungsleitend.
- Wie Sie als Coach zur Kultivierung von Selbstorganisation beitragen, indem Sie für besondere Impulse sorgen. Eine umsichtige Balance von Fach- und Prozessberatung ist dafür ähnlich wichtig wie die Fähigkeit, Manager zu unterstützen und herauszufordern. Dass Manager selbst immer mehr Coachingfähigkeiten mobilisieren, ist für mich eine naheliegende Folge der agilen Veränderung.
- Wie Sie Ihre Fachexpertise einsetzen, eine offene Auseinandersetzung miteinander, aber auch mit dem Management pflegen und volle Führungsverantwortung für jene Arbeitsbereiche übernehmen, die nur Sie zielführend gestalten können.

Dieses dreifache Glücksversprechen untermauert meine Hypothese, dass selbstorganisierte Unternehmen imstande sind, die vorhandenen Führungsfähigkeiten kontinuierlich auszubauen. Trotzdem sind dadurch nicht alle Mitarbeiter in der gleichen Position. Im Gegenteil: Der unternehmerische Nutzen von Selbstorganisation liegt gerade darin, dass fachliche, erfahrungsmäßige oder persönliche Unterschiede nicht bloß respektiert, sondern gezielt genutzt werden. Der Austausch und die systemübergreifende Koordination dieser Unterschiede bilden gleichsam den Blutkreislauf der Selbstorganisation.

All das mag Ihnen mehr oder weniger bekannt vorkommen. Falls dem so ist, wünsche ich Ihnen und mir, dass einmal nicht der Teufel, sondern die Erkenntnis im Detail steckt. Und noch mehr wünsche ich, dass Ihnen das eine oder andere Detail in diesem Buch dabei hilft, auf Überraschungen gefasst zu sein und andere überraschen zu können.[1]

Wenig überraschen wird Sie wahrscheinlich, dass ich das Selbstorganisationsrad nicht neu erfunden habe. Mitterweile gibt es nicht nur zahlreiche Unternehmen, sondern auch einige Publikationen, auf die sich das vorliegende Buch beziehen kann. Insbesondere möchte ich Brian M. Carney, Isaac Getz, Gary Hamel, Dominik Hammer, Stefan Kaduk, Fredric Laloux, Dirk Osmetz, Hans A. Wüthrich und die beiden *Corporate Rebels* Joost Minnaar und Pim de Morree erwähnen, deren Forschungsarbeiten mich allesamt sehr inspiriert haben.

Inspiration ist auch das Stichwort für die besonderen Einsichten, die mir die Bücher von Selbstorganisationspraktikern wie Hermann Arnold, Corinna Baldauf,

1. Nach längerem Hin und Her habe ich mich dazu entschieden, nur die männliche Form zu verwenden. Mögen mir Leserinnen wie Leser diese Undifferenziertheit nachsehen und dafür einen besser lesbaren Text vorfinden!

Timo Capriuoli, Alexander Gysinn, Klaus Hoppmann, Bodo Janssen, Detlef und Ulrich Lohmann, Tim Mois, Lee Ozley, Ricardo Semler, Rich Teerlink oder Götz Werner offenbart haben.

Mein besonderer Dank gilt all den Gesprächspartnern aus den verschiedensten Unternehmen, die mich großzügig mit Input und Feedback versorgten: Sandra Altnow, Gerhard Andrey, Michael Beyer, Peter Bollenbeck, Katrin Dietze, Hans Gruber, Jutta Handlanger, Erich Harsch, Thijs Havenaar, Achim Hensen, Cliff Hazell, Holger Karcher, Marijke Kasius, Werner Kohl, Stef Lagomatis, Benno Löffler, Ulrich Lohmann, Sönke Martens, Markus Monka, Thu Pakasathanan, Matthias Patzak, Clemens Riedl, Arne Roock, Hartger Ruijs, Michael Rumpler, Peter Stämpfli, Frank Schlesinger, Alexander Schley, Markus Stelzmann, Eva Stöger, Nicole Tietz, Stefan Truthän, Carina Visser.

Danke sagen will ich natürlich auch jenen Unerschrockenen, die sich durch mehrere Versionen dieses Buches gearbeitet und dieses maßgeblich beeinflusst haben: meinem Beratungskollegen und Schmähbruder Klaus Leopold, meiner Lektorin Christa Preisendanz, meinem Busenfreund und intellektuellen Weggefährten Georg Tillner und last but not least meiner Geschäfts- und Lebenspartnerin Sabine Eybl.

Gewidmet ist dieses Buch unseren beiden Töchtern – nicht zuletzt in der Hoffnung, dass sie einer attraktiveren Organisationswelt entgegenblicken dürfen.

Siegfried Kaltenecker
Wien, im März 2017

Inhaltsverzeichnis

Teil I Management

»Warum schreibst du schon wieder über Management?«, fragte mich meine ältere Tochter, als sie von meinem neuen Buchprojekt erfuhr. »Ich dachte, das hättest du mit deinem letzten Buch erledigt!«

Selbstverständlich kam ich nicht mehr zu einer angemessenen Antwort. Für einen alten Mann ist eine 16-Jährige einfach viel zu agil. Bevor ich noch zu einer Erklärung ansetzen konnte, war sie schon mit ihrem Mobiltelefon zur Tür hinaus. Wenigstens hatte ich mir damit einen plumpen Rechtfertigungsversuch und jenes Augenverdrehen erspart, mit dem meine Töchter darauf zu reagieren pflegen. Stattdessen konnte ich noch einmal nachdenken: War das Thema tatsächlich erledigt? Wussten wir längst alles, was nötig war, um agile Unternehmen gestalten zu können? Litt ich also bloß unter einer Art schriftstellerischem Wiederholungszwang? Getreu dem Motto: Eigentlich ist alles gesagt – nur noch nicht von allen?

Es wäre schön, wenn ich diese Fragen mit einem kategorischen Nein beantworten könnte. Ich muss zugeben, dass ein gewisser Zweifel bleibt – obwohl ich meiner Tochter mittlerweile gute Gründe für ein gepflegtes Revival vorlegen kann: etwa das notwendige Prüfen und Anpassen, immerhin ist seit dem Erscheinen von *Kanban in der IT* [Leopold & Kaltenecker 2013] und *Selbstorganisierte Teams führen* [Kaltenecker 2015b] schon einiges Wasser die Donau hinuntergeflossen; die Anregungen, die ich durch das Feedback von Lesern gewonnen habe; oder die neuen Erkenntnisse, die ich in diversen Kundenprojekten sammeln durfte. Alles in allem habe ich das Gefühl, wieder ein wenig schlauer geworden zu sein.

Selbstanzeige

Auf die Gefahr hin, dass das nicht wirklich schlau ist, verwende ich die Begriffe Selbstorganisation, Selbstmanagement und Selbststeuerung weitgehend synonym. Außerdem müsste ich ja streng genommen von sich selbst organisierenden Unternehmen schreiben. Ich weiß, dass ich mir damit eine gewisse Unschärfe einhandle – und bei denjenigen Lesern, die es gerne genau haben, zumindest ein Kopfschütteln auslöse. Zu meiner Verteidigung kann ich mich zumindest auf den agilen Wert der Einfachheit berufen – und auf die Aussicht auf bessere Lesbarkeit.

Wann immer ich von Selbstorganisation schreibe, meine ich damit die freie Gestaltung von Arbeit innerhalb eines definierten Rahmens. Das heißt, dass die Experten selbst bestimmen, welche Aufgaben sie erledigen müssen, um ein bestimmtes Ziel zu erreichen. Teams legen gemeinsam fest, worauf sie sich verpflichten und wofür sie Verantwortung übernehmen. Und Vertreter verschiedener Geschäftseinheiten bestimmen selbst, wie sie sich mit anderen koordinieren, um möglichst geschmeidige Abläufe zu gewährleisten.

Wenn ich schon dabei bin, will ich gleich einen zweiten Disclaimer anbringen: Ich unterscheide nicht kategorisch zwischen Leadership und Management. Die gängigen Zuschreibungen nach der Formel: Managern geht es um die effiziente Erledigung von Sachaufgaben, Führungskräften um das Gewinnen von Menschen, sind mir zwar geläufig. Ich halte mich in dieser Hinsicht aber lieber an Henry Mintzberg, der überzeugend argumentiert, dass diese Differenz theoretisch zwar ganz interessant, für die Praxis von Managern jedoch weitgehend irrelevant sei [Mintzberg 2010].

So spreche ich in diesem Buch einerseits von Linienmanagern und meine damit eine hierarchisch verankerte Führungskraft. Und unterscheide das andererseits von den Managementaufgaben, die in selbstorganisierten Unternehmen bewusst verteilt werden, sowie von den Führungskräften, die auf allen Ebenen mobilisiert werden.

Daraus folgende Verwirrungen sind bis auf Widerruf gestattet.

Folglich kann dieses Buch als Versuch gelesen werden, die große Idee der kontinuierlichen Verbesserung sozusagen buchstäblich umzusetzen. *Selbstorganisierte Unternehmen* greift hierzu einige Fragen wieder auf, die man getrost als Dauerbrenner sehen kann: etwa die Frage, wie wir echte Agilität sicherstellen; die Frage, warum Selbstorganisation immer noch von so vielen Mythen umrankt ist; die Frage, wodurch wir die Entwicklung agiler Teams fördern können; oder die Frage, welche Wechselwirkungen zwischen System- und Verhaltensänderung zu beachten sind. Auf der Suche nach neuen, über den Teamkontext hinausgehenden Antworten schlug ich irgendwann eine neue Seite in einem Forschungskapitel auf, das nicht nur meine Tochter für abgeschlossen hielt.

In der Zwischenzeit sind es ein paar mehr Seiten geworden, die ich im ersten Teil dieses Buches zu folgenden drei Kapiteln gebündelt habe:

- »Agile revisited« versucht einige Missverständnisse zu klären, mit denen ich in den letzten Jahren immer wieder konfrontiert war – und die ich vielleicht durch meine bisherigen Publikationen mit verursacht habe.
- Das Kapitel »Mythen und Realitäten der Selbstorganisation« zeigt die Beharrlichkeit des traditionellen Führungsparadigmas und ruft in Erinnerung, worum es bei der Selbstorganisation eigentlich geht.
- »Entwicklung selbstorganisierter Teams« riskiert ein einfaches Wachstumsmodell, mit dem sich der jeweilige Status eines Teams verorten und ein Leitfaden für die weitere Potenzialentfaltung ableiten lässt.

Abb. I–1 *Galaktische Visionen*

1 Agile revisited

Fangen wir also noch einmal ganz von vorne an: Was bedeutet es, agil zu sein? Die ethymologische Definition des Wortes steckt die ersten Orientierungspunkte ab. Vom lateinischen *agilis* abstammend, heißt agil buchstäblich »lenksam, behände, rasch«. Eng verwandt mit *agere* »tätig sein, handeln, agieren« ist der Begriff mit einer Menge energievoller Synonyme verbunden: betriebsam, beweglich, geschäftig, gewandt, lebhaft.

So positiv agil besetzt ist, so oft kommt es in Unternehmen zu Polarisierungen. Ein dafür typisches Beispiel erlebte ich unlängst in einem deutschen Energieunternehmen. Zuerst verlief der Strategieworkshop, zu dessen Moderation ich eingeladen war, in den gewohnten Bahnen: Es gab Präsentationen zum abgelaufenen Geschäftsjahr, positive und negative Entwicklungen wurden identifiziert und eine Ursachenanalyse zu ausgewählten Themen vorgenommen. Doch als es um die daraus abzuleitenden Verbesserungsmaßnahmen ging, wurde es unversehens hitzig. Sollte man nun Scrum einführen oder nicht? Machte vielleicht sogar die Kombination mit Kanban auf Abteilungsebene Sinn? Brachte das, wie einige meinten, nur unnötigen Overhead mit sich? Oder brauchte man tatsächlich ein zweites Betriebssystem, um rascher auf die aktuellen Marktentwicklungen reagieren zu können? Ich erinnere mich noch genau, wie ein Produktmanager in zunehmend beschwörerischem Ton argumentierte, dass daran kein Weg vorbeiführe: »Agilität ist doch ein Gebot der Stunde!« Und ich erinnere mich ebenso gut an die polternde Replik des Entwicklungsleiters: »Agil ist doch bloß wieder so eine Modewelle, auf der wir jetzt unbedingt dahinsurfen müssen.« Wie Sie sich vielleicht vorstellen können, schaukelte sich die wechselseitige Empörung rasch auf. Es kam zu einer regelrechten Lagerbildung, sodass ich als Workshopleiter meine liebe Not hatte, das Ganze im zivilisierten Rahmen zu halten. Und die Moral von der Geschicht'? Wie immer, wenn es um Veränderung geht, ist Emotion Trumpf. Die Welt zerfällt in Schwarz oder Weiß, Pro oder Kontra, Ja oder Nein. Erfahrung und Wissen verkommen da leicht zur Nebensache. Agilität wird abgelehnt, ohne dass man genau weiß, worum es eigentlich geht.

Leider gilt das mitunter auch für jene, die agile Vorgehensweisen befürworten. Überzeugung ist angesagt, ein festes Glaubensbekenntnis und eine evangelistische Grundhaltung. Doch wo der missionarische Eifer regiert, bleibt eine differenzierte Auseinandersetzung leicht auf der Strecke. Wozu müssen wir denn agil werden? Wer hat etwas davon? Woran erkennen wir, dass es uns etwas bringt? Und wie sollten wir vorgehen, um das Gewünschte zu erreichen?

Zumindest die letzte Frage wird gerne mit einem Verweis auf das Agile Manifest beantwortet [Beck et al. 2001]. »Dort finden wir alles, was wir über Werte, Dos and Don`ts wissen müssen«, erklärte der bereits erwähnte Produktmanager, als er nach den Koordinaten der von ihm forcierten Veränderung gefragt wurde. »Wir haben uns genau an die Prinzipien gehalten«, berichtete einer seiner Kollegen dazu von seiner letzten Firma, »und das half uns, die Scrum-Teams richtig zu installieren. Damit sind wir deutlich agiler geworden.«

Die Erklärungen erscheinen mir gleich in mehrfacher Hinsicht typisch für das, was ich bereits in zahlreichen Unternehmen erlebt habe:

- Agilisierung findet auf Teamebene statt: Bottom-up ist das Motto, top-down höchstens als Hindernis präsent.
- Agil wird als etwas betrachtet, das sich problemlos in der bestehenden Systemlandschaft installieren lässt.
- Das Mittel wird mit dem Zweck verwechselt: Im Handumdrehen mutiert die Einführung agiler Vorgehensweisen selbst zum Ziel.
- Agilität wird auf Methoden reduziert: Wir sind so sehr mit Scrum oder Kanban beschäftigt, dass wir uns nicht mehr länger fragen, was das Unternehmen eigentlich davon hat – ganz zu schweigen vom Kunden.
- Das Manifest der agilen Softwareentwicklung oder der Scrum Guide [Schwaber & Sutherland 2016] erlangen Bibelstatus – und gelten unversehens auch dort, wo es gar nicht um Softwareentwicklung geht.

1.1 Das Agile Manifest

Die Leitwerte dieses Manifests sind rasch heruntergebetet: Individuen und Interaktionen werden über Prozesse und Werkzeuge gestellt, funktionierende Software über umfassende Dokumentation, Zusammenarbeit mit dem Kunden über Vertragsverhandlung und das Reagieren auf Veränderung über das Befolgen eines Plans. So weit, so gut. Doch kaum jemand macht sich die Mühe, sich genauer mit diesen Werten und den damit verbundenen Prinzipien zu beschäftigen – geschweige denn, diese kritisch zu hinterfragen. Es wirkt, als sei das agile Mantra des Prüfens und Anpassens außer Kraft gesetzt. Das führt dazu, dass das Manifest weniger als Kind seiner Zeit, sondern als historische Grundfeste betrachtet wird – gleichsam in Stein gemeißelt wie die zehn Gebote.

Prinzipien hinter dem Manifest der agilen Softwareentwicklung

1. Unsere höchste Priorität ist es, den Kunden durch frühe und kontinuierliche Auslieferung wertvoller Software zufrieden zu stellen.
2. Heiße Anforderungsänderungen selbst spät in der Entwicklung willkommen. Agile Prozesse nutzen Veränderungen zum Wettbewerbsvorteil des Kunden.
3. Liefere funktionierende Software regelmäßig innerhalb weniger Wochen oder Monate und bevorzuge dabei die kürzere Zeitspanne.
4. Fachexperten und Entwickler müssen während des Projektes täglich zusammenarbeiten.
5. Errichte Projekte rund um motivierte Individuen. Gib ihnen das Umfeld und die Unterstützung, die sie benötigen und vertraue darauf, dass sie die Aufgabe erledigen.
6. Die effizienteste und effektivste Methode, Informationen an und innerhalb eines Entwicklungsteams zu übermitteln, ist das Gespräch von Angesicht zu Angesicht.
7. Funktionierende Software ist das wichtigste Fortschrittsmaß.
8. Agile Prozesse fördern nachhaltige Entwicklung. Die Auftraggeber, Entwickler und Benutzer sollten ein gleichmäßiges Tempo auf unbegrenzte Zeit halten können.
9. Ständiges Augenmerk auf technische Exzellenz und gutes Design fördert Agilität.
10. Einfachheit – die Kunst, die Menge nicht getaner Arbeit zu maximieren – ist essenziell.
11. Die besten Architekturen, Anforderungen und Entwürfe entstehen durch Selbstorganisierte Teams.
12. In regelmäßigen Abständen reflektiert das Team, wie es effektiver werden kann und passt sein Verhalten entsprechend an. [Beck et al. 2001]

Was könnte uns auffallen, wenn wir diese Prinzipien mit historisch-kritischer Brille lesen? Zuerst würden wir wohl einige Schwerpunkte erkennen:

- **Der Kunde ist als zentrale Instanz gesetzt**
  Es geht um dessen Zufriedenheit, die wir durch die verlässliche Lieferung wertvoller Software sicherstellen (Prinzipien 1 und 3), sowie um dessen potenziellen Wettbewerbsvorteil, den wir durch die grundsätzliche Offenheit für Veränderungen bieten (Prinzip 2).
- **Das Team ist der Motor agiler Entwicklung**
  Agilität wird durch motivierte Individuen (5), direkte Kommunikation (6), intensive Zusammenarbeit (4), nachhaltige Entwicklung (8), regelmäßige Retrospektiven und Verhaltensverbesserungen (12) sowie das Prinzip der Selbstorganisation vorangetrieben (11).
- **Die Produktqualität ist das Wesentliche des agilen Vorgehens**
  Funktionierende Software ist das wichtigste Fortschrittsmaß (7), technische Exzellenz und gutes Design der Agilität förderlich (9), Einfachheit und Fokussierung (10) essenziell.

Haben wir damit also das agile Erfolgsrezept definiert: Kunde – Team – Qualität? Ist eine Organisation, die diesem Rezept folgt, quasi automatisch agil? Dem offiziellen Manifest und Guide folgend dürfen wir das wohl bejahen – uns zumindest auf dem richtigen Weg wähnen. Wenn wir dieses Rezept aber aus einer Lean-Perspektive betrachten, fällt uns das Ja-Wort nicht mehr ganz so leicht.

Prinzipien von Lean

1. Definiere den Wert aus Kundensicht.
2. Identifiziere den gesamten Wertstrom.
3. Bringe den Wert zum Fließen.
4. Folge dem Prinzip des Ziehens (Pull) und liefere nur das, was der Kunde möchte und wann er es möchte.
5. Verbessere dich kontinuierlich. (vgl. [Womack & Jones 1996])

Der Vergleich macht Sie sicher, heißt es. Halten wir die beiden Satzungen von Lean und Agile also einmal nebeneinander. Offenbar steht hier wie dort der Kunde im Mittelpunkt. Beide beschäftigen sich mit ähnlichen Grundfragen: Was wollen unsere Kunden? Was ist ihnen besonders wichtig? Wann ist unser Produkt oder Service für sie wertvoll? Freilich ließe sich sogleich hinterfragen, ob wir unsere Kunden überhaupt kennen, ob wir mit ihnen in Kontakt stehen und ob wir laufend Feedback von ihnen erhalten. Doch dazu später mehr. An dieser Stelle können wir uns mit der zugegebenermaßen eher trivialen Einsicht begnügen, dass Lean- und agile Prinzipien gleichermaßen auf den Kunden konzentriert sind. Zudem legen die jeweiligen Prinzipien ähnliches Augenmerk auf die Produktqualität und das Primat der Einfachheit: Liefere das, was gewünscht wird, zur richtigen Zeit.

Trotz dieser Gemeinsamkeiten sehe ich allerdings einen großen Unterschied in der Ausrichtung. Denn während die agilen Prinzipien das Team als Kraftzentrum setzen, steht und fällt Lean mit dem Wertstrom. Diese Differenz mag harmlos wirken – bei genauerer Betrachtung aber beginnen sich hier die Agilitätsgeister zu scheiden. Die Scheidung wird offensichtlich, wenn wir noch einmal zu unserem Ausgangspunkt zurückkehren: Wann ist eine Organisation agil? Per definitionem bedeutet Agilität, in allen Bereichen flexibel auf sich ändernde Bedingungen reagieren zu können. Responsivität heißt die Kernkompetenz, die Unternehmen erlaubt, sich rasch auf neue Herausforderungen einzustellen. Schließlich wollen sie ja wendige Schnellboote sein und nicht behäbige Dampfer, die Ewigkeiten für einen Kurswechsel brauchen.

Die Flussmetapher, mit dem diese Wunschbilder einhergehen, erinnert nicht von ungefähr an die Lean-Prinzipien. Unternehmen leben bekanntlich davon, dass Arbeit in ihnen fließt und im Zuge dieses Fließens Wert generiert: gewissermaßen von der Quelle einer ersten Nachfrage oder Entwicklungsidee bis zur Mündung eines zufriedenen Kunden. Ein solcher Arbeitsfluss ist immer vorhanden, egal auf welcher Organisationsebene wir das betrachten. Ab einer gewissen Unternehmensgröße setzt sich dieser Fluss meistens aus mehreren Abschnitten

Abb. 1–2 *Arbeit im Fluss*

zusammen. Einzelne Teams oder Fachexperten sind dann Glieder einer größeren Wertschöpfungskette. Folglich hängt die Qualität dessen, was dem Kunden schließlich geliefert wird, ganz wesentlich davon ab, wie gut dieser Fluss über alle Subsysteme hinweg koordiniert wird. Wie lange ist eine Arbeit eigentlich durch unsere Organisation unterwegs, bis sie dem Kunden geliefert wird? Wie viele Schleusen oder andere Hindernisse muss sie passieren? In wie viele Staubecken gerät sie, in denen wir nicht aktiv sind, sondern nur warten? Wie verbinden wir die einzelnen Flussabschnitte zu einem möglichst geschmeidigen Wertstrom? Und woran erkennen wir zu guter Letzt, welchen Wert wir tatsächlich liefern?

Was ist ein System?

Es wird höchste Zeit, mein Verständnis eines Begriffs zu klären, der implizit durch meinen Argumentationsfluss mäandert. Jetzt darf er endlich auftauchen. Doch was darf man sich unter einem System vorstellen? Aus dem Altgriechischen kommend bedeutet *sýstēma* wortwörtlich »ein aus mehreren Einzelteilen zusammengesetztes Ganzes«. Einfach gesagt versteht man unter einem System also eine Gesamtheit von Elementen, die so miteinander verbunden sind, dass sie als zielorientierte Einheit funktionieren. Ein System ergibt sich nicht aus der Summe der Elemente, es ist vielmehr das Produkt seiner Interaktionen [Ackoff 1994].

Eine solche Definition hat weitreichende Folgen. Auf der einen Seite bedeutet es, dass auch die Interaktionen zwischen den Elementen agil sein müssen, wenn wir agile Systeme schaffen wollen. Auf der anderen Seite bedeutet es, dass wir selbst dann auf das Ganze schauen sollten, wenn wir Subsysteme gestalten. Der Einsatz interdisziplinärer Teams und agiler Methoden in einzelnen Bereichen reicht nicht aus, wenn wir selbstorganisierte Unternehmen schaffen wollen. Dafür müssen wir alle Abläufe, Steuerungsmechanismen oder Feedbackschleifen mit dem Blick auf das große Ganze gestalten (siehe Teil II).

1.2 Lean und Systemdenken

Der Begriff des Wertstroms legt drei Schlussfolgerungen nahe: Erstens sollten wir uns weniger aufs Arbeiten als darauf konzentrieren, damit Wert zu generieren; zweitens kann es nicht darum gehen, uns beschäftigt zu halten, selbst wenn wir das höchst effizient tun; und drittens sind die Funktionsfähigkeit, Fehlerfreiheit und technische Exzellenz zwar wichtig, garantieren jedoch noch keinen Kundennutzen – selbst die raffiniertesten Produkte und Services sind für den Kunden mitunter völlig wertlos.

Spätestens an dieser Stelle sollte das Problem mit dem Teamansatz deutlich geworden sein. Denn viele agile Teams sind nur für einen bestimmten Abschnitt des Wertstroms verantwortlich. Damit der Kunde einen Unterschied merkt, müssen wir jedoch mehr als nur einzelne Abschnitte agilisieren. Um hier noch einmal die Schiffsmetapher aufzugreifen: Was bringt es dem auf uns wartenden Kunden, wenn wir zwar zwischen zwei Anlegestationen mit dem Schnellboot unterwegs sind, aber dann wieder auf einen Dampfer umsteigen?

Mit anderen Worten: Wenn wir responsiv sein wollen, müssen wir den gesamten Wertstrom im Auge haben. Denn am Ende des Tages nützt es keinem, wenn wir in bestimmten Organisationsbereichen reaktionsschnell sind, während wir in anderen statisch bleiben – oder uns durch rigide Finanzierungs- oder Personalprozesse entsprechend lähmen.

- Solche Lähmungserscheinungen zeigte etwa ein österreichisches Infrastrukturunternehmen, das zwar in vielen Teilbereichen Scrum-Teams einsetzte, die Budgetierungs- und Kostenkontrollprozesse jedoch unberührt ließ. Dass auch die hierarchische Führung in Amt und Würden blieb, führte gleichsam zu einer Agilisierung mit angezogener Handbremse.
- Ähnliches passierte in einer schwedischen Telekommunikationsfirma: Einerseits wurde in vielen Projekten Kanban eingesetzt, was die Übersicht und Steuerbarkeit nachweislich verbesserte; andererseits wurden weder der Input koordiniert noch der WIP limitiert. Agil hieß für das Management vor allem, jederzeit ins Projektgeschäft eingreifen zu können.
- Auch der Versuch eines schweizerischen Versicherungsunternehmens, die gesamte IT-Entwicklung in selbstorganisierten Teams abzuwickeln, blieb im Ansatz stecken. Obwohl diese Teams intensive Trainings- und Coachingprogramme durchliefen und tatsächlich viele agile Elemente aus XP, Scrum und Kanban einsetzten, konnten weder der Durchsatz noch die Durchlaufzeiten nennenswert verbessert werden. Ob es wohl klug war, gleichsam über Nacht die gesamte mittlere Managementebene aufzulösen, ohne ein geeignetes Koordinationssystem für die teamübergreifende Abstimmung auszuarbeiten?

Um es auf einen einfachen Nenner zu bringen: Agile Teams allein sind nicht genug. Es ist zwar schön, wenn wir in einzelnen Bereichen beweglicher werden, rascher auf Kundenwünsche reagieren und neue Vorgaben flinker verarbeiten – das nützt aber alles nur wenig, wenn unsere Arbeitsflüsse insgesamt verstopft bleiben.

Selbstverständlich geht es mir hier nicht darum, die Notwendigkeit von Agilität infrage zu stellen. Schon gar nicht geht es mir darum, sie mit Lean-Argumenten auszuhebeln. Stattdessen möchte ich dafür plädieren, unseren Agilitätskonzepten gewissermaßen eine Schlankheitskur zu verordnen. Zusammen mit einem Veränderungsansatz, der die gesamte Organisation in Bewegung setzt, eröffnet eine solche Kur zumindest drei Möglichkeiten, unsere unternehmerische Fitness zu steigern:

1. Wir können **Agilisierung als systemische Veränderung** konzipieren, die sowohl das bestehende Arbeitsmanagement als auch die aktuelle Führungskultur umfasst. Bottom-up-Impulse sind gut, sie müssen jedoch top-down und vertikal integriert werden. Wenn wir nicht bei lokaler Verbesserung stehenbleiben und globale Suboptimierung in Kauf nehmen wollen, brauchen wir einen konzertierten Einsatz aller Beteiligten.
2. Um das Agilisierungskonzert richtig anzustimmen, setzen wir bei der **Ablauforganisation** an. Wenn wir uns auf die Koordination systemübergreifender Wertströme konzentrieren, werden wir rasch Verbesserungen erzielen können. Aufbauorganisatorische Veränderungen (z.B. agile Teams) oder neue Rollenkonzepte (z.B. der agile Manager) machen unsere Kunden selten glücklicher – ganz zu schweigen von den Mitarbeitern, die oft mit mehr Verwirrung als Klarheit konfrontiert sind.
3. Die **gemeinsame Gestaltung wertschöpfender Arbeitsmanagementsysteme** ist wichtiger als die Methodik, die dafür eingesetzt wird. Hier soll nicht einem fröhlichen Eklektizismus das Wort geredet werden, der unter Scrum-But, seichtes Kanban oder LeanFat ins Gerede gekommen ist. Allerdings möchte ich für weniger Dogmatismus und mehr Vertrauen in die unternehmerische Intelligenz plädieren – und damit zugleich für eine konstruktive Verbindung von agiler und systemischer Expertise.

1.3 Selbstorganisation und Management

Wie schaffen wir also ein System, das die einzelnen Elemente der Organisation so zu einem kundenorientierten Ganzen verbindet, dass maximale Beweglichkeit gewährleistet ist? Wer mich kennt, sei es nun als Autor, als Trainer oder als Berater, wird wenig überrascht von meiner Antwort sein: durch die Gestaltung von Rahmenbedingungen, die geschmeidige Arbeitsflüsse gewährleisten und Selbstorganisation fördern. Ebenso wenig sollte überraschen, dass ich es als die zentrale Aufgabe des Managements ansehe, für die Entwicklung und die kontinuierliche Verbesserung eines solchen Systems zu sorgen.

Was bedeutet es, systemisch zu managen? Meiner Ansicht nach bedeutet es vor allem, den Fokus von den Mitarbeitern und deren Aktivitäten auf die Prozesse und Strukturen zu verschieben. Es geht nicht darum, Experten zu kontrollieren, damit diese arbeiten, wie sie sollen. Es geht um das Management der Rahmenbedingungen, innerhalb derer sich diese Expertise entfaltet: von der allgemeinen Mission über die Ablaufprozesse und Interaktionsregeln bis hin zu den Strukturen, die wir für die Zielerreichung brauchen. Kurzum, Makro- statt Mikromanagement ist angesagt.

Wie ich bereits in früheren Publikationen argumentiert habe, kann Selbstorganisation nur gelingen, wenn wir auch das Management darauf ausrichten. Je nach Reifegrad des Unternehmens verschiebt sich dessen Aufgabenportfolio schrittweise:

- von der Administration der internen Aufbauorganisation zur Gestaltung von Geschäftsprozessen, die konsequent auf den Kunden ausgerichtet sind;
- von der operativen Steuerung zum strategischen Design von Rahmenbedingungen;
- von einer zentralistischen zu einer netzwerkartigen Führungslogik, die durch transparente Steuerung, Selbstkontrolle und kurze Feedbackschleifen geprägt ist;
- von der routinierten Anwendung einmal gelernter Konzepte zur laufenden Prüfung und gegebenenfalls Veränderung des eigenen Tuns.

Abb. 1–3 *Himmlische Aussichten*

Die Maxime der Wandlungsfähigkeit ist alles andere als neu. Sie gehört mittlerweile genauso zum Tagesprogramm des Managements wie das wechselseitige Hochschaukeln von technischem Wandel und veränderter Nachfrage. Bestehende Kunden mit neuen Bedürfnissen, neue Kunden mit anderen Anliegen oder ehemalige Kunden mit unbekannten Motiven halten Organisationen allerorts auf Trab. Diese reagieren mit einer Fülle von Maßnahmen: Interdisziplinäre Teams, dezentrale Einheiten, umfassende Kaizen-Programme oder autonome Innovationszentren gehören zum Standardprogramm. Die Frage ist allerdings, wie konsequent diese Maßnahmen eingesetzt werden. Helfen sie tatsächlich, die erhöhte Komplexität der Umwelt besser in den Griff zu bekommen – oder verlagern sie die bestehenden Probleme bloß? Werden sie in maßgeschneiderter Form eingesetzt – oder folgen sie standardisierten Rezepten? Und sind sie Teil eines durchdachten Systems, das auf allen Ebenen die Wahrnehmungs-, Kommunikations- und Entscheidungsfähigkeit fördert – oder stehen sie im Zeichen des lokalen Aktionismus? Wollen Unternehmen in der Zukunft bestehen, brauchen sie jedenfalls responsive Systeme – darüber hinaus benötigen sie eine Kooperationskultur, die dieser Dynamik gewachsen ist. »Führung als Teamsport« habe ich jene funktions- und hierarchieübergreifende Zusammenarbeit in meinem letzten Buch genannt [Kaltenecker 2015b]. »Führung als Breitensport« würde ich im Kontext dieses Buches paraphrasieren, um uns auch hier von der Teamfixierung zu lösen. Jedenfalls geht es bei diesem Sport darum, Führung auf allen Ebenen zu fördern.

Eine solche Förderung wird vor allem von einem gemeinsamen Verständnis unternehmerischer Fitness getragen. Wie halten wir unseren wertgenerierenden Kreislauf in Schuss? Was nährt uns als Organisation? Welche Impulse halten uns in Bewegung? Wann sind wir gesund? Und welches Fitnessprogramm sollten wir verfolgen, damit das auch so bleibt? Die Beantwortung dieser Fragen hängt davon ab, dass alle Beteiligten verstehen, was sie eigentlich tun, warum sie das tun und für wen sie es tun. Das heißt, dass sie ihre Organisation durch eine Brille betrachten, deren Linse auf Kundeninteressen ausgerichtet ist. Derart sehen zu lernen bedeutet, wie John Seddon formuliert, »eine andere Perspektive einzunehmen. Wenn wir eine Organisation als System fassen wollen, gehen wir von außen nach innen vor. Wir erfassen den Zweck des Systems aus Kundensicht. Wenn wir mehr über das System lernen, finden wir heraus, wie gut seine Geschäftstätigkeit auf den Kunden abgestimmt ist. Auf Basis dieses Wissens können wir Verbesserungen mit Weitblick in Angriff nehmen« [Seddon 2003, S. 109].

Es wäre hilfreich, wenn wir diese Verbesserung weniger in den Kategorien des Sollens oder gar Müssens fassen als in Kategorien des Dürfens und Wollens. Unternehmen, die auf das Pull-Prinzip und maßgeschneiderte Unterstützung setzen, verändern sich wesentlich leichter als Organisationen, die Leute mit standardisierten Trainings à la Management 3.0 oder Digitialisierung 4.0 zwangsbeglücken. Es ist eine Binsenweisheit, dass sich mehr Widerstand gegen das Verändertwerden als gegen die Veränderung richtet. Die Erfahrung zeigt, dass die damit verbundenen Lernprozesse leichter gelingen, wenn sie nicht allzu moralisch daherkommen. Die meisten Leute reagieren nämlich ablehnend, wenn sie unter Druck gesetzt oder gar erpresst werden.

Wie Sie vor allem im zweiten Teil dieses Buches noch sehen werden, hängt die professionelle Unterstützung managementspezifischer Lernprozesse von einer positiven Grundhaltung ab. Dafür ist es wenig förderlich, Manager pauschal als größte Hindernisse für die Agilisierung zu brandmarken und deren Überflüssig-Werdung als einzige Entwicklungsperspektive in Aussicht zu stellen. Jenseits solcher Polemik tun sich meiner Erfahrung nach neue Kooperationsfelder auf, in denen Prozessberatung, Wissensvermittlung und Skillstraining sinnvoll verbunden werden. Coaching ist dafür nur ein allgemeiner Begriff, zeigt aber zumindest die Richtung an, um die es in selbstorganisierten Unternehmen geht: um mehr Service, um eine bessere Balance von kundenorientierter und kollegialer Dienstleistung sowie um wechselseitiges Helfen in den verschiedensten Konstellationen.

Statt uns auf Defizite zu konzentrieren, könnten wir uns versuchsweise auch einmal mit den Gewinnoptionen beschäftigen. Was hat ein Manager davon, Selbstorganisation zu unterstützen? Wozu sollten sich Teamleiter, Abteilungsleiter, Projektmanager oder Head ofs auf die agile Reise einlassen? Und welche Vorteile bringt es der Geschäftsführung, wenn ihre Organisation systemisch vorgeht?

Wozu selbstorganisierte Unternehmen?

Was konnten Unternehmen davon haben, wenn sich Teams selbst managen? Wenn Experten interdisziplinär zusammenarbeiten und Führung zum hierarchieübergreifenden Breitensport wird? Frederic Laloux, Autor des einflussreichen Buches *Reinventing Organizations*, sieht vor allem zwei Glücksversprechen: erstens die Freisetzung von Energien, die zuvor gar nicht verfügbar waren – etwa durch eine ambitionierte Mission, durch die Verteilung von Macht, durch kontinuierliches Lernen oder durch eine geringere Verschwendung von Energien in nutzlosen Meetings oder sinnfreien Regelwerken; und zweitens die bessere Kanalisierung vorhandener Energien – beispielsweise durch eine umsichtigere Wahrnehmung durch alle Mitarbeiter, durch bessere Entscheidungen oder durch effektivere Koordination [Laloux 2014, S. 290 f.]. In Teil II erfahren Sie im Detail, wie diese Glücksversprechen praktisch umgesetzt werden.

Alles in allem liefern uns Unternehmen, die durchgehend auf Selbstorganisation setzen, unter anderem folgende Antworten auf die eingangs gestellte Frage nach dem Wozu:

- Schneller auf neue Herausforderungen reagieren.
- Komplexität effektiver verarbeiten.
- Besser auf die Interessen von Kunden und andere Stakeholdern eingehen, dadurch dass das Sensorium aller Mitarbeiter genützt wird.
- Neue Kundenwünsche und Innovationsfelder früher erkennen.
- Effektivere Kommunikationswege und wechselseitige Abstimmungen
- Kürzere Feedbackschleifen, nicht zuletzt von Kundenseite
- Höhere Qualität von Entscheidungen, da diese für gewöhnlich auf eine breitere Informationsbasis zurückgreifen können.
- Effizientere Verbesserungsmaßnahmen, da Probleme früher wahrgenommen und Lösungen rascher umgesetzt werden.
- Mehr Verantwortungsbewusstsein, da Mitarbeiter ihre Arbeit selbst managen und kontrollieren. Zudem zeigen sie mehr Initiativkraft und sind auch eher bereit, sich für das große Ganze einzusetzen.
- Eine höhere Motivation und mehr Spaß bei der Arbeit. Das stärkt sowohl die Bindung ans Unternehmen als auch dessen Attraktivität für junge Talente.

Ich bin davon überzeugt, dass alle im Unternehmen viel gewinnen können, wenn konsequent auf Selbstorganisation gesetzt wird. Ich bin aber ebenfalls davon überzeugt, dass Linienmanager und Fachexperten Sehhilfen brauchen, um diese Gewinnoptionen zu erkennen. Wir können ihnen eine solche Hilfe nicht aufzwingen. Coaching, Training oder Mentoring muss gewollt und kann nicht verordnet werden. Wir können aber sicher mehr tun, um Selbstorganisation attraktiv darzustellen – nicht zuletzt, indem wir ...

- ... Manager als **kreative Nach- und Vordenker** ansprechen: Was haben wir bisher gemacht? Was könnten wir in Zukunft anders machen? Und woran erkennen wir, dass dadurch etwas besser wird?
- ... Manager in ihrer **Experimentierfreude** unterstützen: Lass uns doch einmal etwas anderes versuchen!
- ... ihren **Sportsgeist** wecken: Ich bin sicher, dass die Arbeit besser und leichter von der Hand gehen kann!
- ... Manager bei der **Ehre** packen: Ihr seid zu mehr fähig als zu Business-Adminstration, der *ulitma ratio* gelernter MBAs!
- ... ihre **Karriereinteressen** bedienen: Schließlich stellt einschlägige Erfahrung im agilen Umfeld heute ebenfalls einen nicht zu unterschätzenden Wert am Stellenmarkt dar.

Freilich wird all das nicht ohne eine gewisse Offenheit und Bereitschaft aufseiten des Managements funktionieren. Für Letzteres hat John Seddon einen kleinen Katalog vorgelegt, den ich gerne als Hand-aufs-Herz-Fragen bezeichne:

»Wollen Sie (als Manager) eine Organisation leiten, in der diejenigen, die die Arbeit machen, diese auch kontrollieren und laufend verbessern? Das bedeutet, dass Sie Entscheidungsautorität delegieren müssen. Dafür ist es nicht genug, das Wort *empowerment* in den Mund zu nehmen: Sie müssen Ihr derzeitiges Managementkonzept aufgeben. Die Leute, die die Arbeit machen, werden diese mit anderen Mitteln steuern als den Ihnen bekannten. Und Sie selbst werden ebenfalls einen anderen Job machen. Sind Sie bereit, Ihre eigene Rolle zu ändern? Können Sie Ihre Arbeit als Arbeit am System konzipieren? Sind Sie bereit, herauszufinden, wie sehr sich das von dem unterscheidet, was Sie derzeit tun? Werden Sie diese Dinge auch tun, wenn Ihre Vorgesetzten das nicht verstehen oder billigen? Wenn diese weiterhin die zu erreichenden Zahlen diktieren, unterlaufen sie Ihre Möglichkeiten, diese zu erreichen. Sind Sie darauf gefasst, diese Spannung auf sich zu nehmen, während Sie Ihr System weiter zu verbessern versuchen? Können Sie sich dagegen zur Wehr setzen, weiter mit den vorgegebenen Mitteln zu managen? Und würden Sie auch der Bote der von Ihnen entdeckten Neuigkeiten sein?« [Seddon 2003, S. 136].

Um die gewünschte Offenheit zu fördern, sollten wir uns allerdings noch mit einigen Fehlwahrnehmungen und Denkblockaden rund um das Thema Selbstorganisation auseinandersetzen. Genau das ist Gegenstand des nächsten Kapitels.

Was Sie aus diesem Kapitel mitnehmen können

Agil zu sein ist in Mode. Kaum eine Organisation, die nicht beweglicher und reaktionsschneller werden will – oder zumindest darüber redet. In diesem Kapitel haben Sie erfahren, welche Grundideen Agilität verfolgt und was es braucht, um sie unternehmerisch wirksam zu machen. Ein Vergleich zwischen agilen und Lean-Prinzipien hat gezeigt, dass dafür weder der Einsatz von Methoden wie Scrum oder Kanban noch die Konzentration auf Teams ausreicht. Stattdessen müssen wir kundenorientierte Wertströme und agile Interaktionen ins Zentrum stellen.

Ob das gelingt, hängt meiner Ansicht nach zumindest von drei Voraussetzungen ab:

1. Von einem Blick für das Ganze, der vom systemischen Denken inspiriert ist
2. Von einer geschmeidigen Gestaltung der Ablauforganisation im Sinne von Lean
3. Von der konsequenten Förderung von Selbstorganisation und gemeinsamer Führungsverantwortung auf allen Ebenen

Das Topmanagement trägt eine besondere Verantwortung für die Umsetzung dieser Leitlinien: Es sichert die Rahmenbedingungen, damit unternehmerische Selbstorganisation gelingen kann. Es versteht, warum es kontinuierlich am System weiterarbeiten muss, um die Experten im System bestmöglich zu unterstützen. Und es weiß, dass Führung in selbstorganisierten Umfeldern anders funktioniert.

2 Mythen und Realitäten der Selbstorganisation

Ich wüsste nicht, was uns das bringen soll«, meinte der Entwicklungsleiter eines mittelständischen Automobilzulieferers, als es um die bewusste Delegation von Entscheidungsautorität ging. Auf die Frage, wie er denn die angestrebte Stärkung der Teamverantwortung erreichen wolle, ohne mehr Raum für Selbstorganisation zu geben, winkte er nur kurz ab: »Ach, Selbstorganisation! Das ist ja, wie wenn die Affen den Zoo regieren.«

Ob der Entwicklungsleiter nun bewusst oder unbewusst auf den legendären Ausspruch von Frank Borman, den einstigen CEO der amerikanischen Eastern Airlines zurückgegriffen hat – sein Verdikt bringt eine gängige Managementhaltung auf den Punkt. Wenn ich als Gesamtverantwortlicher mehr Selbststeuerung zulasse, läuft alles außer Rand und Band – und ich mache mich selbst zum Affen.

Allein die Metaphern sprechen Bände: die Organisation als Zoo, der Manager als Zoodirektor, die Mitarbeiter als Affen, die dann zwangsläufig hinter Gittern arbeiten. In solchen Sprachbildern spiegelt sich der emotionale Widerstand gegenüber Selbstbestimmung drastisch wider: Abwehr steht auf der Tagesordnung. Diese Abwehrhaltung wird jedoch nicht allein von Emotionen befeuert. Sie stützt sich auch auf eine Mischung von falschen Annahmen, gepflegten Vorurteilen und verzerrten Wahrnehmungen – kurz gesagt auf kognitive Landkarten, die nur wenig mit der heutigen Unternehmenslandschaft zu tun haben.

In seinem vieldiskutierten Buch *Reinventing Organizations* beschäftigt sich Fredric Laloux mit vier Selbstorganisationsmythen, die diese Landkarte prägen [Laloux 2014, S. 134 ff.]:

1. Es gibt keine Struktur, kein Management, keine Führung.
2. Alle sind gleich.
3. Es geht um Empowerment.
4. Selbstorganisation befindet sich noch im Experimentierstadium.

Nicht wenige behaupten, dass es in selbstorganisierten Umfeldern **keine klaren Strukturen** gibt – um gleichsam im selben Atemzug zu unterstellen: Weder Management noch Führung spielen noch länger eine nennenswerte Rolle. **Doch** Selbstorganisation, so Laloux' Entgegnung, bedeute keineswegs, dass sich jede

Ordnung auflöst. Sie bedeute jedoch, dass diese Ordnung nicht mehr länger dem hierarchischen Weisungs-und-Kontroll-Paradigma folgt. Sie stützt sich heute auf die Dezentralisierung von Managementverantwortung. Das kann als Folge einer fachlichen Spezialisierung von Wissensarbeitern gesehen werden, die längst nicht mehr von einem omnipotenten Superexperten geführt werden können – oder als Ausdruck eines erhöhten Freiheitsanspruchs, den die Generationen Y und Z an Unternehmen stellen.

Die Demontage des Zoodirektors führt also nicht zu anarchischen Zuständen. Ganz im Gegenteil, Unternehmen, die konsequent auf Selbstorganisation setzen, zeichnen sich durch eine Fülle von Führungsimpulsen aus, auf die ich im zweiten Teil dieses Buches näher eingehen werde. Diese Unternehmen demonstrieren auch, dass es eine Vielzahl von Sensoren braucht, um mit den aktuellen Veränderungsanforderungen Schritt halten zu können. Diese Sensoren nehmen indes nicht nur die jeweilige Kundenzufriedenheit und neue Bedürfnisse wahr, sondern treffen auch laufend Entscheidungen. Das setzt, wie wir noch sehen werden, ein gerüttelt Maß an Unabhängigkeit und Vertrauen voraus. Doch wenn das Haus brennt, fragen die Feuerwehrleute auch nicht zuerst um Erlaubnis, bevor sie zu löschen beginnen.

Abb. 2-1 *Wenn der Horizont brennt*

Ein weiteres klassisches Vorurteil lautet, dass in selbstorganisierten Unternehmen **alle gleich** sind. Dafür wird Selbstorganisation kurzerhand mit radikaler Basisdemokratie gleichgesetzt: Jeder redet bei allem mit, alles wird bis ins Letzte ausdiskutiert, Entscheidungen kommen nur im Konsens zustande. Solchen Szenarien setzt Laloux die Praxis verteilter Entscheidungskompetenzen entgegen. Seiner Ansicht nach ist es gerade die Vielfalt der Expertisen, Erfahrungen und Persönlichkeiten, aus denen Unternehmen heute besondere Kraft ziehen. Wären alle gleich, entstünden viel weniger Entwicklungsimpulse als durch die Unterschiedlichkeit. Und auch die Beweglichkeit, die allerorts großgeschrieben wird, entspringt der Diversität und nicht der Konformität der Interaktionen.

Gri-Gra-Gruppenzwang

Mit Unterschieden zu arbeiten, hat im agilen Umfeld bekanntlich einen hohen Stellenwert. Es geht um interdisziplinäre Zusammenarbeit, wechselseitige Unterstützung und gemeinsames Lernen über verschiedene Bereiche hinweg. Mitunter ist die dafür nötige Differenzierung schwierig – vor allem, wenn man das Gefühl hat, mit seiner Ansicht alleine dazustehen. So führten die Kinderpsychologen D. Haun und M. Tomasello einmal ein Experiment durch, bei dem alle beteiligten Kinder gleich aussehende Bilderbücher bekamen. Folglich dachten die Kinder, dass sie alle dieselben Bilder sehen würden. In Wahrheit zeigte jedoch eines der Bücher statt eines Tieres die Eltern des Kindes. Und das Ergebnis dieser kleinen Studie? In 18 von 24 Fällen passte sich dieses Kind der Mehrheit an. Es sah zwar ein Foto der eigenen Mutter, behauptete aber wie alle anderen, dass es einen Goldhamster sähe.

Vielleicht denken Sie jetzt: Das ist aber drollig! Diese Kinder! Doch wie Haun und Tomasello feststellten, gilt das Ergebnis des Experiments im Wesentlichen auch für Erwachsene. Sie stehen ebenfalls oft unter sozialem Druck und suchen eher die Zustimmung als die Abweichung. Diversität bleibt ein hoher Anspruch, insbesondere, wenn es darum geht, selbst einen Unterschied zu machen (Haun & Tomasello 2011, zit. n. [Kaduk et al. 2013, S. 40]).

Modernes Management, so hat sich mittlerweile herumgesprochen, beteiligt Mitarbeiter, statt sie zu bevormunden. Es schreibt hochqualifizierten Experten, die wissen, was sie zu tun haben, nicht vor, was sie zu tun haben, und es schätzt den Einzelnen und bietet jedem maßgeschneiderte Entwicklungschancen. **Empowerment** lautet der magische Begriff, mit dem man gerne Selbstorganisation ins Unternehmen zaubern möchte. Doch Selbstorganisation, so Laloux' dritte Entmystifizierung, hängt keineswegs von einer humanistischen Managementhaltung ab. Es geht nicht um eine großzügige Abgabe von Verantwortung, damit die Mitarbeiter merken, dass man ihnen wirklich etwas zutraut. Die Ermächtigung, die es braucht, erfolgt durch die Rahmenbedingungen, innerhalb derer Arbeit stattfindet – und nicht durch die gönnerhaften Gesten gütiger Managementfürsten.

Was uns zum vierten großen Mythos führt: nämlich dem, dass sich **Selbstorganisation noch im Experimentierstadium** befindet. Am Beispiel von elf ausgewählten Unternehmen verdeutlicht *Reinventing Organizations* eindrucksvoll, dass Selbstorganisation längst den Kinderschuhen entwachsen ist. Ebenso wenig ist sie bloß eine Spielwiese für Start-ups oder alternative Netzwerke. Die Palette an Unternehmen, die auf alternative Formen des Managements setzen, umfasst heute die unterschiedlichsten Branchen, Größen und Organisationsstrukturen: von traditionsreichen Industrievertretern, wie dem Textilhersteller *Gore*, der Drogeriekette *dm* oder dem Tomatenproduzenten *Morning Star,* über hochspezialisierte Serviceorganisationen, wie den amerikanischen Design-Thinking-Guru *IDEO*, die deutschen Unternehmensberater *Vollmer & Scheffczyk* oder das niederländische Pflegenetzwerk *Buurtzorg,* bis hin zu Onlineplattformen wie dem schwedischen Musik-Streamer *Spotify,* der deutschen *Scout24*-Gruppe oder dem amerikanischen Schuhhändler *Zappos*.

2.1 Falschgeld

Was sagen uns diese Mythen? Welche Schlüsse können wir aus den darin verarbeiteten Vorurteilen ziehen? Und wie erklären wir uns deren Beharrlichkeit? »Die Existenz von Irrtümern«, schreiben Walter Krämer und Götz Trenkler in ihrem lesenswerten *Lexikon populärer Irrtümer,* sei gar nicht »das eigentlich Verblüffende, sondern dass sie häufig wie Falschgeld so erstaunlich lang im Umlauf bleiben« [Krämer & Trenkler 2006, S. 7].

Abb. 2–2 *Revolutionäres An- und Ausschalten*

Überraschenderweise ist auch im agilen Umfeld jede Menge Falschgeld unterwegs:

- Wir betrachten Selbstorganisation als etwas, das gewissermaßen per Knopfdruck ins Leben gerufen werden kann. Sie gleicht einer urknallartigen Revolution, für die wir nur den richtigen Schalter umlegen müssen. Im Krisenfall können wir sie dann ja auch wieder ausschalten.
- Wir starten große Lean-Initiativen, geben den Leuten jedoch fertige Steuerungssysteme vor. Statt die Leute sinnvoll zu beteiligen, setzen wir eine Heerschar von Fachberatern ein, statt unsere Systemleistung zu optimieren führen wir individuelle Effizienzmessungen ein, statt einer lebendigen Verbesserungskultur fördern wir ein formales Vorschlagswesen.
- Wir nennen unsere Teams agil, geben ihnen aber nur wenig Bewegungsspielraum. Wichtige Entscheidungen bleiben in der Hand des Linienmanagements, Meetings werden nach wie vor für Statusreports genutzt, Verbesserungsmaßnahmen zwar angedacht, dann aber dem operativen Druck des Alltagsgeschäfts geopfert.
- Wir senden Führungskräfte auf agile Schulungen, setzen dafür aber weder klare Lernziele noch kümmern wir uns um einen effektiven Transfer des Gelernten. Derart wird Training zum singulären Event, dessen Effekte rasch verpuffen. Die regelmäßige Übung neuer Wahrnehmungs- und Verhaltensweisen, idealerweise begleitet von ebenso regelmäßigem Feedback, bleibt auf der Strecke.
- Wir reduzieren unternehmerische Selbstorganisation auf einen Nebeneffekt agiler Methoden. Wir gehen davon aus, dass wir sie gleichsam als Gratisbeilage frei Haus geliefert bekommen, sobald wir Scrum oder Kanban implementiert haben. Die notwendige Reifezeit von Selbstorganisation wird ebenso ausgeblendet wie deren professionelle Unterstützung.

Diese Liste ließe sich problemlos fortsetzen. Wichtiger als eine vollständige Auflistung scheint mir die Suche nach dem berühmten roten Faden. Was haben diese unterschiedlichen Mythen gemein? Wovon nähren sie sich? Und was brauchen wir, um sie außer Kraft zu setzen?

Es fällt nicht schwer, auf dem agilen Falschgeld das Wasserzeichen des mechanistischen Organisationsbildes zu entdecken. Veränderung wird dabei auf die Lösung technischer Probleme reduziert. Wir installieren Konzepte, implementieren Lösungen und schalten Systeme frei. Dass wir dabei die Komplexität sozialer Prozesse ausblenden, ist alles andere als eine neue Erkenntnis. Zudem offenbaren solche Mythen ein tief verwurzeltes Misstrauen gegenüber Mitarbeitern. Selbst wenn es sich um ausgewiesene Fachleute handelt, droht ohne hierarchische Führung gleich alles aus dem Ruder zu laufen. Hinter der vordergründigen Besorgtheit um das Wohl der Organisation verbirgt sich freilich eine gehörige Portion Unsicherheit. Unsicherheit aber, so viel Psychologie muss dann doch sein, ruft defensives Verhalten auf den Plan. Agilität wird gewünscht, der damit einhergehende Freiheitsdrang jedoch mit höchst gemischten Gefühlen wahrgenommen.

Das kann mitunter dazu führen, dass man die Geister, die man selbst gerufen hat, unwillkürlich sabotiert.

Agile Schrebergärten

»Wir müssen agiler werden! «, zeigte sich der Geschäftsbereichsleiter eines deutschen Fahrzeugausstatters überzeugt. Seiner Ansicht nach sei die Time to Market immer noch zu lange, selbst einfache Kundenanforderungen bräuchten ewig und viele gelieferte Lösungen seien nach wie vor fehlerhaft. So krempelten die Vertreter aus den unterschiedlichen Fachbereichen also die Ärmel hoch, um in dem vom mir moderierten Kaizen-Workshop angemessene Verbesserungsmaßnahmen auszuarbeiten.

Das schien mir alles Hand und Fuß zu haben. In der Pause erfuhr ich jedoch, dass einzelne Teams bereits vor mehr als einem Jahr agile Methoden eingeführt hatten, dabei aber nur wenig unterstützt wurden. Der Geschäftsbereichsleiter habe das zwar grundsätzlich gutgeheißen, neue Formen der teamübergreifenden Koordination aber kategorisch abgelehnt. Retrospektiven hätte er sowieso als Zeitverschwendung gesehen, denn seiner Meinung nach gäbe es ohnehin schon viel zu viele Meetings. Und eine volle Cross-Funktionalität der Teams habe er ebenfalls verweigert, da einige Experten einfach in zu vielen verschiedenen Bereichen gebraucht werden würden. »Es fühlt sich an, als ob wir nur ja nicht unsere jeweiligen Schrebergärten verlassen sollten«, meinte einer der Teamleiter resigniert, »am besten bleibt jeder bei seinem eigenen Blumenbeet!«

Die emotionale Distanzierung gegenüber Selbstorganisation wird von einem gewissen Maß an intellektueller Realitätsverweigerung unterstützt. Weder werden die eigenen Annahmen an den aktuellen Herausforderungen gemessen noch beschäftigt man sich mit den praktischen Beispielen von Unternehmen, die längst erfolgreich auf Selbstorganisation setzen. Stattdessen hält man krampfhaft an alten Überzeugungen fest: Effektives Management wird weiterhin auf die Steuerung von Leuten und Aktivitäten bezogen, Leistung ins Korsett individueller Zielvorgaben gezwungen, die Motivation als Ergebnis richtiger Mitarbeiterführung gesehen.

2.2 Grundgesetze

Im Hinblick auf die Selbstorganisation scheint jeder seine eigenen Lieblingsillusionen zu pflegen. Im besten Fall sind diese problematisch, im schlimmsten Fall schädlich für das Unternehmen. Dabei wissen wir längst genug. Wir kennen die Grundgesetze der Selbstorganisation:

- Sie kommt zustande, indem sich eine ursprünglich ungeordnete Sammlung von Komponenten durch lokale Interaktionen selbstständig zu einem einheitlichen System formt.

- Dieser Formungsprozess setzt drei Dinge voraus:
  - Einen Rahmen, der das System umfasst und seine Identität definiert
  - Individuelle Unterschiede etwa hinsichtlich Wissen, Erfahrung, Ausbildung, Alter, Geschlecht oder kulturellem Hintergrund, aber auch strukturelle Unterschiede in Bezug auf die fachliche Positionierung oder die strategische Zielsetzung
  - Einen offenen Austausch innerhalb der jeweiligen Organisationseinheiten sowie im Wechselspiel mit dem Umfeld [Eoyang 2002]

  Abbildung 2–3 führt diese konstitutiven Elemente der Selbstorganisation in vereinfachter Form vor Augen.

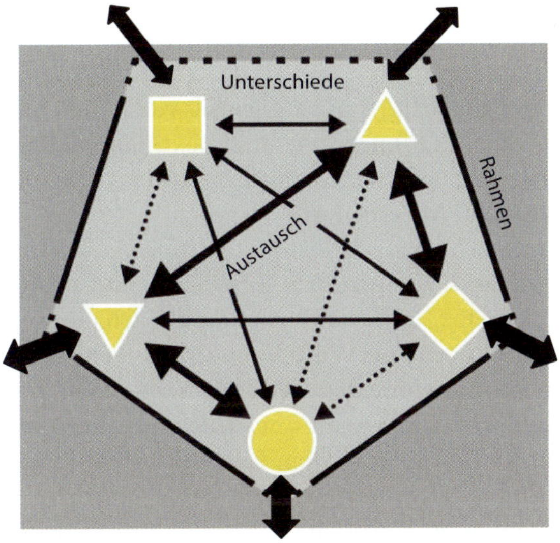

Abb. 2–3 *Voraussetzungen für Selbstorganisation (angelehnt an [Eoyang 2002])*

- Die systemische Entfaltung der Selbstorganisation hängt von einem unterstützenden Kontext ab: von einer guten Infrastruktur, gerechter Entlohnung, transparenten Informationen oder effektiven Feedbackschleifen. Dieser Kontext gleicht dem, was Pflanzen zum Gedeihen brauchen: fruchtbare Erde, sauberes Wasser, gute Luft, ausreichend Licht.
- Selbstorganisation ist also kein Ausnahmezustand, sondern der natürliche Weg, um für globale Ordnung zu sorgen. In diesem Sinne könnte man Laloux entgegnen, dass es weniger um eine Neuerfindung von Organisationen geht als um die Wiederentdeckung einiger Gundprinzipien.
- Folglich muss Selbstorganisation keinesfalls künstlich implementiert werden. Sie steckt immer schon im Unternehmen. Fragt sich bloß, wie versteckt sie ist, d.h., inwiefern die bestehende Unternehmenskultur eher förderlich oder hinderlich ist.

Mittlerweile kennen wir weit mehr als bloß die Grundprinzipien – wir kennen auch genügend praktische Umsetzungsbeispiele. Als Erstes kommt einem dazu wahrscheinlich die längst unüberschaubare Zahl an agilen Teams in den Sinn: in der IT, insbesondere in der Softwareentwicklung mit Scrum, Kanban, XP oder diversen Kombinationen, aber ebenso der Autoproduktion, im Maschinenbau und sogar in Banken. Selbstorganisation steht freilich nicht allein auf Teamebene hoch im Kurs. Immer mehr Geschäftsbereiche greifen auf ihre Prinzipien zurück. Etwa in der IT des Onlinewettanbieters *bwin*, im Produktionsbereich von *Sun Hydraulics* oder in den verschiedenen Marktsegmenten von *ImmobilienScout24*. Dazu gibt es eine erkleckliche Zahl an Unternehmen, die wenn schon nicht durchgehend, so doch zumindest in großen Bereichen auf Selbstorganisation setzen: mittelständische Unternehmen, wie die *Autowelt Hoppmann*, der Logistiker *allsafe JUNGFALK* oder der Brandschutzexperte *hhpberlin*, aber auch größere Firmen, wie der Maschinenbauer *Semco*, der Tomatenproduzent *Morning Star* oder der Outdoorspezialist *Patagonia* mit jeweils rund 1000 Mitarbeitern, bis hin zu konzernartigen Organisationen, wie dem Textilunternehmen *Gore* mit rund 10.000, dem amerikanischen Finanzdienstleister *USAA* mit 26.000 oder der Drogeriekette *dm* mit 46.000 Mitarbeitern.

Für all diese Unternehmen ist Selbstorganisation ein wesentliches Steuerungsmittel. Sie gilt als Schlüssel zu operativer Exzellenz – und als Medium einer neuen Aufmerksamkeit, die dabei hilft, unternehmerische Chancen und Risiken besser wahrzunehmen und notwendige Veränderungen so früh wie möglich zu initiieren. In selbstorganisierten Umfeldern wird jeder zu einem besonderen Sensor – ähnlich wie in einem lebenden Organismus jede Zelle ihre Umwelt wahrnehmen und uns entsprechend informieren kann. Eine solche Sensibilität gibt es überall – in traditionellen Organisationen gehen die dabei gesammelten Informationen allerdings leicht verloren oder werden bewusst herausgefiltert.

Neben der wachsenden Zahl an praktischen Fallbeispielen weisen theoretische Abhandlungen in seltener Einigkeit darauf hin, dass Selbstorganisation sowohl die Motivation der Mitarbeiter als auch die Effektivität der Arbeitsprozesse erhöht. Gegenüber traditionellen Organisationsmodellen zeigen selbstorganisierte Systeme eindrucksvoll, dass sie:

- bessere Ergebnisse erzielen,
- mehr Geschäftswert schaffen,
- effizienter zusammenarbeiten als zentral geführte Gruppen,
- schneller lernen,
- mit mehr Motivation und Spaß arbeiten und
- persönlich befriedigender sind [Rico et al. 2009].

Kleine Philosophie der Selbstorganisation

Niemand hat das Recht zu gehorchen – mit diesem Statement hat Hannah Arendt einst zu zivilem Ungehorsam aufgerufen. Ein Blick in die zeitgenössische Unternehmenswelt zeigt, dass dieser Ruf immer öfter Gehör findet. Bürokratisches Management, autoritäre Steuerung und engmaschige Kontrollsysteme weichen Organisationsformen, die auf Selbstständigkeit und Freiheit basieren.

Statt uns vor Anarchie zu fürchten, könnten wir darin ein gestärktes unternehmerisches Selbstbewusstsein sehen, in dem Commitment und Ownership mehr sind als nur Wunschdenken. Wer es gerne philosophisch hat, kann in selbstorganisierten Unternehmen jenes klassische Aufklärungskonzept verwirklicht sehen, das Immanuel Kant der Neuzeit mit auf den Weg gegeben hat: »Aufklärung ist der Ausgang des Menschen aus seiner selbstverschuldeten Unmündigkeit. Unmündigkeit ist das Unvermögen, sich seines Verstandes ohne Leitung eines anderen zu bedienen. Selbstverschuldet ist diese Unmündigkeit, wenn die Ursache derselben nicht am Mangel des Verstandes, sondern der Entschließung und des Muthes liegt, sich seiner ohne Leitung eines anderen zu bedienen« [Kant 1784].

Was Sie aus diesem Kapitel mitnehmen können

Nicht wenigen Leuten gilt Selbstorganisation als verdächtig. Es wird mit Chaos assoziiert, mit Strukturlosigkeit, Gleichmacherei oder Basisdemokratie. Dieses Kapitel führte aus, was hinter solchen Pauschalurteilen steht und warum sie so beharrlich in Umlauf bleiben.

Unternehmen, die zum Teil bereits seit vielen Jahren auf Selbstorganisation setzen, dokumentieren eindrucksvoll, dass sie keineswegs führungslos dahintreiben. Erste Praxisbeispiele wie der brasilianische Maschinenbauer *Semco*, der amerikanische Textilexperte *Gore* oder die schwedische Musikplattform *Spotify* geben Einblick in eine andere Managementwelt. Diese Beispiele entkräften auch das Vorurteil, dass sich Selbstorganisation immer noch im Experimentierstadium befindet.

Wer das theoretische Fundament von Selbstorganisation ernst nimmt, weiß allerdings, dass die Umsetzung anspruchsvoll ist. Es braucht maßgeschneiderte Rahmenbedingungen, damit sich Selbstorganisation über den persönlichen Austausch und die konstruktive Verbindung unterschiedlicher Fähigkeiten entfalten kann. Das gelingt nicht per Knopfdruck. Wer die Vorteile eines freieren Kräftespiels nutzen möchte, braucht vielmehr Mut, Konsequenz und einen langen Atem.

3 Entwicklung selbstorganisierter Teams

Der Pragmatiker mag einwenden, dass es schön und gut sei, die Glücksversprechen der Selbstorganisation zu kennen – im Arbeitsalltag seien aber weniger die Versprechen als deren Einlösung gefordert. Fragt sich also, wie wir das bestmöglich bewerkstelligen. Wie entwickeln sich selbstorganisierte Systeme? Und was können wir tun, um diese Entwicklung zu fördern?

Wenn wir uns trotz aller Vorbehalte erlauben, diese Fragen zuerst einmal auf Teamebene zu bearbeiten, erweist uns J. Richard Hackmans Autoritätsmatrix gute Dienste [Hackman 2002]. Sie hilft uns, Selbstorganisation als spezielle Entwicklungsgeschichte zu erfassen. Abbildung 3–1 zeigt eine leicht abgewandelte Form dieser Matrix, die unterschiedliche Führungsfelder differenziert. Diese Felder ergeben sich aus der Aufteilung der vier Kernfunktionen, die in jedem Arbeitssystem erfüllt sein müssen:

- **Ziele**
  Wofür sind wir da? Was wollen wir als Nächstes erreichen? Und was streben wir insgesamt an? Im erweiterten Sinne geht es hier um den Spannungsbogen zwischen der Mission (Wozu gibt es uns überhaupt?) und der Vision (Wo wollen wir eigentlich hin?).
- **Strukturen**
  Wie sehen die Rahmenbedingungen aus, innerhalb derer die Mission zu erfüllen ist? Wie ist das Team aufgestellt? Welche Infrastruktur gibt es? Welche Kontexte sind zu beachten? Gelernte Betriebswirtschaftler würden dazu wohl Aufbauorganisation sagen.
- **Prozesse**
  Wie läuft die Arbeit ab? Welche Kernaktivitäten haben wir zu erledigen? Wie stellen wir sicher, dass wir damit Wert schaffen? Wie sorgen wir für kundenorientierte Arbeitsflüsse? Das dürfen wir getrost unter Ablauforganisation zusammenfassen.

- **Arbeit**
  Was ist zu tun? Welche Aufgaben stehen an? Wer übernimmt wofür Verantwortung? Was tun wir, wenn wir blockiert sind? Woran erkennen wir, dass wir mit einer Arbeit fertig sind? Hier geht es um das tägliche Tun und dessen Ergebnisse.

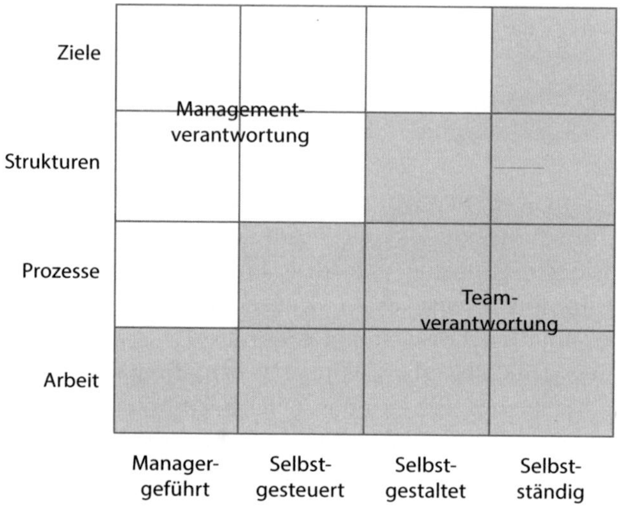

Abb. 3–1 *Autoritätsmatrix [Hackman 2002]*

Je nachdem, ob die Verantwortung für die jeweilige Kernfunktion nun beim Management oder beim Team liegt, ergeben sich vier Führungsvarianten:

- **Managergeführte Teams,** in denen die Teammitglieder nur Autorität über die Arbeit, also die Erledigung der anstehenden Aufgaben, haben, während das Management alle anderen Bereiche von der strategischen Mission und den operativen Zielen über die Teamzusammensetzung und Ressourcenverteilung bis hin zur Gestaltung aller Arbeitsprozesse festlegt.
- **Selbstgesteuerte Teams,** die neben der Durchführung auch das Design und die prozessuale Steuerung der Arbeit verantworten. In dieser Variante werden Managementaufgaben bewusst geteilt.
- **Selbstgestaltete Teams,** die sich um die Arbeit, deren Management, die strukturellen Rahmenbedingungen und eine systemübergreifende Koordination kümmern. Zumeist haben diese Teams auch Einfluss auf ihre eigene Zusammensetzung.
- **Selbstständige Teams,** die über alle Funktionsbereiche autonom entscheiden.

Wie immer, wenn wir ein Referenzmodell einsetzen, liegen wir natürlich falsch. Weder zerfällt die Welt selbstorganisierter Teams in genau vier Varianten, noch lässt sich daraus eine stringente Entwicklung ableiten. In der Organisationswelt gibt es ebenso viele Abstufungen innerhalb der einzelnen Führungsvarianten wie fließende Übergänge zwischen den Kategorien. Nur der Vollständigkeit halber sei erwähnt, dass wir ebenso gut andere Kategorien einsetzen könnten.

Zudem ist es zwar verführerisch, Hackmans Autoritätsmatrix als lineares Wachstumsmodell zu interpretieren – die Praxis belehrt einen aber rasch eines Besseren. Wann welche Führungsform angesagt ist, lässt sich nicht einheitlich festlegen. Im Gegenteil, der Kontext ist auch im Reich der Selbstorganisation König: Worauf sind wir spezialisiert? Wie sieht unsere Kundenlandschaft aus? Wem liefern wir womit welchen Wert? Wie sind wir dafür aufgestellt? Wie haben wir unsere Abläufe gestaltet? Wie treffen wir Entscheidungen?

3.1 Eine Matrix und die Praxis

Ein genauerer Blick in die Organisationswelt verdeutlicht, wie komplex sich der Wachstumsprozess selbstorganisierter Teams gestalten kann. Je nach Unternehmenskultur kann schon der Übergang von managergeführten zu selbstgesteuerten Teams eine höchst aufwendige Sache sein. Gerade in großen Unternehmen sind Widersprüche zwischen zentralistischer und netzwerkorientierter Führung, Pendelbewegungen zwischen hierarchischen und delegierten Entscheidungen sowie der berühmte Jo-Jo-Effekt der Veränderung vorprogrammiert.

Leider wird oft viel zu wenig Zeit für das Verdauen der Veränderungen gegeben. Obwohl das Unternehmen 20, 30 oder noch mehr Jahre lang von traditionellen Arbeits- und Führungssystemen geprägt war, erwartet man, dass Teams gleichsam über Nacht ihr volles Selbstorganisationspotenzial entfalten – ganz zu schweigen von den Managern, die plötzlich vor ganz neuen Herausforderungen stehen. Oft fehlt es aber an einer professionellen Unterstützung in Form von Training und Coaching, um alle Beteiligten angemessen auf das Abenteuer Selbstorganisation vorzubereiten. Dass Toyota nach eigenen Angaben 50 Jahre für den Weg zu einer schlanken Führung gebraucht hat, mag vielleicht abschreckend klingen – es vermittelt aber ein gutes Bild von dem, was nachhaltige Veränderung bedeutet und warum es dafür ebenso viel Disziplin wie langen Atem braucht [Liker & Convis 2011].

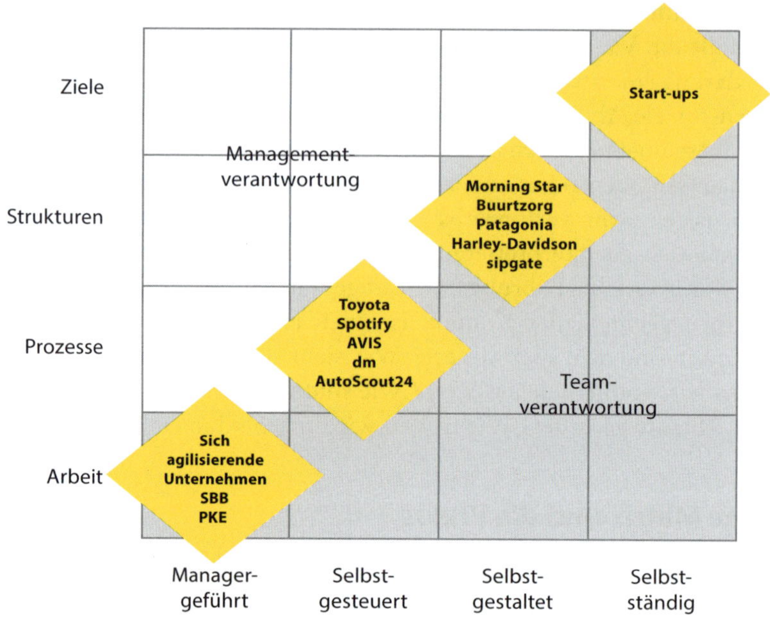

Abb. 3–2 *Praxisbeispiele für selbstorganisierte Teams (nach [Hackman 2002])*

Lässt man die Matrix dennoch einmal gelten, bietet sie uns einige nützliche Orientierungspunkte. Zum einen fällt es nicht schwer, die Matrix mit Praxisbeispielen zu füllen. In exemplarischer Form belegt ein solcher Lackmustest den Reichtum an Selbstorganisationsformen, die quer durch die unterschiedlichsten Branchen und Unternehmensgeschichten gehen.

- **Managergeführte Teams** finden wir natürlich in fast allen Organisationen dieser Welt. Darüber hinaus ist dieser Quadrant der logische Startpunkt für Unternehmen, die sich zu agilisieren beginnen – wie das etwa bei den *Schweizerischen Bundesbahnen* (SBB) [Kaltenecker & Beyer 2014] oder beim Wiener Sicherheitsspezialisten *PKE Solutions* der Fall ist [Kaltenecker & Rumpler 2016]. Zwar gibt es dort nach wie vor Linienvorgesetzte, die am Ende des Tages für das Arbeitsmanagement verantwortlich sind. Untertags werden aber Steuerungssysteme eingesetzt, die den Fachexperten ein hohes Maß an Selbstbestimmung erlauben und vom Paradigma abrücken, dass es um Management von Personen und Aktivitäten geht.
- **Selbstgesteuerte Teams** finden wir schon bei *Toyota*, wo die lokale Autonomie der Fertigungsexperten eines der Herzstücke des berühmten Produktionssystems darstellt [Liker & Convis 2011]. In der Wissensarbeit hat vor allem das Beispiel der schwedischen Musikplattform *Spotify* für Aufsehen gesorgt. Das dynamische Zusammenspiel der Squads, Chapters, Tribes und Guilds genannten Unternehmenseinheiten, in denen sich die mittlerweile rund 2500 Spezialisten selbst organisieren, gehört zweifellos zu den aufsehenerregendsten

Modellen eines alternativen Arbeitsmanagements [Kniberg & Ivarsson 2012]. Auch zahlreiche andere Unternehmen setzen selbstgesteuerte Teams ein: von Urgesteinen wie dem Autovermieter *AVIS* über die ebenso legendenreiche Drogeriekette *dm* bis zu modernen Onlineplattformen wie der *AutoScout24*.

- **Selbstgestaltete Teams** finden wir wiederum bei so unterschiedlichen Unternehmen wie dem Tomatenproduzenten *Morning Star*, dem Outdoor-Bekleidungshändler *Patagonia*, dem VoIP-Spezialisten *sipgate*, dem Motorradbauer *Harley-Davidson* oder dem Pflegenetzwerk *Buurtzorg*, das in ganz Europa zum Rollenmodell geworden ist.
- **Selbstständige Teams** schließlich stellen das Herzstück von Start-ups dar. Zugleich bilden sie die Keimzelle einer Selbstorganisation, die ganz auf Innovationskraft, Kundennähe, kurze Feedbackzyklen und rasches Entscheiden ausgerichet ist [Ries 2011].

3.2 Entwicklungsvarianten

Doch woran erkennen wir nun, wie gut sich ein Team selbst organisiert und in welchen Bereichen es noch Luft nach oben hat? Obwohl es sich nicht um ein lineares Reifegradmodell handelt, hilft uns diese Matrix, Teams auf ihrem jeweiligen Entwicklungsweg zu verorten. Gerade aufgrund ihrer Unterschiedlichkeit lassen sich mithilfe der Praxisbeispiele einige charakteristische Merkmale herausfiltern. Auf Hackmans Matrix zurückgreifend, können wir diese Merkmale nach Funktionsbereichen ordnen. Tabelle 3–1 fasst beispielhaft jene roten Fäden zusammen, die sich in puncto Ziele durch die verschiedenen Führungsvarianten ziehen.

Variante	Merkmale
Managergeführt	▪ Top-down-Management durch Zielvorgaben ▪ Ressourcenauslastung zentral ▪ Budgets und Kosten als Maß aller Dinge ▪ Raum für Selbstorganisation und Agilität durch Einsatz agiler Methoden
Selbstgesteuert	▪ Operative Ziele auch bottom-up definiert ▪ Orientierung am Kundennutzen und an kontinuierlicher Verbesserung ▪ Budgets und Kosten wichtig, aber nicht zentral
Selbstgestaltet	▪ Gute Abstimmung von Zielen und Strategien ▪ Kundennutzen im Mittelpunkt ▪ Starker Fokus auf Verbesserung und Innovation ▪ Budgets und Kosten nur mehr relative Bezugsgrößen
Selbstständig	▪ Autonome Zielsetzungen ▪ Alleinige Verantwortung für gesamtes Kunden- und Stakeholder-Management ▪ Wertgenerierung zentral

Tab. 3–1 *Merkmale verschiedener Teamvarianten im Hinblick auf Ziele*

Vergleicht man die vier Varianten, fallen vor allem drei Dinge auf: der unterschiedliche Grad, an dem Teams an der Ziel- und Strategieentwicklung beteiligt sind, die Konsequenz, mit der sie auf die Interessen von Kunden und Stakeholdern ausgerichtet sind, und die Bedeutung bürokratischer Kontrollsysteme, die sich vor allem im Umgang mit Budgets und Kosten ausdrückt.

Das bringt uns, Hackmans Matrix folgend, zum nächsten Bereich, in dem wir unterschiedliche Entwicklungsgrade feststellen können: der Struktur. Tabelle 3–2 bietet einen kurzen Überblick über ausgewählte Dimensionen.

Variante	Merkmale
Managergeführt	■ Funktionale Expertensilos ■ Entscheidungen vornehmlich top-down ■ Macht und Politik bedeutsam ■ Relevante Informationen oft intransparent
Selbstgesteuert	■ Cross-funktionale Besetzung ■ Weitgehende Transparenz relevanter Informationen ■ Mehr Entscheidungsfreiheiten für Teams ■ Expertise und Kreativität drängen Macht und Politik zurück
Selbstgestaltet	■ Flexible, oft auch teamübergreifende Zusammenarbeit ■ Explizit vereinbarte Entscheidungsfreiheiten ■ Transparenz der meisten Informationen ■ Viel Entscheidungsfreiheit für Teams
Selbstständig	■ Flussbasierte Steuerungssysteme ■ Flexible Zusammenarbeit unterschiedlicher Experten ■ Volle Transparenz aller Informationen ■ Entscheidungsmanagement ganz bei Teams ■ Vernetzung mit anderen Experten wesentlich

Tab. 3–2 *Merkmale verschiedener Teamvarianten im Hinblick auf Strukturen*

Ein Vergleich der Strukturelemente unterstreicht die Macht der Aufbauorganisation. Ein wenig salopp ließe sich schlussfolgern: Wie man sich bettet, so liegt man. Das gilt gleichermaßen für die Silologik vieler traditioneller Unternehmen wie für die Verfügbarkeit relevanter Informationen oder die Regelung von Entscheidungen. Das Wachstum selbstorganisierter Teams erfolgt vor allem über das Prinzip der Interdisziplinarität. Je eingespielter ein Team ist, desto besser versteht es, aus der Unterschiedlichkeit seiner Mitglieder Kapital zu schlagen. Die Verbindung unterschiedlicher Disziplinen geht Hand in Hand mit der Verschiebung der Entscheidungsautorität. Die Weichen werden weniger nach hierarchischen Aspekten als nach den Gesichtspunkten größtmöglicher Fach- und Situationskenntnis gestellt. Dafür spielt die Transparenz relevanter Informationen natürlich eine große Rolle.

Abb. 3–3 *Transparente Flüsse*

Der Transparenz kommt indes auch in prozessualer Hinsicht eine wesentliche Bedeutung zu. Tabelle 3–3 zeigt, wie eng Strukturen und Prozesse grundsätzlich miteinander verbunden sind. Es ist kein Fehler, dabei einmal mehr an die vielzitierten zwei Seiten derselben Medaille zu denken. Im Wesentlichen geht es darum, sich nicht mehr an langfristig vordefinierten Plänen, sondern an kurzfristigen Arbeitsetappen zu orientieren, in denen Planung, Umsetzung, Feedback und Verbesserung eine Einheit bilden. Andererseits entwickeln sich selbstorganisierte Teams nur dann, wenn sie auch Kontrolle über ihre Arbeitsprozesse haben. Idealerweise werden Entscheidungen genau dort getroffen, wo sie anstehen – und von denen, die davon primär betroffen sind. Agile Prinzipien fördern eine solche Hoheit und halten gleichzeitig zu einem konsequenten Makromanagement an. Ein solches Management gelingt wiederum umso leichter, je transparenter die Steuerungssysteme sind.

Variante	Merkmale
Managergeführt	■ Hohe Orientierung an fixen Plänen ■ Laufende Status- bzw. Fortschrittskontrolle ■ Oft mehr Arbeitsstau als Arbeitsfluss ■ Wenig Reflektieren und Lernen ■ Häufiges Mikromanagement ■ Starre Governance
Selbstgesteuert	■ Agiles Arbeiten vorherrschend ■ Gestaltung des Arbeitsdesigns vornehmlich bei Teams ■ Direkte Kommunikation – auch in Richtung Kunden und Stakeholder ■ Optimierung des Arbeitsflusses als Thema ■ Laufendes Reflektieren und Lernen ■ Mikromanagement eher Ausnahme als Regel
Selbstgestaltet	■ Schnelles Reagieren auf sich rasch ändernde Umfelder ■ Kurze Feedbackschleifen ■ Kommunikation wie Entscheidungen eingespielt ■ Effektive Lern- und Verbesserungsmechanismen ■ Makromanagement und Kontextsteuerung durch Linienmanagement ■ Kontinuierliche Verbesserung des Gesamtsystems
Selbstständig	■ Responsivität als Wettbewerbsfaktor ■ Geschmeidigkeit der Arbeitsflüsse zentral ■ Experimenteller Ansatz: Entwicklung durch Versuch und Irrtum ■ Kurze Feedbackschleifen in allen Bereichen ■ Lerngeschwindigkeit und Innovationsfähigkeit sind essenziell

Tab. 3–3 *Merkmale verschiedener Teamvarianten im Hinblick auf Prozesse*

In puncto Arbeit geht es ebenfalls, wie Tabelle 3–4 dokumentiert, um das Spannungsverhältnis von Selbst- und Fremdsteuerung. Es macht einen riesigen Unterschied, ob das Management der operativen Tätigkeiten in den Händen des Teams oder von Vorgesetzten liegt. Das wirkt sich bekanntermaßen – apropos Dienst nach Vorschrift – auf die Motivation aus. Wird die Arbeit innerhalb funktionaler Silos verrichtet, braucht man sich weder über Scheuklappen noch über Einzelkämpfertum zu wundern. Folglich ist die Verteilung von Verantwortung und die dafür nötigen Entscheidungsfreiheiten einer der logischen Startpunkte für jede ernst zu nehmende Agilisierung. Dazu müssen die vorhandenen Unterschiede produktiv gemacht und ein intensiver Austausch in Gang gesetzt werden, intern und über die Grenzen des eigenen Teams hinaus. Nicht umsonst gehören diese Dinge zu den Basiselementen jedweder Selbstorganisation.

Variante	Merkmale
Managergeführt	■ Scheuklappenartige Konzentration auf eigene Expertise ■ Einzelkämpfer im Vordergrund ■ Dienst nach Vorschrift weit verbreitet
Selbstgesteuert	■ Management der Arbeit weitgehend in der Hand der Teams ■ Mehr Zusammenarbeit als Einzelkampf ■ Stärkeres Verantwortungsgefühl und höhere Motivation
Selbstgestaltet	■ Management der Arbeit komplett bei Teams ■ Einzelleistung als Teil eines größeren Ganzen ■ Zusammenarbeit auf allen Ebenen wesentlich
Selbstständig	■ Management der Arbeit bei Teams ■ Auswirkungen der eigenen Arbeit sehr präsent ■ Enge Kooperation mit Kunden, Partnern, Lieferanten

Tab. 3–4 *Merkmale verschiedener Teamvarianten im Hinblick auf Arbeit*

Was lässt sich aus diesem zugegebenermaßen recht groben Raster ableiten? Erst einmal sollte es uns leichter fallen, den aktuellen Entwicklungsstand eines Teams zu verorten: Wo steht das Team derzeit? Was kann es bereits? Womit kämpfen die Mitglieder noch? Und wie könnte eine nächste Verbesserungsetappe aussehen? Dieser Entwicklungsstand muss im Übrigen keineswegs einheitlich sein. Selbst wenn die Teams im selben Unternehmensbereich angesiedelt sind oder an ähnlichen Dingen arbeiten, können sie ganz unterschiedliche Entwicklungspfade einschlagen. Das wird besonders evident, wenn wir Teams mit vergleichbaren Missionen und Umsetzungsaufgaben beobachten.

Gleich unterschiedlich

Bei einem deutschen IT-Dienstleister hatte ich 2014 die Gelegenheit, alle Softwareentwicklungsteams in einer Serie von insgesamt fünf Teamworkshops kennenzulernen. Bereits in der Vorbereitung zeigten sich markante Unterschiede. Obwohl die Teams vergleichbare Rahmenbedingungen vorfanden, offenbarten die Vorgespräche recht unterschiedliche Ausgangssituationen. Die Meta-Retrospektive, die ich in allen Workshops durchführte, lieferte ebenfalls eine breite Palette an Einsichten. Während das Customer-Payment-Team noch intensiv mit den eigenen Interaktionsmustern beschäftigt war, wirkte das Applications-Team bereits sehr eingespielt. Symptomatisch, dass sich dieses Team in ähnlicher Weise wie die Games-Spezialisten auch stark mit Fragen der Organisationsentwicklung beschäftigte, während das Website-Team noch mit seinen internen Strukturen rang. Kein Wunder, dass sich die unterschiedlichen Entwicklungsgrade auch auf Führungsebene widerspiegelten. Das Kompendium reichte von einer latent autoritären Teamleitung über die Konzentration auf Scrum und dessen designierten Master bis hin zu einer ausgereiften Kultur partnerschaftlicher Unterstützung.

Zum Abschluss möchte ich Ihnen noch kurz eine Methode vorstellen, wie Sie über Ihre eigene Wahrnehmung hinaus die Beobachtungs- und Diagnosefähigkeiten Ihres Teams kultivieren können. Dafür brauchen Sie nur etwas Zeit (etwa eine Stunde), einen geeigneten Rahmen (abseits des Arbeitsalltags) und ein wenig Moderationsmaterial (Post-its, Whiteboard, Marker). Das Ziel ist eine Selbsteinschätzung des Teams bezüglich seiner eigenen Entwicklung und die Auseinandersetzung mit den dafür maßgeblichen Stärken und Schwächen. In diesem Sinne könnte man dieses kleine Assessment als spezielle Form der Retrospektive sehen. Die Auseinandersetzung wird jedenfalls von einer einfachen Frage auf den Weg gebracht: Wo sehe ich unser Team auf einer Skala zwischen 1 = Selbstorganisation in den Kinderschuhen und 10 = Selbstorganisation im Olymp? Alle Teammitglieder legen nun ihre Einschätzung fest und überlegen, wie sie diese begründen. Um ein möglichst unbeeinflusstes Urteil zu gewährleisten, können Post-its ausgegeben werden, auf denen die Zahl notiert wird. Eventuell ist es sogar sinnvoll, darüber hinaus gleich die wichtigsten Faktoren festzuhalten, die die jeweilige Zahl untermauern. Warum denke ich, dass mein Team auf einer 6 ist? Was hat uns auf eine 5 gebracht? Oder: Wie haben wir es geschafft, eine 7 zu erreichen?

Sobald alle bereit sind, werden die Ergebnisse veröffentlicht. Wie bei dem von vielen Scrum-Teams eingesetzten Planning Poker geht es zuerst um wechselseitiges Verständnis. Wie kommst du auf eine 5? Warum eine 7? Falls auch die dafür maßgeblichen Faktoren visualisiert wurden, geht diese Klärung relativ schnell. Obwohl jeder das Recht hat, seine Einschätzung im Laufe der Diskussion noch einmal zu korrigieren, sollen Kollegen keineswegs zu einer anderen Wertung überredet werden. Noch muss sich das Team mit aller Gewalt auf eine gemeinsame Einschätzung einigen. Wie auch immer die Streuung der Punkte und das Spannungsfeld der unterschiedlichen Begründungen beschaffen ist, sollte sich jeder Einzelne mit der Frage beschäftigen, was es bräuchte, um einen Entwicklungsschritt voranzukommen. Was konkret müssen wir tun, um von einer 5 auf eine 6 zu kommen? Oder von einer 7 auf eine 8?

Die Diskussion läuft für gewöhnlich produktiver ab, wenn Teammitglieder mit einer ähnlichen Einschätzung ihre Köpfe zusammenstecken. In einigen Fällen habe ich den Arbeitsgruppen auch die oben ausgeführte Tabelle zur Verfügung gestellt, um mehr Orientierung zu geben und neue Verbesserungsideen zu inspirieren. Nach der Präsentation der entsprechenden Vorschläge, deren Zahl man tunlichst einschränken sollte, beispielsweise auf »unsere beiden besten Ideen für einen echten Entwicklungsschub«, und der notwendigen Klärung der Vorschläge kann das Team einfach eine Punktabfrage durchführen, um die vielversprechendsten Maßnahmen auf den Weg zu bringen. Die Festlegung von dedizierten Sponsoren für die gewählten Maßnahmen sorgt dafür, dass diese am Ende nicht auf Nimmerwiedersehen verabschiedet werden.

Das ist selbstverständlich nur eine Möglichkeit, die Gesamtentwicklung sich selbst organisierender Teams zum Thema zu machen. Alles in allem will die von Hackman inspirierte Tabelle eine kritische Prüfung erleichtern, inwiefern die aktuelle Teamkultur Selbstorganisation und Agilität fördert. Wie sehen die Herausforderungen aus, die es derzeit zu meistern gilt? Welche Funktionsaufteilung zwischen Management und Teams scheint dafür angemessen? Und wie können wir Selbstorganisation für weitere Systemoptimierungen nutzen? Wie Sie in Teil II entdecken werden, haben diese Fragen noch viel mehr Relevanz, wenn es nicht nur um einzelne Teams geht.

Abb. 3–4 *Leuchtende Vorbilder*

Was Sie aus diesem Kapitel mitnehmen können

Selbstorganisation ist untrennbar mit Entwicklung verbunden. Deswegen gibt es dafür weder ein Standardrezept noch ein fixes Framework. Man muss alle möglichen Besorgungen machen, immer wieder neue Zutaten zusammenstellen und am Ende auch noch selbst kochen.

Obwohl bekanntlich nur Übung den Meister macht, stehen uns dennoch einige Erfahrungen zur Verfügung. In diesem Kapitel haben Sie erfahren, was Sie für die Entwicklung selbstorganisierter Teams nutzen können. Im Rückgriff auf Hackmans Autoritätsmatrix werden einige typische Merkmale solcher Teams detailliert. Je nachdem, ob es sich dabei um managergeführte, selbstgesteuerte, selbstgestaltete oder selbstständige Teams handelt, werden die Basisfunktionen der Zielklärung, Strukturierung, Prozessgestaltung oder Arbeitsausführung in charakteristischer Weise wahrgenommen. Die tabellarische Form soll einen Überblick über diese Charakteristika geben und zu weiteren Entwicklungsschritten inspirieren. Ausgewählte Praxisfälle dienen dem Verständnis und sollen den Über- mit dem Einblick in die konkrete Umsetzung verbinden.

Teil II Skalierung von Selbstorganisation

»Was meinst du mit Skalierung?«, wollte meine jüngere Tochter wissen, als sie einen Blick auf das vorläufige Inhaltsverzeichnis warf. »Ich meine damit, das Konzept der Selbstorganisation auszuweiten«, antwortete ich, »idealerweise auf alle Unternehmensbereiche.« »Das heißt, es gibt dann einfach mehr Mitarbeiter und Teams, die selber bestimmen, was sie tun?« »Naja«, gab ich zurück, »stimmt schon, aber ganz so einfach ist es dann doch auch wieder nicht.«

Der etwas verständnislose Blick, den mir meine Tochter zum Abschluss ihrer Stippvisite zuwarf, erscheint mir als durchaus typische Reaktion. Das Thema Skalierung löst leicht Irritationen aus: Es ist komplex, hat das Zeug, uns zu verwirren, und entzieht sich einfachen Lösungsrezepten à la »man verdopple die Anzahl der Teams«, »man setze agile Methoden in allen Bereichen ein« oder »man kreiere neue Steuerungsinstanzen«. Trotz aller Flexibilität ist Selbstorganisation kein Bauchladen, aus dem nach Lust und Laune kombiniert werden kann. Selbstorganisation ist und bleibt anspruchsvoll. Ein unterstützender Kontext, gute Rahmenbedingungen, eine stimmige Mischung unterschiedlicher Leute und der intensive Austausch zwischen diesen Leuten sind unabdingbare Erfolgsfaktoren, die der kontinuierlichen Pflege bedürfen.

Diese Grundsätze bleiben handlungsleitend, wenn es darum geht, Selbstorganisation im ganzen Unternehmen fruchtbar zu machen. Doch was braucht es, um die vorhandenen Potenziale organisationsweit entfalten zu können? Wo müssen wir ansetzen, wenn wir die Fähigkeiten aller Mitarbeiter bestmöglich miteinander verknüpfen wollen? Und welche Praktiken haben sich dafür bewährt?

Wie auf Teamebene sind richtungsweisende Antworten auch auf Organisationsebene von einigen Mythen verstellt:

- Vom Mythos, ein agiles Unternehmen ergäbe sich quasi automatisch aus der Summe agiler Teams.
- Vom Irrglauben, dass wir die Methoden der agilen Softwareentwicklung in allen Unternehmensbereichen anwenden können.
- Von der Annahme, wir könnten Selbstorganisation mit einem vordefinierten Modell gewissermaßen vom Reißbrett weg im Unternehmen verankern.
- Von der Illusion, dass Agilität über spezielle Rollen abgesichert werden kann.

Was bedeutet eigentlich Skalierung?

In der Betriebswirtschaftslehre wird darunter die Erweiterbarkeit und Wachstumsfähigkeit eines Geschäftsmodells verstanden. Bereits der italienische Wortstamm *scala*, zu deutsch Treppe oder Leiter, zeigt die Richtung an: Es geht um sukzessive Steigerung. Im agilen Umfeld wird eine solche Steigerung seit mehreren Jahren intensiv diskutiert: Wie schaffen es Organisationen auf allen Ebenen agil vorzugehen? Was müssen sie tun, um die Wettbewerbsvorteile von Lean im gesamten Unternehmen produktiv zu machen? Welche Maßnahmen sind notwendig, um Wachstum abzusichern, ohne an Beweglichkeit und Reaktionsschnelligkeit zu verlieren?

Scrum of Scrums (SoS), Scaled Agile Framework (SAFe), Large-Scale Scrum (LeSS) oder Disciplined Agile Delivery (DAD) heißen die bekanntesten Antworten auf diese Fragen. So unterschiedlich diese Antworten im Einzelnen ausfallen, haben sie meiner Ansicht nach doch zumindest zwei Dinge gemein: erstens, dass sie von einem Teamansatz ausgehen und über dessen Erweiterung alle relevanten Organisationsfragen zu adressieren versuchen, und zweitens, dass es sich um normative Modelle handelt. Die Lösung der jeweiligen Unternehmensprobleme wird in einem mehr oder weniger detaillierten Framework vorgezeichnet.

Es wird Sie wenig wundern, dass ich in einem Buch über Selbstorganisation einen anderen Lösungsweg propagiere.

Zweifellos ist das Thema *Business Agility* voll im Trend. Schneller, leichter, beweglicher lautet das Credo für alle Unternehmen, die auf der Höhe ihrer Zeit agieren wollen. Wenn sich jetzt sogar schon Vorstandsvorsitzende namhafter Branchenlöwen damit beschäftigen, scheinen die Weichen für eine bessere Zukunft gestellt [Anderson & Uhlig 2015]. Gleichzeitig lässt sich nicht übersehen, dass die Agilisierung in vielen Fällen kaum über lokale Initiativen hinauskommt. Die IT-Entwicklung steigert ihren Output, während sich der Stau im Betrieb weiter vergrößert. Die Produktion verkürzt ihre Durchlaufzeiten drastisch, die gesamte Time to Market bleibt aber aufgrund von abteilungsübergreifenden Abstimmungsproblemen unverändert. Es gibt zwar vielversprechende Innovationsideen, das kurzschleifige *Design Thinking* bleibt jedoch auf wenige Experten beschränkt. Für den Kunden bleibt am Ende des Tages leider alles gleich, wenn er nicht – Stichwort: globale Suboptimierung – das Pech hat, sogar noch länger auf die versprochenen Produkte und Services warten zu müssen.

Anscheinend gibt es in vielen Unternehmen eine unsichtbare Sperre, die nicht von ungefähr an das schöne Bonmot des österreichischen Volksdichters Johann Nestroy erinnert: Die Gedanken sind frei – solange sie im Kopf bleiben. Ist nicht auch die Agilisierung nur so lange frei, solange sie in den Köpfen der Teammitglieder bleibt? Erinnern agile Initiativen nur zufällig an jene berühmten gallischen Dörfer, wo Zauberkräfte mobilisiert werden, das Unternehmensreich jedoch fest in der Hand kaiserlicher Römer bleibt?

Fest steht, dass Unternehmenswelten nicht nur aus Teams bestehen. Zudem setzen erfolgreiche Selbstorganisierer auf mehr als eine Methode, die einem Schweizermesser gleich jeder Herausforderung gewachsen ist. Die wenigsten der von mir untersuchten Unternehmen arbeiten mit präskriptiven Lösungsmodellen, die dann nur mehr richtig in die Problemlandschaft implementiert werden müssen. Und noch weniger dieser Unternehmen versuchen, Agilität über eine alternative Aufbauorganisation abzusichern. Was die Frage aufwirft, welches Vorgehen sich denn nun empfiehlt, wenn wir Selbstorganisation unternehmensweit fruchtbar machen wollen. Was müssen wir tun, wenn wir maßgeschneiderte Systeme gestalten wollen, statt auf Skalierungsschablonen zurückzugreifen? Welche Elemente unterstützen ein zukunftsweisendes Organisationsdesign? Und wie können wir dafür unsere gesamte unternehmerische Intelligenz nützen?

Abb. II–1 *Skalierung mit Lichtblick*

Es liegt nahe, diese Fragen nicht nur theoretisch, sondern an praktischen Beispielen zu erläutern. Glücklicherweise muss man solche Beispiele nicht mehr suchen wie die sprichwörtliche Nadel im Heuhaufen. Mittlerweile gibt es eine Fülle an Quellen, um uns über konkrete Vorbilder zu informieren. Dementsprechend aus dem Vollen schöpfend, habe ich für die folgenden Einblicke sowohl Material aus der Literatur als auch aus Interviews mit Praktikern und aus meiner eigenen Beratungstätigkeit zusammengetragen. Dabei geht es mir weder um eine enzyklopädieartige Übersicht noch um anekdotische Fallstudien. Stattdessen möchte ich den gelebten Variantenreichtum erkunden, um gute Praktiken der Selbstorganisation herauszuarbeiten: Was funktioniert gut? Welche Gestaltungselemente werden immer wieder eingesetzt? Wie gehen die verschiedenen Unternehmen vor? Und woran erkennen sie, dass sich dieses Vorgehen lohnt?

Tabelle II–1 dokumentiert zunächst einmal, in wie vielen verschiedenen Kontexten, Branchen und Ländern Selbstorganisation mehr oder weniger unternehmensweit zur Anwendung kommt.

Unternehmen	Branche	Standort	Mitarbeiterzahl 2016
AES	Energie	USA	21.000
allsafe JUNGFALK	Ladegutsicherung	Deutschland	200
AutoScout24	Onlinehandel	Deutschland	400
AVIS	Autovermietung	USA	30.000
Buurtzorg	Heimpflege	Niederlande	10.000
bwin	Online Entertainment	Gibraltar	3.000
Compax	Softwareentwicklung	Österreich	140
Computest	IT-Security & Testing	Niederlande	120
dm	Drogeriemarkt	Deutschland	38.000
eSailors	Lotterie	Deutschland	130
Finext	Finanzberatung	Niederlande	140
FAVI	Metallverarbeitung	Frankreich	400
Gore	Textilien	USA	10.000
Handelsbanken	Finanz	Schweden	11.000
Harley-Davidson	Motorrad	USA	5.900
hhpberlin	Brandschutz	Deutschland	160
Hoppmann Autowelt	Automobilhandel	Deutschland	460
IDEO	Design	USA	600
Liip	Softwareentwicklung	Schweiz	150
Haufe-umantis	Softwareentwicklung	Schweiz	130
ImmobilienScout24	Onlineplattform	Deutschland	600
Incentro	Softwareentwicklung	Niederlande	285
InVision	Softwareentwicklung	Deutschland	150
Jimdo	Softwareentwicklung	Deutschland	200
Morning Star	Tomatenprodukte	USA	600
Menlo Innovation	Softwareentwicklung	USA	180
Patagonia	Outdoorbekleidung	USA	1.100
PKE Electronics	Softwareentwicklung	Österreich	1.100
Richards Group	Marketing	USA	600
Schweizerische Bundesbahnen	Reise und Transport	Schweiz	29.000
Semco	Maschinenbau	Brasilien	1.000

→

Unternehmen	Branche	Standort	Mitarbeiterzahl 2016
sipgate	Telekom	Deutschland	120
SOL	Reinigung	Finnland	11.000
Spotify	Musikplattform	Schweden	2.500
Stämpfli	Kommunikations-dienstleister	Schweiz	410
Synaxon	IT-Netzwerk	Deutschland	130
TELE Haase	Zeit- und Überwachungsrelais	Österreich	85
Traum-Ferienwohnungen	Onlinemarktplatz/ Hotellerie	Deutschland	120
Toyota	Automotive	Japan	300.000
Upstalsboom	Hotellerie	Deutschland	630
USAA	Finanzdienstleister	USA	26.000
Volksbank Heilbronn	Finanz	Deutschland	320
Vollmer & Scheffczyk	Unternehmensberatung Agiler Maschinenbau	Deutschland	15
Whole Foods	Supermarkt	USA	40.000
Zappos	Onlinehandel	USA	1.500

Tab. II–1 *Überblick über die in diesem Buch untersuchten Unternehmen*

Die Tabelle umfasst Pioniere wie *AVIS, Gore* oder *Semco*, Trendsetter wie *Patagonia, Morning Star, Upstalsboom* oder *Spotify*, aber auch aufstrebende Newcomer wie *sipgate, Computest* oder *Haufe-umantis*. Sie listet Unternehmen von knapp hundert bis zu vielen Tausend Mitarbeitern auf, in denen Selbstorganisation in unterschiedlicher Breite und Konsequenz eingesetzt wird. Sie enthält Firmennamen, hinter denen spektakuläre Erfolgsgeschichten stehen, aber auch Beispiele wie *FAVI* oder *Jimdo*, wo Gestaltungsfreiheit und Autonomie mittlerweile der Firmenhistorie angehören. Fundamentale Veränderungen machen auch vor selbstorganisierten Unternehmen nicht halt – seien das nun gewandelte Eigentumsverhältnisse, ein neues Topmanagement oder radikale Markteinschnitte, wie sie etwa das Energieunternehmen *AES*, seit den 1980er-Jahren Pionier einer sukzessive auf über 40.000 Mitarbeiter skalierten Selbstorganisation, in den 2000er-Jahren erlebte.

Je mehr Beispiele ich erkundete, desto schillernder wurden meine Eindrücke. Selbstorganisation schien einem Kaleidoskop zu gleichen, in dem sich farbenfrohe Einzelteile zu immer wieder neuen Organsationsbildern verbanden. Und doch kristallisierten sich nach und nach einige charakteristische Muster heraus. So unterschiedlich die Kontexte und Geschichten meiner Unternehmensbeispiele sind, so ähnlich sind nämlich deren Vorgangsweisen. Ein umsichtiger Vergleich offenbart ein erstaunlich konsistentes Set an Prinzipien und Praktiken, die zum Einsatz kommen. Hier folgt zunächst eine kurze Zusammenfassung, bevor ich in mich an vertiefte Einsichten wage.

- **Zuerst der Kunde**
  In allen Unternehmen, in denen die Skalierung von Selbstorganisation gelungen ist, steht der Kunde im Mittelpunkt. Dessen Perspektiven, Interessen und Bedürfnisse sind das Wesentliche der Geschäftstätigkeit. Das zeigt sich schon in dem, was man die allgemeine Verfassung nennen könnte: von einer kraftvollen Mission über die strategische Ausrichtung zum Leitstern einer langfristigen Unternehmensvision. Das wird aber ebenso in der Art und Weise deutlich, wie für ein kundenzentriertes Portfolio gesorgt wird.
- **Transparente Steuerung von Abläufen**
  Um den Kunden bestmöglich bedienen zu können, braucht es geschmeidige Arbeitsflüsse. Freilich wollen wir uns nicht beschäftigt halten, sondern Wert generieren. Wert kann allerdings nur dann entstehen, wenn alle dafür notwendigen Aktivitäten gut koordiniert werden. Diese Koordination hat indes weniger mit den jeweiligen Organisationsstrukturen als mit den Abläufen zu tun, die vom ersten Input bis zum zufriedenen Kunden führen. Die Transparenz dieser Abläufe und deren gemeinsame Steuerung erlauben es, dem Kunden nicht nur Topqualität, sondern auch ein hohes Maß an Zuverlässigkeit zu bieten.
- **Kurze Feedbackschleifen**
  Die Qualität der Entscheidungen steht und fällt mit der Qualität des Feedbacks, das wir erhalten. Ohne akkurate Rückmeldungen sind wir in unseren Steuerungsbemühungen auf verlorenem Posten. Die Komplexität hochspezialisierter Arbeit macht daraus leicht ein Stochern im Nebel. Um diesen Nebel zu lichten, setzen selbstorganisierte Unternehmen ein smartes System aus Besprechungen, Messungen und persönlichen Rückmeldungen ein.
- **Kundennahe Entscheidungen**
  Eine wertorientierte Steuerung kann nur gelingen, wenn auch richtungsweisende Entscheidungen getroffen werden. Im Sinne meines Leitbilds formuliert: Nur wenn Windstärke und Seegang ausgelotet werden, die Segel bestmöglich gesetzt werden und das Ruder richtig gestellt ist, kann das Unternehmensschiff ordentlich Fahrt aufnehmen. Für eine entsprechende Bündelung der Kräfte müssen in vielen Bereichen immer wieder neue Entscheidungen getroffen werden. Die dafür nötige Autorität wandert in selbstorganisierten Unternehmen zu denjenigen mit der jeweils höchsten Fach- und Situationskenntnis. Nicht die hierarchische Position ist länger ausschlaggebend, sondern die Nähe zur Arbeit, auf die sich die jeweilige Entscheidung auswirkt.

- **Mutige Verbesserungs- und Innovationsexperimente**
  Agilität bedeutet nicht, dass wir uns auf der sicheren Seite befinden. Im Gegenteil: Evolutionäre Verbesserung ist so wenig ohne Versuch und Irrtum zu haben wie bahnbrechende Innovation. Es liegt auf der Hand, dass es neben einer guten Feedback- auch eine gute Fehlerkultur braucht, um die notwendigen Experimente zu unterstützen. Und es braucht eine Lernkultur, die es erlaubt, konstruktiv mit auftretenden Spannungen und Konflikten umzugehen.
- **Schlanke Aufbauorganisation**
  Selbstorganisierte Unternehmen leben von der Autonomie ihrer einzelnen Geschäftseinheiten. Die lose Kopplung dieser Einheiten stärkt deren Steuerungshoheit und fördert ihre Beweglichkeit. Deswegen stellen sich viele Unternehmen nach Kundenbedürfnissen auf, haben eine flache Hierarchie und ein Minimum an Zentralfunktionen.
- **Verteilte Managementaufgaben**
  Aus den bisher genannten Punkten ergeben sich zumindest die zwei Konsequenzen, dass traditionelle Managementaufgaben in selbstorganisierten Unternehmen auf viele Leute aufgeteilt werden und sich die Aufgaben des Linienmanagements ändern. Dafür erscheint mir die Unterscheidung zwischen Arbeit am System und Arbeit im System erhellend. Während die Fachexperten in den Teilsystemen weitgehende Freiheiten genießen, sorgen Linienmanager für klare Rahmenbedingungen und eine zielführende Koordination der Teilsysteme.
- **Laufendes Training und Coaching**
  In keinem der erwähnten Unternehmen hat sich die Selbstorganisation von ganz alleine entfaltet. Wunder finden eben nur im Märchen statt. In der Wirklichkeit braucht es profunde Information (Stichwort: Transparenz), konsequente Befähigung (Stichwort: Skill Building) und disziplinierte Übung (Stichwort: Routine) um die neuen Herausforderungen zu meistern.

Wie angekündigt möchte ich in den Folgenden Kapiteln jeden dieser Gestaltungsbereiche genauer beleuchten. Neben einer grundsätzlichen Klärung erörtere ich ausgewählte Managementwerkzeuge, die in den verschiedenen Unternehmen eingesetzt werden. Konkrete Anwendungsbeispiele sollen diesen Einsatz illustrieren und ein möglichst realitätsnahes Praxisbild vermitteln.

4 Zuerst der Kunde

»Das Einzige, das stört, ist der Kunde«, heißt es so schön. Wer das als müden Kalauer abtun möchte, sollte sich mal wieder in der Praxis umsehen. Gerade in größeren Unternehmen ist die Störung noch höchst lebendig. Der Alltag ist mit Aufgaben überladen, die Arbeit von ständigen Kontextwechseln fragmentiert, das Linienmanagement ein zusätzlicher Unsicherheitsfaktor, der beharrlich mit Einmischung droht. Dass die meisten Unternehmen ausgerechnet den Kundensupport outsourcen spricht diesbezüglich Bände. Statt den Service als lehrreiche Feedbackschleife zu sehen, wird er in Callcenter ausgelagert, in denen es primär um effiziente Abwicklung geht. Die entsprechenden Agents agieren folglich nicht als Seismographen, die ein höchst relevantes Verhalten beobachten und diese Beobachtung wieder in die Organisation einspielen. Vielmehr helfen sie dieser Organisation, sich ihre Kunden vom Leibe zu halten.

Agilität ist zwar in aller Munde: kaum einer, der nicht die Volatilität der Märkte beklagt, Komplexitätsreduktion beschwört und lautstark eine höhere Reaktionsgeschwindigkeit einfordert. Die Mutigen setzen dafür in immer mehr Bereichen Scrum- und Kanban-Teams ein. Und die Übermütigen behaupten dann sogar, agil zu sein. Gleichzeitig sind aber nur wenige dieser Unternehmen so organisiert, dass der Kunde im Mittelpunkt steht. Stattdessen bleiben organisationsinterne Agenden handlungsleitend. Lokale Optimierung (Stichwort: High Performing Teams) und taktisches Vorgehen (Stichwort: Performance Management) stehen auf der Tagesordnung.

Angesichts solcher Schräglagen gerät leicht in Vergessenheit, dass selbst die größten Platzhirsche einmal klein angefangen haben: nämlich als das, was wir heute Start-up nennen. In dem Maße, wie sich viele Faktoren ständig ändern, so konstant bleibt das Gesetz, dass ein Unternehmen nur überleben kann, wenn es Kunden hat – und nur wachsen, wenn die Anzahl und die Kaufbereitschaft dieser Kunden steigt. In der Gründungsphase ist es ganz normal, das eigene Tun konsequent auf den Kunden auszurichten. Man kennt sie, weiß um ihre Bedürfnisse und wie man daraus Kapital schlagen kann. Andernfalls ist die Unternehmensentwicklung schneller zu Ende, als man denkt.

Abb. 4–1 *Kundenorientiertes Design?*

Doch wie behält ein Unternehmen seine Kunden im Auge, wenn es sich nicht mehr im Pionierstadium befindet? Wenn es keine sagenumwobene Garagen-Initiative, sondern eine Organisation mit einer wachsenden Anzahl von Mitarbeitern ist? Wenn es sich sukzessive mehr und mehr mit Regelwerken, Prozessrichtlinien oder Verhaltensstandards zu beschäftigen beginnt statt mit dem, was für Kunden wirklich Wert hat?

Ich möchte dazu drei Antworten liefern, die gleichsam die Verfassung jedes Unternehmens abstecken: die Mission, die Vision und die Strategie.

4.1 Mission und Vision

Wozu gibt es unser Unternehmen? Wer sind unsere Kunden? Welche Produkte oder Services liefern wir? Und wie profitieren unsere Kunden davon? Das sind die Grundfragen, die ein sogenanntes Mission Statement beantwortet (siehe Kasten).

Mission Statement

Schaffen Sie die Bausteine für Ihre eigene Mission, indem Sie folgende Fragen beantworten:

- Wozu gibt es Ihre Organisation(seinheit)? Was ist der primäre Zweck, den sie verfolgt?
- Wer sind Ihre Kunden?
- Wie profitieren diese Kunden von dem, was Sie liefern?
- Was macht Sie einzigartig?

Wenn Sie sich unsicher sind, können Sie den »Fünf Warum«-Ansatz nutzen. Dabei beginnen Sie mit einer einfachen Beschreibung Ihrer Kernaktivitäten und fragen wiederholt: »Warum ist das wichtig?« Nachdem Sie diese Frage maximal fünf Mal gestellt haben, sind Sie sehr wahrscheinlich bei ihrem primären Zweck gelandet. Ähnliches gilt für die weiteren Fragen. Geben Sie sich nicht mit einem oberflächlichen Brainstorming zufrieden, investieren Sie in eine im besten Sinne grundlegende Auseinandersetzung!

Bevor Sie mit Ihrem Statement loslegen, sollten Sie noch zwei Dinge bedenken: erstens, wie Sie dafür sorgen, dass Ihre Mission ein kraftvoller Treiber und nicht ein zahnloser Papiertiger bleibt, und zweitens, wie Sie dieses Statement überhaupt entwickeln wollen. Geben Sie das als Manager vor? Ziehen Sie ausgewählte Kollegen zurate? Betrachten Sie das überhaupt als gemeinsame Entwicklungsarbeit? Beziehen Sie möglicherweise sogar Kunden mit ein, um Ihr Wertversprechen zu validieren?

Die Art, wie Sie diese Fragen beantworten, könnte Ihnen im Übrigen auch etwas über Ihr Managementverständnis und Ihre Unternehmenskultur verraten.

Wie groß auch immer die Organisationseinheit ist, auf die Sie sich in Ihrem Statement beziehen, sollte es stets um eine prägnante Zusammenfassung des Was und Warum Ihrer Arbeit gehen. Einige Praxisbeispiele gefällig?

Der mythenumwobene Motorradhersteller *Harley-Davidson* »erfüllt Träume, indem [er] den Motorradfahrern und der Allgemeinheit eine wachsende Palette an Motorrädern, Markenprodukten und -services in ausgewählten Marktsegmenten bietet« (*http://panmore.com/harley-davidson-vision-statement-mission-statement*). Die Supermarktkette *Whole Foods* sieht sich als »Marktführer in Sachen qualitativ hochwertiger Lebensmittel. Wir sind ein missions-getriebenes Unternehmen, das exzellente Standards für alle Lebensmittelhändler zu setzen versucht. Hohe Standards bestimmen alle Aspekte unserer Geschäftstätigkeit. Qualität ist eine Grundhaltung von *Whole Foods Market*« (*htpp://wholefoodsmarket.com/mission-values/core-values/declaration-interdependence*). Die schweizerischen Softwareentwickler *Liip* haben rund um ihre Kernwerte Agilität, Innovation, Nachhaltigkeit und Spaß sogar ein eigenes Manifest aufgesetzt. Neben einer Adaption des Manifests der agilen Softwareentwicklung findet man dort einige der Grundüberzeugungen bezüglich Web und Entwicklung ausgeführt: etwa die Ansicht, dass das Internet unsere heutige Kommunikation und Kultur bestimmt, den Imperativ, in die Firma und in die Menschen gleichermaßen zu investieren, die Nutzung von Open-Source-Technologien oder die Verpflichtung zu innovativen Projekten, um die einzigartigen Stärken der Kunden auszubauen (*https://www.Liip.ch/static/manifesto/index.html*). Und beim Outdoorspezialisten *Patagonia* sind die gesamten Aktivitäten konsequent darauf ausgerichtet, »das beste Produkt zu entwickeln, keinen Schaden zu verursachen und das Business dafür zu nutzen, Lösungen für die Umweltkrise zu inspirieren und umzusetzen« (*http://www.patagonia.com/company-info.html*).

Das niederländische Pflegenetzwerk *Buurtzorg* hat sich ebenfalls ein ambitioniertes Vorhaben auf die Fahnen geschrieben: »Den Service und die Qualität der Heimpflege durch die Führung und Zusammenarbeit lokaler Pflegekräfte zu verbessern, sodass jede Person die Art der Pflege bekommt, die sie am meisten braucht, und zwar dort, wo sie es am liebsten hat – und damit teurere institutionelle Pflege so lange wie möglich zu vermeiden.« Beim kalifornischen Tomatenproduzenten *Morning Star* gibt es sogar vier verschiedene Mission Statements: auf Unternehmensebene, zwischen den autonomen Divisionen, in den jeweiligen operativen Einheiten und für jeden einzelnen Mitarbeiter.

- Die persönlichen Mission Statements bilden so etwas wie das Rückgrat des Unternehmens. In ihnen wird erfasst, was jede Person zum Unternehmenserfolg beiträgt.
- Im sogenannten CLOU (Certified Letter of Understanding) werden die Arbeitsvereinbarungen zwischen jenen Kollegen zusammengefasst, die am intensivsten miteinander arbeiten. Die meisten Mitarbeiter haben ungefähr zehn solcher CLOUs, in denen Ergebnisse, Ziele und Metriken festgelegt werden.
- Alle zwei Monate werden die neuesten Geschäftsergebnisse dazu verwendet, die im CLOU geplanten mit den tatsächlichen Leistungen zu vergleichen und gegebenenfalls Korrekturmaßnahmen vorzunehmen. Das verwandelt den CLOU in eine Art von richtungsweisender Leitplanke für das eigene Tun, statt ihn zu einem bürokratischen Verwaltungsakt verkommen zu lassen.
- Dasselbe Koordinationsprinzip wird auch zwischen den verschiedenen Abteilungen und Divisionen angewandt – was jeden Mitarbeiter und jedes Subsystem schlussendlich in ein dichtes Netzwerk von Zusagen und Verpflichtungen einwebt. Dieses Netz wird allerdings, und das ist die zentrale Pointe der Selbstverantwortung bei *Morning Star*, nicht hierarchisch vorgegeben, sondern kollegial ausgehandelt. »Mach' die Mission zum Chef«, lautet das Motto [Hamel 2011].

Eine solche Operationalisierung ist umso wichtiger, als Missionen oft dasselbe Schicksal erleiden wie Unternehmenswerte oder -prinzipien. Sie listen eine Reihe von Allgemeinplätzen auf, erinnern an Bullshit-Bingo und fristen selbst dann ein Schattendasein, wenn sie groß auf die Bürowände tapeziert sind. Umsichtig eingesetzt, können sie jedoch für ein hohes Maß an Klarheit sorgen: Sie verdeutlichen jedem Einzelnen, was von ihm erwartet wird, was er daher zu tun hat und wie er damit zum großen Ganzen beiträgt. Jean-Francois Zobrist zufolge helfen uns gut formulierte Missionen, von den allgegenwärtigen »Wie«-Unternehmen zu »Warum«-Unternehmen zu kommen. Für den ehemaligen CEO des Selbstorganisationspioniers *FAVI* erklären einem Erstere ständig, wie man seinen Job machen soll. Durch die Konzentration auf Einsatzpläne, Arbeitsvorschriften, Werkstandards oder Verhaltensrichtlinien hält man sich jedoch mit allem anderen beschäftigt als mit dem, was zählt: nämlich, ob die Arbeit ordentlich erledigt wurde und ob der Kunde zufrieden ist. »Warum«-Unternehmen hingegen ersetzen den Wildwuchs an Vorgaben durch eine einzige Frage: »Warum machst du, was du machst?« Solange die Antwort lautet: »Um den Kunden zufriedenzustellen«, sollte man sich laut Zobrist keine Gedanken darüber machen, wie genau das passiert [Carney & Getz 2009, S. 15].

Abb. 4–2 *Kleinkarierte Visionen*

Wenn die Mission die Existenz Ihres Unternehmens begründet und jedem einzelnen Klarheit darüber verschafft, was er zu dessen Erfolg beiträgt, heißt es also volle Kraft voraus. Doch was ist dann eigentlich eine Vision? Ist das nicht dasselbe? Obwohl Mission und Vision in der Praxis oft miteinander vermischt werden, gibt es aus meiner Sicht einen zentralen Unterschied: Während Erstere Ihre Geschäftstätigkeit antreibt, gibt Letztere über Ihr Zielbild Auskunft. Eine Vision darf allerdings nicht mit operativen Zielsetzungen verwechselt werden. Sie formuliert ein idealisiertes Bild Ihrer Unternehmenszukunft.

- Was wollen Sie in 5/10/x Jahren geschaffen haben?
- Wie sieht dann Ihr Geschäftsfeld aus?
- Wer sind Ihre Kunden? Welchen Mehrwert liefern Sie diesen?
- Was zeichnet Ihre Organisation aus? Was unterscheidet sie von Ihren Mitbewerbern?

Eine gut formulierte, an alle kommunizierte Vision kann somit als eine Art von Leitstern fungieren, der alle Entscheidungen auf ein größeres Ganzes fokussiert. Das vielleicht berühmteste Beispiel für einen solchen Leitstern ist natürlich Toyotas *True North*: Null Fehler, 100 % Wertschöpfung (also keinerlei Verschwendung), One-Piece-Flow (einen Auftrag durchziehen), Arbeitssicherheit (physisch wie mental) und professionelle Herausforderung (apropos kontinuierliche Verbesserung). Auf den ersten Blick wird klar, dass diese Vision niemals verwirklicht werden kann. Zu stark setzt sie auf Superlative. Das unermüdliche Streben nach Perfektion spornt jedoch immer neue Verbesserungsmaßnahmen an und sorgt – wie Toyota trotz aller Krisen eindrucksvoll unter Beweis stellt – für nachhaltigen ökonomischen Erfolg.

Doch auch Unternehmen in ganz anderen Branchen verstehen es, sich die Latte hoch zu legen. So formuliert der finnische Reinigungsspezialist *SOL* die Vision eines herausragenden Dienstleisters. »Wir wollen die Besten in Sachen Umwelt sein, und zwar sowohl für unsere Kunden als auch für unser Personal.« Dass diese unscheinbare Zielsetzung durchaus ambitioniert ist, liegt gerade hinsichtlich des Einsatzes chemischer Mittel auf der Hand. *Zappos* wiederum prophezeit: »Eines Tages werden 30 % aller Verkaufsabschlüsse in den Vereinigten Staaten online abgewickelt. Die Konsumenten werden bei dem Unternehmen einkaufen, das den besten Service und die beste Auswahl hat. Zappos wird dieser Onlinehändler sein« (*https://s3.amazonaws.com/zidownloads/TheZapposFamilyCoreValues.pdf*).

Harley-Davidson setzt sich eine Vision, die auf zwei Bereiche fokussiert: »... auf die kontinuierliche Verbesserung der Beziehungen zu seinen Stakeholdern (Kunden, Lieferanten, Mitarbeiter, Anteilseigner, Staat und Gesellschaft), die für alle Beteiligten nützlich sind« und auf die »Ermächtigung aller Mitarbeiter, sich auf wertschöpfende Aktivitäten zu konzentrieren« (*http://panmore.com/harley-davidson-vision-statement-mission-statement*).

4.2 Strategie und Kultur

Ohne eine stimmige Strategie bleiben die Mission und die Vision gleichermaßen wirkungslos. Wenn Sie unattraktive Produkte und Services anbieten, macht es wenig Unterschied, wenn Sie das selbstorganisiert tun. Selbiges gilt, wenn Sie Leitsternen nachlaufen, die keinerlei Leuchtkraft haben. Dem Kunden wird das so egal sein wie Ihrer Wertschöpfung. Wie werden nun konkrete Strategien abgeleitet, die die vorhandenen Kräfte bündeln? Wie verhindert man, dass dies zu aufwendigen Zeremonien führt, wie sie landauf landab von den großen Beratungshäusern zelebriert werden? Und wie verbindet man schlanke Zielsetzungen mit adäquater Kommunikation? In seiner besten Zeit zeigte der Hamburger Website-Spezialist *Jimdo* beispielhaft, wie Strategieentwicklung auf eine Weise stattfinden kann, die die Potenziale der Selbstorganisation konsequent nutzt. Die Grundidee basierte auf einer konsequenten Fokussierung. *Goal #1* hieß dann, was aktuell den größten Wert versprach. Dieses Ziel wurde jedoch nicht einfach ausgegeben und dann hinter verschlossenen Türen überwacht. Stattdessen trafen sich Delegierte aus allen Bereichen in regelmäßigen Abständen, um sich auszutauschen und eine effektive Koordination aller Beteiligten sicherzustellen [Roock 2014].

Für eine strategieorientierte Koordination hat sich in selbstorganisierten Unternehmen das sogenannte *Swarming* bewährt. Einerseits wird ein solches Schwärmen überall dort eingesetzt, wo auf operativer Ebene Probleme zu lösen sind: Einem Fischschwarm gleich finden diejenigen selbstorganisiert zusammen, die über die nötige Lösungskompetenz verfügen. Entsprechende Übung vorausgesetzt, braucht es hierfür weder eine besondere Moderation noch eine dedizierte Leitung, die Ressourcen alloziert. Beim Personalsoftwareexperten *Haufe-umantis* wird sogar auf strategischer Ebene »geschwärmt«. Im Forschungs- und Entwicklungsbereich finden sich die rund 60 Mitarbeiter selbstorganisiert zu jenen Projekten zusammen, die aus ihrer Sicht das überzeugendste Wertversprechen verfolgen. Was hilft dem Kunden dabei, noch erfolgreicher zu arbeiten? Was stiftet aus jetziger Sicht den größten Nutzen? Und wie können wir das bedienen? Alle drei Monate werden diese Fragen gemeinsam bearbeitet, um die vorhandenen Kräfte bestmöglich zu bündeln. Feste Abteilungen gibt es im Forschungs- und Entwicklungsbereich ebenso wenig wie klassische Manager. Ganz ähnlich passiert das bei *Harley-Davidson*. In drei Segmente untergliedert sind ihre »natürlichen Arbeitsgruppen« darauf ausgerichtet, die richtigen Leute für die Umsetzung vielversprechender Vorhaben zusammenzubringen. Ohne Managementvorgabe organisieren sich die Mitarbeiter innerhalb bestimmter Produkt-, Support- oder Marketingzirkel, um gemeinsam passende Lösungen für den Kunden auszuarbeiten.

Auch das niederländische Pflegenetzwerk *Buurtzorg* demonstiert eindrucksvoll, wie eine ambitionierte Mission mit einer klaren Strategie verbunden werden kann. Diese Strategie besteht aus sechs Komponenten [Huijbers 2010]:

1. Die Einschätzung der Patientenbedürfnisse. Diese erfolgt ganzheitlich und umfasst medizinische, soziale und persönliche Angelegenheiten. Auf der Basis dieser Grundeinschätzung wird ein individueller Pflegeplan entworfen.
2. Das Erfassen aller informell relevanten Netzwerke und deren Beteiligung an der Pflege
3. Die Identifikation und Beteiligung der offiziellen Betreuungspersonen
4. Die Umsetzung der Pflege
5. Die Unterstützung des Patienten, seine sozialen Rollen wahrzunehmen.
6. Die Förderung selbstständiger Pflege und persönlicher Unabhängigkeit

Diese fest miteinander verbundenen Komponenten setzen den Rahmen, innerhalb dessen private und professionelle Pflegekräfte ihre Einsätze gestalten.

Bleibt die Frage, wie sichergestellt wird, dass der Kunde weiterhin im Zentrum Ihres strategischen Vorgehens bleibt. Ihrer lebendigen Vielfalt entsprechend liefern selbstorganisierte Unternehmen darauf ganz unterschiedliche Antworten. Gemeinsam ist ihnen jedoch zum einen die konsequente Einbindung der Mitarbeitenden. Statt Strategie zur exklusiven Managementaufgabe zu machen, wird bewusst auf die Erfahrungen und Ideen derer gesetzt, die üblicherweise viel näher am Kunden sind. Das kann in einer hierarchie- und fachübergreifenden Gruppe passieren, die sich wie bei *sipgate* regelmäßig zu Strategieworkshops zusammenfinden, das kann wie bei *eSailors* sogar mit allen Mitarbeitenden erfolgen, die sich quartalsmäßig zu einem gemeinsamen Review- und Planungsmeeting treffen, oder wie bei *Computest* durch eine fach- und hierarchieübergreifende Gruppe sichergestellt werden, der neben dem CEO verschiedene Delegierte aus den unterschiedlichen Fachbereichen angehören.

Raumschiff Unternehmenskultur

»Völlig losgelöst von der Erde schwebt das Raumschiff völlig schwerelos«, schraubte uns Peter Schilling vor mehr als 20 Jahren einen schwungvollen Wurm ins Ohr. Sein *Major Tom* muss mich wohl dazu inspiriert haben, ein Unternehmen mit einem Raumschiff zu vergleichen – freilich mit einem Raumschiff, das sich weder losgelöst noch schwerelos, sondern *Enterprise*-mäßig fokussiert durch die unendlichen Weiten des Marktes bewegt. Angetrieben wird dieses Raumschiff von einer bestimmten Mission, die es in verschiedenen Etappen ausführt. Für jede dieser Etappen braucht es eine eigene Strategie, deren Umsetzung wiederum spezifische Strukturen, Prozesse und Verhaltensformen erfordert.

Abbildung 4–3 zeigt, wie sich mein Vergleich ins Bild setzen lässt. Außerdem löst die Abbildung das Rätsel, welchen Namen dieses spezielle Raumschiff tragen sollte.

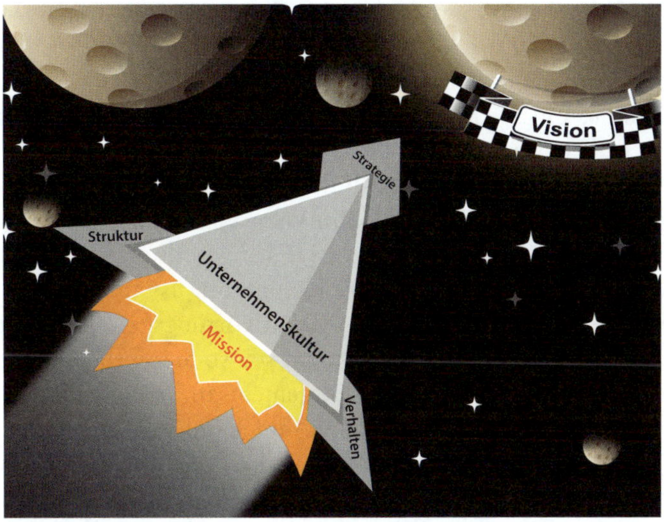

Abb. 4–3 *Das Raumschiff der Unternehmenskultur*

Die Bedeutung der Kultur muss in agilen Umfeldern kaum extra betont werden. »Die Kultur ist der wahre Nordstern«, spitzt Arne Roock zu, was in vielen selbstorganisierten Unternehmen offensichtlich ist [Roock 2014]. Neben dem geschäftlichen Erfolg spielt die Mitarbeiterzufriedenheit eine zumindest ebenso gewichtige Rolle wie die Kundenzufriedenheit. Und für die Mitarbeiterzufriedenheit wird nun mal gerne die Kultur als Argument angeführt. So weit, so gut. Abbildung 4–3 unterstreicht allerdings, dass diese Kultur nicht auf Atmosphäre, Klima oder Spirit oder ähnlich Diffuses reduziert werden darf. Sie ergibt sich vielmehr aus dem dynamischen Wechselspiel strategischer, ablauf- und verhaltensspezifischer Faktoren. Dass wir den sperrigen Begriff der Unternehmenskultur am ehesten mit »so machen wir das hier« übersetzen können, unterstreicht dieses Wechselspiel: So sehen wir hier den Markt, so nehmen wir dessen Herausforderungen wahr, so arbeiten wir zusammen, so bedienen wir unsere Kunden usw.

»Heute haben wir uns gut aus der Atmosphäre gezogen«, erklärte uns Herbert Prohaska einmal, seines Zeichens österreichische Fußballlegende und zumindest ebenso legendär für, ich sags einmal so, seinem Kampf gegen dem Dativ. Doch selbst wenn die Kultur bloß eine Affäre wäre, könnte sich keiner herausziehen. Sie ist ein ebenso breitenwirksames wie tiefgehendes Phänomen, sie steckt uns gleichsam in den Knochen und leitet unser gesamtes Tun. Deswegen ist die Veränderung der Unternehmenskultur ein ebenso aufwendiges wie zeitintensives Unterfangen. Wir können eben nicht, wie es der Vorstandsvorsitzende Erich Harsch für *dm* auf den Punkt bringt, »einen Schalter umlegen. Kultur ist ein langjähriger Entwicklungsweg«. Diese Entwicklung werde, so Harsch weiter, durch zwei untrennbar miteinander verbundene Prinzipien vorangetrieben: durch eine kundenorientierte Grundhaltung und durch die Wertschätzung des Menschen.

»Zuerst der Kunde – dann folgt der Erfolg«, lautet das eine Prinzip. Das funktioniere jedoch nur dann, wenn der Mensch entsprechend des anderen Prinzips nicht bloß als Mittel zur Gewinnmaximierung gesehen werde. »Wenn ich Mitarbeiter schlecht behandle, muss ich mich nicht wundern, wenn diese Mitarbeiter den Kunden schlecht behandeln.«

Die Bedeutung der Unternehmenskultur ist auch für Peter Stämpfli, den Präsidenten des Verwaltungsrates des Kommunikationsdienstleisters *Stämpfli,* keine Überraschung. Im Gegenteil: Die sukzessive Umgestaltung des traditionsreichen Unternehmens in Richtung mehr Selbstbestimmung ist für ihn ohne das bestehende Fundament an Gleichwertigkeit, Verantwortungsgefühl und Einsatzbereitschaft schwer vorstellbar. Dieses Fundament sei, so Stämpfli, enorm wichtig, um die drängenden Fragen der heutigen Zeit gemeinsam in Angriff nehmen zu können: Welche Herausforderungen kommen auf das Unternehmen zu? Wie wird sich die allgegenwärtige Digitalisierung auf die verschiedenen Bereiche auswirken? Und wie kann, wie Stämpfli es formuliert, »ein anderes Zusammenspiel von Umweltbeobachtung und Interaktion« erreicht werden? Mehr Entscheidungsautonomie im Rahmen eines klaren Regelwerks sei eine der Antworten, an denen man gerade arbeite. Stämpfli ist davon überzeugt, dass weitere Antworten in Richtung einer agileren Führungsphilosophie folgen werden. Wie viele Veränderungsexperimente dazu auch noch nötig sein werden, stabil bleibe dabei das Motto: Kommunikation – Mensch zu Mensch. Und dieses auf Respekt und Grundvertrauen bauende Motto werde auch in Zukunft für Mitarbeiter und Kunden gleichermaßen gelten.

Harschs und Stämpflis Ausführungen unterstreichen ein weiteres Risiko, das mit jeder Agilisierung von Unternehmenskultur einhergeht: nämlich das Risiko, Mitarbeiterorientierung und Kundenorientierung voneinander abzukoppeln oder gar gegeneinander auszuspielen. Kommt nun der Kunde zuerst oder doch der Mitarbeiter? Wollen wir nun primär schneller werden oder ein gutes Arbeitsklima schaffen? Wollen wir mehr Geschäftsmöglichkeiten wahrnehmen oder vor allem neue Kooperationsformen kultivieren? Selbstverständlich lässt sich anführen, dass die Mitarbeiter das wertvollste Gut einer Organisation sind: Ohne ihre Erfahrungen und Fähigkeiten, ohne ihre Einsatzbereitschaft und ohne ihre unternehmerische Intelligenz können wir kein einziges der agilen Glücksversprechen einlösen. Das rechtfertigt alle Arten von Kulturpflege im Sinne eines respektvollen Umgangs, spannender Herausforderungen, attraktiver Rahmenbedingungen oder eines positiven Images als Arbeitgeber. Immerhin gilt es, vorhandene Spitzenkräfte langfristig zu binden und den Kampf um Talente für sich zu entscheiden.

Auf der anderen Seite sollten wir allerdings nicht übersehen, dass weder humane noch technische Ressourcen sinnvoll eingesetzt werden können, wenn es zu wenig Aufträge gibt. Wollen wir unser Unternehmen weiterentwickeln, stellt sich zwangsläufig die Frage, wie wir Stammkunden halten und neue Kunden gewinnen können. Oder, wie ich es etwas hochtrabender ausdrücken möchte, wie wir unsere Unternehmenskultur konsequent auf den Kunden ausrichten. Welche

Strukturen und Prozesse brauchen wir dafür? Wie beeinflussen diese das Verhalten der Mitarbeiter? Wie bündeln wir dieses Verhalten zu einer fokussierten Strategie? Und wie schlägt diese Strategie wiederum auf unsere Strukturen und Prozesse zurück?

4.3 Design Thinking

Mir ist klar, dass ich mit diesen Fragen ein großes Fass aufmache. Schon Henry Mintzberg hat vor der abenteuerlichen Safari gewarnt, die uns die Wildnis der Strategieindustrie aufnötigt [Mintzberg et al. 2004]. Bei aller gebotenen Ehrfurcht möchte ich zum Abschluss dieses Kapitels zumindest kurz in diese Wildnis hineinschnuppern. Denn auch selbstorganisierte Unternehmen können sich die Strategiesafari nicht sparen. Doch wie verhindert man, sich im Dschungel der Konzepte zu verirren?

Nach den bisherigen Ausführungen liegt die Antwort gewissermaßen auf der Hand: Jede Strategiesafari, die echte Entdeckungen im Visier hat, muss uns zwangsläufig zum Kunden führen. Fragt sich bloß, wie wir unsere Reise zum Kunden bestmöglich gestalten – und daraus idealerweise etwas lernen, das Einfluss auf unsere eigene Kultur hat. Für eine erfolgreiche Navigation möchte ich das *Design Thinking* in Stellung bringen, das seit Beginn der 2000er-Jahre die strategische Ausrichtung von Organisationen maßgeblich beeinflusst hat [Brown 2009].

Design Thinking

Grundsätzlich ist Design Thinking eine Methode für die Entwicklung innovativer Lösungen. Diese Methode basiert auf einer charakteristischen Schrittfolge:

- Genaue Analyse der Problemstellung
- Iteratives Vorgehen, das zu einer oftmaligen Überarbeitung von Problem und Lösung führt.
- Betonung des praktisches Erfassens, das sich in der Entwicklung konkreter Prototypen niederschlägt.
- Fokus auf interdisziplinäre Zusammenarbeit
- Konsequente Orientierung dieser Arbeit an den Kunden und Nutzern, die in vielen Phasen aktiv in den Designprozess einbezogen werden.

Während sich das Designdenken ursprünglich vor allem auf die frühe Phase der Ideengenerierung konzentrierte, kommt es mittlerweile in vielen Unternehmensbereichen zur Anwendung: für den gesamten Produktentwicklungszyklus, für die Erbringung diverser Dienstleistungen, für strategische Fragestellungen oder auch für die Gestaltung des Organisationsdesigns. Zudem setzt sich der Design-Thinking-Pionier *IDEO* seit einigen Jahren für die konsequente Anwendung der Methode in Entwicklungsländern ein (*https://www.ideo.org*).

Das Design Thinking hat mittlerweile in vielen Unternehmen seine Spuren hinterlassen. Das zeigt sich in der Entwicklung neuer Produkte oder Services. Es zeigt sich aber ebenso in der Gestaltung von Veränderungsinitiativen, Innovationsforen oder Strategiekonferenzen. Stets stehen dabei ähnliche Fragestellungen im Zentrum: Wie mobilisieren wir die Sensoren aller Mitarbeiter? Wie nutzen wir deren Fachkenntnisse und Erfahrungen? Wie bündeln wir all diese Kräfte zu möglichst vielversprechenden Vorhaben? Und wie binden wir Kunden in diese Vorhaben ein?

Der interdisziplinäre und iterative Charakter des Designdenkens macht es zu einem engen Verwandten agiler Ansätze. Der konsequente Kundenfokus, der experimentelle Charakter und die schlanke, auf Prototypen konzentrierte Vorgehensweise stehen wiederum in der Tradition des Lean-Denkens. Und ohne Selbstorganisation, ohne die Bereitschaft zu intensivem Austausch über die verschiedensten Grenzen hinweg und das praktische Erproben neuer Ansätze ist jeder Gestaltungsversuch schon auf dem Holzweg.

Zugleich inspiriert das Designdenken in all diesen Bereichen neue Praktiken. Vor allem Ash Mauryas *Running-Lean*-Konzept scheint mir diesbezüglich richtungsweisend [Maurya 2013]. Ausgangspunkt sind die klassischen Innovationsfragen: Sind die Kunden überhaupt an unserem Produkt oder Service interessiert? Sind sie bereit, dafür auch zu zahlen? Und wie aufwendig ist die Umsetzung? Die Antworten auf diese Fragen werden durch ein einzigartiges Wertversprechen (Unique Value Proposition) auf den Weg gebracht. Im Spannungsfeld zwischen Problem und Lösung fasst dieses Versprechen den Nutzen zusammen, den Kunden von unserem Angebot haben. Bevor wir alles daransetzen, dieses Angebot auf den Markt zu bringen, sollten wir aber noch weitere Hausaufgaben machen. Welche Kanäle wollen wir nutzen, um unser Produkt zu vertreiben? Was kostet es uns, eine bestimmte Dienstleistung zu erbringen? Von welchen Umsätzen gehen wir aus? Und woran erkennen wir, ob wir tatsächlich auf dem richtigen Weg sind? Damit wir nicht vor lauter Fragezeichen in die Irre gehen, bietet uns Maurya eine einfache Visualisierung. Tabelle 4–1 zeigt den sogenannten Lean Canvas, der als Vorlage für den gesamten Innovationsprozess dienen kann.

<table>
<tr><td rowspan="2">Problem</td><td>Lösung</td><td rowspan="2" colspan="2">Wertversprechen</td><td>Besonderer Vorteil</td><td rowspan="2">Kunden-
segmente</td></tr>
<tr><td>Messkriterien</td><td>Kanäle</td></tr>
<tr><td colspan="3">Kostenstruktur</td><td colspan="3">Umsatzströme</td></tr>
</table>

Tab. 4–1 *Lean Canvas nach Ash Maurya [Maurya 2013]*

Die Leinwand allein beseitigt natürlich keines der Fragezeichen, die uns zu Beginn eines Entwicklungsprozesses plagen. Sie hilft jedoch, alle relevanten Faktoren im Überblick zu behalten, wenn es um die Bearbeitung von drei geschäftskritischen Risiken geht:

1. **Produktrisiko**
   Welches Problem lösen Sie? Welches Bedürfnis befriedigen Sie damit? Wie könnte ein minimal funktionsfähiges Produkt (MFP) aussehen, mit dem Sie Ihre Ideen mit überschaubarem Aufwand testen können?
2. **Kundenrisiko**
   Wem ist das von Ihnen avisierte Problem überhaupt ein Anliegen? Wem ist das so wichtig, dass er dafür sogar Geld ausgeben würde? Wie finden Sie diejenigen, die dazu sofort bereit sind?
3. **Marktrisiko**
   Wie wird mit dem Problem derzeit umgegangen? Welche anderen Lösungsangebote gibt es bereits? Welchen Preis können Sie für Ihr Angebot verlangen?

Für ein effektives Management dieser Risiken empfiehlt uns Maurya, uns nicht auf die üblichen Datensammlungen zu verlassen. Die Anzahl von Klicks, die Dauer der Benutzung oder die reinen Verkaufszahlen sagen uns nämlich nur wenig über die tatsächlichen Kundenerfahrungen. Statt auf unsere Interpretationsfähigkeit sollten wir lieber auf den direkten Kontakt mit dem Kunden setzen. Hierfür schlägt er drei konkrete Formate vor: das Probleminterview, das Lösungsinterview und das Interview, das sich um das minimal funktionsfähige Produkt dreht. Alle Formate folgen einer ähnlichen Grundstruktur:

- **Willkommen heißen und Übersicht geben**
  Wozu dieses Interview? Wie wird es ablaufen?
- **Relevante Kundendaten erheben**
  Wie alt sind die Kunden? Wo leben sie? Wie oft sind sie mit einem bestimmten Problem konfrontiert? Wie oft nutzen sie die angebotene Lösung? Etc.
- **Kontext klären**
  Wie sieht die aktuelle Situation aus? Wann tritt das Problem auf? Wann setzen sie auf die Lösung? Was bewirkt das jeweils?
- **Beobachten und bewerten**
  Welche Probleme sind am wichtigsten? Können sie etwas mit der Lösung anfangen? Wie viel sind sie bereit, dafür auszugeben? Wie wenden sie das Produkt konkret an?
- **Mögliche Folgeschritte testen**
  Wären sie bereit, das Produkt zu testen? Würden sie die Lösung weiterempfehlen? Was hat sie bislang überzeugt? Was würden sie noch verbessern?
- **Ergebnisse dokumentieren**
  Was wollen wir kurz und bündig festhalten?
- **Ergebnisse interpretieren**
  Welche relevanten Erkenntnisse haben wir aus dem Interview gewonnen? Wie passt das zu den bisher erhobenen Daten? Welche Hypothesen sind damit verifiziert oder falsifiziert? Welche Veränderungen sollten am Canvas vorgenommen werden?

Wie auch immer Ihre konkreten Geschäftshypothesen, Prototypen oder Gesprächspartner aussehen – die direkte Interaktion wird Ihnen in jedem Fall dabei helfen, mit überschaubarem Aufwand zu wesentlichen Erkenntnissen zu kommen. Interviews bieten Ihnen eine einfache Möglichkeit, in iterativer Form mehr und mehr relevante Daten zu sammeln. Statt zu lange über Ideen zu brüten, ewig in der Werkstatt zu sitzen und sich mit der Entwicklung der unterschiedlichsten Produktversionen beschäftigt zu halten, sollte man schon am Anfang das zentrale Grundprinzip unternehmerischer Agilität befolgen: zuerst der Kunde!

Das nächste Kapitel sollte Ihnen Aufschluss darüber geben, was Sie tun können, um Ihre neuen, nunmehr verifizierten Geschäftsideen gut umzusetzen. Denn falls es sich bei Ihrem Unternehmen nicht um ein Start-up handelt, konkurrieren die innovativen zwangsläufig mit den bestehenden Angeboten. Was die Frage aufwirft, wie Sie dafür sorgen, dass Ihre Innovationsinitiativen nicht nur an den Start kommen, sondern auch in überschaubarer Zeit fertig werden – und das möglichst ohne dass die zukunftsorientierten Geschäftsversprechen Ihren aktuellen Cashcows in die Quere kommen. Wie können Sie einen solchen Spagat bewerkstelligen? Wie sichern Sie ausreichend Kapazität für das Neue, wo doch das Bestehende bereits mehr als genug Ressourcen bindet? Wie schaffen Sie es, dabei weder auf laufende Systemverbesserungen zu verzichten noch zu vergessen, dass die Leute Zeit brauchen, um Dinge auszuprobieren und zu lernen? Und wie behalten Sie dabei den Überblick?

Abb. 4–4 *Über Stock und Stein ins Fließen kommen*

Was Sie aus diesem Kapitel mitnehmen können

Das erste Kapitel zur Skalierung von Selbstorganisation trägt einen Titel, der zugleich Programm ist: zuerst der Kunde. Dieses Programm spiegelt sich in der Mission eines Unternehmens ebenso wider wie in dessen Vision oder der Strategie, die man auf dem Weg zu dieser Vision verfolgt. Nichts davon zählt, wenn es unseren Kunden keinen Wert stiftet.

Nachdem Sie in der Einleitung bereits einen Überblick über die untersuchten Unternehmen erhalten haben, wird der Kundenfokus anhand ausgewählter Fallbeispiele geschärft. Interessant ist, wie dieser Fokus über die unterschiedlichen Unternehmensgrößen, -geschichten oder -branchen hinweg verfolgt wird – und wie er gleichzeitig zu einer einzigartigen Unternehmenskultur führt.

Moderne Ansätze wie das Design Thinking oder der Lean Canvas unterstreichen, dass eine kundenzentrierte Unternehmenskultur nicht allein für den aktuellen Geschäftsbetrieb wichtig ist. Sie leitet auch die Entwicklung neuer Produkte oder Services, die mehr als je zuvor von der agilen Interaktion mit dem Markt abhängt.

5 Transparente Steuerung von Abläufen

Unternehmenssteuerung findet traditionellerweise hinter verschlossenen Türen statt. In verschiedenen Führungsrunden treffen sich Projektverantwortliche, Programmleiter, Produkt- oder Linienmanager, um über Kennzahlen zu debattieren – seien das nun Zielerreichungsgrade, Kosteneffizienzen oder Ressourcenverteilungen. Dabei regiert mitunter der Tunnelblick: Was über die funktionale Organisation hinausgeht, wird nur wenig betrachtet. Auf diese Weise bleibt das Management kundenzentrierter Wertströme jedoch weitgehend intransparent: unübersichtlich im besten Fall, völlig undurchsichtig im schlechtesten.

Wie steuern nun Unternehmen, die auf die Kraft der Selbstorganisation setzen? Wie gehen sie mit der weitgehenden Unsichtbarkeit komplexer Zusammenhänge um, die gerade in wissensintensiven Arbeitsbereichen vorherrscht? Und wie verhindern sie jene chronischen Kommunikationsdefizite, die auf paradoxe Weise der allgemeinen Informationsüberflutung gegenüberstehen? Meiner Erfahrung nach eignet sich dafür jene Steuerungsform am besten, die bereits im Zentrum meines gemeinsam mit Klaus Leopold verfassten Buches zu *Kanban in der IT* stand [Leopold & Kaltenecker 2013]: nämlich die Steuerung mithilfe von Kanban und visuellen Arbeitsmanagementsystemen.

5.1 Kanban

Visuelles Arbeitsmanagement hilft uns, sichtbar zu machen, was üblicherweise unsichtbar ist. Komplexe Abläufe werden transparent, indem wir mit einfachen Mitteln einige der Kernelemente unseres Arbeitsalltags anschaulich machen. Abbildung 5–1 zeigt die Skizze einer solchen Visualisierung, die sich für gewöhnlich in einem physischen Kanban-Board manifestiert. In kompakter Form führt uns ein solches Board eine Menge Elemente vor Augen:

- Alle Arbeiten, mit denen wir gerade beschäftigt sind (kleine Quadrate).
- Die unterschiedlichen Typen, zu denen diese Arbeiten gehören (siehe beispielhaft Features, Changes, Bugs).
- Die charakteristischen Aktivitäten, die diese Arbeiten durchlaufen, bis sie abgeschlossen sind (abstrakt mit A, B und C bezeichnet).

- Wie viele parallele Arbeiten sich maximal in welchem Aktivitätsstadium befinden – was durch das sogenannte WIP-Limit geregelt wird (siehe die entsprechenden Zahlen über den Spalten in Abb. 5–1).
- Die Qualitätskriterien, die den einzelnen Aktivitäten hinterlegt sind (Definition von »Bereit« oder »Fertig«).
- Wer womit beschäftigt ist (entsprechend den gesetzten Avataren, hier in Form von Farbpunken).
- Welche Arbeit blockiert ist (in Form roter Quadrate).
- Wie viele Aktivitäten bereits an welcher Arbeit durchgeführt wurden (entsprechend dem Arbeitsfluss).

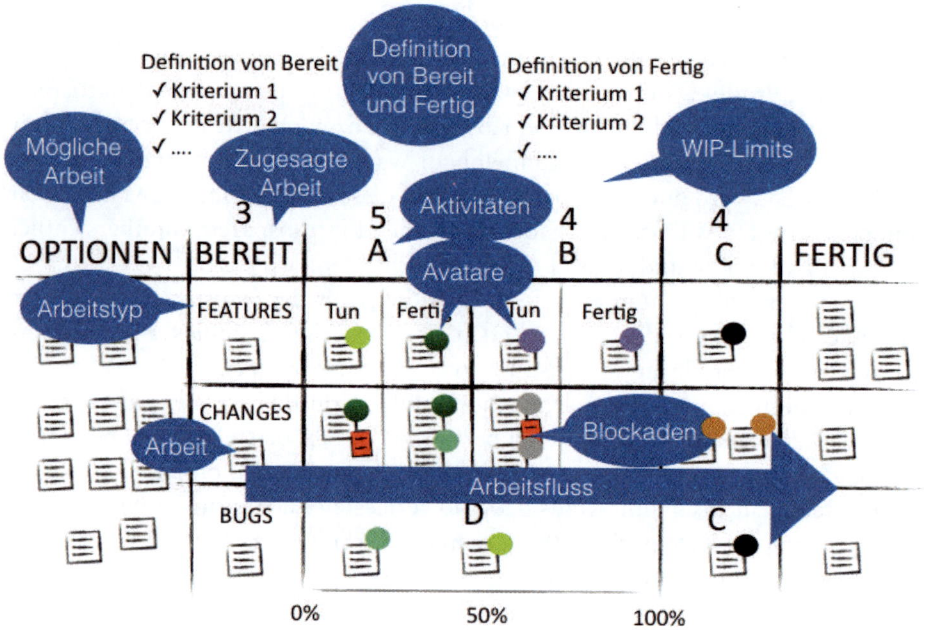

Abb. 5–1 *Skizze eines visuellen Managementsystems*

Was hat visuelles Arbeitsmanagement mit Flüssen zu tun? Der Begriff flussbasierte Steuerung erinnert Sie vielleicht an Paul Breitners denkwürdige Beschreibung des alles entscheidenden Elfmeterschießens: »Alle hatten die Hosen voll. Nur bei mir lief's ganz flüssig.« Tatsächlich geht es auch bei Kanban um möglichst flüssige Abläufe – und das Meistern der damit verbundenen Risiken. Wir wollen unsere Arbeit sehenden Auges managen, sie gut kanalisieren, Veränderungsbedarf früh wahrnehmen und rasch darauf reagieren. Die Betonung liegt ganz bewusst auf dem Wir: Denn Kanban hält alle, die im jeweiligen System arbeiten, dazu an, Verantwortung für die gemeinsame Steuerung zu übernehmen. Nicht zufällig lautet ein zentrales Kanban-Prinzip, Führung auf allen Ebenen zu fördern.

Visuelle Arbeitsmanagementsysteme unterstützen eine solche Selbstverantwortung in mehrfacher Hinsicht:

- Sie führen Arbeit und Management zusammen: Diejenigen, die das System betreiben, steuern es auch.
- Sinnvollerweise sind die Steuermänner und -frauen des operativen Arbeitsflusses bereits am Design ihres Managementsystems beteiligt. Das Design sollte nicht hierarchisch vorgegeben sein, sondern von denen ausgearbeitet werden, die in diesem System tätig sind.
- Die Außenwelt nimmt auf die Selbststeuerung ausschließlich über die Koordination des Inputs Einfluss. Kunden oder Kundenvertreter bestimmen das Was, das Wie wird aber durch die Umsetzer definiert. Mikromanagement durch die Linie destabilisiert ein solches System ebenso wie jene kleinen Gefälligkeiten, mit denen einzelne Stakeholder die Systemregeln übergehen.
- Die willkürliche Beschränkung aller parallelen Arbeiten vom Zufluss (siehe »Bereit« in Abb. 5–1) über den Durchfluss (siehe die wertgenerierenden Aktivitäten »A«, »B« und »C«) bis zur Mündung (siehe »Fertig«) erlaubt es den Betreibern, ihr System stabil und damit berechenbar zu halten.
- Die Systembetreiber sind dazu ermächtigt, alle Entscheidungen zu treffen, die für den Arbeitsfluss relevant sind: etwa die Bearbeitung von Blockaden, der Umgang mit Engpässen oder die Auswertung von Kundenfeedback.
- Alle für den Betrieb nötigen Feedbackschleifen werden ebenfalls gemeinsam gestaltet: Wie oft müssen wir uns mit wem worüber abstimmen? Welche Metriken machen Sinn? Was wollen wir zusätzlich nach außen kommunizieren? Mit wem sollten wir uns noch regelmäßig koordinieren?

Aller Arbeit liegt irgendeine Art von Fluss zugrunde. Deswegen ist es so wichtig, dessen Qualität im Auge zu behalten. Selbstverständlich kann auch ohne Kanban flussbasiert gesteuert werden. Sobald wir unsere Arbeitsabläufe als eine Serie wertgenerierender Kernaktivitäten betrachten, sind wir schon dabei. Entscheidend ist einmal mehr nicht die Methode, sondern die dahinterstehende Logik: nämlich die Logik, Unternehmen über kundenorientierte Abläufe und nicht über den organisationsinteren Aufbau zu definieren.

Boote im Fluss

Wenn wir schon methodenkritisch unterwegs sind, streue ich doch gleich einmal eine Methode ein, die das Flussdenken auf pragmatische Weise stärkt. Passend zum visuellen Leitmotiv dieses Buches, basiert diese Methode auf dem Bild eines Bootes auf einem Fluss und zwei dazugehörigen Fragen: Was treibt uns voran? Was hält uns auf? Je nachdem, ob Sie nun ein Segelschiff einsetzen, einen Kutter oder ein echtes Rennboot, können Sie die Fragen in Richtung Rücken- und Gegenwind, Motorleistung oder Ankergewicht variieren.

→

Wer auch immer daran beteiligt ist und wie auch immer die dazu gewählte Leitmetapher ausfällt: Alle sind dazu eingeladen, ihre wichtigsten Antworten schriftlich festzuhalten und der Gruppe zu präsentieren. Achten Sie darauf, dass nicht nur die negativen, sondern auch die positiven Aspekte die ihnen gebührende Aufmerksamkeit bekommen. Im Anschluss geht es um die Auseinandersetzung mit den wichtigsten Gegenwinden, Motorstörungen oder Ankergewichten – und deren Auswirkung auf den Arbeitsfluss.

5.2 Flugebenen

Die Praxis zeigt, dass wir uns mit Kanban das Managementleben um einiges leichter machen können. Das gilt sowohl für die Fachexperten, die ihre Arbeit in neuem Licht sehen können, als auch für das Linienmanagement, das die klassische Blackbox der operativen Umsetzung plötzlich gut ausgeleuchtet vor Augen hat. Vor allem, wenn es um unternehmensweite Selbstorganisation geht, leisten uns visuelle Arbeitsmanagementsysteme hervorragende Dienste. Mein Freund und Kollege Klaus Leopold hat mit seinen Flugebenen modelliert (Abb. 5–2), wie wir solche Systeme gestalten können [Leopold 2016].

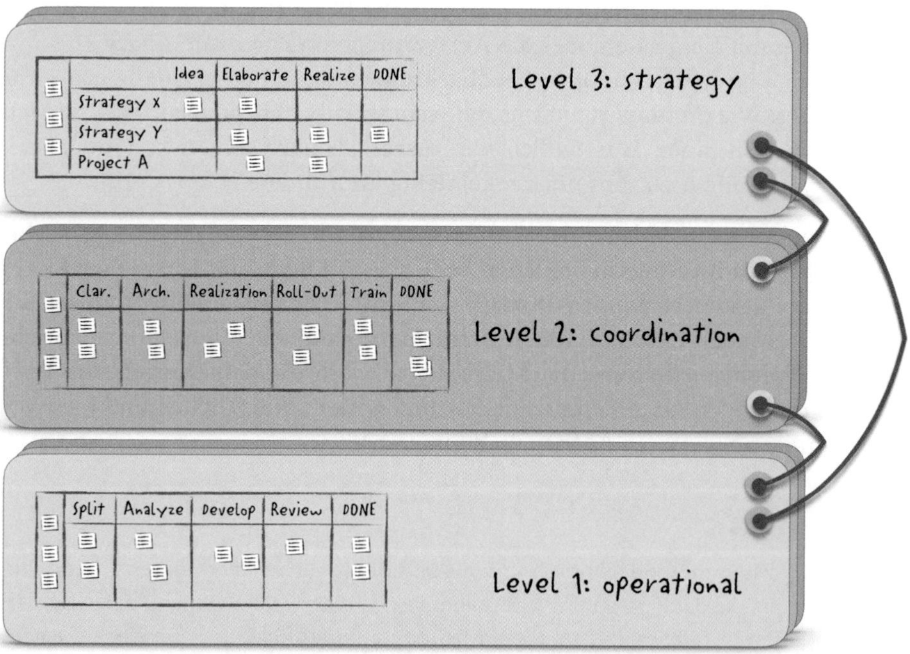

Abb. 5–2 *Flugebenen von Kanban (nach Klaus Leopold & Katrin Dietze)*

Grundsätzlich werden auf jeder Ebene die gleichen Kernpraktiken und Prinzipien eingesetzt. Wie in der oben beschriebenen Skizze geht es stets um eine maßgeschneiderte Kombination der verschiedenen Elemente – unabhängig davon, ob es sich nun um das operative Board eines einzelnen Teams (Flugebene 1), um eine teamübergreifende Visualisierung für die Koordination des gesamten Wertstroms (Flugebene 2) oder um ein System handelt, auf dem das gesamte Portfolio eines Geschäftsbereichs dargestellt ist (Flugebene 3).

Klaus Leopold betont, dass es sich bei seinen Flugebenen nicht um ein klassisches Reifegradmodell handelt: Flugebene 2 ist also nicht doppelt so gut wie Flugebene 1 und kann auch nicht zu Flugebene 3 veredelt werden. Obwohl es stets um transparente Steuerung geht, werden auf jeder Ebene spezielle Herausforderungen adressiert: der Fluss der Aufgaben im Tagesgeschäft (1), die Wertschöpfung über verschiedene Einheiten hinweg (2), die Fokussierung der Unternehmensleistung auf eine angemessene Mischung von Projekten, Services oder Innovationsmaßnahmen (3).

Die verschiedenen Flugebenen sind jedoch sehr wohl mit unterschiedlichen Wirkungsgraden verbunden. So kann Kanban zwar gut auf der operativen Ebene von Teams oder Abteilungen eingesetzt werden, auf Koordinations- oder Strategieebene ist damit allerdings noch ein viel größeres Verbesserungspotenzial zu realisieren. Flugebene 3 wirkt sich zwangsläufig auf sehr viele, wenn nicht alle Bereiche aus. Auf dieser Ebene können wir uns mithilfe einer professionellen Visualisierung sogar einen Überblick über die Wertströme im ganzen Unternehmen verschaffen. Und hier treffen wir Entscheidungen, die weitreichende Folgen für unser gesamtes unternehmerisches Handeln haben. Wie handhaben wir die Diskrepanz zwischen den vorhandenen Geschäftsgelegenheiten und den tatsächlichen Umsetzungsmöglichkeiten, die wir haben? Wie wählen wir aus der schier unendlichen Fülle an Optionen jene aus, die am vielversprechendsten sind? Und wie viele Versprechen können wir angesicht unseres begrenzten Leistungsvermögens gleichzeitig verfolgen? Alles in allem geht es auf Flugebene 3 also um »die kluge Auswahl und Kombination von Projekten, zu entwickelnden Produkten und strategischen Initiativen, um Abhängigkeiten zu erkennen und den Fluss durch die Wertschöpfungskette angesichts der tatsächlich verfügbaren Ressourcen zu optimieren« [Leopold 2016, S. 32].

Freilich zwingen uns die Flugebenen kein Entweder-oder auf. Die verschiedenen Ebenen lassen sich, wie die Klammern in Abbildung 5–2 andeuten, konstruktiv miteinander verbinden: Aus einem strategischen Portfolio lässt sich leichterhand ein ganzer Wertstrom kanbanisieren, der wiederum von beliebig vielen operativen Systemen versorgt wird. In bestimmten Fällen können aus dem Strategieboard auch spezielle Umsetzungsprojekte abgeleitet werden, die keiner Koordination bedürfen, sondern sofort in die operative Umsetzung gehen – und somit die Flugebenen 1 und 3 direkt verbinden.

Grundsätzlich ist es allerdings nicht notwendig, dass alle über das Strategieboard überwachten Initiativen mit Kanban arbeiten. Für eine sinnvolle Interaktion mit dem übergeordneten Board kann genauso gut mit Scrum oder sogar nach Wasserfallprinzipien gearbeitet werden. Schließlich fließen auf Portfolio- oder Wertstromebene andere, wesentlich größere Einheiten als auf Team- oder Abteilungsebene – etwa strategische Optionen wie »weniger Beratung beim Kunden mehr Service« und »Internationalisierung unserer Plattform in drei Ländern« oder zu koordinierende Aufgaben wie »Standardsoftware bereitstellen« oder »Dienstleistungspaket ausarbeiten«. Während auf Flugebene 3 über die attraktivsten Produktentwicklungen, Verbesserungsprojekte oder Innovationsvorhaben entschieden wird, hilft Flugebene 2 den Fortschritt der jeweiligen Arbeitspakete zu überwachen, die dann auf Flugebene 1 in einzelne Aufgaben zerlegt und abgearbeitet werden.

Der Bereich UNO (Unified Network Objects) bei den *Schweizerischen Bundesbahnen* zeigt beispielhaft, wie ein System über zwei Flugebenen aussehen kann [Kaltenecker & Beyer 2014]. Als Pionier einer mittlerweile unternehmensweiten Agilisierungsinitiative begann die Abteilung bereits 2012 damit, visuelles Arbeitsmanagement mit Kanban einzusetzen. Was als riesige Wolke an Post-its anfing, auf denen erst einmal alle Aufgaben visualisiert wurden, entwickelte sich Schritt für Schritt zu einem Steuerungssystem, das die Flugebenen 1 und 2 kongenial miteinander verband. Abbildung 5–3 zeigt den gesamten Arbeitsfluss, der vom Kunden über das Key-Account-Management-Board eingespielt, am Hauptboard überwacht und auf den Teamboards Schritt für Schritt abgearbeitet wird. Durch die kontinuierliche Abstimmung der einzelnen operativen Tätigkeiten (siehe rote Pfeile) und deren wertorientierter Koordination auf dem Hauptboard wird die Topqualität des Lieferobjekts abgesichert. Interne Abhängigkeiten, Blockaden oder Engpässe werden frühzeitig erkannt und gemeinsam in Angriff genommen. In den roten Kästen ist im Übrigen die jeweilige Frequenz der Meetings festgehalten, die für regelmäßiges Feedback sorgen: von den Standups der einzelnen Teams über die Koordination durch Delegierte aus diesen Teams bis hin zu den Retrospektiven, die sich einmal im Monat auch dem sogenannten Change Board widmen, über das die vereinbarten Verbesserungsmaßnahmen fließen.

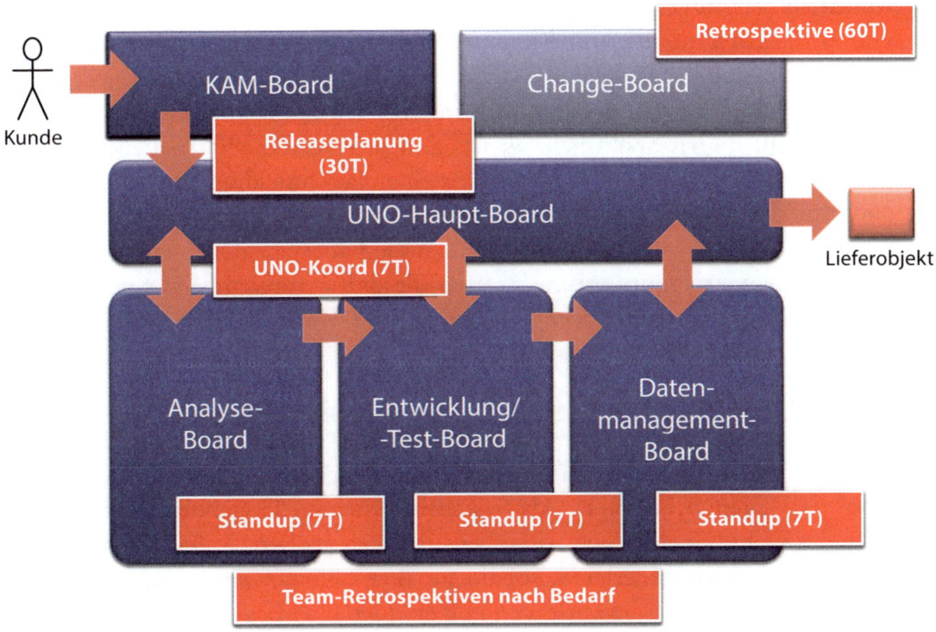

Abb. 5–3 *Mehr-Ebenen-Kanban bei den Schweizerischen Bundesbahnen [Kaltenecker & Beyer 2014]*

Diese systemische Vernetzung passt gut zu dem, was UNO inhaltlich beschäftigt. Die Spezialisten der Unified Network Objects verknüpfen nämlich eine große Menge von Rohdaten zu einem informativen Netzwerk, das die Basis für die Fahrplanplanung, Zugprognose und Zugsteuerung darstellt. Überblick ist dabei ein ebenso wichtiger Erfolgsfaktor wie die Vollständigkeit, Qualität und Konsistenz des Outputs. Für UNO hat sich der mittlerweile fast fünfjährige Einsatz visueller Arbeitsmanagementsysteme in vieler Hinsicht gelohnt. Aus der Sicht des Teamleiters Michael Beyer sind das insbesondere folgende Punkte:

- **Schnelle Erfolge**
  Die vielbeschworenen *Quick Wins* zeigten sich bereits nach kurzer Zeit, weitere Verbesserungsmaßnahmen, die sich positiv auf den Arbeitsalltag auswirkten, hielten und halten die Motivation aller Beteiligten hoch.
- **Verbesserte Steuerung**
  Die Transparenz ermöglicht eine bessere Kommunikation mit allen Stakeholdern inner- und außerhalb von UNO. Zudem brachte das wertorientierte Prinzip *Stop starting, start finishing* eine deutliche Steigerung von Durchsatz und Qualität mit sich.
- **Gelebte Agilität**
  Konstantes Anpassen an sich ändernde Rahmenbedingungen gehört mittlerweile zum normalen Veränderungsprozess. Das Ausmaß an Verbesserungen, die im Laufe der Jahre umgesetzt wurden, ist für alle Beteiligten beeindruckend.

- **Kulturelle Veränderung**
  Durch die Anwendung von Kanban wurden die Mitarbeitenden sukzessive von Betroffenen zu Handelnden. Die gemeinsame Verantwortung jedes Einzelnen für die Wertschöpfung führte zu einer Zusammenarbeit, die von einer Gesamtsicht und Respekt geprägt ist. Längst sind die Mitarbeitenden selbst aktive Change Agents, die nicht nur für einen geschmeidigen Betrieb, sondern auch für die regelmäßige Verbesserung des Systemdesigns sorgen. Im besten Sinne der Selbstorganisation übernehmen die Fachspezialisten ein hohes Maß an Managementverantwortung, treffen die dafür notwendigen Entscheidungen und bringen neue Ideen ein, um UNO noch effizienter zu machen (*https://www.beyer.ch*).

Ein zweites Praxisbeispiel führt uns vor Augen, wie Kanban noch strategieorientierter eingesetzt werden kann. Es handelt sich dabei um das Board der deutschen Onlineplattform *AutoScout24*, auf dem wir die Arbeit von insgesamt 250 Leuten repräsentiert sehen (Abb. 5–4). Als System der dritten Flugebene zeigt uns das Board indes nicht die einzelnen Aufgaben, sondern größere Aufgabenpakete, die für den Kunden Wert generieren, sobald sie abgeschlossen sind. Um dabei einen möglichst guten Fluss zu gewährleisten und etwaige Flussprobleme möglichst früh zu erkennen, ist der gesamte Wertschöpfungsprozess in allen relevanten Kundensegmenten visualisiert (siehe grüne Karten ganz links). Darüber hinaus sind die einzelnen Teams innerhalb dieser Segmente respräsentiert (siehe vertikale Serie gelber Karten). Die zentralen Aktivitäten, denen der gesamte Arbeitsfluss über die einzelnen Segmente hinweg folgt, sind in den größeren Karten erfasst, die oben am Board eine horizontale Linie bilden. Sie führt in klassischer Kanban-Manier von einem offenen Optionenpool über eine Ideengenerierungs- und -bewertungsphase sowie die bewusste Auswahl der vielversprechendsten Pakete und deren systematischer Entwicklung bis hin zu einer Erfolgsmessung, durch die das ursprüngliche Wertversprechen überprüft und die konkreten Auswirkungen erfasst werden.

Da die einzelnen Optionen von sehr unterschiedlicher Größe sind, kann nicht überall ein fixes WIP-Limit gesetzt werden. Da zu viele Parallelinitiativen jedoch auch auf dieser Flughöhe zu den bekannten Stauphänomenen führen, steht das WIP-Limit immer auf der Agenda der periodischen Abstimmungsmeetings, zu denen Vertreter aus allen Segmenten zusammenfinden. Neben der bewussten Beschränkung der Initiativen geht es in diesen Meetings vor allem um erfolgsorientierte Fragen: Welchen Effekt haben wir mit den abgeschlossenen Maßnahmen erzielt? Welchen Wert haben wir tatsächlich realisiert? Wo stehen unsere aktuellen Vorhaben? Und was können wir aus der Gesamtsituation für unser weiteres Vorgehen lernen? Das sind weitere Fragen, die in der Delegiertenrunde mit Blick auf das große Ganze bearbeitet werden.

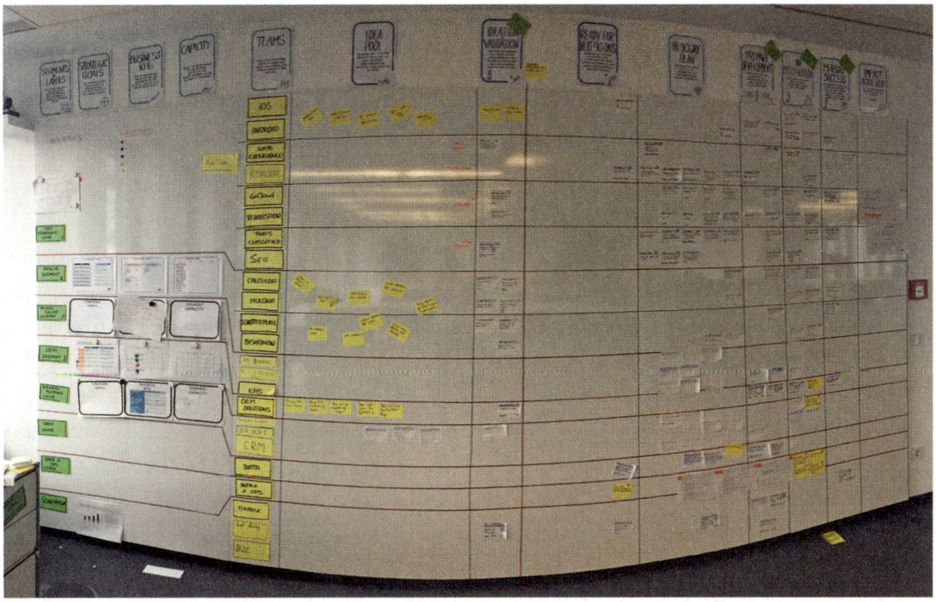

Abb. 5–4 *Strategieboard bei AutoScout24 (Foto mit freundlicher Genehmigung von Matthias Patzak)*

5.3 Information und Interaktion

Summa summarum eröffnen solche Mehr-Ebenen-Systeme nicht nur dem kundenorientierten Arbeitsmanagement, sondern auch der Selbstorganisation neue Gestaltungsmöglichkeiten:

- Plötzlich ist für alle Beteiligten offensichtlich, wie ihre eigene Arbeit in ein größeres Ganzes einzahlt – diese Transparenz mag nicht allen gefallen, ermöglicht aber offenere Auseinandersetzungen.
- Der eigene Beitrag zum Gesamterfolg wird ebenso deutlich wie Faktoren, die diesen Erfolg gefährden.
- Die systemischen Auswirkungen des eigenen Handelns werden greifbarer.
- Alle sind zu einem vernetzten Vorgehen angehalten.
- Systemischer Verbesserungsbedarf wird transparent.
- Die Feedbackschleifen zwischen den einzelnen Subsystemen werden verkürzt.
- Das gesamte System kann rascher auf Änderungen reagieren – ob diese nun vom Markt vorgegeben, aufgrund strategischer Überlegungen forciert oder aufgrund interner Probleme erzwungen werden.

Die Flugebenen unterstreichen, dass sich – frei nach Russell Ackoff – die Agilität eines Systems so wenig aus der Summe agiler Subsysteme ergibt wie die Teamleistung aus der Summe der Einzelleistungen. Es reicht eben nicht, Scrum- oder Kanban-Teams einzusetzen. Vielmehr braucht es agile Interaktionen zwischen diesen

Teams und allen für das System relevanten Stakeholdern. Wie stellen wir sicher, dass wir zur richtigen Zeit an den richtigen Dingen arbeiten? Wer muss sich dafür mit wem koordinieren, damit wir Übergaben optimieren? Wie reagieren wir möglichst schnell auf Blockaden oder Engpässe? Und woran erkennen wir, dass wir uns tatsächlich verbessern? Entscheidend ist, dass diese Fragen im Hinblick auf den gesamten Wertstrom beantwortet werden. Denn nur so können wir sicherstellen, dass auch der Kunde etwas von unserer Selbstorganisation hat.

Um ihre strategische Fokussierung zu stärken, richten sich viele Unternehmen auf einzelne Kunden und/oder Produkte aus. So können die Kräfte gebündelt, Übergaben zwischen den einzelnen Aktivitäten vereinfacht und systemübergreifende Durchlaufzeiten verkürzt werden. Mit diesen Zielen vor Augen hat der deutsche Ladegutsicherungsspezialist *allsafe JUNGFALK* alle Abteilungen abgeschafft – schließlich enthält das Wort bereits das Teilen und Trennen in sich, das einer flussorientierten Verbindung diametral gegenübersteht. Stattdessen organisiert sich das Unternehmen nun in kundenorientierten Prozessen, die in allen Bereichen gute Arbeitsflüsse fördern.

In vielen Fällen geht die Optimierung des Wertstroms Hand in Hand mit dessen Ausrichtung. So hatte der französische Metallverarbeiter *FAVI* unter der Führung von Jean-Francois Zobrist bis zu 20 sogenannte Minifabriken im Einsatz, die sich exklusiv auf ein bestimmtes Produkt oder einen Kunden konzentrierten. Jede dieser Minifabriken umfasste 20–35 Arbeiter, die über alle Expertisen verfügten, die für eine vollverantwortliche Geschäftstätigkeit notwendig waren. Und jede hatte eine eigene, durch eine charakteristische Farbe und zuweilen sogar das Logo des Kunden gekennzeichnete Identität und wurde von einem demokratisch gewählten Manager geführt.

Ähnlich flussbasiert ist die Onlineplattform *ImmobilienScout24* organisiert. Die Scrum-Teams, die für die Entwicklungsarbeit und für den Betrieb verantwortlich waren, wurden zuerst in produkttypischen Service Lines und später in eigenen Marktsegmenten zusammengefasst. Um eine möglichst umsichtige Steuerung zu gewährleisten, wird jedes dieser Marktsegmente von einem cross-funktionalen Team aus Sales, Produkt, Marketing und IT geführt. Gemeinsam tragen diese *fantastischen Vier* die Gesamtverantwortung für die Produkt- und die wirtschaftliche Entwicklung im jeweiligen Segment [Schlesinger 2015].

Und auch der Bremer Reisespezialist *Traum-Ferienwohnungen* baut auf eine geschmeidige Ablauforganisation, die ganz auf die Kunden ausgerichtet ist. Jede der insgesamt fünf sogenannten Zellen umfasst Mitarbeiter aus all jenen Fachbereichen, die für einen hochqualitativen Service zusammenarbeiten müssen: Kundenberater, Softwareentwickler, Marketing- und Vertriebsprofis sowie Controller. »Auf diese Weise«, beschreibt der interne Organisationsentwickler Achim Hensen, »können sich die Mitarbeiter ganz auf die Belange ihrer speziellen Kundengruppe einstellen. Und sie können den Kunden aus einer Hand komplett bedienen« [Gloger 2017, S. 29].

Abb. 5–5 *Transparente Baustellen*

Transparente Steuerung ist untrennbar mit einer offenen Informationspolitik verbunden. So können alle Mitarbeiter des Brandschutzexperten *hhpberlin* jederzeit auf ein CRM-System mit alle relevanten Unternehmensdaten zugreifen. Dort finden sie Informationen zum Ablauf der aktuellen Projekte, können neue Optionen erkennen und sich untereinander thematisch vernetzen. Die Geschäftsführung erhält wiederum einen Echtzeitüberblick über die Ist-Situation, hat die laufenden Kosten auf dem Radar und kann notwendige Ressourcen frühzeitig disponieren. Was die IT für die fluide, mittlerweile sechs Standorte und rund 40 Kompetenzfelder umfassende Projektorganisation bei *hhpberlin* leistet, wird beim Ladegutsicherungsspezialisten *allsafe JUNGFALK* an einem Standort und sozusagen pragmatisch erledigt: Stellwände mit relevanten Kennzahlen, Magnetboards mit Ergebnisstatistiken oder Schwarze Bretter mit Unternehmensinformationen sind dort geradezu allgegenwärtig. Darüber hinaus gibt es auch eine Strategiewand, an der Aktuelles über Prozesse, Mitarbeiter und Kunden zu finden ist. In vergleichbarer Weise setzt auch der Wiener Softwarespezialist *Compax* auf Transparenz: Im monatlichen Newsletter kommuniziert die Unternehmensleitung alle relevanten Geschäftsdaten, informiert über Kundenprojekte und stellt neue Entwicklungen vor. Und die *Hoppmann Autowelt* veröffentlicht wiederum nicht nur Wissenswertes zum laufenden Geschäftsbetrieb in ihrer regelmäßig erscheinenden Mitarbeiterzeitung, sondern sogar die aktuelle Gewinn- und Verlustrechnung. Wir sollten allerdings nicht den Fehler begehen, die pure Information mit Verständnis gleichzusetzen. Letzteres ist bisweilen auch vom fachlichen Knowhow abhängig. Finanzkennzahlen zu veröffentlichen, ist nur dann sinnvoll, wenn diese auch gelesen und in den eigenen Arbeitszusammenhang übersetzt werden können. Dementsprechend nahe lag es bereits für den Selbstorganisationspionier *Semco*, Mitarbeiter im Lesen von Bilanzen zu schulen.

Selbstorganisation einfach nur zu verordnen, führt wohl kaum zu den gewünschten Ergebnissen. Neben der grundlegenden Information über das Was und Warum muss das Wie gemeinsam modelliert werden. Ohne die Bereitschaft zu einer offenen Auseinandersetzung und ohne dafür geeignete Kommunikationsformate ist echte Zustimmung nicht zu haben. Das ist auch der Hotelkette *Upstalsboom* bewusst, weswegen größere Kulturworkshops mittlerweile ebenso Standardeinrichtungen sind wie Frühstücke, an denen jeweils zehn, per Los bestimmte Mitarbeiter aus den verschiedensten Abteilungen teilnehmen. Workshops und Frühstücke tragen dazu bei, dass Expertensilos vermieden und der fach- und bereichsübergreifende Austausch gefördert wird. Bereits der Rahmen fördert ein vertieftes Kennen- und Verstehenlernen jenseits der bestehenden Differenzen: An jedem Workshop nehmen mindestens 50 % neue Kollegen aus allen Bereichen und insgesamt maximal 40 % Führungskräfte teil [Janssen 2016]. Dieser Rahmen sorgt für einen sinnvollen Austausch, in dem persönliche Rückmeldungen ebenso Platz haben wie Feedback ans Unternehmen. Und das führt uns ganz geschickt zum Thema des nächsten Kapitels.

Was Sie aus diesem Kapitel mitnehmen können

Wollen Unternehmen agil sein, benötigen sie flexible Steuerungssysteme. Wenn sie ewig brauchen, um auf Veränderungsimpulse aus der Umwelt zu reagieren, stehen sie auf verlorenem Posten. Flexibilität ist indes nicht ohne Transparenz zu haben. Anders ist schwer zu erkennen, was das Unternehmen gerade ansteuert und inwiefern dieser Kurs modifiziert werden soll. Last but not least müssen sich Unternehmen auf wertgenerierende Arbeitsflüsse konzentrieren, um den Kunden nicht gleich wieder aus den Augen zu verlieren.

In diesem Kapitel haben Sie erfahren, wie Sie mithilfe visueller Arbeitsmanagementsysteme (Kanban) Transparenz, Flexibilität und Prozessorientierung kongenial kombinieren können. Klaus Leopolds Modell der Flugebenen folgend, lässt sich eine solche Kombination sogar für ganz unterschiedliche Zwecke einsetzen: für eine bessere Abwicklung Ihrer operativen Tätigkeiten in Teams oder Abteilungen, für die Koordination teamübergreifender Wertströme oder für die Gestaltung Ihres strategischen Portfolios.

Alle Flugebenen leben gleichermaßen davon, dass Sie die vorhandenen Ressourcen bestmöglich einsetzen. Dafür müssen Sie sich auf den maximalen Kundennutzen ausrichten, die Anzahl paralleler Arbeiten beschränken und das vorhandene Wissen und Können gut vernetzen. Die Onlineplattform *AutoScout24*, der Ladegutsicherer *allsafe JUNGFALK*, der Metallverarbeiter *FAVI* oder die Hotelkette *Upstalsboom* zeigen, wie Sie ein hohes Maß an Selbststeuerung zulassen können, ohne die Kontrolle zu verlieren.

6 Kurze Feedbackschleifen

In den letzten Kapiteln habe ich dargestellt, was eine Organisation antreibt, wie der Weg zur Vision in strategische Etappen zerlegt und durch flussbasierte Steuerungssysteme auf Kurs gehalten werden kann. In diesem Kapitel wollen wir herausfinden, ob wir das Richtige tun. Woran erkennen wir, wie gut wir unsere Mission erfüllen? Wie lässt sich die Qualität unserer Strategie evaluieren? Welche Steuerungshilfen stehen uns zur Verfügung? Und wie schaffen wir es, notwendige Anpassungen rasch zu erkennen?

»Fast feedback loops« lautet die Kurzformel für jene besondere Kommunikation, die in den letzten Jahren zu einem der Herzstücke unternehmerischer Agilität avanciert ist. Dabei werden gemeinhin drei verschiedene Schleifen unterschieden: Besprechungen, Messungen und persönliches Feedback. Letzteres möchte ich an dieser Stelle ausklammern und auf die ausführliche Darstellung in Teil III (Kap. 14) verweisen.

6.1 Besprechungen

Zu agilen Meetings ist mittlerweile, wenn schon nicht alles, doch schon sehr vieles gesagt. Wenn wir die üblichen Verdächtigen noch einmal kurz Revue passieren lassen (siehe Kasten), können wir einige charakteristische Merkmale feststellen.

Agile Meetings

Selbstorganisation lebt vom Austausch von Unterschieden innerhalb eines klar abgesteckten Rahmens. Auf eine entsprechend differenzierte Kommunikation wird in agilen Umfeldern viel Wert gelegt. Dafür haben sich vor allem vier Formate etabliert [Kaltenecker 2015b, S. 187 ff.]:

- **Standups**
  Kurze Abstimmungsmeetings zur operativen Koordination. In großen Systemen werden diese oft mit Delegierten durchgeführt.
- **Reviews**
  Es geht um Präsentation der geleisteten Arbeit und Einholen von Kundenfeedback.

→

- **Retrospektiven**
  Dieses Format ist dem systeminternen Lernen gewidmet und umfasst idealerweise alle Mitglieder.
- **Stakeholder-Meetings**
  von der Input-Koordination über entwicklungsspezifische Rückmeldungen bis zu unterschiedlichen Formen der Validierung, die über den tatsächlichen Kundennutzen Auskunft geben.

Bei aller Unterschiedlichkeit der einzelnen Formate zeichnen sich Besprechungen im selbstorganisierten Umfeld durch folgende Besonderheiten aus:

- **Die Kürze**
  Von der klassischen Timebox für agile Standups (15 Minuten) über diverse Ad-hoc-Abstimmungen bis zur Fokussierung selbstreflexiver Formate geht es um möglichst punktgenaue Koordination.
- **Die Regelmäßigkeit**
  Auch wenn die interne Kommunikation im selbstorganisierten Umfeld grundsätzlich nach Bedarf stattfindet, sind fixe Besprechungsfolgen hilfreich. Auf der einen Seite sichern solche regelmäßigen Besprechungen ab, dass systemübergreifende Abstimmungen tatsächlich stattfinden, auf der anderen Seite halten sie die Koordinationskosten niedrig. Das ist für Portfolioplanungen ebenso wichtig wie für die strategische Koordination oder die Prüfung der Produktqualität. Um Letzteres zu gewährleisten, treffen sich bei *sipgate* Interessierte aus allen Entwicklungsbereichen alle 14 Tage zum sogenannten Demo-Meeting, um einander aktuelle Arbeitsergebnisse zu präsentieren. Dabei geht es allerdings nicht um Werkstattberichte, sondern um die Demonstration von Produkten, die bereits an den Kunden geliefert wurden und also potenziell Wert kreieren.
- **Der Fokus**
  Nützlichkeit ist natürlich die zentrale Messlatte. Welches Ergebnis brauchen die Besprechungsteilnehmer, damit sich für alle die investierte Zeit lohnt? Wer sollte überhaupt teilnehmen? Oder, im Sinne des Vereinfachungsprinzips gefragt: Wen darf man ungestraft weglassen? Fokus heißt aber auch, zwischen operativen Besprechungen (z.B. Standup), strategieorientierten Meetings (z.B. Portfolio) und selbstthematisierenden Formaten (z.B. Retrospektiven) zu unterscheiden. Schließlich werden die Weichen für einen angemessenen Return on Time Invested (ROTI) bereits dadurch gestellt, dass sich die richtigen Leute zur richtigen Zeit im richtigen Rahmen treffen. Fokus bedeutet nicht zuletzt, dass wir uns inhaltlich konzentrieren. In selbstorganisierten Unternehmen gibt es keine überbordenden Agendas, wie wir das aus traditionellen Umfeldern kennen. Stattdessen wird auf klare Schwerpunkte gesetzt: etwa das

Testen von Prototypen, die Bewertung von Geschäftsoptionen, die Bearbeitung von Qualitätsproblemen oder die Auswertung von Messdaten.

- **Die Direktheit**
  Es wird persönlich, von Angesicht zu Angesicht und nach dem Prinzip der offenen Vernetzung kommuniziert. Das bedeutet, dass es weder um traditionelles Statusreporting oder formalisierte Präsentationen geht noch darum, nur einzelne Interessen zu bedienen. Einbahnstraßen-Kommunikation ist ebenso unerwünscht wie Selbstinszenierung oder das »Ober sticht Unter«-Spiel. Es geht um einen differenzierten Austausch zu aktuellen Ergebnissen und Herausforderungen. Die Sitzordnung kann die Qualität dieses Austauschs ebenso stark beeinflussen wie die Raumwahl oder die technische Ausstattung. Sind alle um einen riesigen Konferenztisch versammelt? Hat jeder dann auch gleich seinen Laptop hochgeklappt? Gibt es überhaupt die Möglichkeit, sich zu bewegen? Und steht tatsächlich der direkte Kontakt im Zentrum – oder starren alle auf eine Powerpoint-Präsentation?
- **Die Verbindung von mentaler und physischer Präsenz**
  Es ist alles andere als ein Geheimnis, dass Besprechungen nicht nur von unseren Gehirnen leben. Es geht darum, möglichst viele Sinne anzusprechen. Eine solche Aktivierung kann durch viele verschiedene Formen passieren: vom simplen Stehen im Standup über ein galerieartiges Wandern bei Präsentationen oder Entscheidungen nach dem Gesetz der zwei Füße bis hin zu Designworkshops, in denen die Kunden selbst Hand an die Produktentwicklung legen. Eine spektakuläre Form einer solchen Aktivierung stellen die Treppen-Meetings dar, die der Marketingspezialist *Richards Group* abhält. Informationen, die für alle Mitarbeiter relevant sind, werden möglichst zeitnah auf der Treppe vermittelt, die die beiden Stockwerke des Firmengebäudes verbindet – womit eine Brücke zwischen den verschiedenen Bereichen geschlagen und Abteilungsdenken demonstrativ vorgebeugt wird.

Abb. 6–1 *Präsentationsgalerie*

- **Die Moderation**
  In selbstorganisierten Unternehmen erfolgt Moderation nur selten durch Spezialisten. Im Sinne der Förderung von Führung auf allen Ebenen wird sie entweder spontan von einem der Besprechungsteilnehmer übernommen oder vorweg auf Rotationsbasis festgelegt. Letzteres folgt dem Prinzip der verteilten Verantwortung, dem gerade auf systemübergreifender Ebene besondere Bedeutung zukommt. Dieses Prinzip hilft, eine breite Vielfalt von Führungsimpulsen zu kultivieren und die Besprechungen abwechslungsreich zu gestalten.
- **Die Professionalität**
  Effektive Besprechungen auf Systemebene zu leiten ist kein Kinderspiel. Ob es nun um die Koordination von Delegierten aus verschiedenen Subsystemen, um Stakeholder-Abstimmungen oder um Kundenveranstaltungen geht – viele Faktoren für eine wertvolle Besprechung werden bereits in der Vorbereitungsphase gestellt: von der Zielsetzung, der Auswahl der Teilnehmenden und einer angemessenen Rahmensetzung über die Gestaltung des Kommunikationsprozesses vor Ort bis hin zu einer ergebnisorientierten Nachbereitung.

Meeting-Management

Der folgende Fragenkatalog möchte Sie dabei unterstützen, die richtigen Eckpfeiler für Ihre Besprechung zu setzen:

Vor der Besprechung:

- Welches Ziel wird mit dem Meeting verfolgt?
- Wer sollte daran teilnehmen?
- Von wem brauche ich noch Input?
- Kann das Ziel mit einem Meeting erreicht werden oder braucht es mehrere Iterationen? Welche Frequenz erscheint dafür sinnvoll?
- Wie viel Zeit sollte ich für das Meeting insgesamt veranschlagen?
- Was muss ich alles im Vorfeld kommunizieren? Welche Rückmeldungen brauche ich vorweg dazu?

Während der Besprechung:

- Wie gestalte ich den Besprechungsprozess?
- Wie eröffne ich?
- Wie bringe ich die Leute auf Betriebstemperatur?
- Wie ermögliche ich es ihnen, mit der inhaltlichen Zielsetzung, aber auch miteinander gut in Kontakt zu kommen?
- Wie sorge ich dafür, dass wir auf Zielkurs bleiben?
- Wie halte ich wesentliche Zwischenergebnisse fest?
- Wie kläre ich, welche Maßnahmen der Besprechung folgen, wer dafür verantwortlich ist und welcher Zeithorizont angestrebt wird?
- Wie hole ich Feedback zur Besprechung ein?

→

Nach der Besprechung:

- Was ist im Nachgang alles zu tun?
- Wer braucht welche Informationen?
- Wie halten wir die besprochenen Maßnahmen auf dem Radar?
- Was kann ich aus dem erhaltenen Feedback und meiner eigenen Auswertung für weitere Besprechungen lernen?

6.2 Messungen

Womit wir bei der zweiten Feedbackschleife gelandet wären, die im selbstorganisierten Umfeld standardmäßig eingesetzt wird: den Messungen. In traditionellen Organisationen ist es bekanntlich so, dass zwar vieles gemessen, dabei aber wenig gelernt wird. Die meisten Unternehmen sind geprägt von Zahlen, die die Illusion der linearen Steuerbarkeit komplexer Systeme aufrechterhalten: von der unternehmensweiten Budgetplanung über die bereichsspezifische Kosteneffizienz bis zu individuellen Leistungsindikatoren.

Vor diesem Hintergrund erscheint es mir durchaus verständlich, dass viele agile Praktiker eine gewisse Skepsis gegenüber Messungen zeigen – wenn sie diese nicht sogar kategorisch ablehnen. Die meisten haben bereits in traditionellen Umfeldern gearbeitet und dort schlechte Erfahrung mit Metriken gemacht. »Wozu sollen wir messen?«, brachte es ein Senior Developer eines mittelständischen IT-Dienstleisters einmal auf den Punkt, »wir wissen doch, wann wir gute Arbeit liefern. Das Management soll uns gefälligst vertrauen und uns nicht mit überflüssigen Kennzahlen die Zeit stehlen.«

Obwohl ich solche Vorbehalte nachvollziehen kann, kommt es mir ein wenig vor, als würden wir mit dem Command-and-Control-Badewasser auch das Messungs-Baby ausschütten. Denn echtes Lernen kommt nur schwer ohne Messungen aus. Wie stellen wir fest, ob wir einen guten Job machen? Ob wir die Leistungsfähigkeit unseres Arbeitssystems bestmöglich nützen? Ob wir uns tatsächlich verbessern, wenn wir bestimmte Optimierungsmaßnahmen einsetzen? Und ob das, was wir dem Kunden schließlich liefern, den angestrebten Wert hat?

Stellt sich natürlich die Gretchenfrage, was wir messen und wie wir das tun. Dan Vacanti hat uns hierfür einen schlankes Satz an Metriken vorgeschlagen [Vacanti 2015]. Seiner Ansicht nach genügen drei Messpunkte, um die Effizienz unseres Arbeitsflusses gut im Auge behalten zu können:

1. **Work in Progress**, also die Anzahl paralleler Arbeiten, mit denen wir in gleich welchem Abschnitt unseres Wertstroms beschäftigt sind.
2. **Durchlaufzeit**, also die Zeit, die jede dieser Arbeiten braucht, um durch unser System zum Kunden zu kommen.
3. **Durchsatz**, also die Menge an Arbeit, die wir in einem bestimmten Zeitraum fertigstellen.

In *Actionable Agile Metrics for Predictability* zeigt uns Vacanti [Vacanti 2015], wie wir mit einem einzigen Tool alle drei Messpunkte erfassen können – noch dazu einem, das zur Transparenz visueller Arbeitsmanagementsysteme passt wie der sprichwörtliche Deckel auf den Topf: dem sogenannten Cumulative Flow Diagram (CFD).

Was genau ist darunter zu verstehen? Grundsätzlich gibt uns ein CFD Aufschluss über die Mengengerüste in unserem Arbeitsfluss. Es zeigt uns, wie viel Arbeit wir über die Zeit hinweg im Optionenpool, in Arbeit und fertig haben. Darüber hinaus können wir sogar erfassen, wie viel Arbeit sich in welchem Aktivitätsstadium befindet, also etwa in der Phase der Ideenfindung, der Entwicklung oder der Validierung eines bestimmten Produkts. Egal welcher Detailgrad an Information uns interessiert, ein CFD kommt immer auf die gleiche Weise zustande – nämlich indem wir jede auf einem Ticket erfasste Arbeit mit einem Zeitstempel versehen, sobald es in den nächsten Abschnitt unseres Wertstroms eintritt.

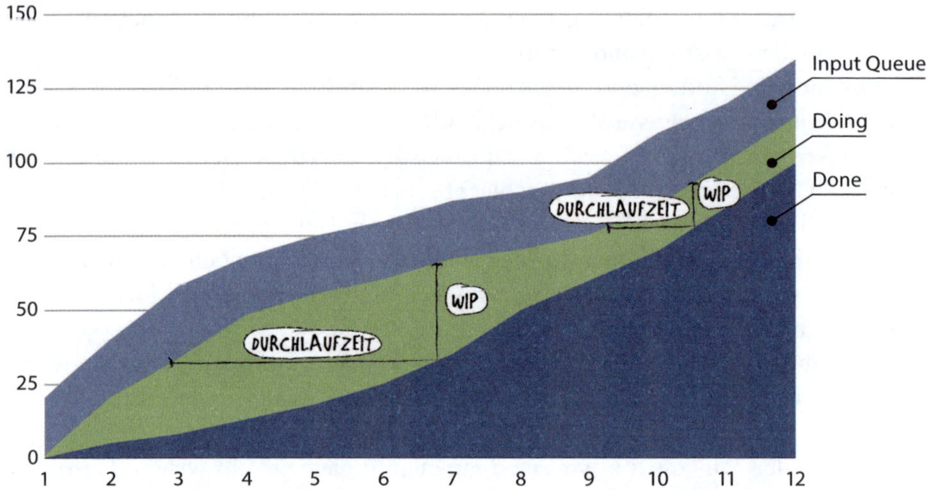

Abb. 6–2 *Beispiel für ein Cumulative Flow Diagram (von Klaus Leopold & Katrin Dietze)*

Abbildung 6–2 zeigt die Skizze eines CFD, das uns erlaubt, gleich mehrere leistungsrelevante Dinge auf einen Blick zu erkennen:

- Die Mengenverhältnisse zwischen anstehender Arbeit (siehe Input), Arbeit, mit der wir aktuell beschäftigt sind (siehe Doing), und fertiger Arbeit (Done).
- Das jeweilige WIP-Limit, d.h. die Anzahl aller Arbeiten, die sich zu einem bestimmten Zeitpunkt in unserem Arbeitssystem befinden (vertikale Linie zwischen Input und Done).
- Die durchschnittliche Durchlaufzeit für Arbeiten, vom jeweils gewählten Startzeitpunkt in unserem Arbeitsfluss (dem Startpunkt der horizontalen Linie innerhalb des Doing-Bandes, also ganz links) zum Zeitpunkt der Fertigstellung (dieselbe horizontale Linie ganz rechts).

- Der durchschnittliche Durchsatz, der sich aus der Steilheit der unteren Linie im Doing-Band ergibt.

Auf diese Weise gibt uns ein CFD Einblick in die Qualität unseres Arbeitsflusses sowie dessen Entwicklung im Laufe der Zeit. Wir können beispielsweise verfolgen, wie das Verhältnis von gestarteter und beendeter Arbeit aussieht: und zwar schlicht und ergreifend, indem wir überprüfen, ob die beiden Linien zwischen Input und Doing bzw. zwischen Doing und Done ähnlich steil verlaufen oder ob die untere Linie abflacht. Ist Letzeres der Fall, wissen wir, dass wir weniger Arbeit fertig bekommen, als wir anfangen – was einen Stau nach sich zieht, der bis zum völligen Arbeitsstillstand führen kann.

Am Flughafen

Dan Vacanti gibt uns ein anschauliches Beispiel, um die Auswirkungen von Stau zu demonstrieren. Dazu müssen wir uns einen Flughafen vorstellen, auf dem mehr Flugzeuge landen als starten. Je länger dieser Trend anhält, umso mehr spitzt sich die Frage zu, wo alle gelandeten Flugzeuge parken sollen. Dafür muss immer mehr Organisationsaufwand betrieben werden. Statt mit Fliegen beschäftigt sich die Luftfahrtkontrolle dann mehr und mehr mit Parken. Ändert sich daran nichts, kommt es früher oder später zu einer Situation, in der Flugzeuge auch auf den Landebahnen untergebracht werden müssen – bis am Ende alles so zugestellt ist, dass weder gelandet noch gestartet werden kann [Vacanti 2015, S. 123 f.].

So münchhausenartig ein solches Szenario anmutet, so häufig treffen wir es im Alltag vieler Unternehmensbereiche an. Immer mehr Arbeit wird ins System gedrückt, sodass wir weniger Arbeitsflüsse oder gar Wertströme als Staus managen.

Selbstverständlich gibt es noch andere Metriken, wenn es um die Erfassung unserer agilen Fitness geht. Etwa Histogramme, die in der Art eines Balkendiagramms die Häufung der durchschnittlichen Durchlaufzeiten angeben, Streudiagramme, die die realen Durchlaufzeiten pro Arbeit räumlich darstellen, oder Flusseffizienzen, die das Verhältnis zwischen der Durchlaufzeit der jeweiligen Arbeit und der Zeit quantifizieren, an der daran tatsächlich aktiv gearbeitet wurde. Zusammen mit dem CFD erlauben uns solche Messungen, unseren Kunden Zusagen zu machen, die wir – ein stabiles, WIP-limitiertes Arbeitssystem vorausgesetzt – mit hoher Wahrscheinlichkeit einhalten können. Wenn wir ein intelligentes Kontrollsystem einsetzen, wissen wir nämlich, wie lange wir im Schnitt mit einer bestimmten Arbeit beschäftigt waren. Unser Commitment beruht dann nicht mehr auf subjektiven Schätzungen, sondern auf der objektiv erfassten Leistungsfähigkeit unseres Arbeitssystems. Derart können wir mit unseren Kunden maßgeschneiderte Liefervereinbarungen treffen und die damit verbundenen Erwartungen einhalten, ohne unser System zu überlasten. Der Einsatz von Serviceklassen, mit deren Hilfe die Arbeiten nach Risikoüberlegungen geordnet werden, um sie unter Vermeidung unnötiger Verzögerungskosten in der richtigen Reihenfolge in Angriff zu nehmen, und Forecasts, die uns auf Basis historischer Daten sinnvolle Zukunftsprognosen erlauben, sind weitere Mittel, um unsere Vorhersagbarkeit und Zuverlässigkeit zu stärken [Magennis 2016].

6.3 Kontrolle

Warum, so ließe sich im Sinne einer Zwischenbilanz fragen, sind Feedbackschleifen so wichtig, wenn wir agil sein wollen? Für mich liegen vier Antworten auf der Hand:

1. **Die Beweglichkeit jedes Unternehmens** hängt von seiner Schlankheit ab. Je mehr Gewicht es im Sinne unerledigter, verzögerter oder angestauter Arbeit mit sich schleppt, umso schwerfälliger wird es. CFDs geben darüber ebenso punktgenaue Auskunft wie Streudiagramme.
2. **Die Wahrnehmungsfähigkeit aller Mitarbeitenden** hängt wiederum davon ab, dass diese nicht ständig beschäftigt sind. Erst durch die freiwillige Selbstbeschränkung und saubere Koordination von Arbeit können sie sich ausreichend konzentrieren – und gewinnen gleichzeitig den nötigen Raum, um beobachten und kommunizieren zu können. Ein derart umsichtiges Monitoring kann aber nur auf Basis disziplinierter WIP-Limits und der gemeinsamen Arbeit an geschäftskritischen Engpässen und Blockaden erfolgen.
3. **Die Reaktionsgeschwindigkeit eines Unternehmens** hängt sowohl von der allgemeinen Wahrnehmungsfähigkeit als auch von der erforderlichen Zeit ab, um die jeweiligen Wahrnehmungen auszutauschen und in richtungsweisende Entscheidungen zu übersetzen. Wenn selbstorganisierte Unternehmen alle Mitarbeiter als Sensoren des Marktgeschehens nutzen wollen, brauchen sie effektive Koordinationsmeetings. Je früher eine solche Koordination erfolgt, desto eher gelingt es, mit der Marktdynamik mitzuhalten – oder dieser sogar einen Schritt voraus zu sein.
4. **Die unternehmerische Veränderungsfähigkeit** steigt mit der Qualität des gemeinsamen Lernens. Dafür braucht es Visualisierung, damit wir uns auf wertgenerierende Aktivitäten konzentrieren und kritische Punkte in unserem Arbeitsfluss rasch erkennen und bearbeiten können. Es braucht gut moderierte Besprechungen, die allen Beteiligten die Möglichkeit bieten, ihre persönlichen Perspektiven einzubringen. Und es braucht Metriken, die die tatsächlichen Leistungen unseres Systems aufzeigen und dabei helfen, Stärken und Verbesserungsmöglichkeiten akkurat wahrzunehmen.

Feedback ist indes nicht nur für die Steuerung des Tagesgeschäfts wichtig. So sehr es dabei hilft, unsere Standardprodukte und Services auf Kurs zu halten, so wichtig ist es auch in einem ganz anderen Bereich: dem der Innovation. Dass dieser Bereich mit einem ungleich höheren Maß an Unsicherheit verbunden ist, ist alles andere als eine neue Erkenntnis. Die entscheidende Frage ist, wie wir mit dieser Unsicherheit umgehen. Welche Metriken Sie auch immer bevorzugen – wichtig ist, dass Sie damit nicht alte Kontrollgeister, sondern die Ghostbusters der Selbstorganisation fördern. Diesbezüglich kommen Sie um einige selbstkritische Fragen nicht herum:

1. Hilft uns die Messung dabei, die aktuelle Leistung unseres Systems zu verstehen? Sehen wir dadurch, wo wir uns verbessern sollten?
2. Ist diese Messung auf unsere Mission bezogen? Sagt sie uns etwas über den Wert, den wir für unsere Kunden generieren?
3. Sind alle Messungen in die Arbeit integriert? Sind sie in den Händen der Leute, die daraus Nutzen ziehen sollen? Dienen sie der Selbstkontrolle und nicht der Überwachung durch das Management?
4. Haben wir nicht nur einzelne Metriken im Einsatz, sondern ein zusammenhängendes Kontrollsystem? Helfen uns die Messungen, Probleme im gesamten Wertstrom zu identifizieren? Und erkennen wir, wenn wir dafür Lösungen gefunden haben?

Metriken und Kontrollsysteme

Was ist der Unterschied zwischen Metriken und Kontrollsystemen? Erstere, so Don Reinertsens pointierte Antwort, sind nur ein Teil des Letzteren. Mit anderen Worten: Metriken sind essenzielle Bestandteile eines effektiven Monitorings. Ein zielorientiertes Kontrollsystem haben wir jedoch erst dann gestaltet, wenn die Metriken miteinander koordiniert sind, sodass sie uns dabei helfen, die richtigen Maßnahmen zu ergreifen. Isolierte Messpunkte oder Metriken, die ohne Rücksicht auf den jeweiligen Kontext eingesetzt werden, tragen dazu wenig bei.

Alle, die sich schon einmal eine Waage für eine Schlankheitskur gekauft haben, sollten wissen, dass nicht alles, was gemessen werden kann, auch angemessene Maßnahmen auf den Weg bringt. Die Anzeige unseres Körpergewichts hat noch selten dazu beigetragen, dass wir unnötige Kilos verlieren – geschweige denn ein gesünderes Leben führen [Reinertsen 2009, S. 222].

Wenn Sie die Fragen 1–4 mit gutem Gewissen bejahen können, scheinen Sie Messungen bereits im Sinne des selbstorganisierten Erfinders einzusetzen. Wenn nicht, haben Sie wahrscheinlich gerade einen potenziellen Verbesserungsbereich in Ihrem Arbeitssystem identifiziert. So oder so befinden Sie sich schon wieder in einer neuen Feedbackschleife – nämlich der, die sich durch die Rekursivität von Meetings und Metriken ergibt. Immerhin liegt es in der Natur von Messungen, dass sie wiederum Besprechungen notwendig machen. Wie sollten sie sonst interpretiert und hinsichtlich Stärken, aber auch Verbesserungsbedarf ausgewertet werden? Um der grassierenden Meetingitis vorzubeugen, empfiehlt sich freilich die Prüfung des jeweiligen Kommunikationswerts:

- Für wen ist das Feedback interessant? Wer sollte beispielsweise davon erfahren, was uns die Kunden zurückmelden?
- Für wen ist das Feedback handlungsleitend? Wer sollte sich mit wem darüber beraten?
- Auf welche Weise sollte diese Beratung stattfinden?
- Wer muss noch darüber informiert werden? Wie passiert das?
- Welche Entscheidungen stehen an?
- Wer sorgt für die Umsetzung der Entscheidungen, die auf Basis der erhaltenen Rückmeldungen getroffen werden?

Die Fragen mögen Ihnen banal erscheinen. Das nächste Kapitel sollte deutlich machen, dass deren Beantwortung so manche Stolperfalle bereithält.

Was Sie aus diesem Kapitel mitnehmen können

Dieses Kapitel hat gezeigt, wie Sie durch kurze Feedbackschleifen an Klarheit, Kommunikationsqualität und Steuerungssicherheit gewinnen können. Das scheinen in Zeiten wie diesen keine schlechten Aussichten zu sein. Dafür lohnt es sich, ein wenig Grips zu investieren, um Feedback in einer für Ihre Belange passenden Form einzusetzen.

In selbstorganisierten Unternehmen haben sich vor allem drei Schleifen bewährt: Besprechungen, Messungen und persönliche Rückmeldungen. Da Letztere im zweiten Teil des Buches noch ausführlich dargestellt werden, lag die Konzentration in diesem Kapitel auf dem praktischen Einsatz der ersten beiden Schleifen. Sie haben einen Überblick über die gängigen Besprechungsprinzipien, -formate und -techniken erhalten und anhand des sogenannten Cumulative Flow Diagram erfahren, wie Sie mit einer einzigen Metrik Ihre Prozessqualität bestimmen können.

Wesentlich ist in diesem Zusammenhang, dass Kommunikation und Messungen nicht von oben vorgegeben werden. Damit aus den Feedbackschleifen gelernt werden kann, müssen sie für alle daran Beteiligten sinnvoll sein. Andernfalls werden sie nicht zur Wertschöpfung, sondern nur zur Verschwendung beitragen.

7 Kundennahe Entscheidungen

Entscheidungen gelten als das Lebenselixier von Organisationen. Durch Entscheidungen verarbeiten wir Komplexität, absorbieren Unsicherheit und stärken unsere Handlungsfähigkeit. Folgt man der soziologischen Systemtheorie, bestehen Organisationen überhaupt nur dann, wenn laufend Entscheidungen kommuniziert werden. »Die Operationsweise ›Kommunikation von Entscheidungen‹ und das ständige Reproduzieren von Entscheidungsbedarf durch Entscheidungen sichert dem System eine Art selbsterzeugte Unruhe«, heißt es bei Großmeister Luhmann [Luhmann 2000, S. 71]. Organisationen sind folglich nur dann effektiv, wenn sie ihre Entscheidungsfähigkeit kontinuierlich ausbauen.

Was die Frage aufwirft, wie diese Entscheidungen getroffen werden. Welche Entscheidungskultur gibt es im Unternehmen? Und wie müsste eine solche Kultur aussehen, um Selbstorganisation auf allen Ebenen zu fördern? Traditionellerweise wird das Entscheiden der Hierarchie zugeschrieben. Das reduziert den Aufwand, führt aber zu einer Reihe von Problemen:

- Entscheidungen werden zu spät oder gar nicht getroffen – was dem Mikromanagement Tür und Tor öffnet.
- Entscheidungen sind intransparent und daher kaum nachvollziehbar.
- Entscheidungsbefugnisse sind nicht definiert: Für bestimmte Entscheidungen ist niemand verantwortlich, während für andere Entscheidungen mehrere Leute zuständig sind.
- Entscheidungsbereiche sind unklar: Worüber muss überhaupt entschieden werden?
- Entscheidungsmodalitäten sind unklar: Auf welche Weise wird entschieden?
- Entscheidungsautoritäten sind zwar geklärt, werden aber durch eine hierarchisch höher gestellte Person ausgehebelt.

Agiles Entscheiden

In ihrem Buch *Das Unerwartete managen* untersuchen Karl Weick und Kathleen Sutcliffe Organisationen, die ständig mit hohem Risiko und Unsicherheit zu tun haben – sogenannte High Reliability Organisations (HROs) wie etwa Atomkraftwerke, Notfallstationen oder Feuerwehren. Aus zahlreichen Fallbeispielen destillieren sie handlungsleitende Prinzipien, die Agilität und Selbstorganisation gleichermaßen fördern. Sie zeigen, wie solche Unternehmen einerseits Entscheidungsbedarf antizipieren und andererseits sicherstellen, dass im Anlassfall möglichst flexibel entschieden werden kann.

Gute Praktiken, um entscheidungskritische Punkte vorherzusehen, sind etwa eine transparente Informationspolitik zu Unregelmäßigkeiten und Fehlern, die periodische Überprüfung von Erwartungen oder die Delegation der Entscheidungsbefugnis in Richtung derer, die nahe am jeweiligen Problem sind und sich damit auch auskennen. Wenn der Wald brennt, ist es nicht nur sinnfrei, sondern nachgerade lebensgefährlich auf die Entscheidung des Feuerwehrhauptmanns zu warten. Stattdessen muss jeder in der Brandbekämpfung selbst entscheiden, welche Löschmaßnahmen am geeignetsten sind. Dafür sind die Verhinderung einer flächenbrandartigen Ausbreitung des Problems, der Schutz vor größeren Folgeschäden und die entsprechend kurzfristige Lösungsarbeit handlungsleitende Bezugspunkte.

Von den Extremsituationen, denen HROs immer wieder ausgesetzt sind, können wir einiges lernen. Sie führen uns vor Augen, warum Entscheidungen vom Respekt für fachliches Wissen und Können getragen werden sollten. Sie dokumentieren, warum die Kombination von maximalem Fachwissen mit der größtmöglichen Situationskenntnis viel wichtiger ist als Rolle oder Rang. Und sie zeigen uns, warum wir die Entscheidungsautorität auf die Person verschieben sollten, die im Fall des Falles über die größte Gestaltungskompetenz verfügt [Weick & Sutcliffe 2003].

Angesichts unserer alltäglichen Probleme überrascht es wohl niemand, dass die Zentralisierung von Entscheidungsautorität Agilität und Selbstorganisation gleichermaßen behindert. Dezentrale Entscheidungen sind gerade unter der Perspektive eines adäquaten Risikomanagements besonders vorteilhaft. Zum einen erhöhen sie die Reaktionsgeschwindigkeit des Unternehmens: Potenziell kritische Punkte werden rascher aufgegriffen, Gefahren früher antizipiert und Maßnahmen situationsgerechter getroffen – wie gerade die Arbeitsweise sogenannter High Reliability Organisations zeigt. Zum anderen geht es auch um die Wahrnehmung wirtschaftlicher Risiken. Denn die Konzentration der Entscheidungsmacht an der Unternehmensspitze führt dazu, dass das ökonomische Potenzial kleiner Entscheidungen ungenützt bleibt. Wie Don Reinertsen überzeugend argumentiert, haben diese kleinen Entscheidungen zusammengenommen enorme Auswirkungen auf die Leistung des gesamten Unternehmens. In der Annahme, dass das Schicksal einer Organisation von den großen strategischen Weichenstellungen abhängt, werden wir Opfer dessen, was Reinertsen das Pareto-Paradox nennt. Wir übermanagen die 20 % an großen Weichenstellungen und untermanagen die

80% an kleinen Kursänderungen, die im Sinne echter Agilität zum Wohle des Kunden vorgenommen werden sollten [Reinertsen 2009, S. 37].

7.1 Delegation von Autorität

Die schwedische *Handelsbanken* zeigt eindrucksvoll, wie gut sich die Delegation von Entscheidungsautorität rechnen kann. Die ehrwürdige, seit 1871 bestehende Bank setzt nämlich auf eine dezentrale Struktur, die den Filialen die volle Verantwortung für die gesamte Geschäftstätigkeit überträgt. Jeder der beinahe 800 Standorte in immerhin 24 verschiedenen Ländern entscheidet selbst über sein jeweiliges Produktportfolio, sein strategisches Vorgehen oder das Marketing. Zentral festgelegte Ziele, fixierte Budgets oder detaillierte Forecasts gibt es nicht. Dass die *Handelsbanken* über 40 Jahre lang einen überdurchschnittlichen Gewinn erwirtschaften, eine herausragende Kosteneffektivität etablieren und konstante Höchstwerte in der Kundenzufriedenheit erzielen konnte, unterstreicht die Wirtschaftlichkeit des Vorgehens. Darüber hinaus war das Finanzinstitut das einzige in Schweden, das während der globalen Finanzkrise keine staatliche Hilfe in Anspruch nahm. Es zahlt sich also aus, wenn relevante Entscheidungen nahe am Kunden getroffen werden: ökonomisch, aber auch im Sinne der Stärkung vertrauensvoller Beziehungen – ganz abgesehen vom gestärkten Selbstbewusstsein, mit seiner eigenen Arbeit gleichermaßen zum Wohl der Kunden und der Organisation beizutragen.

Eine ähnliche Geschichte kann der Softwareexperte *Incentro* erzählen. Jahrespläne und Finanzierungsrituale gibt es bei *Incentro* ebenso wenig wie Zentralfunktionen, die Marketing- oder Personalrichtlinien verwalten. Stattdessen werden alle relevanten Geschäftsentscheidungen von den einzelnen Zellen selbst getroffen. Diese nach technologischen oder geografischen Gesichtspunkten organisierten Zellen konzentrieren sich eigenverantwortlich auf das, was Unternehmensgründer und Vorstandsmitglied Stef Lagomatis »die Fokussierung von Energie« nennt. Jedes Quartal richten die 30 bis 60 Mitarbeiter aus allen Fachbereichen ihre Energien neu aus, um ihre jeweilige Zelle auf Kurs zu halten. Mitarbeiterzufriedenheit, Kundenzufriedenheit und Profitabilität bilden so etwas wie Leitplanken für diese Kurssetzung.

Das niederländische Pflegenetzwerk *Buurtzorg* führt vor Augen, dass diese Leitlinien auch im Non-Profit-Bereich zu einer produktiven Synergie führen können. Das mittlerweile auf über 8000 Mitarbeiter angewachsene Netzwerk ist strikt nach regionalen Teams von 10–12 Pflegekräften organisiert. Darüber hinaus gibt es weder ein Management noch klassische Zentralfunktionen. Jedes Team trifft alle Entscheidungen selbst: sei das nun hinsichtlich der Anzahl an betreuten Patienten, hinsichtlich des Ablaufs der Betreuung oder hinsichtlich des Einsatzplans, der Meetingstruktur oder der notwendigen Koordination mit Angehörigen, Ärzten oder Ämtern. Und die einzelne Pflegekraft agiert wiederum viel stärker als umsichtiger Gesundheitscoach denn als effizienzgetriebener Versorgungsagent. Mit dem Rückhalt fortlaufender Trainings- und Supervisionsmaßnahmen trifft jede Pflegekraft alle nötigen Entscheidungen selbst.

Selbstbestimmung ist jedoch nicht nur in der internen Organisation wegweisend – sie spiegelt sich kongenial in der Autonomie der Patienten wider, die nicht zuletzt durch die hohe Beziehungsorientierung der Pflege gefördert wird. Statt anonym abgefertigt zu werden, nehmen sich die Pflegekräfte Zeit, fragen nach, hören zu und unterstützen auch soziale Aktivitäten. All diese Investitionen kosten zweifellos Geld. Wie eine 2010 veröffentlichte Studie von Ernst & Young errechnete, werfen diese Investitionen allerdings einen beeindruckenden Profit ab: Denn dadurch, dass die Patienten deutlich zufriedener sind und insgesamt nur halb so lange Betreuung nötig haben als bei traditionellen Pflegeeinrichtungen, spart sich die Allgemeinheit bis zu 40% der üblichen Gesamtkosten. Eine Untersuchung von KPMG bestätigt diese Zahlen nicht nur, sondern konstatiert sogar wertvolle Nebeneffekte: »Das Programm stärkt Pflegekräfte darin, die Pflege zu liefern, die von Patienten tatsächlich gebraucht wird. Und während das höhere Kosten pro Stunde nach sich zieht, sind insgesamt deutlich weniger Stunden notwendig. Durch die Veränderung des Pflegemodells hat *Buurtzorg* die Anzahl der Betreuungsstunden um 50% reduziert, die Qualität der Betreuung verbessert und auch die Abeitszufriedenheit erhöht« (*http://www.buurtzorgusa.org/about-us*).

Ähnlich Beeindruckendes in einem ganz anderen Bereich hat der deutsche Logistikspezialist *allsafe JUNGFALK* zu bieten: Zwischen 1999 und 2016 konnte der Umsatz versechsfacht, der Gewinn (EBT) verzwölffacht und die Zahl der Mitarbeiter fast verfünffacht werden. Dieser Erfolgslauf wurde durch eine umfassende Verschlankung ermöglicht. Die traditionellen Abteilungen und das hierarchieorientierte Entscheidungsmanagement wurden abgeschafft und durch eine konsequente Prozessorientierung ersetzt. So priorisieren die Teams in der Produktion heute alle eingehenden Kundenaufträge selbst und stellen durch die durchgehende Begleitung der Werkstücke einen guten Fertigungsfluss und damit auch eine hohe Qualität des Endprodukts sicher.

Die Begriffe Topqualität, Prozessdenken und Erfolgslauf sind natürlich untrennbar mit *Toyota* verbunden. In seiner neuen Managementagenda hat sich der Autobauer aber auch explizit vorgenommen, Entscheidungen kundennäher zu treffen. Dafür werden regionale Missionen bestärkt, Unternehmensaktivitäten mit engem Bezug zur Community gefördert und vor Ort mehr Gestaltungsfreiheiten eingeräumt. Darüber hinaus wurde sogar die Hierarchie ausgedünnt: Statt 27 gibt es nun nur noch elf Direktoren, global nur noch 60 statt 77 Topmanager.

Eine solche Regionalisierung der Entscheidungsautorität ist umso wichtiger, als Opportunitäten nicht ewig Bestand haben. Im Gegenteil: Chancen verändern sich ebenso im Laufe der Zeit wie Risiken – und das oft schneller, als einem lieb ist. Je länger wir also dafür brauchen, eine sich bietende Geschäftsmöglichkeit zu nutzen, einen Engpass zu erweitern oder ein Problem zu beseitigen, umso stärker wirkt sich das wirtschaftlich aus. Gewinnoptionen lösen sich in Luft auf, während die Lösungskosten in astronomische Höhen klettern. Nun ist es aber so, dass die meisten geschäftsrelevanten Chancen und Risiken als Erstes von Leuten wahrgenommen werden, die nahe am Kunden arbeiten. Dementsprechend überzeugt zeigt man sich bei *Zappos*: »Wir glauben, dass die besten Entscheidungen grundsätzlich bottom-up getroffen werden, und zwar von denen, die an vorderster Front stehen und daher den Themen und/oder Kunden am nächsten sind« (*https://s3.amazonaws.com/zidownloads/TheZapposFamilyCoreValues.pdf*). Werden diese Frontlinien nicht mit entsprechender Entscheidungsautorität ausgestattet, bleiben positive wie negative Informationen ungenutzt. Zumeist tauchen sie gar nicht auf dem Radar der Unternehmensentwicklung auf – geschweige denn, dass sie entscheidungsrelevant werden.

Wollen wir Agilität fördern, indem wir unser Sensorium für Chancen und Risiken erweitern, so ist die Delegation von Entscheidungsmacht angesagt. Es geht darum, ausreichend Entscheidungsverantwortung auf jene Bereiche zu übertragen, die nahe am Kunden sind. Schließlich wollen wir möglichst »situationselastisch« vorgehen – um an dieser Stelle das vom ehemaligen österreichischen Verteidigungsminister Gerald Klug kreierte Wort des Jahres 2014 zu würdigen. Im Sinne dieser besonderen Elastizität gehört es in fast allen selbstorganisierten Unternehmen zum Standard, den Experten weitgehende Entscheidungsfreiheit zu geben. Agile Entwicklungsteams bei *eSailors* bestimmen ebenso selbst über ihren Produktentwicklungspool, wie die interdisziplinären Zellen bei *Traum-Ferienwohnungen* ihre Kunden autonom bedienen oder die sogenannten Nischen beim Finanzberater *Finext* ihr projektspezifisches Vorgehen bestimmen. Und auch *allsafe JUNGFALK* regelt seinen Materialeinkauf, Reparaturen oder Investitionen längst nicht mehr zentral. Die Mitarbeiter treffen alle damit verbundenen Entscheidungen selbst und reagieren kurzfristig auf das, was sie für ihre jeweiligen Kundeneinsätze brauchen. Und sie legen auch fest, wann, wie lange und wo sie arbeiten: Denn statt klassischer Kontrollmechanismen gibt es jetzt »Vertrauensarbeitszeit« [Lohmann & Lohmann 2016, S. 10].

Auch beim Wiener Spezialisten für Zeit- und Überwachungsrelais *TELE Haase* werden operative Entscheidungen von den jeweiligen Experten selbst getroffen. Die dafür maßgebliche Ablauforganisation von Haupt- und Supportprozessen hat eine Gruppe von 20 Mitarbeitern selbst erarbeitet. Der offene Austausch zwischen diesen kreisförmig organisierten Prozessen begünstigt, dass ungeahnte Kompetenzen zum Vorschein kommen: seien es nun fachliche, führungsspezifische oder sprachliche wie im Falle eines portugiesisch sprechenden Einkäufers, der den Vertrieb zu einem brasilianischen Kunden unterstützte. Die Transparenz der in den verschiedenen Kreisen getroffenen Entscheidungen schlägt sich nicht nur auf jedem einzelnen Rechner, sondern auch auf die im ganzen Unternehmen verteilten iPads nieder. Auf diese Weise kann jederzeit auf die im hauseigenen Infonet gesammelten Geschäftsinformationen zugegriffen werden – ob das nun am eigenen Arbeitsplatz ist oder in der gemeinsamen Kaffeeküche.

Derart demokratieorientierte Unternehmskulturen verdeutlichen, dass es um weit mehr als um operative Entscheidungen geht. Bei *Haufe-umantis* etwa werden auch strategische Entscheidungen unter Einbeziehung aller Mitarbeitenden getroffen – wie bei der Umstellung des Portfolios von Individual- auf Standardsoftware, bei der Abstimmung über die Firmenübernahme durch die Haufe-Gruppe oder bei der periodischen Wahl der Führungskräfte, an der alle Mitarbeiter beteiligt sind. In verwandter Weise hat es sich der Designspezialist *IDEO* zur Angewohnheit gemacht, vor großen, richtungsweisenden Entscheidungen immer die Mitarbeiter zu konsultieren. Beim Metallverarbeiter *FAVI* wurden die Teams sogar zurate gezogen, als es um den Umgang mit den durch die Wirtschaftskrise verursachten finanziellen Engpässen ging. Dass die finale Lösung sogar von den Mitarbeitern kam, unterstrich deren Bereitschaft, Verantwortung zu übernehmen – und sorgte ganz nebenbei dafür, dass diese zweifellos unpopuläre Maßnahme die nötige Akzeptanz fand.

Über neue Mitarbeiter wird in vielen selbstorganisierten Unternehmen ebenfalls von den Betroffenen entschieden. Immerhin verbringen die meisten von uns mehr Zeit mit Kollegen als in der Familie. Sogenanntes *Peer Recruiting* soll dann allen Beteiligten eine gute Partnerwahl ermöglichen. Statt auf klassische HR-Abläufe wird dabei auf direkte Gespräche mit möglichen Kollegen, Testaufgaben oder Probetage gesetzt, bei denen die Zusammenarbeit getestet werden kann. Der Prozess des Düsseldorfer Telefonieanbieters *sipgate* scheint mir dafür stilbildend zu sein. Es beginnt damit, dass die Teams selbst entscheiden, ob sie jemand Neuen brauchen. Wenn ja, verfasst das Team die Stellenausschreibung und entsendet einen Delegierten, der dann gemeinsam mit den beiden Personalexpertinnen die Bewerbungen sichtet. Das weitere Vorgehen steht ganz im Zeichen gepflegter Feedbackschleifen: Auf Bewerbungen wird innerhalb von 24 Stunden geantwortet, bei Absagen wird mitgeteilt, warum sich das Unternehmen gegen einen Bewerber entschieden hat. Nach erfolgter Einladung wird das Vorstellungsgespräch direkt mit drei bis vier Teammitgliedern und der HR geführt, die dann gemeinsam darüber entscheiden, ob es in die nächste Runde gehen soll, beispielsweise mit einem Tag Probearbeit. Das Team ist nicht nur für die Entscheidung für oder gegen einen Bewerber zuständig, sondern auch dafür, im positiven Fall aktive Rückmeldungen während der Probezeit zu geben. Und die finale Entscheidung über eine Fixanstellung wird ebenso vom Team getroffen – und auch direkt kommuniziert. Das kann mitunter, vor allem wenn der Bescheid negativ ausfällt, hart sein, es fördert langfristig jedoch nicht nur eine konsequente Selbstorganisation, sondern auch bessere Personalentscheidungen [Mois & Baldauf 2016, Abschnitt 16].

Das eigenverantwortliche Management von geplanten und ungeplanten Abwesenheiten durch Urlaube, Krankenstände, Dienstreisen oder Weiterbildung gehört in den meisten selbstorganisierten Unternehmen ohnehin zum Standard. Bei Pionieren wie *Semco, Gore* oder *Morning Star* erfolgt mittlerweile sogar die Festlegung des Gehalts auf kollegialer Basis, und zwar, indem sich die Kollegen, die am intensivsten miteinander arbeiten, wechselseitig bewerten: Wie viel hat mein Kollege zum Gesamterfolg beigetragen? Mehr oder sogar deutlich mehr als ich? Oder weniger?

Beim auf agilen Maschinenbau spezialisierten Unternehmensberater *Vollmer & Scheffczyk* wird bereits seit mehreren Jahren auf ein System gesetzt, bei dem die Mitarbeiter selbst ihr Gehalt bestimmen. Nachdem sich zu Beginn jeder mit zumindest zwei Kollegen über seine jeweiligen Vorstellungen beraten musste, bevor er das eigene Gehalt festlegte, folgt man mittlerweile einem neuen Mechanismus. Er beruht auf zwei einfachen Fragen, die von allen Mitarbeitern beantwortet werden: Ab welchem Gehalt würdet ihr mich als überbezahlt ansehen? Sowie: Ab wann würde ich mich unterbezahlt fühlen? Daraus ergibt sich, wie Geschäftsführer Benno Löffler berichtet, eine Punktwolke von Selbst- und Fremdeinschätzungen, aus der man gut lernen kann: Wo passt es? Wo sollten wir erhöhen? Und welche Schlüsse lassen sich aus dem Gesamtbild ziehen – nicht zuletzt im Hinblick auf branchenübliche Gehälter? Das schafft, so Löffler, Transparenz und bettet die individuelle Entscheidung in ein kollegiales Netzwerk ein.

Wer nun denkt, dass eine solche Mitbestimmung das Unternehmen in den Ruin treiben kann, sei beruhigt: Die Lohnkosten sind bei *Vollmer & Scheffczyk* gleich geblieben. Parallel dazu sind die anfangs durchaus hitzigen Diskussionen mittlerweile einer pragmatischen Haltung gewichen. Dafür ist aber mit dem Mut zu selbstbestimmten Entscheidungen das Verantwortungsgefühl deutlich gestiegen. Das trifft auch für *TELE Haase* zu. Denn selbst wenn, wie zuletzt, die selbstbestimmten Gehälter erhöhte Personalkosten von knapp 90.000 Euro zur Folge haben, ist allen klar, dass man das zusätzlich benötigte Geld gemeinsam erwirtschaften muss. Die im selben Jahr erzielte Effizienzsteigerung im Wert von mehr als 100.000 Euro und die deutliche Verbesserung der Deckungsbeiträge zeigen, dass sich das Grundvertrauen in Einsatz- und Verantwortungsbereitschaft auszahlt. Eine solche Bereitschaft wird durch ein Beteiligungsmodell wie bei *allsafe JUNGFALK* zweifellos bestärkt. Natürlich gebe es, so Prokurist Ulrich Lohmann, viele Formen der Wertschätzung: etwa Rahmenbedingungen, die Selbstständigkeit fördern, Prozesse, die gute Abläufe sichern, kontinuierliche Verbesserungen, die durch das Fachwissen und den gesunden Menschenverstand der Leute ermöglicht werden. Doch die seit vielen Jahren gepflegte Gewinnausschüttung sei ebenfalls wichtig. Wenn es dem Unternehmen gut geht, sollen alle etwas davon haben. Und die gemeinsame Gewinnbeteiligung hat den durchaus erwünschten Nebeneffekt, dass sie mit der Wertschätzung auch das Kostenbewusstsein fördert und Verschwendung eindämmt.

7.2 Explizites Entscheidungsmanagement

Die Überschrift dieses Abschnitts mag irritieren: Warum muss jetzt schon wieder oder noch immer gemanagt werden? Reicht es nicht einfach, die Entscheidungsautorität zu delegieren? Nun, wir sollten nicht übersehen, dass der Weg zum selbstorganisierten Unternehmen nicht nur neue Freiheiten beschert. Die Auflösung traditioneller Strukturen kann mitunter auch ungeahnte Machtkämpfe mit sich bringen. Plötzlich stehen Aushandlungsprozesse an der Tagesordnung, die davor durch formelle Über- und Unterordnungen geregelt wurden. Um möglichen Verwirrungen vorzubeugen, empfiehlt es sich einmal mehr, die Rahmenbedingungen explizit zu machen: Welche Entscheidungen sind zu treffen? In welcher Form passiert das? Und wer ist dafür verantwortlich?

Bleibt ein aktives Management der neuen Entscheidungsfreiheiten aus, kann das leicht zu falschen Annahmen führen. Jeder hat etwas anderes im Kopf – vom berühmt-berüchtigten Bauchgefühl ganz zu schweigen. Das fördert wiederkehrende Debatten nach dem Muster *Und täglich grüßt das Murmeltier.*

Doch wie kann das Treffen von Entscheidungen unternehmensweit geregelt werden? Wie kann eine Organisation sicherstellen, dass ihre gesamte unternehmerische Intelligenz zur Verfügung steht, wenn es um kritische Entscheidungen geht? Wie lässt sich herausfinden, welcher Entscheidungsmodus dafür am sinnvollsten ist? Und wie können wir die Entscheidungsverantwortung bestmöglich auf viele Schultern verteilen? Für eine grundsätzliche Klärung dieser Fragen haben sich meiner Erfahrung nach vor allem zwei Methoden bewährt: die RACI-Matrix, die dem Six-Sigma-Ansatz entstammt, und das sogenannte Delegation Board, das aus der systemischen Organisationsberatung kommt. Wie funktionieren diese beiden Ansätze? Und wie stärken sie die unternehmerische Selbstorganisation?

Generell zielt die RACI-Matrix auf eine rollen- und aufgabenspezifische Klärung von Verantwortlichkeiten. Sie wird üblicherweise in drei Kernschritten befüllt.

1. **Die Festlegung der Rollen**
   Wer ist alles beteiligt? Wen müssen wir in welcher Form berücksichtigen, wenn wir gute Entscheidungen treffen wollen?
2. **Die Identifikation von Aufgabenpaketen**
   Worüber muss überhaupt entschieden werden? Was müssen wir alles klären? Wofür braucht es klare Verantwortlichkeiten?
3. **Die Klärung der Verantwortlichkeiten**
   Wer führt welche Aufgaben aus (ist also R wie *responsible*)? Wer trägt die Gesamtverantwortung (A wie *accountable*)? Wer sollte sonst noch aktiv einbezogen und möglicherweise sogar um Input gebeten werden (C wie *consulted*)? Wen gilt es auf dem Laufenden zu halten (I wie *informed*)?

Aufgaben	Rolle 1	Rolle 2	Rolle 3	Rolle 4	Rolle ...
Paket 1	R	A		C	
Paket 2	A	R		I	
Paket 3		A	R	C	
Paket 4	C	I	A	R	
Paket 5	R		I	A	

Tab. 7–1 *Skizze einer RACI-Matrix*

Mit dieser einfachen Schrittfolge bringt die Erstellung einer RACI-Matrix einige Vorteile mit sich.

- Sie hilft uns, alle wesentlichen Aufgabenbereiche in unserem System sozusagen auf einen Blick zu erfassen.
- Sie ordnet die jeweils Verantwortlichen und Beteiligten zu.
- Sie hilft dabei, die Kommunikation zu verbessern.
- Die Wahrscheinlichkeit, wesentliche Stakeholder einer Entscheidung zu übersehen, wird verringert.
- Rollen und Verantwortlichkeiten werden geklärt – was die Konfliktwahrscheinlichkeit verringert.
- Missverständnisse können in einem offenen Dialog eliminiert werden: Jeder weiß am Ende, welche Aufgaben bei ihm liegen und mit wem er sich koordinieren muss.
- In diesem Sinne kann das Entscheidungsmanagement als Zwilling des visuellen Arbeitsmanagements betrachtet werden – während Letzteres Sichtbarkeit gewährleistet, macht Ersteres explizit, was oft nur implizit geregelt ist.

Abb. 7–1 *Lückenhafter Warnhinweis*

Im Unterschied zur RACI-Matrix konzentriert sich das sogenannte Delegation Board auf den Modus des Entscheidens. Sobald die Bereiche geklärt sind, über die entschieden werden muss, geht es um den Modus des Entscheidens. Wie soll dabei vorgegangen werden? Wer soll dafür Verantwortung übernehmen? Wer wird in welcher Form daran beteiligt? Und wie kann der jeweilige Entscheidungsmodus aussehen? Das Board selbst wird in folgenden Schritten erarbeitet:

1. **Definition der Entscheidungsbereiche**
   Hier geht es darum, möglichst alle entscheidungsrelevanten Aspekte der Arbeit zu erfassen: Brainwriting (jeder Aspekt auf ein eigenes Post-it) und Clustering (thematische Bündelung der Post-its) sind probate Moderationstechniken, die hier ein stringentes Vorgehen absichern. Tabelle 7–2 zeigt am Beispiel des Lotteriespezialisten *eSailors*, wie eine solche Klärung aussehen kann.

Entscheidungsbereiche	Notwendige Entscheidungen
Technologie	■ Technologische Entscheidungen mit Auswirkung auf ein Team ■ Technologische Entscheidungen, die sich auf mehrere Teams auswirken ■ Entscheidungen über die Infrastruktur
Organisation	■ Interne Organisation der Arbeit ■ Methoden ■ Meetings ■ Metriken ■ Homeoffice ■ Urlaube ■ Aus- und Weiterbildung ■ Neue Mitarbeiter ■ Feedback auf Verhalten und Performance
Budget	■ Investitionen in Setup/Ausstattung der Arbeitsplätze ■ Investitionen in neue Lizenzen und Hardware ■ Investitionen in Reise, Training oder Konferenzen ■ Investitionen in externe Beratung, Coaching, Teamentwicklung

Tab. 7–2 *Beispiel für Entscheidungsbereiche*

2. **Klärung der Entscheidungsmodi**
   Bei diesem Schritt werden die unterschiedlichen Arten geklärt, wie eine Entscheidung getroffen werden kann. Meiner Erfahrung nach reicht es völlig aus, vier Entscheidungsmodi zu differenzieren:
   - Hierarchische Entscheidungen, die top-down vorgegeben werden, also Teil der systemischen Rahmenbedingungen sind.
   - Konsultative Entscheidungen, die zwar ebenfalls in der Linie getroffen werden, zu denen aber Betroffene, Kollegen oder ausgewählte Fachexperten befragt werden.

- Gemeinsame Entscheidungen, die in einer offenen Diskussion erarbeitet werden.
- Autonome Entscheidungen, die dediziert einzelnen Gruppen oder Fachexperten übertragen werden.

3. **Klärung der derzeitigen Modi**
Welche Entscheidungen werden aktuell vorgegeben? Wo wird jemand anderer zurate gezogen? Was ist eine Sache gemeinsamer Beratungen? Und wofür ist wer alleine verantwortlich? Getreu dem Motto »Starte mit dem, was du jetzt machst« bietet die Erhebung der Ist-Situation eine produktive Grundlage für die bewusste Delegation von Autorität – und offenbart nicht selten Überraschungen, weil die Zuständigkeiten unterschiedlich wahrgenommen werden (siehe die entsprechenden, zum Teil verschiedenfarbigen × in Abb. 7–2).

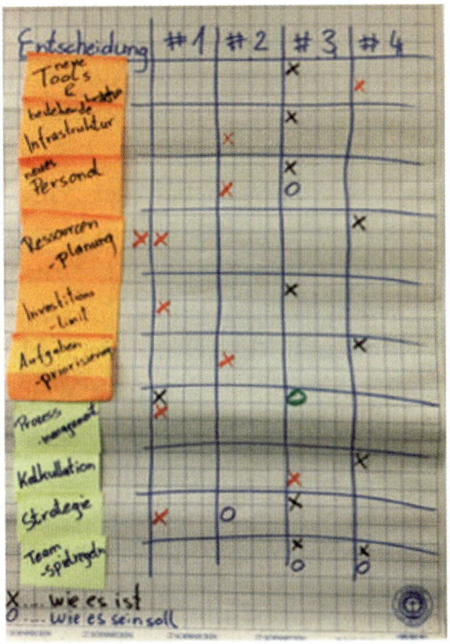

Abb. 7–2 *Skizze eines Delegation Board*

4. **Vereinbarung der zukünftigen Entscheidungsmodi**
In Analogie zum agilen *Planning Poker Game* lässt sich dieser Klärungsprozess auf spielerische Art beschleunigen. Dafür bekommen alle Beteiligten einen Satz Karten, auf denen die möglichen Entscheidungsmodi festgehalten werden – im einfachsten Fall bloß die Nummern 1 bis 4. Diese Karten werden nun pro Entscheidungsbereich von allen Beteiligten zeitgleich ausgespielt. Während die Karten zunächst kommentarlos auf den Tisch kommen, wird im Anschluss vor allem über die Differenzen diskutiert. Dabei geht es aber weder um Rechtfertigung noch ums Überreden. Stattdessen steht das Verstehen im Mittelpunkt: Warum hat mein Kollege eine 2 ausgespielt, während ich so wie alle anderen auf eine 3 setze? Wie erklärt der Manager seine 1,

wenn alle anderen einheitlich eine 4 ausspielen? Usw. Dieser Poker hat also nichts mit Bluff zu tun, sondern mit offener Kommunikation und tragfähigen Vereinbarungen.

Um jegliche Entscheidungsklärung folgewirksam zu machen, muss sie von Anfang an mit professionellem Change Management verbunden werden. Ein solcher Change startet bekanntermaßen mit der umsichtigen Klärung des Warum? Das gilt gleichermaßen für die Notwendigkeit wie für die Dringlichkeit eines expliziten Entscheidungsmanagements: Wofür brauchen wir das? Was erwarten wir uns davon? Wie genau unterstützt das die Selbstorganisation? Warum glauben wir, dadurch agiler werden zu können? Und wie wirkt sich das Ganze auf unseren Wertschöpfungsprozess aus? Bereits in dieser Vorphase sollte Information nicht mit Kommunikation verwechselt und Feedback entsprechend ernst genommen werden. Vielleicht ist Ihren Stakeholder nicht ausreichend klar, was das bringen soll? Vielleicht werden Entscheidungsregeln gar nicht als kritisch angesehen? Vielleicht wird befürchtet, dass eine solche Regelung in politisches Hickhack ausartet – oder aber diverse Machtspiele zukünftig schwerer macht?

Um RACI oder Delegation Board effektiv einzusetzen, ist jedenfalls eine gründliche Vorbereitung wichtig: hinsichtlich der Moderation, aber auch hinsichtlich der inhaltlichen Ausrichtung. Während Erstere die bekannten Eckpfeiler von Zeit, Ablauf und Teilzielen betrifft, erinnert Letztere daran, dass Selbstorganisation nicht radikale Basisdemokratie meint. Ein effektives Entscheidungsmanagement hängt vielmehr von einem klaren Rahmen ab. Das setzt voraus, dass das Linienmanagement seine Hausaufgaben macht: Welche Entscheidungen muss es sich vorbehalten? Was wird – zumindest zu diesem Zeitpunkt – nicht zur Diskussion gestellt? Und wo ist das Management wirklich bereit, mit gleich welcher Entscheidung zu leben?

Zu den Hausaufgaben gehört es außerdem, Evaluationskriterien festzulegen. Woran erkennt der Manager, dass sich die Qualität der Entscheidungen verbessert? Und wie genau wird das geprüft? Es versteht sich, dass beide vorgestellten Methoden davon leben, dass sie nicht nur einmal angewendet, sondern ebenfalls der Logik des Prüfens und Anpassens unterworfen werden. Das kann durchaus im Rahmen regulärer Retrospektiven geschehen. Wichtig ist, dass es einigermaßen regelmäßig passiert, damit wir die Delegation von Entscheidungsautorität für eine gezielte Förderung von Selbstorganisation einsetzen können. Ansonsten droht das Delegation Board zum bloßen Papiertiger zu verkommen.

7.3 Einfache Entscheidungshilfen

Neben der allgemeinen Klärung des Entscheidungsmanagements kommen in selbstorganisierten Unternehmen einige spezielle Umsetzungsmethoden zum Einsatz:

- **Die Punktabfrage,** die sich für alle Formen einer demokratischen Mehrheitsfindung bewährt hat. Je nach Fokus werden Themen- oder Maßnahmenvorschläge per Karten- oder Zurufabfrage visualisiert. Daraufhin bekommen alle Teilnehmenden eine bestimmte Anzahl an Klebepunkten und markieren damit ihre jeweiligen Favoriten (je nach Anzahl der Vorschläge zumeist 2–4). Um ein möglichst unbeeinflusstes Votum abzusichern, können die Vorschläge durchnummeriert und die individuell favorisierten Nummern schon vor der Abstimmung auf die Klebepunkte geschrieben werden. Bei Gruppen, die bereits Erfahrung mit der Methode gesammelt haben, kann üblicherweise darauf vertraut werden, dass die Punktabfrage auch per direkter Markierung funktioniert (was den Prozess naturgemäß beschleunigt). Zudem können statt Klebepunkten einfache X- oder I-Striche per Marker eingesetzt werden. Am Ende werden die Punkte einfach ausgezählt.
- **Das Gesetz der zwei Füße,** das aus der eher kognitiven Punktabfrage gewissermaßen eine Entscheidung mit Haut und Haar macht. Im Unterschied zur Punktabfrage werden die Vorschläge nicht auf einem Plakat gelistet, sondern einzeln visualisiert (etwa auf A4-Blättern). Danach werden diese Visualisierungen im Raum verteilt und die Teilnehmenden gebeten, zu dem Vorschlag zu gehen, der sie am stärksten anspricht. Wenn nicht zu viele Vorschläge im Raum sind, gibt die Verteilung Aufschluss über die jeweiligen Mehrheitsverhältnisse. Außerdem erleichtert sie eine pointierte Diskussion über die Vor- und Nachteile der jeweils favorisierten Entscheidung und die Verschiebung von Mehrheitsverhältnissen.
- **Die Fünf-Finger-Demo,** die ebenfalls ein wenig Körpereinsatz braucht. Manche Gruppen können bekanntlich ewig diskutieren, Probleme wälzen und immer neue Fragen aufwerfen. In solchen Fällen kann es helfen, die Diskussionszeit zu limitieren, um Zwischenergebnisse festzuhalten und die Zustimmung zu prüfen. Dafür lässt sich eine Methode einsetzen, die wir bei Loop die Fünf-Finger-Demo nennen. Dazu bilden alle, die an der Entscheidung beteiligt werden sollen, einen Kreis, in den sie entweder den linken oder den rechten Arm strecken. Auf 1-2-3 signalisieren dann alle gleichzeitig per Fingeranzahl, inwiefern sie einen bestimmten Vorschlag unterstützen. Dabei bedeutet:
  - **Fünf Finger**
    Ich unterstütze den Vorschlag voll und ganz.
  - **Vier Finger**
    Ich unterstütze den Vorschlag, weil er mich ausreichend überzeugt.

- **Drei Finger**
  Ich gehe mit der Mehrheit.
- **Zwei Finger**
  Ich möchte noch mehr über bestimmte Aspekte erfahren, bevor ich mich entscheiden kann – und zwar: ....
- **Ein Finger**
  Ich habe einen so schwerwiegenden Einwand, dass wir die Entscheidung erst treffen können, wenn wir uns eingehend damit beschäftigt haben – und zwar: ....

Abb. 7-3 *Fünf-Finger-Demo im klerikalen Bereich*

Konsens und Konsent

Alles wird ewig diskutiert, die Auseinandersetzung dreht sich ständig im Kreis, eigentlich ist alles gesagt, nur leider noch nicht von allen – wer kennt sie nicht, diese Horrorszenarien konsensorientierter Entscheidungen? Dazu bietet uns die Soziokratie eine gute Alternative. In Anlehnung an die englische Unterscheidung zwischen *consent* und *consensus* ersetzt sie die Frage nach Zustimmung durch die Frage nach Einwänden. Statt des demokratischen »Wer ist dafür?« steht nun das soziokratische »Was spricht dagegen?« im Zentrum. Es zählt also nicht mehr die individuelle Stimme und dass jeder diese erhoben hat. Es zählt das inhaltliche Argument.

→

Wer einen Einwand vorbringt, legt allerdings nicht nur sein Veto gegen eine bestimmte Entscheidung ein: Er verpflichtet sich auch, an dessen Auflösung mitzuwirken: Was muss verändert werden, damit der Einwand gegenstandslos oder zumindest schwächer wird? Was sollte noch geklärt werden? Und wie könnte eine alternative Lösung aussehen, die der Einwanderheber sehr wohl mittragen kann?

Das mag so manchen, der gewohnt ist, im Zentrum zu stehen, vor den Kopf stoßen. Vielleicht bewirkt dieser Stoß aber ein Nachdenken darüber, ob denn die eigene Wortmeldung tatsächlich noch Wesentliches zur Entscheidungsfindung beiträgt. Die Erfahrung zeigt jedenfalls, dass konsentbasierte Entscheidungen schneller und sachlicher getroffen werden, als das in Debatten der Fall ist, in denen die Zustimmung aller gesucht wird.

- **Das sogenannte Daumenbarometer,** bei dem nach Art der römischen Kaiser über das Wohl und Wehe von Ideen abgestimmt werden kann. Dabei kann es, wie bei der Methode *Lean Coffee*, um die Fortsetzung oder den Abbruch einer Diskussion gehen: Daumen nach oben heißt »Diskussion fortsetzen«, Daumen nach unten »Diskussion beenden«, Daumen seitwärts bedeutet »Neutral«. Dieselbe Mehode kann aber auch zur Maßnahmenfindung eingesetzt werden. Mit dem Daumen nach unten wird dann ein Veto signalisiert, das weiteren Kommunikationsbedarf anzeigt.
- **Der konsultative Entscheidungsprozess,** der jedem Mitarbeiter erlaubt, grundsätzlich jede Entscheidung selbstständig zu treffen, solange er dabei einige Grundregeln einhält. Zu diesen Regeln gehört es, sowohl mit den wichtigsten Stakeholdern in Kontakt zu treten, die von dieser Entscheidung betroffen sind, als auch mit Experten zum jeweiligen Entscheidungsthema. Mit dieser Form der proaktiven Ratsuche werden der Informationsaustausch, die Qualität und die Akzeptanz von Entscheidungen gleichermaßen verbessert. Jede Entscheidung wird sozusagen als kleine Veränderungsinitiative behandelt, für die es Betroffene in angemessener Weise zu beteiligen gilt. Bei *Gore* werden Entscheidungen mit hohem Risiko *waterline decision* genannt. Entscheidungen, die das Wohl des Unternehmens gefährden, sodass das vielzitierte Boot, in dem alle sitzen, zu sinken droht, müssen gut abgestimmt werden: mit Leuten, die im betreffenden Bereich Erfahrung haben, aber auch mit Managern, die die finale Verantwortung tragen. Auf Basis dieses Konsultationsprinzips können bei *Morning Star* sogar größere Investitionsentscheidungen getroffen werden. Als Waterline gilt dort die Erstellung eines Geschäftsplans, der dann gegenüber Kollegen argumentiert werden muss.

Was Sie aus diesem Kapitel mitnehmen können

Entscheidungen gelten als das Lebenselixier von Organisationen. Durch Entscheidungen wird Komplexität verarbeitet, Unsicherheit absorbiert und Handlungsfähigkeit gestärkt. In diesem Kapitel wurde auf zweierlei Art versucht, Sie zu guten Entscheidungen zu führen: einerseits durch das praktische Vorbild höchst unterschiedlicher und doch gleichermaßen erfolgreicher Organisationen wie der schwedischen *Handelsbanken*, dem niederländischen Pflegenetzwerk *Buurtzorg* oder dem schweizerischen Softwareentwickler *Haufe-umantis* und andererseits durch die Vorstellung von Methoden, die Sie für die Gestaltung Ihres eigenen Entscheidungsmanagements einsetzen können.

Ob Sie sich nun etwas von den erläuterten Beispielen abschauen, komplexitätstaugliche Methoden wie die RACI-Matrix oder das sogenannte Delegation Board einsetzen oder sich mit pragmatischen Vorgangsweisen wie der Punktabfrage, dem Gesetz der zwei Füße oder dem konsultativen Entscheidungsprozess zufriedengeben: In jedem Fall müssen Sie für eine umsichtige Verteilung von Entscheidungsautorität sorgen. Denn die Agilität Ihres Unternehmens steht und fällt mit der Wahrnehmungsfähigkeit derer, die an der Kundenfront stehen. Dabei geht es allerdings um weit mehr als um bloße Beobachtung. Ein wesentlicher Teil dieser Fähigkeit besteht darin, Entscheidungen wahrzunehmen, die für den Kunden wie für das Unternehmen relevant sind.

8 Mutige Verbesserungs- und Innovationsexperimente

»Hast du in letzter Zeit Fehler gemacht?«, soll der legendäre Bill Gore seine Associates immer wieder gefragt und bei einem Nein gebetsmühlenartig erklärt haben: »Dann hast du offenbar nicht genügend riskiert« [Carney & Getz 2010, S. 13]. Die Risiken, die Gore im Sinn hatte, betrafen vor allem den Themenkreis Verbesserung und Innovation. Wie sollte denn auch etwas besser werden, wenn man nicht bereit war, etwas anders zu machen – und dafür bewusst Fehlschläge in Kauf nahm? Und wie wollte man etwas erneuern, wenn man nicht die altbekannten Pfade verließ – und dabei mit Sackgassen und Holzwegen zu rechnen hatte?

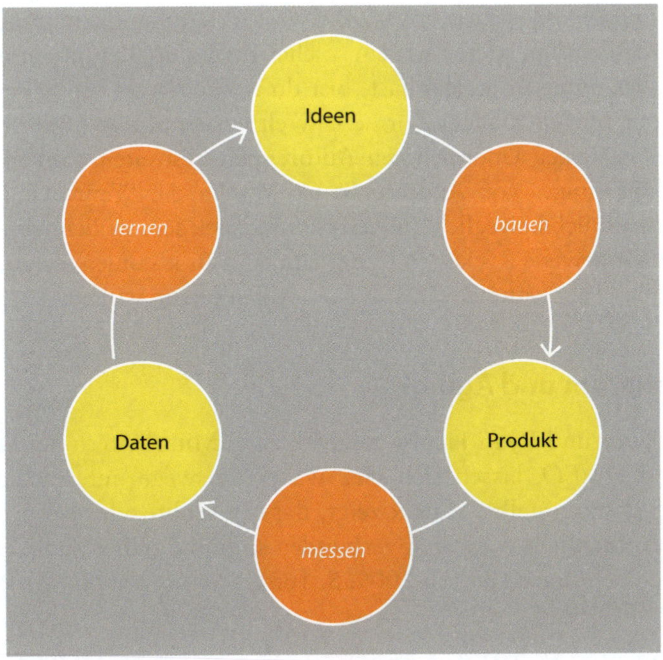

Abb. 8–1 *Lean-Startup-Loop nach Eric Ries [Ries 2011]*

Eric Ries hat uns ein patentes Steuerrad in die Hand gegeben, um die damit verbundenen Risiken situationsgerecht zu managen: Bauen – Messen – Lernen [Ries 2011]. Seine innovationsorientierte Feedbackschleife wird vor allem von zwei Elementen getragen: dem sogenannten *Minimal Viable Product*, einer schlanken, mit überschaubarem Aufwand entwickelten Produktversion, die die gesamte Schleife durchlaufen kann, sowie dem validierten Lernen, das unsere Geschäftsideen »dem Säurebad realer Zahlen aussetzt« [Ries 2011, S. 88]. Zu oft werde nämlich, so Ries, das Ausmaß an Unsicherheit unterschätzt, das mit Innovationen zwangsläufig verbunden ist. Die Erklärungen, die dann gerne für das Scheitern gegeben werden, all die Geschichten, die dazu erfunden werden, um das eigene Handeln zu rechtfertigen und den betriebenen Aufwand zu rationalisieren, haben allesamt nichts mit validem Feedback zu tun. Das Einzige, was uns Sicherheit gibt, sind empirische Daten über das reale Kundenverhalten. Nicht umsonst spricht man ja von Erfahrungswert. So unterschiedlich diese Erfahrungswerte sein mögen, so gleichbleibend sind die vier Grundfragen:

- Wissen die Kunden, dass sie das Problem haben, das wir zu lösen versuchen?
- Wenn es denn eine Lösung gäbe, würden sie sie auch kaufen?
- Würden sie bei uns kaufen?
- Können wir eine Lösung für das identifizierte Problem entwickeln?

Wer etwas ausprobiert, riskiert etwas, und wer riskiert, hat nicht immer alles unter Kontrolle. Doch warum sollten wir ein solches Risiko überhaupt auf uns nehmen? »Wenn du alles unter Kontrolle hast, bist du einfach nicht schnell genug«, ließe sich darauf mit dem ehemaligen Formel-1-Weltmeister Mario Andretti antworten. Obwohl die wenigsten Unternehmen Autorennen bestreiten, können wir uns in puncto Agilität einiges von Andretti & Co abschauen. Wenn wir mit unserem Unternehmen ähnlich beweglich und reaktionsschnell sein wollen wie ein Rennwagen, müssen wir gewisse Risiken in Kauf nehmen. Wir kommen nicht umhin, Unsicherheit zuzulassen, wenn wir etwas Neues ausprobieren wollen.

8.1 Wachstum und Agilität

Diego Rodriguez und Ryan Jacoby folgend, zwei Mitarbeitern der Design-Thinking-Schmiede *IDEO*, lassen sich vier Wachstumswege unterscheiden. Ihre in Abbildung 8–2 dargestellte Matrix zeigt, dass Produkt- oder Service-Innovationen mit unterschiedlichen Risiken verbunden sind und daher auch unterschiedliche Strategien benötigen [Brown 2009, S. 163].

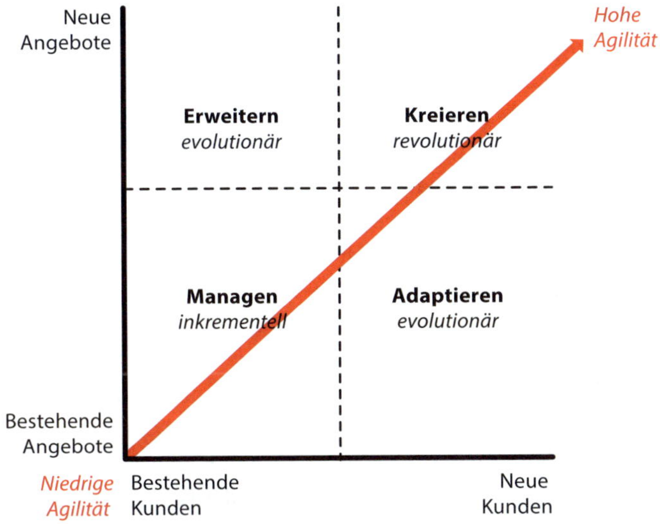

Abb. 8–2 *Wachstumswege nach IDEO (nach [Brown 2009])*

Grundsätzlich verlaufen die von Rodriguez und Jacoby skizzierten Strategien entlang der Dimensionen Angebote und Kunden:

1. Handelt es sich um bestehende Angebote mit bestehenden Kunden ist inkrementelles Management angesagt. Praktische Beispiele dafür sind weitere Angebote einer erfolgreichen Marke, die nächste Generation eines Bestsellers oder die Einführung von Verpackungs- oder Lieferservices in Supermärkten wie *dm* oder *Whole Foods*.
2. Geht es um die Absicherung der eigenen Marktposition liegt es nahe, erzielte Erfolgsmuster weiter auszuschlachten. Hier ist ein evolutionäres Vorgehen angesagt. Das passiert zum einen durch die Anpassung des bestehenden Portfolios an neue Märkte oder andere Kunden. Dafür wäre etwa *Toyotas* Prius ein anschauliches Beispiel, der mit seinem Hybridantrieb eine an Ökologie und Energieeffizienz interessierte Klientel ansprach.
3. Zum anderen passiert Evolution durch die gezielte Erweiterung des Angebots in Richtung neuer Kundenbedürfnisse. Dafür ist wiederum der Nano von *Tata Motors* stilbildend, der als preiswerter Kleinwagen den indischen Markt eroberte.
4. Schließlich ist da noch der Quadrant, der zweifellos mit den höchsten Risiken verbunden ist: das Kreieren. Bahnbrechende Neuerungen werden gerne mit einer revolutionären Strategie verbunden: Immerhin schaffen sie neue Bedürfnisse und neue Märkte. Das ist beispielsweise *Sony* mit dem Walkman gelungen und viele Jahre später *Apple* mit dem iPod. Interessant dabei ist, dass die Innovation in beiden Fällen nicht in der Technologie lag. Der spektakuläre Erfolg beider Unternehmen gründete darauf, dass sie das Musikerlebnis völlig neu gestalteten.

Das legt eine andere Frage nahe, die mir im Kontext dieses Buches interessant erscheint: Wie viel Agilität braucht es eigentlich, um die verschiedenen Strategien umzusetzen? Wie Ihnen der rote Pfeil vor Augen führt, sehe ich unterschiedlichen Bedarf dafür. Für bahnbrechende Neuerungen haben wir zweifellos ein hohes Maß an Produkt-, Kunden- und Marktrisiko zu bewältigen und brauchen dafür ein zumindest ebenso hohes Maß an Wahrnehmungs- und Kommunikationsfähigkeit nach innen und außen. Auch für die kontinuierliche Verbesserung ist ein guter Radar vonnöten: Welche bestehenden Angebote lassen sich weiter ausbauen? Wo haben wir noch ungenutzte Potenziale? Was könnte noch besser gehen? Welche Märkte könnten wir noch bedienen?

Wenn es allerdings um unsere Basis geht, macht agiles Vorgehen für mich nur wenig Sinn. Die Produkt- oder Servicerisiken sind überschaubar, moderate Pflegemaßnahmen ausreichend und sorgsames Management angesagt. Wo unsere Cashcows weiden, sollte sich unser Veränderungsanspruch in Grenzen halten. Hier ist operative Effizienz angesagt. Das gilt im Übrigen auch für alle Organisationsbereiche, die per se auf Stabilität ausgerichtet sind. Oder wollen Sie etwa, dass Ihre Finanzexperten plötzlich erfinderisch werden, adminstrative Einheiten sich ständig selbst hinterfragen oder der IT-Betrieb immer wieder neue Überraschungseier für Sie bereithält? Ich würde nicht so weit gehen wie John Kotter, der zwei verschiedene Betriebssysteme vorschlägt, um das gesamte Unternehmen zu beschleunigen [Kotter 2014, S. 163]. Organisationen in einen Innovations- und einen Stabilitätsbereich zu teilen, riecht für mich verdächtig nach bipolarer Störung. Es stellt sich jedoch die berechtigte Frage, ob wir tatsächlich *ein* agiles Unternehmen benötigen, wie mehr und mehr Topmanager einfordern [Anderson & Uhlig 2015].

Ich denke, dass wir Zwangsagilisierung ebenso vermeiden müssen wie eine völlige Trennung der unterschiedlichen Bereiche. Die gute alte Warum-Frage zu stellen – wenn nötig sogar mehrmals – scheint mir eine konstruktive Form, der tatsächlichen Motivationslage auf den Grund zu gehen: Warum müssen wir agiler vorgehen? Warum haben wir damit ein Problem? Warum braucht es andere Lösungen als die bisherigen? Und warum in diesem Bereich? Aufs Neue scheint mir eine Strategie der agilen Interaktionen angebracht, die unterschiedliche Orientierungen zulässt und gleichzeitig die kontinuierliche Verbesserung der gesamten Zusammenarbeit im Auge hat. Das betrifft die Kernprozesse, die wir möglichst wertschöpfend gestalten wollen, aber ebenso alle Serviceeinheiten, die uns dabei helfen sollten. Wie müssen etwa Finanzsysteme aussehen, die agiles Vorgehen unterstützen? Durch welche Maßnahmen können Personalexperten Selbstorganisation fördern? Und wie steuert sich das Backoffice, wenn so vieles in Bewegung ist?

Dass wir mit der Diskussion einer experimentierfreudigen Verbesserungs- und Innovationskultur nunmehr bei Organisationsfragen gelandet sind, ist alles andere als zufällig. Diese Kultur lebt nämlich nicht nur von der Entwicklung innovativer Produkte und Services, sie umfasst zwangsläufig auch die Frage nach dem Design der gesamten Organisation. Wie können wir ein Umfeld gestalten, das den Mitarbeitenden jene Freiheiten einräumt, die sie für eine ebenso kunden- wie erfolgsorientierte Arbeit benötigen? Welche Prozesse und Strukturen braucht es dafür? Und wie stellen Sie sicher, dass diese laufend überprüft und optimiert werden?

8.2 Lebendiges Organisationsdesign

Sie haben es sicher bereits bemerkt: Wir sind wieder bei den Ausgangsfragen dieses Buches angelangt. Folglich werden Sie kaum überrascht sein, dass ich auch in Sachen innovatives Organisationsdesign auf der Ebene der Abläufe ansetze. Mit anderen Worten bei der laufenden Verbesserung unserer Arbeitsflüsse, ohne die wir weder unsere Wertströme noch den Kundennutzen optimieren können. Beide Bereiche sind notwendig: Ohne neue, für den Kunden attraktive Angebote sind unsere Prozessoptimierungen von so überschaubarem Wert wie geniale Entwicklungsideen, die in dysfunktionalen Arbeitsflüssen ertrinken.

Rahmenbedingungen für eine experimentierfreudige Kultur

Will man Verbesserung und Innovation nicht nur als Nebenwirkungen des operativen Geschäfts sehen, für die immer zu wenig Zeit ist, gilt es, entsprechende Rahmenbedingungen zu setzen. Tim Brown, CEO des Design-Vordenkers *IDEO,* hat dafür sechs Regeln vorgeschlagen [Brown 2009, S. 78 f.]:

1. »Die besten Ideen entstehen, wenn das gesamte Ökosystem der Organisation Raum für Experimente bekommt – nicht nur dedizierte Designer oder Ingenieure und schon gar nicht bloß Manager.
2. Jene, die dem sich verändernden Umweltgeschehen am stärksten ausgesetzt sind (neue Technologien, gewandelte Kundenbasis, strategische Risiken oder Chancen), sind diejenigen, die am besten darauf reagieren können und die stärksten Gründe dafür haben.
3. Ideen sollten unabhängig davon bewertet werden, von wem sie kommen (bitte laut wiederholen!).
4. Ideen, die eine starke Resonanz auslösen, sollten bevorzugt werden. Tatsächlich sollten Ideen ein verbales Echo nach sich ziehen, bevor sie von der Organisation unterstützt werden.
5. Die ›Gärtner‹-Fähigkeiten des oberen Managements sollten dafür genutzt werden, um Ideen zu pflegen, zurechtzustutzen und ernten zu helfen. MBAs nennen das ›Risikotoleranz‹. Ich nenne das Top-down-Entschlossenheit.
6. Ein übergreifender Zweck sollte abgesteckt sein, damit die Organisation eine gewisse Richtung verfolgt und Innovatoren nicht ständig nach Ab- und Zustimmung suchen.«

Jede Verbesserungs- und Innovationsinitiative steht und fällt mit den Rahmenbedingungen, die ihr vorgegeben werden. Der Fokus auf Abläufe, die strukturelle Autonomie der Unternehmenseinheiten und weitgehende Entscheidungsfreiheiten sind dafür konstruktive Grundelemente. Andererseits benötigt eine solche Kultur schlicht und ergreifend Zeit – und zwar Zeit, die nicht gleich einer fixen Agenda unterworfen wird, sondern die notwendige Freiheit gewährt, die eigenen Wahrnehmungen zu sortieren, Optimierungsbereiche zu entdecken und Verbesserungsexperimente auszuarbeiten. Bei *allsafe JUNGFALK* haben solche Experimente nicht bloß zu einem kontinuierlichen Verbesserungsprozess (KVP) geführt. »Die KVPs haben das Unternehmen infiltriert«, zeigt sich Prokurist Ulrich Lohmann überzeugt, »sie waren ein wichtiger Katalysator für den gesamten Kulturwandel« [Lohmann & Lohmann 2016].

Jedes Unternehmen darf sich fragen, wie es um Verbesserungsinteresse und Experimentierlust in den eigenen Reihen bestellt ist. Sind wir uns der Bedeutung solcher Initiativen bewusst? Obliegt es jedem Einzelnen, die Experimente selbst festzulegen? Gibt es dafür Zeit und Ressourcen? Oder wird jede Kapazität ständig für operative Arbeit genutzt? Jede Innovation zur Sache ausgesuchter Spezialisten gemacht? Verbesserung einem bürokratischen Vorschlagswesen unterworfen?

Last but not least gehört zur Freiheit nicht nur ausreichend Zeit, sondern auch ein angemessener Raum. In den Arbeitsräumen oder der Büroarchitektur manifestiert sich die Unternehmenskultur in hohem Maße. Die gewünschte Verbesserungs- und Innovationskultur muss im wahrsten Sinne des Wortes eingerichtet werden. Zu den förderlichen Rahmenbedingungen gehören eben auch:

- Freiräume für Kommunikation, wie sie etwa bei *Spotify* durch eine Vielzahl an Sitzecken, einladende Meetingräume oder offene Begegnungsbereiche abgesteckt sind.
- Räume für spielerische Bewegung mit Kickern oder Tischtennisplatten, die man nicht nur bei *allsafe JUNGFALK* findet.
- Eine ausgeklügelte Büroarchitektur wie bei *InVision*, die einerseits auf riesige Teamtische ohne feste Arbeitsplätze und klassische Büroausstattung setzt und andererseits auf kleine Rückzugsräume für ungestörtes Arbeiten, schallgeschützte Bereiche zum Telefonieren und eine oberste Etage, die nicht dem Vorstand vorbehalten, sondern für alle frei zugänglich ist, solange sie die dort geltenden Bibliotheksregeln befolgen.
- Eine gut ausgestattete Büchersammlung nebst einer gemütlichen Leseecke, die auch bei *sipgate* Vertiefung und Inspiration fördern soll.
- Kinderbetreuung, die bei *Patagonia* zur Firmenkultur gehört wie die Freude am Outdoorsport.
- Küchenbereiche, von den beeindruckenden Kühlschrankreihen bei *Spotify* über den täglich frisch zubereiteten Mittagsimbiss bei *Computest* bis hin zu echten Restaurants bei *InVision* oder bei *sipgate*, wo eigene Küchenteams regelmäßig für kulinarische Hochgenüsse sorgen.

Abb. 8–3 *Blühende Freiräume bei Computest*

Um Verbesserung und Innovation zu fördern, sorgen selbstorganisierte Unternehmen jedoch nicht nur für die notwendigen Zeitkapazitäten, ansprechende Räumlichkeiten und eine Arbeitsplanung, die ausreichend Luft zum Atmen lässt, sondern setzen darüber hinaus einige spezielle Formate ein:

- Das sogenannte **Pairing** in allen Bereichen, in denen es um das Lernen mit- und voneinander, aber auch um Qualitätssicherung geht. Dabei stecken je nach Zielsetzung zwei oder sogar mehrere Leute die Köpfe zusammen, um gemeinsam eine Arbeit durchzuführen. Um möglichst viele Verbesserungsimpulse zu generieren, werden beim Pairing öfters die Führungspositionen gewechselt. Einmal führt die eine Person aus, während die andere über die Schulter schaut, dann werden die Rollen wieder getauscht. Das schärft die Wahrnehmung für unterschiedliche Zugänge, präzisiert Fragen und fördert den Austausch von Feedback. Pairing, das aus dem eXtreme Programming (XP) der Softwareentwicklung stammt, wird heutzutage in den verschiedensten Unternehmensbereichen eingesetzt. Bei *sipgate* ist es in der Softwareentwicklung, aber auch im Personal- oder im Finanzbereich gang und gäbe, gemeinsam an einer Aufgabe zu arbeiten. Und bei *Menlo Innovation* arbeitet überhaupt niemand alleine. Alle Tätigkeiten werden gemeinsam durchgeführt, um sogenannte Wissenstürme zu vermeiden, sich wechselseitig zu unterstützen und Fehler rasch zu korrigieren. Auf diese Weise ist der fachliche Austausch ebenso zur Routine geworden wie das persönliche Feedback. Der wöchentliche Wechsel der jeweiligen Kollegen sorgt dafür, dass alle in Bewegung bleiben und immer wieder neue Impulse erhalten.

- Ähnliches gilt für die sogenannten **Communities of Practice** (CoP). Für gewöhnlich besteht eine solche Community aus Mitgliedern mit demselben fachlichen Hintergrund, die sich über die Team- und Abteilungsgrenzen hinweg zu einem offenen Austausch treffen. Im Unterschied zu regulären Meetings ist dieser Austausch weder einer festen Agenda noch einem standardisierten Ablauf unterworfen. Eine CoP kann von der inhaltlichen Diskussion ausgewählter Themen über situative Fallberatungen bis hin zum Aufbau eines gemeinsamen Werkzeugkastens gehen. Der übergeordnete Wert von CoPs liegt vor allem in der Stärkung der professionellen Identität. Bei *Spotify* sind diese CoPs sogar Teil der Organisationsstruktur. Die sogenannten Chapters fassen Experten der gleichen Fachbereiche zusammen und sorgen gemeinsam mit fachübergreifenden Interessengemeinschaften (Guilds) über die einzelnen Squads (Basisteams) und Tribes (Produktbereiche) hinweg für einen lebendigen Austausch [Kniberg & Ivarsson 2012].

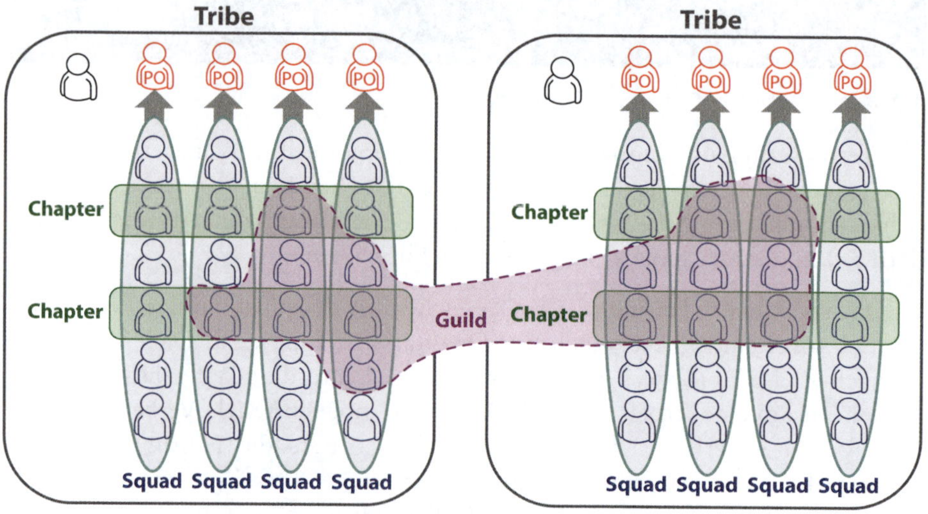

Abb. 8–4 *Das Spotify-Modell nach [Kniberg & Ivarsson 2012]*

- Neben den fachlichen Communities of Practice setzen viele selbstorganisierte Unternehmen auch verschiedene **Großgruppenformate** ein, um für systemübergreifende Kommunikation zu sorgen. Der Wiener Softwareentwickler *Compax* führt beispielsweise quartalsmäßig interne Konferenzen zu ausgewählten Themen durch und kombiniert die alljährliche Weihnachtsfeier mit einem projekt- und standortübergreifenden Open Space, bei dem gemeinsam an inhaltlichen, aber auch an strategischen Fragestellungen à la »Was bringt uns als Unternehmen weiter?« gearbeitet wird. Das gehört auch bei *Liip* zum Standardprogramm: Jede Woche werden über alle fünf Standorte hinweg sogenannte Tech Talks abgehalten, um sich über laufende Initiativen auszutauschen und fachlich weiterzuentwickeln. Beim sogenannten Open Friday bei *sipgate* kommen alle 14 Tage Mitarbeiter aus den verschiedensten Bereichen zusammen. In einem Open-Space-artig moderierten Rahmen können sie über alle Organisationseinheiten hinweg Erfahrungen austauschen, offene Fragen bearbeiten und neue Ideen entwickeln – eine Gelegenheit, die im Durchschnitt zwei Drittel aller Kollegen wahrnehmen. Eine andere über den eigenen Tellerrand hinausgehende Form sind alle Arten von Community-Events: Meetups wie sie etwa *eSailors* regelmäßig zu Fach- und Führungsthemen durchführt, Vortragsreihen mit prominenten Gästen wie die *Lean Dus* bei *sipgate* oder die eher fachlich angelegten *hafentalks* von *InVision*. *sipgate* führt in seinen Räumlichkeiten sogar Kulturveranstaltungen und Konzerte durch, die gar nichts mit dem Geschäft zu tun haben.

- **Kollegiales Coaching** stellt eine weitere Form des fachorientierten Austauschs dar, dem in selbstorganisierten Unternehmen große Bedeutung zukommt. Wie in Teil III dieses Buches noch genauer ausgeführt wird, reicht diese Unterstützungsform vom einfachen Nachfragen im Arbeitsalltag über verschiedene Methoden der Fallberatung bis hin zu Mentoring zwischen Seniors und Juniors. Zudem macht es, wie etwa das holländische Pflegenetzwerk *Buurtzorg* zeigt, einen großen Unterschied, ob der kollegiale Coach aus dem eigenen System oder bewusst aus einem anderen Bereich kommt. Gerade der fremde Blick auf das Vertraute kann entscheidende Perspektivwechsel eröffnen, die eine Voraussetzung für Verbesserung und Innovation sind.
- Eine verwandte Form des kollegialen Coachings zum Zwecke individueller Verbesserung ist das **kollegiale Feedback**. In Kapitel 6 habe ich bereits erwähnt, dass ich persönliche Rückmeldungen als essenziellen Bestandteil einer vitalen Unternehmenskultur sehe. An dieser Stelle möchte ich daher nur den Verweis auf Kapitel 14 wiederholen, in dem ich acht konkrete Formate für Rückmeldungen auf Augenhöhe vorstelle. Eine besondere Form dieses Feedbacks setzt die IT-Fachgruppe *Synaxon* ein. Über das sogenannte Liquid Feedback (LQFB) werden Verbesserungs- und Innovationsinitiativen aller Art gesammelt und von den Mitarbeitenden selbst bewertet. Auf Basis der vorgelegten Beschreibung muss eine Initiative zumindest von 10 % der Kollegen gefördert werden, um zur demokratischen Abstimmung zu gelangen. Alle Initiativen mit einfacher Mehrheit werden umgesetzt und erhalten selbst dann entsprechende Unterstützung der Unternehmensleitung, wenn diese selbst nicht davon überzeugt ist.
- Selbst in den reifsten selbstorganisierten Unternehmen gibt es Situationen, in denen weder gepflegte Alltagskommunikation noch explizites Feedback helfen. Die Spannungen zwischen Einzelpersonen oder ganzen Teams bleiben bestehen und drohen sich sogar geschwürartig auszuweiten. Für solche Situationen hat sich die **kollegiale Konfliktmoderation** bewährt – schließlich sagt

keiner, dass gute Lösungen einer hierarchischen Instanz bedürfen. Obwohl solchen Moderationen unweigerlich etwas Experimentelles anhaftet, bieten die Phasen der professionellen Mediation einen verlässlichen Leitfaden: von der Vorphase, in der es um die grundsätzliche Verständigung auf den Klärungsprozess geht, über die Klärung der aktuellen Rahmenbedingungen, die Sammlung der Streitthemen und unterschiedlichen Perspektiven, die gemeinsame Suche nach Lösungen und das Aushandeln konkreter Vereinbarungen bis hin zum Follow up, in dem die Umsetzung des Vereinbarten geprüft und gegebenenfalls weitere Maßnahmen ausgehandelt werden.

- **Retrospektiven** sind periodisch durchgeführte Meetings, bei denen gemeinsam die Qualität der Arbeitsprozesse untersucht wird. Einige Kollegen behaupten sogar, dass Retrospektiven dazu geeignet sind, in jeglichem Umfeld für ein gewisses Maß an Agilität zu sorgen. Im Unterschied zu traditionellen Reviews, After Action Cycles oder Post mortems, die standardmäßig nach Abschluss eines Projekts durchgeführt werden, ist die Retrospektive von Anfang an auf eine kontinuierliche Verbesserung ausgelegt. Sie schlägt eine Brücke, die von der gemeinsamen Rückschau auf das bisherige Geschehen über vertiefte Einsichten in identifizierte Stärken und Problemfelder zum Ausblick auf konkrete Verbesserungsexperimente führt. Zuweilen werden bestimmte Themen ins Zentrum der Retrospektive gestellt. In flussbasierten Systemen gehören etwa der Umgang mit Blockaden, die gezielte Auswertung von Messdaten oder die Input-Koordination zu den Klassikern. Auf höherer Flugebene, also bei strategischen Portfolios oder team- und bereichsübergreifenden Wertströmen (siehe Kap. 5), muss natürlich mit Delegierten gearbeitet werden.

Abb. 8–5 *Retrospektive von Delegierten eines Geschäftsbereichs*

Selbstorganisierte Unternehmen achten dabei vor allem auf ein lebendiges Rotationsprinzip unter den Delegierten, das abwechselnde Verantwortung, verschiedene Perspektiven und einen guten Informationsfluss gleichermaßen fordert, und auf eine sinnvolle Verknüpfung der Retrospektiven auf den verschiedenen Flugebenen. So hat es sich bewährt, die systemübergreifenden erst nach den teamspezifischen Retrospektiven durchzuführen, um auf eine möglichst große Vielfalt an Verbesserungsimpulsen zurückgreifen zu können – d.h. den übergreifenden Wertstrom erst nach der erfolgten Reflexion der verschiedenen Flussabschnitte auf Team- oder Abteilungsebene ins Visier zu nehmen.

Leitfaden für die Moderation einer Retrospektive

Ob Sie Ihre systemweiten Retrospektiven nun mit Delegierten oder als Großgruppenevent mit allen Mitarbeitern eines bestimmten Organisationsbereichs durchführen: Esther Derbys und Diane Larsens Phasenmodell hilft Ihnen auf allen Ebenen bei der konkreten Gestaltung [Derby & Larsen 2006]. Jede der vier Phasen verfolgt charakteristische Zielsetzungen und bringt besondere Herausforderungen für die Moderation mit sich:

1. **Die Bühne einrichten**
   Ziele festlegen, die richtigen Leute einladen, zeitliche, räumliche und technische Voraussetzungen schaffen, Raum- und Sitzordnung definieren, für Aktivierung sorgen, die Teilnehmenden ins Zentrum stellen, einen kraftvollen Einstieg ermöglichen.
2. **Informationen sammeln**
   Unterschiedliche Perspektiven erheben, Erfahrungen austauschen, Stärken und Schwächen herausarbeiten, positive Kräfte und Probleme pointieren.
3. **Einsichten gewinnen**
   Erfahrungen genauer unter die Lupe nehmen, Problem-Statements formulieren, Problemen auf den Grund gehen, Erkenntnisse gewinnen, Verbesserungsoptionen ausarbeiten.
4. **Entscheidungen treffen**
   Verbesserungsoptionen bewerten, Reihenfolge festlegen, Verantwortlichkeiten vereinbaren, verbindliche Entscheidungen treffen (was, wer, wann).

Für jede der Phasen braucht es natürlich noch ein dediziertes Zeitmanagement und die Klarheit über die jeweils nötigen Strukturen und Hilfsmittel. Innerhalb dieses Rahmens sind der gestalterischen Freiheit nur wenig Grenzen gesetzt. Da Agilität von Abwechslung lebt, ist eine gewisse Kreativität angesagt. Corinna Baldaufs *Retromat* bietet diesbezüglich eine wahre Schatzkiste an Gestaltungselementen, die gut sortiert und mit wenig Aufwand einzusetzen sind [Baldauf o.J.].

- Sogenannte **Hackathons**, bei denen für einen bestimmten Zeitraum alle vorhandenen Kräfte auf die Entwicklung neuer Lösungen konzentriert werden. Der Begriff, der sich aus den englischen Wörtern Hack und Marathon zusammensetzt, ist dabei Programm: Es geht um intensive Zusammenarbeit abseits des operativen Arbeitsalltags und es geht um Kondition, ist ein Hackathon doch für gewöhnlich zumindest ein 24-Stunden-Rennen. Selbstorganisiert ist ein Hackathon schon allein dadurch, dass die Teilnehmenden selbst darüber bestimmen, wohin sie laufen wollen, d.h., welche Entwicklungsvorhaben sie am wertvollsten finden. Je nach Teilnehmerkreis und Fokussierung ergeben sich unterschiedlich gemischte Gruppen, die ihre Vorhaben dann in einem Wechselspiel von konzentrierter Arbeit und übergreifender Vernetzung vorantreiben. Hackathons finden in agilen Softwareunternehmen wie etwa *eSailors* regelmäßig statt. *Spotify* führt sogar ganze Hack Weeks durch.
- **Essensmeetings**, sei es nun in Form gemeinsamer Frühstücke, Brown-Bag-Mittagessen nach amerikanischem Vorbild oder ein abendliches Catering, etwa im Rahmen von Meetups oder anderer Vortrags- und Diskussionsforen. Viele selbstorganisierte Unternehmen fördern solche informellen Treffen, indem sie sowohl die dafür notwendige Infrastruktur (Raum, Ausstattung, Geräte) als auch Essen und Trinken bereitstellen. Das reicht von der obligatorischen Kaffeemaschine über prall gefüllte Kühlschränke bei *Spotify* bis hin zu eigenen Köchen, die etwa bei *Computest* oder *sipgate* täglich für frisches Essen für alle Mitarbeitenden sorgen. Es muss ja nicht immer Werkskantinen-Atmosphäre sein!

8.3 Entwicklung selbstorganisierter Unternehmen

Die Frage, wann und wie Sie welche Formate einsetzen, um eine experimentierfreudige Lernkultur zu fördern, führt uns zwangsläufig zu einem noch viel größeren Fragezeichen: Wie kommt eigentlich die Selbstorganisation in Ihr Unternehmen? Was muss passieren, damit das gesamte Organisationsdesign in Bewegung kommt? Und welche Entscheidungen braucht es dafür?

»Es braucht einen Auftakt«, erzählt Bruno Kemper, langjähriger Geschäftsführer der *Hoppmann Autowelt* im Interview. »Es muss eine wie auch immer geartete Initialzündung erfolgen«, erklärt er weiter, »gewissermaßen der Urknall« [Zeuch 2015, S. 105]. Der Hoppmann'sche Urknall erfolgte bereits in den 60er-Jahren als Klaus Hoppmann das Unternehmen von seinem überraschend verstorbenen Vater übernahm. Partizipation wird seit damals ebenso großgeschrieben wie Erfolgsbeteiligung. Strategische Weichen werden in einem eigenen Wirtschaftsausschuss gestellt, der paritätisch mit je fünf Arbeitnehmer- und fünf Arbeitgebervertretern besetzt ist. Wer da allerdings gleich an politische Spielchen denkt, der täuscht sich. Im Zentrum dieser Ausschüsse stehen richtungsweisende Entscheidungen zum Wohle des gesamten Unternehmens – von dem ja auch die Arbeitnehmer profitieren, da sie am Gesamtgewinn beteiligt sind. Die Entwicklung des Autospezialisten gibt dem ungewöhnlichen Beteiligungsmodell recht. Über alle Branchen- und Wirtschaftskrisen hinweg konnten gesunde Umsätze erwirtschaftet und ein stetiges Wachstum auf heute 460 Mitarbeiter erzielt werden. Damit ging die kontinuierliche Entwicklung einer Unternehmenskultur einher, die ohne die üblichen Steuerungsmodelle machtorientierter Hierarchie und persönlicher Bevormundung auskommt [Hoppmann & Stötzel 1997].

Alle Macht für niemand, titelt Andreas Zeuch zu diesem und einigen weiteren Beispielen für Unternehmensdemokratie. Das klingt gut, geht aber an der Realität vorbei. Paradoxerweise ist nämlich eine gehörige Portion Macht notwendig, um eine solche Demokratie auf den Weg zu bringen – und diese Macht ist am Anfang in der Hand von jemand ganz bestimmtem. Vergleicht man die Geschichte selbstorganisierter Unternehmen, so fällt nämlich auf, dass sie immer von der Unternehmensspitze ihren Ausgang nahm. »Inhaber, Aufsichtsräte und Vorstände müssen es zulassen, das sich die Mitarbeitenden einbringen können«, bringt es Peter Stämpfli, selbst Präsident des Verwaltungsrates der traditionsreichen *Stämpfli Gruppe*, auf den Punkt. »Offenheit ist das entscheidende Kriterium in diesem Zusammenhang. Offenheit gepaart mit Respekt vor dem Menschen, mit dem wir zusammenarbeiten.« Stämpflis Statement steht stellvertretend für eine breite Palette an Beispielen. Quer durch die unterschiedlichen Branchen, Marktsituationen und Arbeitskulturen sind es die Eigentümer oder Geschäftsführer, die das Experiment Selbstorganisation auf den Weg bringen: ob in Abgrenzung zur patriarchalen Führungskultur der Vätergeneration wie bei *Semco*, *Hoppmann Autowelt* oder *TELE Haase*, ob durch Führungskrisen wie bei *Upstalsholm* oder *Harley-Davidson,* durch die Verweigerung traditioneller Über- und Unterordnungen wie bei *Liip, Computest* oder *sipgate* oder durch starke Managementvisionen wie bei *Zappos*, *Morning Star* oder der *Handelsbanken*.

Bei all diesen Experimenten handelt es sich um weit mehr als um kleine Versuchsanordnungen. Dazu braucht es, wie die Protagonisten selbstorganisierter Unternehmen unisono bestätigen, Mut und die Bereitschaft zu harter Arbeit. »Viele möchten Hosenträger-Gürtel-Lösungen«, pointiert Markus Stelzmann, Geschäftsführer von *TELE Haase*: »Man möchte Veränderung, aber bitte ohne Risiken und sodass alle glücklich sind.« Doch die Veränderung in Richtung Selbstorganisation verlangt allen etwas ab, einige haben etwas zu verlieren, andere fühlen sich überfordert und manche finden sich gar nicht wieder. »Du brauchst die richtigen Mitarbeiter, die sich einbringen, mitgestalten, Verantwortung übernehmen und nicht nur ihre Arbeit machen wollen.« Ähnlich fasst das Stefan Truthän, geschäftsführender Gesellschafter der *hhpberlin,* zusammen: »Das Unternehmen ist wie ein Jacuzzi: Es blubbert immer. Doch einige haben Sehnsucht nach Ruhe, wollen einfach mal mitschwimmen, sich auch mal hinter der Hierarchie verstecken und nicht ihr ganzes Leben im Jacuzzi verbringen.« Folglich ist es entscheidend, wie Ulrich Lohmann für *allsafe JUNGFALK* ausführt, Mitarbeiter für die neue Organisationsform zu gewinnen und sie konsequent zu befähigen. »Man muss sie darin bestärken, das zu tun, was sie für richtig halten. Sie sollen ihr technisches und ihr soziales Wissen mit gesundem Menschenverstand einsetzen.« Die Umstellung von der früheren Linien- und Siloorganisation auf eine durchgehende Prozessorganisation sei nur durch ein gemeinsames Lernen gelungen. Und dieses Lernen, zeigt sich Lohmann sicher, hört nicht mehr auf. »Wir müssen weiter von unseren Kunden lernen, die Unterschiedlichkeit der Teams nutzen, Erfahrungen austauschen und uns von Abhängigkeiten lösen, damit wir besser werden.«

Fragt sich, wie das Unternehmen am besten bewerkstelligen. Wie werden Mitarbeiter und Manager befähigt? Wie fördert man Mut und Verantwortungsbereitschaft? Und wie gewinnt man die Menschen für jene beständige Veränderung, die zugleich Fluch und Segen der agilen Welt ist. Es liegt auf der Hand, dass es dafür keine allgemeinen Antworten gibt, die zu jeder Situation passen. Selbstorganisation folgt eben keinem Standardrezept. »Freiheit ist der Feind des Formelhaften«, wie das Brian Carney und Isaac Getz ausdrücken [Carney & Getz 2009, S. xvii]. Dennoch geben sie Unternehmen, denen die Befreiung von dysfunktionalen Organisationsprinzipien ein Anliegen ist, vier Orientierungspunkte mit auf den Weg:

1. **Zuhören statt reden** – und alle Symbole und Praktiken beseitigen, die der Gleichwertigkeit aller im Wege stehen.
2. **Die Unternehmensvision** in einer Weise mitteilen, dass andere sie zu der ihren machen können – und sich darüber im Klaren sein, dass das nur passiert, wenn die Leute sich wirklich gleichberechtigt fühlen.
3. **Leute nicht mehr** länger zu motivieren versuchen – und stattdessen ein Umfeld zu schaffen, in dem Leute wachsen, selbst führen und sich selbst motivieren können. Wenn sie die Vision verstehen, werden sie sich um den Rest selbst kümmern, wenn man sie lässt.
4. **Wachsam bleiben** – und zum Hüter der neuen Freiheitskultur werden.

Auch Frederic Laloux gibt einige praktische Hinweise, wie sich Selbstorganisation kultivieren lässt. Für Start-ups sind das beispielsweise ein konsultatives Entscheidungsmanagement, klare Konfliktlösungen, kollegiales Feedback, eine kommunikationsfreudige Architektur oder agile Meetings. Bestehenden Unternehmen rät er, sich zu Beginn nur auf einen Bereich zu konzentrieren: etwa auf das Grundverständnis von Selbstmanagement, auf das Schaffen von Vertrauen und psychologischer Sicherheit oder auf ein gemeinsames Entwerfen einer sinnvollen Zukunft [Laloux 2014, S. 259 ff.].

Neben diesen Einzelpraktiken hebt Laloux noch einmal die Bedeutung hervor, die der Kontext für die erfolgreiche Entwicklung von Selbstorganisation hat. Ob sie nun auf parallele Geschäftseinheiten mit hoher Autonomie setzen können, einen hohen Grad an Vernetzung brauchen oder immer wieder andere Kopplungen benötigen, hängt im Wesentlichen von zwei Faktoren ab: von der Größe des Unternehmens und von der Natur der Wertschöpfungskette. Der erste Faktor ist leicht nachzuvollziehen: Je kleiner die Geschäftseinheit, umso leichter können sich ihre Mitglieder selbst organisieren. Das legt nahe, größere Unternehmen einfach zu zerlegen, wie das *Buurtzorg*, *FAVI, dm* oder *AVIS* ja seit vielen Jahren sehr erfolgreich tun. Obwohl diese Unternehmen ganz unterschiedlichen Branchen angehören, ist ihnen doch mehr gemeinsam, als es auf den ersten Blick scheint: Sie sind allesamt dienstleistungsintensiv, bauen auf individuelle Expertise, benötigen relati wenig Arbeitsteilung und haben eher eine geringe Wertschöpfungstiefe. Der Kunde ist ebenso nahe wie die Mission, die das Unternehmen vorantreibt. Im Gegensatz dazu benötigen Unternehmen wie *Incentro, Compax* oder *Handelsbanken* ganz andere Formen der Selbstorganisation. Zwar lassen sich viele Aufgaben ebenfalls in kleinen Einheiten erledigen; die komplexe Natur dieser Aufgaben führt jedoch zwangsläufig zu längeren Wertschöpfungsketten und macht einen wesentlich höheren Grad an Vernetzung notwendig. Das passiert einerseits bereits an der Basis, indem interdisziplinäre Teams oder, wie bei *Incentro*, fachübergreifende Zellen von 30 bis 60 Mitarbeitern eingesetzt werden – und erfordert andererseits ein gutes System für die laufende Abstimmung zwischen diesen Teams. Will man möglichst agil vorgehen, kommt zur Wertschöpfungstiefe noch die strategische Flexibilität hinzu, wie sie sich bei *Gore* oder *IDEO* im dynamischen Wechsel zwischen Teams oder im projektbezogenen Schwärmen bei *Harley-Davidson* oder *Haufe-umantis* zeigt. Beratungsintensive Organisationen wie *hhpberlin*, *Finext* oder *Vollmer & Scheffczyk* leben wiederum von der Verantwortungsbereitschaft ihrer Basiseinheiten. Dafür braucht es selbstorganisierte Vernetzungen, laufende Neuorientierung, aber auch ein gutes Stück Vertrauen. Dass dieses Vertrauen manchmal enttäuscht wird, liegt in der Natur der Sache. Dennoch gibt es dazu keine Alternative, wie Benno Löffler festhält: »Der Preis für mehr Vertrauen ist niedriger als der Preis für weniger Vertrauen.«

Zum Abschluss dieses Kapitels möchte ich – passend zum Thema – selbst ein kleines Experiment wagen und ein kleines Modell vorstellen, das Ihnen bei der Entwicklung selbstorganisierter Unternehmen helfen könnte. In Anlehnung an meine Ausführungen zur Entwicklung selbstorganisierter Teams (siehe Abschnitt 1.3) basiert auch dieses Modell auf einer vereinfachten Matrix.

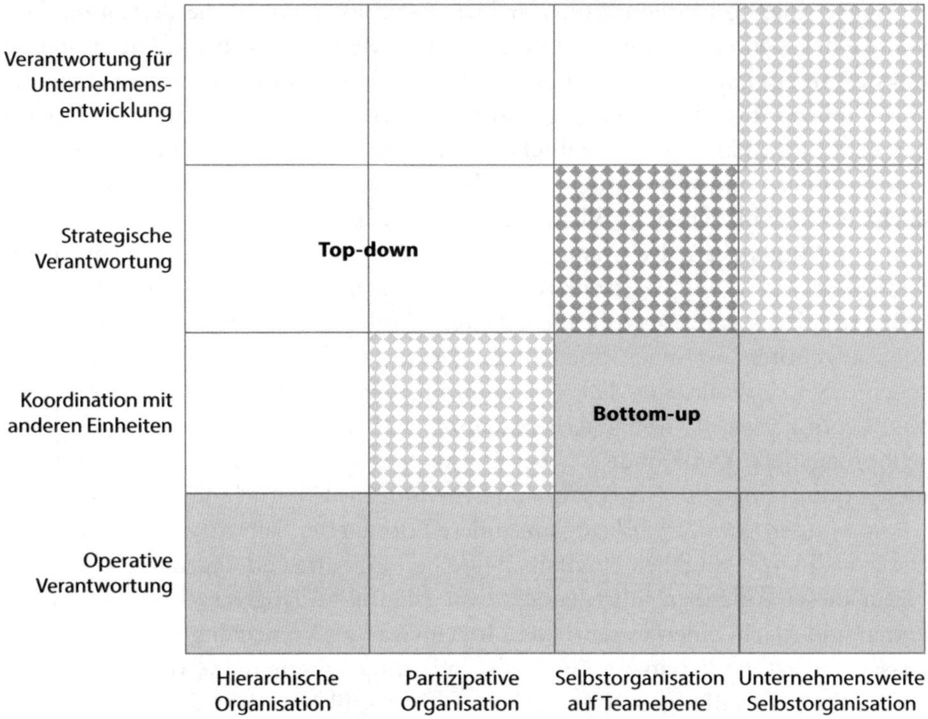

Abb. 8–6 *Unterschiedliche Formen unternehmerischer Selbstorganisation*

Auf der horizontalen Achse finden Sie vier Varianten: hierarchische und partizipative Organisation sowie teamorientierte und unternehmensweite Selbstorganisation. Auf der vertikalen Achse finden Sie wiederum vier große Verantwortungsbereiche, die entweder top-down oder bottom-up wahrgenommen werden: operative Verantwortung, Verantwortung für die systemübergreifende Koordination, Verantwortung für strategische Entscheidungen und Verantwortung für die gesamte Unternehmensentwicklung. Aus der Kombination von Verantwortungsbereichen und Verantwortungsverteilung ergeben sich einige charakteristische Organisationstypen:

- **Die hierarchische Organisation**, in der die Basiseinheiten nur für das Alltagsgeschäft zuständig sind, während das Management über alle Koordinationsaspekte entscheidet. Je nach Hiearchieebene beantwortet dieses Management auch strategische Fragen bzw. Fragen der Unternehmensentwicklung. Agiles Vorgehen ist in diesem Typus nur in sehr eingeschränktem Maße zu finden und es gibt nur wenig Räume für Selbstorganisation.
- **Die partizipative Organisation**, in der die wertschöpfenden Teams sich großteils selbst koordinieren und auch mehr oder weniger stark an der Strategieentwicklung beteiligt sind (siehe die entsprechend karierte Fläche). In partizipativen Organisationen werden Experten öfters zurate gezogen, größere

Gestaltungsfreiheiten bleiben jedoch eher die Ausnahme als die Regel. Wesentliche Entscheidungen werden nach wie vor top-down getroffen.

- **Selbstorganisation auf Teamebene** ist in allen Unternehmen zu finden, die auf lokale Autonomie setzen. Beispiele hierfür sind etwa die Scrum-Teams in der Softwareentwicklung, die teamübergreifende Koordination von Produktionsabläufen oder ganze Geschäftsbereiche, die auf einzelne Kundensegmente fokussiert sind. Oft werden die einzelnen Einheiten sogar an strategischen Themen beteiligt oder zumindest zurate gezogen. In vielen Fällen gibt es ein explizites Entscheidungsmanagement, das auf Bottom-up-Verantwortlichkeiten aufbaut.
- **Unternehmensweite Selbstorganisation** lebt von der agilen Interaktion aller Einheiten. Sie baut auf einem gut durchdachten System verteilter Managementverantwortungen auf, für das Rahmenbedingungen top-down abgesteckt werden, um eine möglichst grenzüberschreitende Zusammenarbeit zu fördern. Funktionale Trennungen (Stichwort: Abteilungen) werden ebenso vermieden wie hierarchische Steuerungslogiken (Stichwort: oben und unten). Agilität lebt vom freien Spiel der Kräfte, das je nach kundenorientierter Fach- und Feldkompetenz entschieden wird.

Die karierten Flächen unterstreichen, dass die Welt nicht nur schwarz oder grau und weiß ist. In zahlreichen Unternehmen greifen die Verantwortlichkeiten des Linienmanagements und der Fachspezialisten konstruktiv ineinander. Je nach Themengebiet und Zielsetzung führt das zu einer großen Anzahl an unterschiedlichen Vernetzungen, die das Unternehmen und die Mitarbeiter ständig auf Trab halten. Für Stefan Truthän, einen der geschäftsführenden Gesellschafter der *hhpberlin,* ist diese Beweglichkeit essenziell: »Die Organisation muss veränderbar bleiben, sonst wird sie hart wie Beton – und das kriegen sie auch nicht mehr flüssig.«

Kann gut sein, dass Ihnen die vorgestellte Matrix nicht dabei hilft, diverse Verhärtungen zu vermeiden, und sie mein Experiment schlichtweg für überflüssig erklären. Zweifellos ist das Modell in vieler Hinsicht wie beispielsweise in der Identifikation der Verantwortungsbereiche, in der Einteilung der Organisationsformen oder im Spannungsfeld von top-down und bottom-up fragwürdig. Vielleicht hilft es Ihnen aber auch dabei, Ihren Ist-Stand besser zu identifizieren, neue Entwicklungsperspektiven zu gewinnen und vor allem konstruktive Fragen zu stellen, zum Beispiel: Womit sind Sie in Sachen Selbstorganisation derzeit am stärksten beschäftigt? Wie ist es bei Ihnen um das Zusammenspiel von Management und Fachexperten bestellt? Oder: Was könnten Sie konkret unternehmen, um noch mehr aus den bestehenden Potenzialen herauszuholen? Und dann dürfen wir – bei aller Konzentration auf transparente Steuerungssysteme, kurze Feedbackschleifen und flexible Entscheidungen – die Aufbauorganisation wohl nicht ganz außer Acht lassen. Wie also soll sich ein Unternehmen aufstellen, das entsprechende Bewegungsfreiräume gewährleisten möchte? Was braucht es, um für eine angemessene Partizipation zu sorgen? Und welche Eckpfeiler haben sich bewährt, wenn Sie diese Partizipation sukzessive in Richtung geteilter Verantwortung ausbauen wollen?

Was Sie aus diesem Kapitel mitnehmen können

Wie immer, wenn es um Kultur geht, ist sorgsame Pflege angesagt. Das gilt für Unternehmen im Allgemeinen und Selbstorganisation im Speziellen – insbesondere, wenn damit ein Prozess der kontinuierlichen Verbesserung und Innovation etabliert werden soll.

Dieses Kapitel zeigte, wie Sie einen solchen Prozess angemessen erfassen und was Sie tun können, damit dieser die erwarteten Früchte trägt. Einmal mehr lassen sich quer durch den Gemüsegarten charakteristische Muster erkennen. So unterscheidet der Designvordenker *IDEO* zwischen evolutionärer Erweiterung oder Adaption und revolutionärer Kreation wie *Toyota*; so setzt die Hamburger *eSailors* mehr oder weniger dieselben Innovationsformate ein wie die kalifornische *Menlo Innovation* oder das niederländische *Buurtzorg* und so versorgen *InVision* oder *Spotify* ihre Mitarbeiter nicht allein mit den nötigen technischen Ressourcen, sondern auch mit Begegnungsräumen, Rückzugsmöglichkeiten oder gutem Essen.

Experimentierfreude ist gleichfalls angesagt, wenn es darum geht, unternehmerische Selbstorganisation zu stärken. Das zeigt das Beispiel der *Autowelt Hoppmann* ebenso wie der Motorradbauer *Harley-Davidson* oder der Maschinenbauspezialist *Vollmer & Scheffczyk*. Am Ende steht eine einfache Matrix, die selbstorganisierten Unternehmen bei der Verortung ihres Entwicklungsstands in Sachen Selbstorganisation und Verantwortungsverteilung helfen soll.

9 Schlanke Aufbauorganisation

Schnellboote statt Raddampfer lautet einer der Slogans unternehmerischer Agilisierung. Schließlich wollen wir flink und wendig sein und nicht behäbig dahintuckern. Wie ich bereits in Kapitel 5 ausgeführt habe, sind die Metaphern nicht schlecht gewählt: Sie betonen das Flussprinzip, das unsere Produkt- und Service-Boote zum Zielhafen des Kunden führt. Obwohl die Praxis zeigt, dass Arbeitsflüsse im Zentrum stehen müssen, wenn es uns um echte Agilität geht, kommen wir um aufbauorganisatorische Fragen nicht herum. Wie sollten sich Unternehmen aufstellen, wenn sie agile Abläufe absichern wollen? Welche Binnenstrukturen brauchen sie, um durchgehend auf Selbstorganisation setzen zu können? Und was müssen sie absichern, damit eine wertschöpfungsorientierte Koordination der verschiedenen Einheiten gewährleistet ist?

Abb. 9–1 *Organisationsdesign – glatt und verkehrt*

Schlank, dezentral, lose gekoppelt, interdisziplinär, flach – so könnte das Anforderungsprofil aussehen, das sich aus den einschlägigen Vorbildern selbstorganisierter Unternehmen ableiten lässt. Was bedeutet dieses Profil im Detail?

Schlank heißt erst einmal, auf kleine Geschäftseinheiten zu setzen. Dadurch kann flexibler auf sich rasch ändernde Anforderungen reagiert werden. Wenn dafür ein Riesenapparat in Bewegung gesetzt werden muss, ist es mit der Agilität gleich wieder vorbei. Quer durch die unterschiedlichsten Branchen setzen selbstorganisierte Unternehmen dafür auf Teams mit einer begrenzten Mitgliederanzahl. Bei *Buurtzorg* sind das maximal 12 Personen, bei *sipgate* 10 und bei *Harley-Davidson* 20. *FAVI* setzte in seiner besten Zeit auf autonome Minifabriken mit maximal 30 Arbeitern, *Incentro* baut auf kundenzentrierte Einheiten mit 30–60 Spezialisten und auch die *Traum-Ferienwohnungen* begrenzen ihre autonomen Zellen auf maximal 20 Personen. Wachsen die von dieser Zelle bearbeiteten Anforderungen ebenso weiter wie die Zahl der dafür eingesetzten Experten, werden die Zellen einfach geteilt. *InVision* wiederum schrumpft ihre Basiseinheiten teilweise sogar auf drei bis vier Leute zusammen, um Kommunikation noch kurzschleifiger zu machen.

Auch die teamübergreifende Arbeit wird begrenzt: sei es nun aufbauorganisatorisch, etwa bei *Spotify*, durch die Begrenzung auf produktzentrierte Stämme (Tribes) von maximal 150 Mitarbeitern oder durch die Fokussierung auf bestimmte Marktsegmente wie bei *ImmobilienScout24* und *AutoScout24*. Kleine Geschäftseinheiten erleichtern außerdem alternative Managementmodelle wie das Beispiel der schwedischen *Handelsbanken* zeigt: relative Ziele, kontinuierliches Planen, Ressourcen nach Bedarf, dynamische Koordination über verschiedene Unternehmensbereiche hinweg und ein hohes Maß an Entscheidungsfreiheit [Olesen 2013]. Die finnische Reinigungsfirma *SOL* kommt ebenfalls ohne fixe Zielvorgaben und Budgets aus. Die insgesamt 11.000 Mitarbeiter sind in regionalen Studios organisiert, die den Betrieb – der im Übrigen gegen den Branchentrend des Nachtputzens tagsüber stattfindet – und neue Geschäftsmöglichkeiten selbstständig managen.

Sich **dezentral** zu organisieren, bringt ebenfalls einen deutlichen Verschlankungseffekt mit sich. Latent aufgeblähte Bürokratien weichen dynamischen Netzwerken. Ob das nun hochspezialisierte Fertigungsteams wie bei *Toyota* sind, Divisionen wie bei *Morning Star*, Business Units wie bei *Semco*, themenspezifische Projektteams wie bei *hhpberlin* oder autonome Standorte wie bei *Liip*: Die traditionellen Firmenzentralen und die damit einhergehenden Kontroll- und Weisungshoheiten weichen der lokalen Autonomie von Geschäftseinheiten. Das ist natürlich alles andere als ein neues Modell. Der Autoverleiher *AVIS* hat bereits in den 60er-Jahren auf dezentrale Business Units mit voller Gewinn- und Verlustverantwortung gesetzt – und damit zugleich viele traditionelle Machtsymbole des Managements wie eigene Parkplätze, repräsentative Büros oder abgehobene Jobtitel abgeschafft. Die Dezentralisierung ermöglicht es, all jene Praktiken und Regeln zu überwinden, die Leute davon abhalten, ihr Bestes zu geben. Weniger Bürokratie, keine unnötigen Managementrituale und die Auflösung der Abhängigkeitskultur schaffen dafür gute Voraussetzungen. Bei *dm* wurde die klassische Unternehmenspyramide bereits in den 90er-Jahren auf den Kopf gestellt: Oben ist dort, wo der Kunde ist, also in den Filialen, die entsprechend hohe Gestaltungsfreiheit genießen. Das Management ist immer noch eine wichtige Stütze: Statt der üblichen hierarchischen Führungsstruktur wird jedoch eine unterstützende Führung gepflegt, die ohne absolutistische Weisungen auskommt. Statt Budgets, Umsatzziele oder Verhaltensrichtlinien vorzugeben, werden nur grobe Leitplanken gesetzt. Das Hauptaugenmerk liegt auf der Unterstützung der kundennahen Filialen.

Strukturell wird konsequent auf **lose Kopplungen** gesetzt. Das führt zur Ausdünnung all der Linien, Ebenen und Kästchen, die typisch für traditionelle Hierarchien sind – bis hin zu Unternehmen wie *Compax*, *Liip* oder *Gore*, wo es überhaupt kein formales Organigramm mehr gibt. Das hat zur Folge, dass die Mitarbeiter nicht mehr auf eindeutige Stellenbeschreibungen fixiert werden. Wie Positionen neigen Stellen nämlich per definitionem zum Statischen: Wir treten auf der Stelle, wir beharren auf einer Position und so weiter. Fredric Laloux hat Stellenbeschreibungen treffend mit »Honigtöpfen für das Ego« beschrieben: Sie verlocken und machen süchtig, sind letztendlich aber ungesund [Laloux 2014, S. 141].

»Don't put people into boxes«, warnt auch Gary Hamel: Eine zu enge Rollendefinition sei dem Lernen nämlich ebenso abträglich wie eine zu starke Fixierung auf die eigene Fachexpertise oder die Überidentifikation mit einem bestimmten Team [Hamel 2011]. Vielmehr sollte sich die unternehmerische Agilität in einer persönlichen Flexibilität widerspiegeln, um in verschiedenen Arbeitszusammenhängen mit unterschiedlichen Leuten arbeiten und dabei sogar über die Grenzen der eigenen Kernkompetenz hinausgehen zu können. Die sogenannten fluiden Teams des Düsseldorfer Softwareentwicklers *InVision*, der bedarfsorientierte Wechsel zwischen einzelnen Produktionsteams bei *FAVI* oder das strategische Schwärmen bei *Haufe-umantis* belegen dies exemplarisch. Je nach Kundenanforderung und den daraus erwachsenden Projekten finden sich Experten in immer wieder neuen Konstellationen zusammen. Paul Bennett von *IDEO* spricht überhaupt von einer lose gestalteten Organisation, die einer besonderen Balance bedarf: »Genügend Design, aber nicht zu viel. Ausreichend Struktur, ohne sich überstrukturiert zu fühlen. So viel Plan wie nötig, ohne zu viel zu kontrollieren« (*https://lboi.ideo.com/oops.html*).

Was ist Holakratie?

Das Spannungsfeld zwischen ausreichend und zu viel Design, Struktur oder Plan scheint mir geradewegs zur Holakratie bzw. Holokratie zu führen, die ja mancherort als der letzte Schrei in Sachen unternehmerischer Selbstorganisation gilt. Doch was genau ist darunter zu verstehen? Wie wird der Schrei von den Mitarbeitenden erhört? Und welches Echo findet er bei den Kunden? Grundsätzlich setzt sich der Terminus der Holokratie aus den altgriechischen Worten holos (*vollständig, ganz*) und *kratía* (*Herrschaft*) zusammen. Brian Robertson hat unter diesem Begriff (im Englischen mit Lautangleichung »Holacracy«) ein Organisationsmodell jenseits hierarchischer Verhältnisse entworfen. Grob gesagt beruht dieses Modell auf vier Elementen:

→

1. Einer Verfassung, in der die Spielregeln der Organisation geregelt sind.
2. Einer kreisförmigen Grundstruktur, speziellen Rollen und deren dynamischem Zusammenspiel.
3. Einem besonderen Entscheidungsprozess für die regelmäßige Prüfung und gegebenenfalls Korrektur aller Rollen und Autoritäten.
4. Meetings, die eine laufende Abstimmung zwischen den einzelnen Einheiten ermöglichen.

So agil das Modell daherkommt, so zweifelhaft erscheint sein praktischer Erfolg. Einmal mehr sollen alle unternehmerischen Probleme mit einem fertigen Lösungskonzept adressiert werden, das noch dazu einen Komplettumbau der Organisation erfordert. Obwohl die holakratisch veranschlagte Verteilung von Entscheidungsautorität, die Erhöhung der Wahrnehmungsfähigkeit und die Förderung von Reaktionsschnelligkeit ganz im Sinne dieses Buches sind, kommt mir der damit verbundene Umsetzungsaufwand atemberaubend vor. So berichtet etwa die Schweizer Softwarefirma *Liip* von insgesamt 30 Kreisen und 340 Rollen, die die knapp 150 Mitarbeiter zu koordinieren haben [Andrey & Jung 2016, S. 386]. Andere Holakratie-Praktiker beklagen, dass Regelkonformität bisweilen wichtiger erscheint als Agilität. Inbesondere die Kommunikationsformate werden als rigid erlebt. In exemplarischer Form scheinen mir solche Erfahrungen den latent technokratischen Charakter eines Modells zu dokumentieren, das Robertson vielleicht nicht zufällig »evolution installed« nennt [Robertson 2015].

Dezentralisierung wie Kopplung legen nahe, die weitverbreitete Silologik über Board zu werfen. Diese wird auf den verschiedensten Ebenen durch **interdisziplinäre Zusammenarbeit** ersetzt. Wenn Geschäftseinheiten autonom agieren wollen, müssen sie über alle Kompetenzen verfügen, die sie für die Wertgenerierung benötigen. Das gilt für Teams ebenso wie für größere Gruppen, die gemeinsam für ein Produkt oder Service verantwortlich sind, oder für Business Units, die ein ganzes Portfolio bearbeiten. Bei *Computest* wurde die gesamte Organisation von fachspezifischen auf interdisziplinäre Teams umgestellt. Die verschiedenen Serviceeinheiten umfassen nun alle Kräfte, die für das jeweilige Branchencluster wichtig sind. Gleichzeitig erfolgt Führung nunmehr über eine interdisziplinäre Gruppe von Fach- und Prozesscoaches, die das frühere mittlere Management ersetzen. Ganz ähnlich ist die Geschichte von *Traum-Ferienwohnungen* verlaufen: Waren kundenorientierte Veränderungen früher mit langwierigen Abstimmungen über verschiedene Abteilungsgrenzen hinweg verbunden, so sind diese heute auf kurzem Weg zu realisieren: Die dafür notwendigen Spezialisten aus den unterschiedlichen Fachgebieten arbeiten innerhalb selbstgesteuerter Einheiten intensiv zusammen, um dem Kunden Lösungen aus einer Hand zu liefern. Dasselbe Ziel verfolgt *ImmobilienScout24*. Dort sind die einzelnen Entwicklungsteams nicht nur nach Marktsegmenten geclustert, um die teaminterne und die teamübergreifende Zusammenarbeit möglichst geschmeidig zu gestalten. Auch das Linienmanagement erfolgt interdisziplinär: Die Head-of-Runde von Sales, Produkt, Marketing und IT trägt gemeinsam die Gesamtverantwortung.

Interdisziplinarität sollte indes nicht allein die Verfügbarkeit der notwendigen Kompetenzen, sondern auch das wechselseitige Lernen fördern. Intensive Koordination, die das Verständnis füreinander und das notwendige Zusammenspiel unterstützt, ist ebenso angesagt wie die Stärkung der sogenannten T-Shaped Skills. Wie in Abbildung 9–2 bildhaft dargestellt, ergeben sich diese Skills durch die Verbindung von Spezialisierung und Generalisierung. Während die Kernkompetenz der meisten Fachleute einem tiefverwurzelten Baum gleicht, gelangt dieser erst durch eine gezielte Verbreiterung der Fähigkeiten zu voller Blüte. Das in alle möglichen Richtungen ausdehnbare Geäst des erweiterten Wissens und Könnens wird schematisch auf den Querbalken des T reduziert. In interdisiplinär organisierten Umfeldern lernen Entwickler sukzessive von Testern, Vertriebsleute von Produktionsverantwortlichen, Designer von Marketeers oder Dreher von Schlossern. Auf diese Weise erreichen zwar niemals alle dieselbe Wissenstiefe: Sie erhöhen jedoch ihr Verständnis füreinander, nehmen Abhängigkeiten besser wahr und orientieren sich stärker an jenem vielzitierten großen Ganzen, das entscheidend für erfolgreiche Führungsarbeit ist.

Abb. 9–2 *T-Shaped-Skills-Baum*

Last but not least setzen selbstorganisierte Unternehmen auf **flache Hierarchien.** In vielen Kernteams gibt es gar keine designierte Führungskraft mehr. Für Entscheidungen sind – falls nicht anders geregelt (siehe Kap. 7) – grundsätzlich alle verantwortlich. Gleiches gilt für die Planung, Organisation und Kontrolle aller Arbeiten, die im Interesse des Kunden sind. Und natürlich auch für Feedback, Lernen und Verbessern. Für die notwendige Koordination mit anderen Geschäftseinheiten werden Delegierte gewählt, die im Sinne von Gruppensprechern agieren. Dadurch lassen sich wechselseitige Transparenz und ein gemeinsamer Fokus sicherstellen. Und die Rotation der Gruppensprecher verhindert, dass diese zu Chefdelegierten mutieren.

dm zeigt eindrucksvoll, dass selbst ein großes Unternehmen mit flächendeckendem Filialnetz mit einer flachen Hierarchie auskommen kann: So gibt es bei über 38.000 Mitarbeitern nur zwei Managementebenen: insgesamt neun Geschäftsführer, die auch für spezielle Vertriebsbereiche verantwortlich sind, sowie Gebietsverantwortliche, die jeweils 20–30 Filialen unterstützen. Die großen Führungsspannen stärken das Subsidaritätsprinzip und machen Mikromanagement so gut wie unmöglich.

Die Geschichte von *InVision* dokumentiert, wie man von einer agilen, wenn auch unreflektierten Frühphase über eine zunehmende Bürokratisierung zurück zu einer gleichsam gereiften Agilität finden kann. Während die Wachstumsphase zu einer traditionellen Organisationsform mit immer mehr Management führte, pflegt man heute eine radikale Form der Selbststeuerung. Statt weisungsorientierter Hierarchie gibt es autonome Zusammenarbeit, statt der Fixierung auf Rollen und Jobtitel einen gepflegten Austausch zwischen den unterschiedlichen Fachexperten und statt interner Silologiken wieder wertorientierte Kreativität (*https://www.youtube.com/watch?v=OHcFd5KaYRI*).

Wie bei *InVision* trägt Selbstorganisation vielerorts dazu bei, dass das mittlere Management mehr und mehr ausdünnt – oder gänzlich verschwindet. Welche Funktion sollte ein solches Management in Unternehmen haben, wo Mitarbeiterführung die Sache aller und nicht mehr die eines singulären Vorgesetzten ist? Für Hermann Arnold blicken Manager der mittleren Führungsebene einem ähnlichen Schicksal entgegen wie Reisebüros: Sie werden in ihrer aktuellen Form zunehmend überflüssig und müssen sich neu erfinden [Arnold 2016]. In manchen Unternehmen übernehmen Manager wieder Fachaufgaben, in anderen eine Beratungsfunktion – wie ich in Teil III noch genauer ausführen werde.

9.1 Minimum an Vorgaben

Schlanke, dezentrale, lose gekoppelte Organisationseinheiten bilden den Rahmen für ein hohes Maß an Gestaltungsfreiheit. Hierarchische Einmischungen helfen selten dabei, den Kunden besser zu bedienen. Das gilt freilich nicht nur für die Welt kleiner Softwareschmieden. Branchenriesen wie die amerikanische Bio-Supermarktkette *Whole Foods* und die Drogeriekette *dm* kommen ebenfalls mit einem Minimum an Vorgaben aus. Statt die Organisations- und Handlungsfreiheit der Mitarbeitenden unnötig einzuschränken, werden sie explizit dazu angehalten, ihre eigenen Ideen einzubringen. Bei *Whole Foods* werden Experimente ermutigt, um den Kunden noch besser zu bedienen: Das kann durch die regionale Auswahl an Produkten ebenso passieren wie durch besondere Präsentationen oder kleine Hilfestellungen, die das Einkaufen, Packen oder Transportieren von Waren erleichtern. Auch bei *dm* kann jede Filiale in einem hohen Maße selbst bestimmen, wie das Sortiment aussieht, welche Sonderleistungen man den Kunden anbieten will und wie die Belegschaft zusammengesetzt ist. Gehälter sind ebenso transparent wie die Projekte, für die man sich bewerben kann. Personalkosten werden als Mitarbeitereinkommen verstanden und Weiterbildungsmaßnahmen als bewusste Investitionen.

Eine solche Gestaltungsfreiheit ist wiederum nicht ohne ein gewisses Maß an Entscheidungsfreiheit zu haben. Das ist auf systemischer Ebene so, aber auch auf individueller Ebene – bis hin zur Möglichkeit eines unternehmensinternen Wechsels, wie ihn etwa der amerikanische Finanzdienstleister *USAA* ermöglicht. Der hervorragende Kundenservice, für den *USAA* mehrfach ausgezeichnet wurde, findet sein Pendant in einer Arbeitskultur wieder, die dem Einzelnen eine Vielzahl von Entwicklungsmöglichkeiten einräumt. Wenn jemand davon überzeugt ist, in einem anderen Bereich besser zum Unternehmenserfolg beitragen zu können, wird das nicht nur zugelassen, sondern sogar durch gezielte Weiterbildung unterstützt.

Selbstorganisation lebt indes nicht nur von der strukturellen Freiheit, die ein Unternehmen gewährt. Es braucht auf allen Ebenen die Bereitschaft, verantwortlich mit dieser Freiheit umzugehen – und dazu natürlich auch gewisse Fähigkeiten, wie wir in Kapitel 11 zu Training und Coaching noch sehen werden. Denn Commitment ist nicht nur eine Frage des Wollens.

Commitment

Commitment gehört zu den strapaziertesten Begriffen der agilen Welt. Wie andere Zauberwörter funktioniert er wie ein Rohrschachtest, bei dem man ein und denselben Tintenklecks ganz unterschiedlich interpretieren kann. Wie entkommen wir einer solchen Beliebigkeit? Was könnte helfen, ein profundes Verständnis von Commitment zu entwickeln? Und dabei zu erkennen, was das für unsere Kunden bedeutet?

Dan Vacanti bietet uns dafür eine schöne Analogie an: das Fallschirmspringen. Zum einen besteht das Fallschirmspringen ebenfalls aus einer Serie von Aktivitäten: Der Fallschirm muss gepackt, die Wetterlage geprüft, ein Flugzeug geordert, ein Pilot instruiert, eine bestimmte Höhe erreicht und schlussendlich muss auch gesprungen werden. Zum anderen würde niemand all das tun, ohne auf die Gesetze der Schwerkraft zu vertrauen – jeder Fallschirmspringer weiß, dass er unweigerlich wieder auf der Erde landen wird. Commitment, so Vacanti, gleicht genau jenem Moment, in dem der Springer sich in den freien Fall begibt. Vor seinem finalen Absprung gäbe es noch viele Möglichkeiten, es sich anders zu überlegen. Er könnte einem schlechten Bauchgefühl folgend wieder zum Flughafen zurückkehren, den Fallschirm nochmals überprüfen, sich aufgrund der Wetterlage gegen einen Sprung entscheiden oder erst gar nicht abheben. Wer auch immer einen Fallschirmsprung erwägt, committet sich tatsächlich erst im allerletzten Moment: nämlich, wenn er springt. Bis zuletzt sind viele andere Optionen offen. Doch sobald er aus dem Flugzeug gesprungen ist, gibt es keinen Weg zurück.

→

> Es ist völlig klar, dass der Springer auf die Erde zurückkehren wird. Er selbst und alle, die am Boden auf ihn warten, dürfen auf die Gesetze der Schwerkraft vertrauen. Selbiges, so Vacantis Pointe, sollte auch für jene Arbeitsflüsse gelten, in die wir eine bestimmte Kundenanforderung ziehen. Wie die Schwerkraft kennt auch der Wertstrom nur eine Richtung. Commitment heißt, dass wir uns die gegebene Zusage vor Augen halten, sobald wir uns an die Arbeit machen. Jemand wartet darauf und es gibt keinen Weg zurück. Unsere Aufgabe besteht darin, für jene besondere Schwerkraft zu sorgen, um die versprochene Arbeit in möglichst kurzer Zeit wohlbehalten auf die Erde zurückzubringen [Vacanti 2015, S. 141].

Ein klares Verständnis von Commitment ist umso wichtiger, als Selbstorganisation eben kein Selbstzweck ist. Das ultimative Ziel bleibt es immer, mit der Mitarbeiter- und Kundenzufriedenheit auch die Profitabilität der Organisation zu steigern. Wie Don Reinertsen schlüssig argumentiert, werden viel zu oft Stellvertreterziele verfolgt: mehr Innovation, bessere Produktqualität, eine demokratischere Unternehmenskultur oder Selbststeuerung und Agilität. Gegen keines dieser Stellvertreterziele ist etwas einzuwenden, solange klar bleibt, dass sie allesamt Mittel für einen höheren Zweck sind: nämlich die Organisation profitabler zu machen [Reinertsen 2010, S. 27].

So wesentlich der Profit ist, so wenig liegen Sinn und Nutzen selbstorganisierter Unternehmen allein darin begründet. Zwar brauchen sie Geld so wie der Mensch Luft zum Atmen braucht. Gleichzeitig leben Menschen nicht bloß, um zu atmen. Und Organisationen wie *Patagonia, Gore, Haufe-umantis* oder *dm* existieren nicht nur, um Profite zu maximieren. Stattdessen dokumentieren die hier vorgestellten Praxisbeispiele, warum es heutzutage um die besondere Balance von Profitabilität, Kunden- und Mitarbeiterzufriedenheit geht. Während die Kundenzufriedenheit für den offensichtlichen Gewinn sorgt, sollte die Mitarbeiterzufriedenheit keineswegs unterschätzt werden. Sie stellt, so behaupte ich, eine Grundbedingung jedweder nachhaltiger Wertschöpfung dar.

»Wertschöpfung durch Wertschätzung«, so bringt es Bodo Janssen für die friesische *Upstalsboom* auf den Punkt. Wer dies bloß für einen pathetischen Managementspruch hält, kann sich von ein paar Zahlen beeindrucken lassen: Innerhalb weniger Jahre konnte durch die Einführung demokratischer Prozesse die Mitarbeiterzufriedenheit um 80 % gesteigert werden, während die Krankheitsquote von 8 % auf unter 3 % sank. Gleichzeitig stieg die Gästezufriedenheit auf 98 % – was zur Verdopplung der Unternehmensumsätze innerhalb von drei Jahren bei signifikanter Steigerung der Produktivität führte.

Abb. 9–3 *Winterliches Ying und Yang*

9.2 Spiegelphänomene

Vordenker selbstorganisierter Unternehmen haben mehrfach auf die dynamische Wechselwirkung zwischen organisationaler und professioneller Offenheit hingewiesen. Das Verhalten in der Organisation wirkt sich immer auf das Verhalten der Organisation gegenüber seinen Kunden aus und umgekehrt. Unternehmens- und Kundenbeziehungskultur sind wie die vielzitierten zwei Seiten derselben Medaille. Deswegen prägt die Art, wie eine Organisation seine Mitarbeiter behandelt, auch die Art, wie sie Kunden behandelt. Wenn die Bedürfnisse der Mitarbeiter nach Respekt, Wachstum und Selbstbestimmung befriedigt werden, wirkt sich das nicht nur auf ihre eigene Zufriedenheit aus, sondern auch auf die der Kunden – der Funke springt gewissermaßen über.

Vergleichbare Spiegelphänomene lassen sich auch innerhalb der Unternehmen finden. Am Beispiel der IT hat Conway eindrucksvoll gezeigt, wie sich die Unternehmens- und Softwarearchitekturen wechselseitig beeinflussen [Conway 1968]. Einfach gesagt: Die Strukturen und Abläufe des einen finden sich in den Strukturen und Abläufen des anderen wieder. Dieses Spiegelphänomen lässt sich in der Geschichte jedes Unternehmens aufspüren. *InVision* zeigt beispielhaft, wie Wachstum und Erfolg mit einem architektonischen Wildwuchs einhergehen können: Was mit agiler Experimentierfreude begann, führte nach und nach zu immer größeren IT-Systemen, die ebenso schwer- wie fehleranfällig waren – was sich in schlechter Kongenialität in zunehmend bürokratischeren Kontrollmechanismen widerspiegelte. Kein Wunder, dass dann, wie CEO Peter Bollenbeck schildert, sowohl die kundenorientierte Wendigkeit als auch der Spaßfaktor verloren gingen (*https://www.youtube.com/watch?v=OHcFd5KaYRI*). Aus Bollenbecks Sicht fand *InVision* in die richtige Spur zurück, als damit begonnen wurde, die Hacking-Prinzipien der IT konsequent auf die eigene Organisation anzuwenden: Dazu gehört ein profundes Verständnis, aber auch eine gewisse Respektlosigkeit gegenüber dem Bestehenden und dazu jene spielerische Raffinesse, die nur dem eigenen Denken und Ausprobieren entspringen kann und nicht vermeintlichen Patentlösungen. In diesem Geist wurden die Steuerungszwänge, die dem Unternehmen das Leben schwer machten, zumindest in zweifacher Hinsicht attackiert, indem die bis dahin eingesetzten IT-Standards von Microsoft, Oracle oder SAP schrittweise durch Open-Source-Lösungen ersetzt wurden und von Command-and-Control-Management auf die flexible Vernetzung kleiner Teams umgestellt wurde. Beide Veränderungsstrategien förderten unternehmerische Autonomie und trugen dazu bei, Agilität wieder zum zentralen Entwicklungsmotor zu machen.

Wie wir am Beispiel des Hamburger Lotterie-Spezialisten *eSailors* dargestellt haben, erfolgt die Organisationsentwicklung selten einer harmonischen Balance [Gruczel et al. 2016]. Ähnlich wie bei *InVision* wurde diese Entwicklung auch bei *eSailors* durch eine monolithische IT-Architektur geprägt, deren sukzessive Differenzierung die Arbeit interdisziplinärer Produktteams begünstigte. Die professionelle Selbstständigkeit dieser Teams forcierte wiederum die weitere Transformation der Technologie in Richtung autonomer Microservices. Und die Umwandlung der ehemaligen Fließbandproduktion in kundenorientierte Abläufe hinterließ schließlich ihre Spuren in der Führungskultur. Wie Abbildung 9–4 dokumentiert, schlägt sich diese Kultur in einer neuen Transparenz der gesamten Arbeitsflüsse nieder – und im Wissen, dass diese Flüsse erst dann abgeschlossen sind, wenn der tatsächliche Wert der eigenen Leistung beim Kunden validiert ist.

Abb. 9–4 *Visuelles Arbeitsmanagement bei eSailors*

Was wir aus diesen Fallgeschichten lernen können? Nun, vielleicht das: Wenn wir auf eine schlanke, dezentrale Aufbauorganisation setzen, können wir uns die Koordination der Abläufe nicht sparen. Oder auch das: Wenn Wertschöpfung und Wertschätzung wie siamesische Zwillinge auftreten, sollten wir Kunden- und Mitarbeiterzufriedenheit gleichermaßen im Auge behalten. Beide Bereiche sind nämlich wertvoll. Ohne Zweifel sorgt ein attraktives Arbeitsumfeld, in dem erfahrene Spezialisten ihre Arbeit selbst steuern, für eine geringere Fluktuation und damit für niedrigere Kosten in Sachen Recruiting oder Onboarding. Die besondere Bindung, die selbstorganisierte Unternehmen auszeichnet, die Identifikation mit dem Arbeitgeber, das Verantwortungsgefühl gegenüber den Kollegen und die erhöhte Einsatzbereitschaft für die eigenen Kunden stellen jedoch selbst wichtige Werte dar.

Die Betonung liegt freilich auf Balance. Wenn es nur um die Optimierung der Arbeitsflüsse geht, ohne dass die arbeitenden Menschen bestimmen können, ob sie in diesen Flüssen lieber rudern, segeln oder surfen, wird eine solche Balance misslingen. Gleiches gilt für Arbeitsmanagementsysteme, die zwar Transparenz, aber keine Selbststeuerung fördern. Schlanke, dezentralisierte, lose gekoppelte und interdisziplinäre Organisationen bringen vor allem zwei Gewinnoptionen mit sich: Erstens erhöhen sie das, was so treffend psychisches Einkommen genannt wird und sich vor allem von einem freien, selbstbestimmten Arbeitsumfeld und dem sogenannten *Happiness Factor* nährt. Und zweitens sollte auch die Außenwirkung guter Rahmenbedingungen in Rechnung gestellt werden. In einer Zeit, in der der Kampf um Talente und die Attraktivität als Arbeitgeber allgegenwärtig scheint, ist der gute Ruf eines Unternehmens eine wichtige Währung. Konsequenterweise steht die Förderung der Mitarbeiter- und der Kundenzufriedenheit auch im Zentrum von *Incentro*. Dahinter steht die Überzeugung, dass zufriedene Mitarbeiter nicht nur mehr Freude an der Arbeit haben, sondern auch bessere Ergebnisse liefern. Beides wird von den Kunden unweigerlich bemerkt. In diesem Sinne ist die radikale Selbstorganisation von *Incentro*, wie Unternehmensgründer und Vorstandsmitglied Stef Lagomatis betont, kein Selbstzweck. Es ist ein Mittel, um in allen relevanten Bereichen für Zufriedenheit zu sorgen. Dass das Unternehmen vor Kurzem zu einem »Great Place to Work« gewählt wurde, bestätigt diese Überzeugung ebenso wie die Resultate des *Net Promoter Score* (NPS), mit dem auf Quartalsbasis die Kundenzufriedenheit erfasst wird. Beide Zwischenergebnisse nähren das ehrgeizige Ziel, die Kunden zukünftig noch stärker zu *Incentro*-Botschaftern zu machen.

Eine höhere Profitabilität wird allerdings niemals durch unsere Aufbauorganisation erzielt – so schlank, dezentral oder flach diese auch sein mag. Das Verbesserungspotenzial ist gering, wenn wir auf der Ebene unseres Organigrams ansetzen. Was hat ein Kunde davon, wenn wir Kästchen verschieben? Ebenen reduzieren? Teams legosteinartig aufeinanderstapeln? Silos umgestalten? Oder diese durch Kreise ersetzen? Erst einmal, so wage ich zu behaupten, gar nichts –

und vielleicht, so steht zu befürchten, auch in der Folge nichts. Wenn der Kunde Pech hat, sinken die Produkt- und Servicequalität sogar, da Organisationen im Zuge einer aufbauorientierten Skalierung gut mit sich selbst beschäftigt sind. Wenn wir jedoch unsere Wertströme besser kanalisieren, Durchlaufzeiten optimieren und unsere Arbeitsflüsse so managen, dass wir mit weniger Aufwand mehr Qualität liefern, merken das unsere Kunden recht bald.

Mit anderen Worten: Es sind und bleiben die Abläufe, die spielentscheidend sind. Es ist ein bisschen wie im Fußball. Nicht die Aufstellung ist letztendlich ausschlaggebend, sondern der Spielfluss. Selbst das Team, das nur aus Superstars besteht, wird verlieren, wenn es kein gutes Zusammenspiel zustande bringt. Es sind eben die Interaktionen und nicht die Summe der Einzelelemente, die den Agilitätsgrad festlegen. Gleichzeitig darf die Aufstellung natürlich nicht völlig vernachlässigt werden. Hinkende Angreifer schießen so wenig Tore, wie sehschwache Torleute selbige verhindern können. Gleiches gilt für den Wettbewerb, den wir in Organisationen verfolgen. Je schwerfälliger unsere Aufstellung, desto langsamer werden wir in Fluss kommen; je behäbiger sich unsere Zusammenarbeit gestaltet, desto zähflüssiger wird die Wertschöpfung; und je mehr wir Steuerungsaufgaben zentralisieren, umso mehr künstliche Engpässe schaffen wir. Was uns, gleichsam in einem Spielzug, zu dem nächsten Gestaltungsbereich selbstorganisierter Unternehmen – den verteilten Managementaufgaben – überleitet.

Was Sie aus diesem Kapitel mitnehmen können

Agile Unternehmen sind, und diesbezüglich wiederhole ich mich gerne, ohne Systemdenken, Lean-Prinzipien und Selbstorganisation nicht zu haben. Obwohl damit das Primat der Ablauforganisation gesetzt ist, kommen wir um aufbauorganisatorische Fragen nicht herum. Rund um die Schlagwörter schlank, dezentral, lose gekoppelt, interdisiziplinär und flach haben Sie dazu einige maßgebliche Antworten erhalten. Ein weiteres Sammelsurium an Unternehmensbeispielen erörterte, wie Sie sich das praktisch vorstellen dürfen: von der finnischen Reinigungsfirma *SOL* mit immerhin 11.000 dezentral organisierten Mitarbeitern über die losen Kopplungen beim kalifornischen Tomatenproduzenten *Morning Star* und die interdisziplinären Zellen bei *Traum-Ferienwohnungen* bis zu den flachen Hierarchien beim Outdoorexperten *Patagonia,* dem Softwarespezialisten *InVision* oder der Drogeriekette *dm.*

All diese Organisationen zeigen, dass es vor allem um einen umsichtigen Ausbau von Freiheiten geht: seien das nun Freiheiten, die den Arbeitsablauf, die Entscheidungsfindung oder die Vernetzungsmöglichkeiten betreffen. Wenn das in einer angemessenen Balance von Kunden- und Mitarbeiterorientierung gelingt, müssen Sie sich um die Profitabilität Ihres Unternehmens keine Sorgen machen.

10 Verteilte Managementaufgaben

Experten machen die Arbeit, während Manager in Besprechungen sitzen, sagen böse Zungen. Die noch böseren behaupten, dass Managementbesprechungen einem schwarzen Loch gleichen: Viele gehen hinein und nichts kommt heraus. Und die bösesten versichern, dass dieses schwarze Loch sehr wohl etwas ausspuckt: Nämlich Entscheidungen, die das Arbeitsleben schwerer machen.

Was auch immer man von solchen Teufelszungen halten mag: Faktum ist, dass viele Manager in großen Organisationen nur wenig mit dem Kerngeschäft verbunden sind. Je höher sie in der Hierarchie angesiedelt sind, umso schwächer wird die Verbindung mit jenen Kräften, die tatsächlich für die Wertschöpfung sorgen. Die überfallartige Einmischung in den Arbeitsalltag, insbesondere in vermeintlich kritischen Situationen, belegt diesen Umstand eher als dass sie ihm widerspricht. Die Distanz zum Kerngeschäft lässt erahnen, wie wenig realitätsnah so manche Strategie ausfällt. Ziele festzulegen ist ja bekanntlich um einiges leichter, als sich um ihre Umsetzung zu kümmern.

Management-Junkies

Budgets scheinen zu Organisationen zu gehören wie das Amen zum Gebet. Ohne eine betriebswirtschaftliche Kalkulation geht offenbar gar nichts: Wie sollten wir auch sinnvolle Arbeit leisten können, ohne zu wissen, was wir dabei einnehmen und wie viel wir dafür investieren werden?

Nicht nur in dieser Hinsicht wirken Budgets für Hope und Fraser wie Drogen. Sie wiegen das Topmanagement im Glauben, sie hätten alles im Griff. Im Banne diverser Zahlenwerke geben sie sich dem Rausch unternehmerischer Kontrolle hin.

Wie die meisten Drogen haben Budgets jedoch ernsthafte Nebenwirkungen: der kostspielige Overhead der laufenden Ist-Soll-Vergleiche, aufwendige Planungsrituale, geschönte Berichte, die unser Tun rechtfertigen, oder gefälschte Bilanzen, die nicht von ungefähr an Beschaffungskriminalität erinnern. Vielleicht lohnt es sich angesichts solcher Auswüchse umso mehr, über alternative Planungsmöglichkeiten nachzudenken [Hope & Fraser 2003]?

Stellt sich die Frage, wie realitätsnah selbstorganisierte Unternehmen unterwegs sind – und wer dabei am Steuer sitzt. Was bedeutet es für unser Verständnis von Führung, wenn viele Aufgaben des traditionellen Linienmanagements von Teams übernommen werden? Wenn Experten selbst viele systemrelevante Steuerungstätigkeiten ausführen? Wenn jeder ein Manager ist, wie das CEO Chris Rufer für *Morning Star* behauptet, oder sogar, wie Hermann Arnold programmatisch titelt [Arnold 2016], Chef?

Manage die Arbeit, nicht die Arbeiter, raten uns die Lean-Denker. Wie in Kapitel 5 ausführlich dargestellt wurde, sollten wir dafür primär auf Wertströme fokussieren. Transparente Steuerungssysteme und kurze Feedbackschleifen, Objekt der Begierde von Kapitel 6, erleichtern uns diese Fokussierung. Indem wir unsere Aufmerksamkeit auf die agile Koordination aller Organisationseinheiten richten, können wir gemeinsam wegweisende Entscheidungen treffen. Dafür sind, wie in Kapitel 7 gezeigt, alle verantwortlich, die innerhalb eines bestimmten Systems arbeiten. Und dieses System ist wiederum – wie in den letzten beiden Kapiteln erläutert – auf eine Weise organisiert, die viele Gestaltungsfreiheiten und Räume für Verbesserungs- und Innovationsexperimente eröffnet.

10.1 Führung durch Vernetzung

Selbstorganisierte Unternehmen zeichnen sich dadurch aus, dass das Alltagsgeschäft und die kontinuierliche Optimierung unabhängig von hierarchischen Verhältnissen stattfinden. Bei *InVision* werden dafür beispielsweise gemeinsame Sprint-Reviews eingesetzt, an denen alle zwei Wochen alle Teams teilnehmen. Durch das Offenlegen aller Entwicklungsarbeiten erhalten die Mitarbeitenden nicht nur Einblick, sondern auch die Möglichkeit, die Arbeit wechselseitig besser zu koordinieren. Das fördert gleichermaßen die Kommunikation, das Über-den-eigenen-Tellerrand-Hinausschauen und das Übernehmen von mehr Verantwortung für das große Ganze. Damit Planung funktioniert, braucht es jedenfalls so wenig einen Vorgesetzten wie für die Abstimmung von Arbeitsflüssen. Rückmeldungen werden direkt von denen eingeholt, die davon betroffen sind, Entscheidungen an der Basis gefällt und kontinuierliche Verbesserungen eigenständig vorangetrieben. Die Steuermänner der Organisation befinden sich nicht mehr länger auf einer abgehobenen Kommandobrücke, sondern vor Ort, in unmittelbarer Nähe zum Kunden. Statt heroischen Managern gibt es in selbstorganisierten Unternehmen eine Vielzahl kleiner Heldentaten.

Bei der Verteilung von Managementaufgaben geht es um mehr Mitbestimmung, aber auch um Wettbewerbsvorteile, die agile Unternehmen dadurch erzielen können. Die Turbulenz des Marktes löst die traditionellen Managementaufgaben ja nicht auf, so viel Volatilität, Unsicherheit, Komplexität und Ambiguität, auf Englisch kurz VUCA, sie auch mit sich bringen mag. Die Marktdynamik verursacht aber sehr wohl eine tiefgreifende Veränderung dieser Aufgaben. Die zentrale Frage ist, wie ein Unternehmen auf die Schwankungen reagiert, mit denen es ständig konfrontiert wird. Wie geht es mit Herausforderungen um, die alles andere als trivial sind? Was tut es, um die zwangsläufige Mehrdeutigkeit vieler Themen zu meistern? Und wie wird es mit der grassierenden Verunsicherung fertig, die damit einhergeht?

Das Prinzip Selbstorganisation macht hierzu eine simple Rechnung auf: Je aktiver die Veränderungszumutungen im gesamten Unternehmen gestaltet werden, umso mehr Gewinnoptionen entstehen. Tabelle 10–1 fasst diese Optionen zusammen.

Managementaufgabe	Gewinnt durch Selbstorganisation
Ziele setzen	■ **Mehr Input** Viele Sensoren tragen dazu bei, die wichtigsten Herausforderungen wahrzunehmen. ■ **Kundennähe** Unsere bestehenden Geschäftsbeziehungen gewährleisten, dass wir die richtigen Dinge verfolgen. ■ **Autonomie** Wir setzen Ziele aufgrund lokaler Opportunitäten. ■ **Ownership** Strategien werden von denen mit ausgearbeitet, die sie umsetzen sollen.
Planen	■ **Angemessenheit** Wir erstellen Budgets bottom-up statt top-down ■ **Überschaubarere Risiken** Wir gehen iterativ vor. ■ **Wertorientierung** Wir koordinieren unseren Input. ■ **Flussprinzip** Kleine Losgrößen ermöglichen kürzere Durchlaufzeiten und höhere Vorhersagbarkeit. ■ **Koordination** Wir verbinden lokale Autonomie und systemübergreifende Abstimmung. ■ **Lernen** Wir setzen kurze Feedbackschleifen ein und reservieren ausreichend Kapazität für Verbesserung und Innovation.
Entscheiden	■ **Klarheit** Wir definieren den Entscheidungsbedarf. ■ **Delegation** Wir verschieben Entscheidungsautorität aus der Hierarchie in Richtung Fach- und Feldkompetenz. ■ **Reaktionsschnelligkeit** Wir fördern Entscheidungen, die uns dabei helfen, sich bietende Chancen rascher zu nutzen und Probleme frühzeitiger zu identifizieren und zu lösen. ■ **Risikominimierung** Die Entscheidungsverantwortung wird auf mehrere Schultern verteilt.

→

Managementaufgabe	Gewinnt durch Selbstorganisation
Organisieren	■ **Einfachheit** Kurze Wege statt bürokratischer Vorschriften ■ **Eigenständigkeit** Bedarfsorientiertes Handeln statt Richtlinienkonformität ■ **Responsivität** Wir folgen Prozessen, die uns ein rasches Reagieren auf Veränderungen ermöglichen. ■ **Ablauforientierung** WIP-limitierte Pull-Systeme für geschmeidige Abläufe ■ **Freiräume** Wir brauchen Zeit und die nötigen Ressourcen, um auf neue Ideen zu kommen.
Kontrollieren	■ **Selbstkontrolle** Wir nehmen uns selbst und einander in die Verantwortung. ■ **Schlankheit** Wir bauen kostspieligen Overhead ab, wo wir können. ■ **Übersicht** Wir nutzen transparente Steuerungssysteme. ■ **Systemdenken** Wir stellen die Leistung des Gesamtsystems ins Zentrum. ■ **Lernschleifen** Wir setzen nützliche, auf den jeweiligen Kontext spezifizierte Messkriterien ein, um gemeinsam besser zu lernen. ■ **Balance** Wir prüfen regelmäßig die Zufriedenheit von Mitarbeitern und von Kunden.

Tab. 10–1 *Was Management durch Selbstorganisation gewinnen kann.*

»Führung ist Dienstleistung, kein Privileg«, postuliert Bodo Janssen, Eigentümer und Geschäftsführer der familieneigenen Hotelkette *Upstalsboom* [Janssen 2016]. Von einer Verteilung dieser Dienstleistung profitieren alle Beteiligten: Fachkräfte werden in ihrer Expertise respektiert, Teams mit der notwendigen Gestaltungsfreiheit ausgestattet, wertschöpfungsorientierte Abstimmungen gefördert, marktorientierte Geschäftsbereiche mit voller Gewinn- und Verlustverantwortung ausgestattet und Kunden rasch mit dem versorgt, was ihnen am wichtigsten ist. Im Jargon der Organisationsoptimisten könnten wir also von einer Win-win-win-Situation zwischen Kunden, Mitarbeitern und Unternehmen reden.

Obwohl es so aussieht, als dürften damit alle glücklich sein, bleibt uns ein Aktenzeichen xy ungelöst. Wenn Managementaufgaben verteilt, systemische Verantwortlichkeiten von verschiedenen Leuten wahrgenommen und Führungsagenden zum Teamsport werden, wofür brauchen wir dann noch ein Linienmanagement? Streng genommen ist das Linienmanagement ja ein schönes Beispiel für das, was Lean-Denker Verschwendung nennen. Das grenzt an Majestätsbeleidigung. Doch bei genauerer Betrachtung kommt man nicht umhin, den Geschäftswert von Vorgesetzten infrage zu stellen. Üblicherweise ist es nämlich so, dass Kunden auf gute Geschäftsbeziehungen wert legen, auf interessante Produkte, auf professionelle Dienstleistungen und die Bereitschaft, die berühmte Extrameile zu gehen. Dass Kunden hierarchische Verhältnisse wichtig sind, ist mir aber noch nie untergekommen. Warum müssen hochqualifizierte Spezialisten sich immer noch den Einsatzbefehlen eines hierarchisch Höhergestellten beugen? Wie passt das zu den Anforderungen des 21. Jahrhunderts, wenn wir Systemleistungen nach wie vor mit personenbezogenen Abhängigkeiten verknüpfen?

Niemand wird bestreiten wollen, dass für die Entwicklung von Produkten oder die Erbringung von Services ein gewisses Maß an Management notwendig ist. Doch wenn sich die dafür zuständigen Fachexperten selbst steuern, schwebt über der Rolle des einstigen Supervisors zwangsläufig das Damoklesschwert. Was trägt ein Manager im selbstorganisierten Umfeld zur Wertschöpfung bei? Was macht er, das die Experten, eine gewisse Übung vorausgesetzt, nicht selbst können? Ist die hierarchische Position einer singulären Führungskraft also tatsächlich überflüssig, wie agile Evangelisten seit vielen Jahren unken? Wo wir doch in allen Organisationsbereichen vielfältige Führungskräfte mobilisieren?

10.2 Linienmanagement

Auf die Gefahr hin, an dieser Stelle als Retter der Hierarchie missverstanden zu werden, möchte ich zumindest drei gute Gründe für ein kraftvolles Linienmanagement im selbstorganisierten Umfeld anführen:

1. Es muss jemand an den notwendigen Rahmenbedingungen arbeiten, die jedes selbstorganisierte System benötigt. Es braucht gewissermaßen einen **Designer**, der das Bewegungsfeld absteckt und alles dafür tut, damit die Leute im System ihren Job so gut wie möglich machen können. In den Worten von Marc Stoffel, CEO der *Haufe-umantis*: »Die Herausforderung für die Unternehmensführung liegt darin, jeweils das Organisationsdesign zu implementieren, das sowohl den Bedürfnissen des Marktes und der Kunden gerecht wird als auch den Mitarbeitern ein ideales Arbeitsumfeld bietet« [Stoffel 2015, S. 269]. Die dazu passende Mitarbeitersicht beschreibt Paul Bennett von *IDEO* in einer kleinen Anekdote, die mit seinem Einstellungsgespräch begann. Denn als er danach fragte, woran er erkenne, dass seine Arbeit erfolgreich sei, antwortete ihm CEO Tim Brown in beinahe Yoda-artiger Weise: »Das System wird dich umarmen und du wirst deine Wirkung erkennen.« So mysteriös Bennett diese Prophezeiung empfand, so rasch wurde ihm nach seinem Einstieg klar, worum es dabei ging: »*IDEO* gibt mir einen Ort, an dem ich die Auswirkung meiner Arbeit spüren kann – mit dem richtigen Maß an Rahmenbedingungen, dass ich mich sicher fühlen darf.« Zu solchen Rahmenbedingungen gehören neben der räumlichen und technischen Grundausstattung auch klare Entscheidungsautoritäten und Gestaltungsfreiräume. Und dazu gehört auch, diese Rahmen, Ausstattungen und Autoritäten laufend zu prüfen und angemessen auf neue Herausforderungen zu reagieren.

2. Um globale Suboptimierung zu verhindern, dürfen wir uns jedoch nicht allein auf Teilsysteme konzentrieren (agile Teams u. a.). Deswegen braucht es neben Designern auch so etwas wie Architekten oder besser **Choreografen,** die am großen Ganzen arbeiten. Das ist umso anspruchsvoller, als im agilen Umfeld nur auf wenig Stabilität gesetzt werden kann. Strategisches Schwärmen wie bei *Haufe-umantis* [Arnold 2016, S. 201 ff.] oder fluide Teams wie bei *InVision* unterstreichen beispielhaft, dass die Teilsysteme laufend neu koordiniert und die Rahmenbedingungen weiter verbessert werden müssen. Dafür braucht es systemübergreifende Moderation und eine agile Choreografie, die um ihre eigene Vergänglichkeit weiß. Topmanager agieren dann »nicht als Boss, sondern als Broker«, wie das Nicolaj Armbrust, Gründer und einer der Geschäftsführer der Bremer *Traum-Ferienwohnungen GmbH,* ausdrückt [Gloger 2017, S. 32].
3. Last but not least sollten wir den Systemen und den Menschen, die in ihnen arbeiten, mit Rat und Tat zur Seite stehen können. Für die damit verbundene fachliche wie prozessuale Unterstützung hat sich in den letzten Jahren der Begriff Coaching eingebürgert. Im dritten Teil dieses Buches werde ich ausführlich darlegen, warum Manager sich stärker als **Coaches** verstehen sollten und was sie brauchen, um ein solches Verständnis in die Praxis umzusetzen.

Abb. 10–1 *Freischwebende Balanceakte*

»Eines der Symptome eines nahenden Nervenzusammenbruchs besteht darin, die eigene Arbeit furchtbar wichtig zu nehmen«, hat der Philosoph Bertrand Russell einmal gesagt [Russell 2006, S. 48]. Nicht wenige Linienmanager in traditionell verfassten Organisationen scheinen mir in dieser Hinsicht akut gefährdet. Sie stilisieren sich als Macher hoch und bemerken nicht, wie sie durch fehlende Informationen, unklare Entscheidungen oder verzögertes Feedback vielerorts für Engpässe sorgen. Sie greifen in operative Arbeitsprozesse ein und übersehen, wie sie dadurch Spezialisten bevormunden. Sie setzen große Ziele und kümmern sich wenig darum, wie diese umgesetzt werden können. »Die leben in einer eigenen Welt«, brachte es ein UX-Designer einmal auf den Punkt: »Wenn ich mir bestimmte Entscheidungen anschaue, weiß ich manchmal nicht, ob das Management noch ausreichend geerdet ist oder bereits in fremden Sphären schwebt.«

Kein Wunder, dass viele selbstorganisierte Unternehmen den Servicegedanken von Führung in den Mittelpunkt stellen. Bei *Gore* sind Linienmanager explizit dazu da, den Leuten zu Diensten zu sein und ihre Arbeit bestmöglich zu unterstützen. Das Gleiche gilt für *Harley-Davidson.* Wie der ehemalige CEO Rich Teerlink und sein Coach Lee Ozley in *More Than A Motorcycle* beschreiben, trugen die Ideen der geteilten Führungsverantwortung und des cross-funktionalen Arbeitens rasch Früchte: Entscheidungen wurden so nahe wie möglich an der Problemquelle oder dem jeweiligen Thema gefällt, Führung wurde zu einem Prozess, in dem jeder zum Erfolg des Unternehmens beitragen konnte, und jene Leute, die früher hierarchische Weisungs- und Kontrollbefugnis hatten, wurden mehr und mehr zu Moderatoren und Coaches [Teerlink & Ozley 2000].

Der deutsche Logistikspezialist *allsafe JUNGFALK* kann eine vergleichbare Veränderungsgeschichte erzählen. Denn nachdem alle Abteilungen abgeschafft und eine konsequent kundenorientierte Prozessorganisation etabliert war, änderte sich zwangsläufig auch das Berufsbild des einstigen Abteilungsleiters. Statt statischer Verwaltung waren nun Flussdenken und kontinuierliche Verbesserung angesagt. Heute konzentriert sich die Leitungsarbeit vor allem auf zwei Bereiche: die Optimierung der Prozesse und die Potenzialentfaltung der Mitarbeiter. Die Absicherung ihrer Bewegungsfreiheit gehört ebenso dazu wie die offene Diskussion über Fehler und das gemeinsame Lernen. Und neben gezielten Weiterbildungs- und Coachingmaßnahmen findet Entwicklung nicht zuletzt dadurch statt, dass die Prozessleiter selbst den Außendienst zum Kunden begleiten, um vor Ort zu beobachten, zuzuhören und zu hinterfragen.

Eine ähnliche Geschichte erzählt Markus Stelzmann, Geschäftsführer von *TELE Haase.* Er sehe sich, so Stelzmann, nicht als großer Macher, der alles im Griff behalten wolle. Vor dem Hintergrund sich selbst steuernder Geschäftskreise wäre das auch absurd. Er nehme vor allem über zwei Rollen Einfluss auf die Geschäftstätigkeit: als Lobbyist von Themen, die ihm ein besonderes Anliegen seien, und als persönlicher Mentor, der einzelne Mitarbeiter unterstütze. Das sei, so Stelzmann, mitunter alles andere als ein Kinderspiel: »Wie vermittelst du, dass es nicht ausreicht, nur seine Arbeit zu machen? Wie förderst du die mentale

Bereitschaft, dich auf neue Dinge einzulassen? Und wie förderst du jenes mutige Vorgehen, das für Innovationen unerlässlich ist?«

Der niederländische Softwarespezialist *Incentro* treibt diese Unterstützungsidee buchstäblich auf die Spitze. Das Topmanagement agiert nicht mehr länger als kontrollorientiertes Supervisory Board, sondern als Board of Inspiration, das sich mehrmals im Jahr neue Anregungen von außen holt, zum Beispiel von Fußballmanagern, Philosophen oder Künstlern wie dem holländischen Star-Rapper Typhoon. Aus diesen workshopartigen Veranstaltungen entstehen eine Fülle neuer Ideen, die sich dann über verschiedene Kanäle im Unternehmen ausbreiten. Neben der Inspiration sind es die Kernwerte Ambition und Zufriedenheit, die bei *Incentro* im Zentrum stehen. »Es geht darum«, wie das Mathijs Kreugel, einer der Senior Manager, formuliert, »talentierten Leuten die Möglichkeit zu bieten, sich selbst zu übertreffen. Wir tun dies auf verschiedene Art und Weise, indem wir einander die Freiheit geben, die wir zum Wachsen brauchen, damit jeder sein volles Potenzial entwickelt« (*https://www.incentro.com/en/culture/happiness*).

Bei *Toyota* hat das Linienmanagement die Mission, dem Team das Gewinnen zu ermöglichen: das heißt, für den Kunden Wert zu erzielen. Die Führungskraft ist daran nicht direkt beteiligt, sondern coacht und unterstützt die Teammitglieder. Ganz ähnlich heißt es bei *Zappos*: »Die Rolle eines Managers besteht darin, Hindernisse aus dem Weg zu räumen und den Mitarbeitern den Weg zum Erfolg zu ebnen« (*https://s3.amazonaws.com/zidownloads/TheZapposFamilyCoreValues.pdf*). Das einzig legitime Ziel der Führung ist die Unterstützung von Selbstführung, proklamiert auch Götz Werner, Gründer und mittlerweile Aufsichtsrat der Drogeriekette *dm*. Dementsprechend sieht er eine Führungsperson nicht als jemand, der alles weiß und besser kann. Diese Person muss die richtigen Fragen stellen. Denn wer Fragen stellt, eröffnet Bewusstsein und ermöglicht den Befragten, sich selbst richtungsweisende Antworten zu geben [Werner 2015].

Das erfordert freilich eine besondere Form der Aufmerksamkeit, wie sie Organisationsguru Peter Senge einfordert: »Manager von heute müssen Forscher sein, die ihre eigenen Unternehmen genau studieren. Sie müssen Gestalter sein, die jene Lernprozesse anstoßen, die Selbstorganisation erst ermöglichen und zu fruchtbaren Leistungen in einer sich ständig verändernden Welt führen« [Senge 2011, S. 78].

Diese Beispiele bekräftigen, dass die Verteilung der Managementaufgaben keineswegs als Rettungsanker für dysfunktionale Führung gedacht ist. Vielmehr spezifizieren sie jene Dienstleistungen, die mir unverzichtbar erscheinen, wenn wir agile Unternehmen schaffen wollen. Designer, Choreograf und Coach sind nicht dafür da, Führung als Breitensport auszuhebeln. Für die Gestaltung erfolgreicher Organisationen sind nach wie vor alle verantwortlich. Linienmanager tragen dazu bei, indem sie sich auf Dinge konzentrieren, die über die einzelnen Systeme hinausgehen und sich der Kontrolle der Fachkräfte entziehen, die in den jeweiligen Systemen tätig sind. Sie arbeiten eben am System und nicht im System, wie das John Seddon so treffend pointiert [Seddon 2008].

Das schreibt sich natürlich leichter, als es sich umsetzen lässt. Das Zusammenspiel zwischen Managern und Fachkräften bleibt anspruchsvoll und erfordert eine spezielle Form der Fitness. Der letzte Gestaltungsbereich im nächsten Kapitel – laufendes Training und Coaching – verdeutlicht, warum diese Fitness wichtig ist und wie wir sie erzielen.

Was Sie aus diesem Kapitel mitnehmen können

Unternehmen, die auf Selbstorganisation setzen, brechen mehr oder weniger bewusst mit großen Traditionen: etwa mit der Tradition, Steuerung mit Hierarchie zu verknüpfen, mit der Tradition, Planung und Kontrolle von der Durchführung abzukoppeln, mit der Tradition, hochqualifizierten Experten vorzuschreiben, wie sie ihre Arbeit machen sollen, oder mit der Tradition, erwachsene Menschen wie kleine Kinder zu behandeln.

Dieses Kapitel versuchte Ihnen deutlich zu machen, worauf Sie sich einlassen, wenn Sie mit diesen Traditionen brechen. Die Gewinnoptionen wurden ausgelotet, aber auch die Risiken und Nebenwirkungen, die mit einer hierarchie- und fachübergreifenden Verteilung von Managementaufgaben verbunden sind. Außerdem haben Sie erfahren, dass sich mit der geteilten Verantwortung auch die Anforderungen an das Linienmanagement ändern. Designer, Choreograf und Coach stellen drei Brennpunkte jener neuen Serviceorientierung dar, die viele selbstorganisierte Unternehmen an den Tag legen. Führung ist kein Privileg mehr, sondern eine Dienstleistung, die wir für unsere Kunden, füreinander und zum Wohle des Unternehmens erbringen.

11 Laufendes Training und Coaching

»Effektive Ermächtigung entsteht, wenn wir Freiheit mit Leistungsfähigkeit multiplizieren«, definieren Jeremy Hope und Robin Fraser [Hope & Fraser 2003, S. 143]. Viele Manager sind von der Idee des Empowerments angetan. Sie treten für die Stärkung von Fachleuten ein, sprechen sich für interdisziplinäre Teams aus und unterstützen die Einführung agiler Methoden. In vielen Fällen bleibt es aber bei einer rhetorischen Ermächtigung. Spätestens wenn es um maßgebliche Entscheidungen geht, werden die altbekannten Machtverhältnisse wiederhergestellt. Selbstorganisation wird zwar theoretisch unterstützt, die Praxis bleibt aber von traditionellen Weisungs- und Kontrollpraktiken bestimmt.

Genauso Widersprüchliches finden wir auf der Seite der Mitarbeiter. Kaum einer hat etwas dagegen, mehr Freiheit zu bekommen. Die Idee von mehr Selbstkontrolle und Handlungsspielraum wird gerne begrüßt. Wenn es aber darum geht, auch in kritischen Bereichen Verantwortung zu übernehmen, Opportunitäten und Risiken auszuloten und sich wechselseitig bei der Nase zu fassen, sieht die Sache oft ein wenig anders aus.

Es mag sein, dass es mitunter an echtem Willen fehlt. Viel öfter mangelt es jedoch am Verständnis. Und am häufigsten scheitert es schlicht und ergreifend am Können. Denn selbstorganisierte Systeme brauchen nicht nur andere Rahmenbedingungen als in traditionellen Umfeldern – sie verlangen auch nach anderen Fähigkeiten, um das Beste aus diesen Bedingungen zu machen. So wie die neuen Strukturen und Prozesse, die Agilität ermöglichen, entstehen diese Fähigkeiten nicht von selbst. Als Meister ist bekanntlich noch keiner vom Himmel gefallen.

Ob die Potenziale der Selbstorganisation entfaltet werden können, hängt meiner Erfahrung nach vor allem von vier Faktoren ab:

1. Dem Wissen, worum es geht und warum das wichtig ist.
2. Der Ausrüstung mit den nötigen Ressourcen, Methoden und Werkzeugen
3. Dem praktischen Können, das sich aus disziplinierter Übung ergibt.
4. Professionellen Rückmeldungen. Übung allein ist nämlich zu wenig. Über die Wiederholung hinaus braucht es professionelles Feedback. Schließlich müssen wir wissen, ob wir das Richtige tun und uns tatsächlich verbessern.

Für all diese Punkte braucht es ausgewählte Messungen und erfahrene Coaches, die dabei helfen, aus den Messergebnissen, ihren Beobachtungen und Vergleichswerten die richtigen Schlüsse zu ziehen. Es ist ein bißchen wie im Sport: Um erfolgreich zu sein, müssen Spitzensportler bestimmte Abläufe immer wieder trainieren. Damit dieses Training etwas zur Verbesserung beiträgt, müssen allerdings die Übungsdisziplin und die Disziplin der Rückmeldung und Reflexion Hand in Hand gehen. Erst die Auswertung stellt sicher, dass wir uns auf dem richtigen Weg befinden, und spornt zu weiteren Verbesserungen an, bevor eine neue Schleife an Training und Feedback eröffnet wird.

Kata lautet der japanische Begriff für die damit verbundene Kompetenzentwicklung. Unter diesem Begriff werden jene Handlungsroutinen herausgebildet, die für den Erfolg von *Toyota* maßgeblich sind. Diese werden so lange geübt, bis sie sozusagen in Fleisch und Blut übergegangen sind. Bei *Toyota* werden vor allem zwei Dinge geübt: die kontinuierliche Verbesserung aller Prozesse und das konsequente Coaching aller Mitarbeitenden. Aus Mike Rothers Sicht schöpft *Toyota* aus diesen beiden Katas viel mehr Kraft als aus seinen organisatorischen Strukturen. Während Letztere weitestgehend dem traditionellen Modell funktioneller Abteilungen und Expertensilos entsprechen, wurzelt der nachhaltige Erfolg in der konsequenten Entwicklung des Leistungsvermögens auf allen Ebenen [Rother 2009].

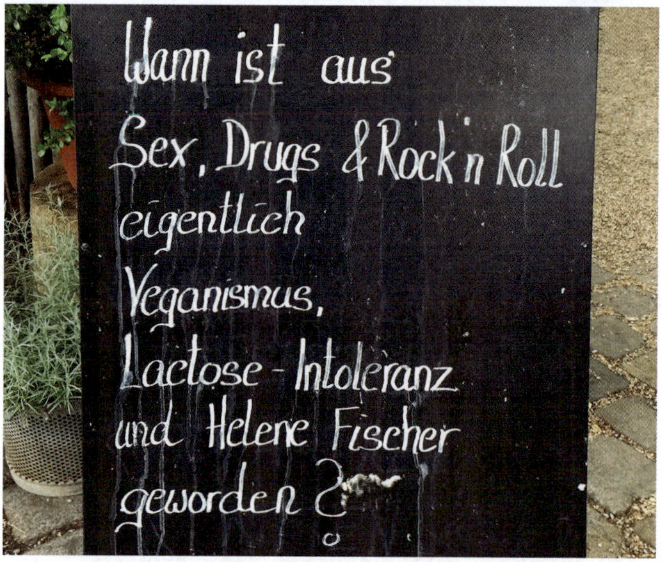

Abb. 11–1 *Veränderungsgeschichten*

Doch wie sieht es aus, wenn wir auch die Strukturen und Prozesse agilisieren wollen? Wenn wir die vorhandenen Potenziale entfalten, ohne uns selbst durch Hierarchien und Abteilungen zu behindern? Wenn wir uns auf geschmeidige Arbeitsflüsse konzentrieren und dafür möglichst viel Organisationsballast abwerfen? Kurzum: Wie würde eine Kata für selbstorganisierte Unternehmen aussehen?

11.1 Kata der Selbstorganisation

Obwohl dem Thema Coaching ein eigener Buchteil gewidmet ist, möchte ich an dieser Stelle zumindest eine überblicksartige Antwort bieten. Aus meiner Sicht umfasst eine Selbstorganisations-Kata zumindest vier Dimensionen:

1. Die Qualifikation der Mitarbeiter
2. Die Unterstützung von Teams und Arbeitsgruppen
3. Die Qualifikation von Linienmanagern
4. Die kontinuierlicher Verbesserung des Gesamtsystems

Wie die Praxis selbstorganisierter Unternehmen zeigt, fokussiert die Qualifikation der **Mitarbeiter** vor allem auf die Stärkung ihrer Managementfähigkeiten. Das reicht von initialen Trainings in Selbstorganisation, wie sie für alle neuen Mitarbeiter beim holländischen Pflegenetzwerk *Buurtzorg* durchgeführt werden, über betriebswirtschaftliche Schulungen bei *Semco* bis hin zu Kundenorientierungstrainings, wie sie bei *SOL* zur Routine gehören. Darüber hinaus gehören auch Workshops zu konstultativen Entscheidungsprozessen wie bei *Morning Star* oder Seminare zum Themenkreis des kollegialen Feedbacks wie bei *eSailors* zur Basisausrüstung selbstorganisierter Unternehmen. Bei *sipgate* erfolgt die gesamte Weiterbildung selbstorganisiert: Jeder Mitarbeiter bestimmt selbst, welche zwei Schulungen oder Konferenzen er pro Jahr besuchen möchte, macht seine Wahl auf einer Post-it-Wand transparent und verpflichtet sich, im Anschluss über seine Erfahrungen zu berichten. Neben fachlichen Schulungen gehören persönliches Coaching und kollegiale Senior-Junior-Patenschaften ebenfalls zur Grundausstattung selbstorganisierter Unternehmen. Bei *Gore* kümmern sich erfahrene Associates sogar über einen längeren Zeitraum um jüngere Kollegen. Als sogenannte Sponsoren vermitteln sie wichtige Kontakte, unterstützen das fachliche Lernen und helfen, neue inhaltliche Herausforderungen zu meistern.

Teams und Arbeitsgruppen werden wiederum vor allem durch den Einsatz von Kick-off-Veranstaltungen, Teambuilding-Maßnahmen oder die Ausbildung professioneller Moderationsfähigkeiten gestärkt. Die gezielte Unterstützung eines offenen Austauschs kann gerade die Entwicklung cross-funktionaler Zusammenarbeit sehr befördern. Oft stellt es sich als schwierig heraus, mit Unterschieden produktiv umzugehen.

Selbstorganisation und Konfliktmanagement

Selbstorganisation ist ohne Kommunikation nicht zu haben – so viel sollte mittlerweile klar geworden sein. Gute Kommunikation ist aber nicht einfach, da Selbstorganisation ausdrücklich auf Unterschiede setzt. Um den Umgang damit zu erleichtern, wird eine breite Palette von Unterstützungsmaßnahmen eingesetzt: seien das nun professionelle Teamentwicklungsinitiativen, Trainings in gewaltfreier Kommunikation, Workshops zu kollegialem Feedback, Communities of Practice oder Coaching.

→

Es liegt in der Natur der Sache, dass es trotzdem nicht immer gelingt, die vorhandenen Unterschiede produktiv zu nutzen. Manchmal ist es schwer, das Gemeinsame zu finden. Und dann gibt es Situationen, in denen die Unterschiede zu schier unüberbrückbaren Gegensätzen zu erstarren scheinen.

Fragt sich, wie selbstorganisierte Unternehmen mit solchen Situationen umgehen. Was tun sie im Konfliktfall, wenn es keinen Schiedsrichter mehr gibt? Welche Behelfsbrücken werden in Stellung gebracht, wenn niemand mehr ein Machtwort sprechen kann? Wenn es weder Vorgesetzte noch Personalabteilungen gibt? Der kalifornische Tomatenproduzent *Morning Star* liefert dazu ein Beispiel, das bereits in vielen anderen Unternehmen Schule gemacht hat. Für den Fall des Falles kommt ein Konfliktlösungsprozess zum Einsatz, der ebenso Teil der konstitutiven Rahmenbedingungen ist wie Entscheidungsregeln oder Informationsprinzipien. Dieser Prozess besteht aus vier Schritten:

1. Die Beteiligten versuchen, den Konflikt selbstständig zu lösen. Dafür braucht es die Zustimmung beider Seiten.
2. Falls diese Zustimmung nicht gegeben ist oder aus anderen Gründen keine Lösung gefunden werden kann, wird ein Kollege hinzugezogen, dem beide vertrauen können.
3. Sollte auch diese Maßnahme keine Früchte tragen, kann ein Gremium von Kollegen einberufen werden, die von den Auswirkungen des Konflikts am stärksten betroffen sind. Dieses Gremium tritt gewissermaßen als kollektiver Mediator auf.
4. Gelingt es auch diesem Gremium nicht, eine tragfähige Vereinbarung zwischen den Konfliktparteien zu treffen, kann noch die Unternehmensleitung hinzugezogen werden. Diese fällt jedoch kein ultimatives Urteil, sondern versucht, ihr moralisches Gewicht in die Waagschale zu werfen.

Für alle Schritte gilt gleichermaßen, dass der Konflikt vertraulich zu behandeln und jedwede Lagerbildung zu vermeiden ist. Dafür orientiert man sich an den bewährten Regeln professioneller Mediation.

Eine regelmäßige Auszeit vom operativen Betrieb stärkt selbstorganisierte Teams in ihrem weiteren Entwicklungsprozess. Das kann informell passieren, etwa durch gemeinsame Unternehmungen oder Feiern. Agile Teams pflegen ihre Zusammenarbeit aber auch in formellem Rahmen von professionell moderierten Workshops. Dabei kann es gleichermaßen um soziale wie technische Fragen gehen: Wie arbeiten wir zusammen? Was schätzen wir aneinander? Welche neuen Ansätze gibt es? Wie können wir die Selbststeuerung unserer Arbeitsprozesse verbessern? Dass eine produktive Bearbeitung solcher Fragen professionelle Moderation erfordert, überrascht wohl ebenso wenig wie die Tatsache, dass viele selbstorganisierte Unternehmen dafür eigene Spezialisten einsetzen. Die *Schweizerischen Bundesbahnen* haben für ihr unternehmensweites Agilisierungsvorhaben ein eigenes Agile Coaching Team aufgebaut, bei *Spotify* umfasst dieses Team mittlerweile fast 30 Leute. *Computest* setzt wiederum auf die intensive Zusammenarbeit von Fach- und

Prozesscoaches, die früher als Linienmanager eingesetzt waren und sich nunmehr um eine breite Palette an unternehmensweiten Dienstleistungen kümmern. Den umgekehrten Weg nahm *ImmobilienScout24:* Denn während viele Jahre lang ein eigenes Team von Scrum Mastern und agilen Coaches eingesetzt war, das auch immer mehr Verantwortung für die gesamte Organisationsentwicklung übernahm, dadurch aber beharrlich den Teamleitern in die Quere kam, gibt es dafür heute eine neue Rolle. Im Zuge der Reorganisation in Richtung Marktsegmente hat man nämlich nicht nur die Führungsspannen reduziert, sondern auch den sogenannten Engineering Manager geschaffen, eine Art Hybrid von Scrum Master und Teamleiter, der sich als Coach und Captain versteht. *Traum-Ferienwohnungen* hat wiederum einen eigenen Organisationsentwickler im Einsatz, der alle Aspekte der ambitionierten Veränderung in Richtung Selbststeuerung auf seinem Radar hat, und auch die *Stämpfli Gruppe* bereitet sich vor, einen internen Change Agent für den weiteren Unternehmenswandel zu engagieren.

Im Vergleich zur Mitarbeiter- und Teamebene sind gut durchdachte Trainings- und Coachingprogramme für **Linienmanager** im selbstorganisierten Umfeld Mangelware. Die von Widersprüchen geprägte Managementpraxis zeigt, dass wir uns diesbezüglich keineswegs mit Einzelevents begnügen dürfen. Alle Jahre wieder ein bis zwei Tage in den neuesten Schrei zu investieren, ist definitiv zu wenig. Der Entwicklungspfad zeigt fast überall in eine ähnliche Richtung: nämlich weg von der traditionellen Rolle des Administrators, Kommandeurs und Überwachers hin zum Gestalter, Moderator und Coach.

Als Designer sind Manager dafür verantwortlich, dass Experten bestmögliche Rahmenbedingungen für ihre Arbeit vorfinden: Entsprechende Strukturen müssen geschaffen, Hindernisse aus dem Weg geräumt und Engpässe beseitigt werden. Als Coaches wiederum leiten sie Mitarbeiter weniger, als dass sie sie begleiten. Bei *Harley-Davidson* verstanden sich sogar ehemalige Vice Presidents als solche Begleiter. Sie unterstützten die jeweiligen Arbeitskreise, ohne dabei auf hierarchische Macht zurückzugreifen. Führung wurde dort wahrgenommen, wo sie gebraucht wurde, statt auf ein wie auch immer geartetes Zentrum zurückzugreifen. Wichtig ist dabei, dass Topmanager vorangehen, sich selbst als Lernende begreifen und sich für eine gemeinsame Verbesserung einsetzen. Bei *Gore* gab es statt formeller Trainings die sogenannten sokratischen Abendessen, bei denen sich Unternehmensgründer Bill Gore mit seinen engsten Associates mit führungsphilosophischen Fragen auseinandersetzte.

Wie geschildert ist die Choreografenrolle des Linienmanagements vor allem auf die **kontinuierliche Verbesserung des Gesamtsystems** ausgerichtet. Zum einen erfolgt eine solche Verbesserung über die Moderation team- und bereichsübergreifender Abstimmungen. Dafür gilt es vor allem die Fähigkeit zu stärken, große Gruppen professionell zu steuern.

Große Gruppen steuern

Die Moderation großer Gruppen ist in selbstorganisierten Unternehmen regelmäßig gefordert. Gruppen mit mehr als 20 Personen – so die gängige Definition von Großgruppen – trifft man bei der operativen Abstimmung von Delegierten ebenso an wie bei Strategieentwicklungsinitiativen, Kundenveranstaltungen oder bereichsübergreifenden Retrospektiven. Doch wie lassen sich solche Gruppen zielorientiert steuern? Was braucht es, damit alle strukturiert an Lösungen arbeiten können? Wie können wir alle aktiv beteiligen und die vorhandenen Kräfte bestmöglich bündeln?

Manager, die ihre Choreografenrolle wahrnehmen wollen, kommen um fundierte Antworten nicht herum. Die Grundlagen zur charakteristischen Dynamik großer Gruppen sind hier ebenso wichtig wie das Know-how über bewährte Formate (z.B. Open Space, Zukunftskonferenz oder World Café), zentrale Steuerungsmethoden (z.B. die Vernetzung von Kleingruppen, Zeitmanagement oder das Design eines angemessenen Arbeitsflusses) oder die eigene Haltung (z.B. das Vertrauen in die Selbststeuerungsfähigkeiten).

Professionelles Training und Coaching ist in diesem Bereich umso wichtiger, als man es bei großen Gruppen mit einer Menge Komplexität zu tun hat: mit sozialer Komplexität im Sinne einer latent unüberschaubaren Menge von Leuten und einer noch viel unüberschaubareren Menge an Interaktionen, mit emotionaler Komplexität im Sinne unberechenbarer Dynamiken oder mit kognitiver Komplexität im Sinne einer großen Vielfalt an Wissen, Erfahrung und Ideen. Diese Komplexitäten zielorientiert zu managen, erfordert ein hohes Maß an Moderationsfähigkeiten. Nicht umsonst gilt die professionelle Arbeit mit Großgruppen als Königsdisziplin der Organisationsentwicklung. Sie unterstreicht die Bedeutung klarer Strukturen, ohne die die Potenziale der Selbstorganisation nicht sinnvoll entfaltet werden können. Erst durch entsprechende Rahmenbedingungen lassen sich die vorhandenen Energien kanalisieren und die unternehmerische Intelligenz von vielen Leuten sinnvoll nützen.

Zum anderen ist der Choreograf dafür verantwortlich, dass sich die gesamte Organisation kontinuierlich verbessert. Systemisches Change Management steht ganz oben auf seiner Agenda. Die Notwendigkeit laufender Veränderungen ergibt sich durch eine Vielzahl von Faktoren: die Absicherung des organischen Wachstums, die Stärkung der Marktorientierung, die Verbesserung der Kundenbeziehung, die Reaktionsgeschwindigkeit gegenüber neuen Herausforderungen und so weiter. Doch ich wage zu behaupten, dass die tiefgreifenden Changes, die mit einer konsequenten Stärkung von Selbstorganisation einhergehen, nicht ohne große Emotionen zu haben sind. Aus meiner Sicht sind solche Emotionen der Dynamo für das, was Unternehmen in Bewegung hält.

11.2 Emotionen im Veränderungsprozess

Das 2011 gestartete Organisationsexperiment der *Volksbank Heilbronn* ist dafür ein prägendes Beispiel. In Rückbesinnung auf die genossenschaftlichen Grundwerte wurde die bisherige Organisationssstruktur radikal verändert: Solidarität war in der bestehenden Verfassung nämlich so wenig verankert wie Selbsthilfe, Selbstverwaltung und Selbstverantwortung. Es war klar, dass mehr nötig war als ein paar kosmetische Änderungen, um diesen Werten wieder gerecht zu werden. Wozu braucht ein Kunde heutzutage eigentlich eine Bank? Wie muss sich eine Bank organisieren, wenn sie die vom Kunden erwarteten Leistungen erbringen möchte? Und wie ist es zu bewerkstelligen, dass Mitarbeiter mit unterschiedlichen Aufgaben, Ideen und Charakteren eigenverantwortlich zusammenarbeiten? Bald stellte man fest, dass ein radikaler Umbau angesagt war, um diese Fragen nachhaltig zu beantworten. Und dieser Umbau wurde auch durchgeführt: Das hierarchische Management unterhalb des Vorstands wurde vollständig durch fachliche Prozessverantwortliche ersetzt, die kundenferne Strategiefindung durch interdisziplinär besetzte Regelkreise und die individuellen Boni durch ein teamorientiertes Vergütungsmodell.

Tiefgreifende Veränderungen ziehen oft heftige Reaktionen nach sich. In einem lesenswerten Artikel beschreiben der Prokurist und einer der Prozessverantwortlichen der Bank die breite Palette an Verhaltensformen, die der Change bewirkte [Gysinn & Capriuoli 2015]:

- **Passivität**
  Mitarbeiter beteiligen sich nicht aktiv, sondern nehmen zunächst einmal eine abwartende Position ein. Frei nach dem Motto: Mal sehen, wo uns das überhaupt hinführt!
- **Orientierungslosigkeit**
  Selbst nach einer längeren Beobachtungsphase ist für manche der Weg alles andere als klar. Was genau wird jetzt von ihnen erwartet? Und was nicht mehr?
- **Widerstand**
  Gerade in Bereichen, in denen gute Ergebnisse erzielt wurden, war den Leuten schleierhaft, wozu der Umbau gut sein sollten. Warum sollte jetzt partout verändert werden, was doch offenkundig gut funktionierte?
- **Umorientierung**
  Mitarbeiter und Führungskräfte, die den Change nicht mittragen wollten, verließen die Bank.
- **Perspektivlosigkeit**
  Für all jene, denen Aufstieg und Status wichtig waren, gab es nur mehr wenig Aussichten. Mit der Hierarchie fiel nämlich auch die klassische Karriereleiter weg.

- **Identitätskrise**
  Durch die Umstellung der hierarchischen auf eine prozessorientierte Organisation wurden viele Jobtitel überflüssig. Wie erklärte man nun der Welt, dass man nicht mehr ein ganz normaler Abteilungsleiter war? Und wie kam man selbst damit zurecht, dass man seine Arbeit nun ohne das vertraute Netz von Ober- und Unterordnungen erledigen musste?

»Nicht jeder Mitarbeiter ist bereit oder in der Lage, sich selbst zu organisieren. Die neue Freiheit, die durch den Aufruf zur Verantwortungsübernahme und zur Eigenverantwortung bei gleichzeitigem Wegfall der Hierarchie entstand, versetzt nicht jeden in die Lage, diese als Chance zu sehen«, schlussfolgern Gysinn und Capriuoli. Die paradox anmutende Beobachtung, dass diese Freiheit eher mehr als weniger Führung erfordert, erklärt sich durch die Eigendynamik radikaler Veränderungsprozesse. Ohne geeignete Rahmenbedingungen, ohne Moderation der Gruppendynamik und ohne persönliches Coaching fördern wir nicht Selbstorganisation, sondern Chaos.

Zu vergleichbaren Schlussfolgerungen kommt Hartger Ruijs, CEO des niederländischen Spezialisten für Testing & Security *Computest* [Ruijs 2016]. In seiner Zwischenbilanz nach einem halben Jahr Veränderung in Sachen Selbstorganisation zeigt er Verständnis für die emotionalen Auswirkungen. Unterschätze nicht die Wichtigkeit, die Jobtitel und Positionen für einige Leute haben, und akzeptiere, dass sich einige Leute verabschieden werden, rät er allen, die ein solches Experiment im Sinn haben. Nicht jeder fühle sich, so Ruijs, in einem selbstorganisierten Unternehmen wohl. Das kann dazu führen, dass sich einige Leute für einen anderen Weg entscheiden, aber auch deutlich machen, dass manche nicht in die neue Struktur passen. Wenn man einen ehemaligen CTO zum Performance Coach oder den Sales Manager zum Berater umtaufe, sollte man jedenfalls darauf gefasst sein, dass das nicht überall sofort auf Gegenliebe stößt. Umso wichtiger sei es, dass man seine Vision detailliert umsetze. Eine neue Organisation kann nicht mit einem Handstreich geschaffen werden. Vielmehr müssen alle bestehenden Systeme, Verträge und Regeln sukzessive verändert und die neuen Erwartungen an die Zusammenarbeit kommuniziert werden. Nur so sind die Verantwortlichkeiten in allen Bereichen so zu klären, dass sie Kooperationsbeziehungen auf Augenhöhe fördern.

Ohne Emotion keine Motion, ließe sich pointieren – und dazu in Erinnerung rufen, dass Veränderungen ihre eigene Dynamik haben. Einerseits wird, wie das Fallbeispiel der *Volksbank Heilbronn* zeigt, eine breite Palette ganz unterschiedlicher Gefühle auf den Plan gerufen: positive wie Einsatzfreude, Experimentierlust oder sogar Begeisterung, aber auch negative wie Verwirrung, Unsicherheit und Angst. Unter diesem Blickwinkel erstaunt es kaum, dass viele der Verschiebung von Autorität mit gemischten Gefühlen gegenüberstehen. Wie immer, wenn wir an den Grundlagen des professionellen Selbstwertgefühls rütteln, manifestiert in bestimmten Rollen, Verantwortlichkeiten oder Jobtiteln, werden wir einige Leute überfordern und andere vor den Kopf stoßen. Denn obwohl es ja um systemische Verbesserungen geht, werden diese Veränderungen sehr persönlich genommen. Geradezu reflexartig tauchen mit jedem bevorstehenden Wandel sofort drei Fragen auf [Doppler & Lauterburg 2002]:

- **Muss ich mich verändern?**
  Verstehe ich, warum unser Unternehmen nun auf Selbstorganisation setzt? Bin ich zu dieser Organisationsform verpflichtet oder gibt es Alternativen? Und ist das jetzt auf Dauer so oder geht das vorüber wie schon viele Modewellen zuvor?
- **Kann ich mich verändern?**
  Bin ich in der Lage, mit Selbstorganisation umzugehen? Habe ich alle Kompetenzen, die es dafür braucht? Wie stehen meine Chancen für gute Ergebnisse? Was zählt unter den neuen Rahmenbedingungen als Erfolg? Werde ich weiterhin imstande sein, gute Ergebnisse zu erzielen?
- **Will ich mich verändern?**
  Ist Selbstorganisation interessant genug? Besteht irgendein Risiko, dadurch Geld, Beziehungen oder Karriereperspektiven zu verlieren? Oder kann ich mir vielleicht sogar einen Gewinn ausrechnen?

Die Gemengelage an Emotionen, die diese Fragen aufwühlen, lässt sich so wenig kontrollieren wie die Dynamik des Marktes. »Die ich rief, die Geister, Werd' ich nun nicht los«, musste schon Goethes *Zauberlehrling* erkennen. Fragt sich, wie Sie die gerufenen Geister möglichst produktiv einsetzen können, wenn es um den Zauber der Selbstorganisation geht. Worauf sollten Sie achten, um keine blauen Wunder erleben zu müssen? Wie sorgen Sie für einigermaßen kontrollierte Bedingungen, die jedes Experiment braucht, damit es gelingen kann? Und woran können Sie sich orientieren, wenn es denn um kontinuierliche Verbesserung geht?

Der nun folgende Teil III des Buches soll Ihnen richtungsweisende Antworten auf diese Fragen liefern. Er folgt der Beobachtung, dass Coaching eine zentrale Dienstleistung in selbstorganisierten Unternehmen darstellt. Als chamäleonartiges Phänomen tritt Coaching freilich in unterschiedlichster Gestalt in Erscheinung: als kollegiale Beratung zwischen Fachexperten, als professionelles Feedback auf Augenhöhe, als punktuelle Hilfe durch einen Manager oder als Sparringspartnerschaft zwischen einem Manager und einem Coach. Obwohl Coaching also unter vielen verschiedenen Namen auftaucht und immer wieder andere Mischungen von beratender Resonanz, trainierender Anleitung oder moderierender Begleitung offenbart, ist all diesen Formen doch eines gemeinsam: die pointierte Unterstützung bei der Bearbeitung professioneller Herausforderungen. Was sich genau dahinter verbirgt, warum eine solche Unterstützung gerade in selbstorganisierten Unternehmen wichtig ist und wie sie schließlich konkret funktioniert, erfahren Sie auf den nächsten Seiten.

Was Sie aus diesem Kapitel mitnehmen können

Wer Selbstverantwortung fördern möchte, kommt um die Veränderung des Managements nicht herum. Es braucht Training und Coaching, um die dafür erforderlichen Fähigkeiten in allen Bereichen zu stärken. Und es erfordert die Disziplin, so lange weiter zu üben, bis uns auch das in Fleisch und Blut übergegangen ist, was wir noch nicht können.

In diesem Kapitel haben Sie erfahren, was Sie beachten müssen, wenn Sie Ihre unternehmerische Fitness weiter ausbauen wollen. Die *Volksbank Heilbronn, Computest* oder die *Stämpfli AG* zeigen es Ihnen. Immerhin geht es um die Gestaltung tiefgreifender Veränderungsprozesse, die vieles infrage stellen und passende Antworten nicht frei Haus liefern.

Teil III Coaching

»Wenn du mir hilfst, dauert alles viel länger«, erklärte mir meine jüngere Tochter unlängst, als ich sie bei ihren Hausaufgaben unterstützen wollte. »Du stellst einfach zu viele Fragen«, erläuterte sie weiter, »und das, was du mir dann sagst, macht es auch nicht besser.«

Das war natürlich starker Tobak für jemanden, der sich gerne als Beratungsprofi sieht. War ich also wieder einmal eingeladen, mich sowohl in meiner Vaterrolle als auch in meiner Rolle als Coach infrage zu stellen? Und fand ich mich damit nicht mitten in einem klassischen Dilemma wieder, das bemühte Eltern und professionelle Helfer gleichermaßen im Schwitzkasten hält?

»Bitte nicht helfen!«, hatte uns der Psychotherapeut Jürgen Hargens schon vor vielen Jahren nahegelegt: »Es ist auch so schon schwer genug« [Hargens 2000]. In ironischer Form brachte er damit die ambivalente Gefühlslage zum Ausdruck, die einen angesichts so mancher Unterstützungsangebote ereilt: das Unbehagen, dass man Hilfe nötig haben soll; der Zweifel, ob das Angebotene überhaupt nützlich ist; die Befürchtung, dass man selbst nichts mehr zu sagen hat, sobald der Helfende loslegt; oder dass, wie im Falle meiner Tochter, alles länger dauert und dann trotzdem nicht besser ist.

Diese Ambivalenz ist nicht nur im familiären Zusammenhang hausgemacht. Professionelle Helfer meinen es oft viel zu gut, sind zu bemüht, kümmern sich zu sehr – und bewirken damit das Gegenteil von dem, was sie eigentlich erreichen wollen. Den Unerschütterlichen, die trotzdem helfen wollen, gibt Hargens drei Tipps mit auf den Weg:

1. Wenn es nicht kaputt ist, dann repariere es auch nicht.
2. Wenn du weißt, was funktioniert, dann mach mehr davon.
3. Wenn etwas nicht funktioniert, hör auf damit. Mach etwas ander(e)s.

Was genau ist darunter zu verstehen? Und was gewinnen wir, wenn wir diese Tipps beherzigen? Nun, wir können uns in jedem Fall einige Missverständnisse ersparen. Wir vermeiden Umwege und Sackgassen. Und wir verschwenden weniger Energie. Nicht selten neigen wir nämlich dazu, Probleme größer zu machen, als sie sind – eben aus der sprichwörtlichen Fliege einen Elefant. *Bitte nicht hel-*

fen! rät uns, ein paar Dinge gründlich zu prüfen, bevor wir uns ins Unterstützungsabenteuer stürzen. Wie wirkt sich das, was vermeintlich kaputt ist, eigentlich aus? Wie viel Gewicht brächte es auf eine imaginäre Waage, deren Skala von 1 (»schlimmer kann es nicht mehr werden«) bis 10 (»alles bestens«) reicht? Ist denn wirklich etwas kaputt, wenn Sie auf dieser Waage auf eine 5 oder 6 kommen? Um wie viel Stufen würde Sie eine Reparatur überhaupt weiterbringen? Lohnt sich denn der Aufwand?

Apropos Aufwand: Wir minimieren diesen beträchtlich, wenn wir mehr auf das setzen, was funktioniert. Denn wir verstärken, worauf wir uns konzentrieren. Das gilt für das, was tatsächlich kaputt ist und uns nicht selten selbst kaputt macht. Das gilt aber ebenso für das, was uns vorwärts bringt. Was stärkt uns den Rücken? Was gibt uns Kraft? Was verleiht uns gleichsam Flügel, sogar ohne einschlägige Energy Drinks? Und wo könnten wir diese Flügel sogar noch stärker ausbreiten?

Natürlich funktionieren im Leben nicht immer alle Dinge wie gewünscht. Das gilt für das Privatleben ebenso wie für das geschäftliche. In vielen Fällen lohnt es sich, bestimmte Dinge, die nicht funktionieren, mit neuem Schwung in Angriff zu nehmen. Das heißt zu reparieren, zu üben, Feedback zu erhalten, und dann doch Fortschritte zu machen. Doch selbst das aufrichtigste Bemühen reicht mitunter nicht aus, um das zu erreichen, was wir anstreben – sei es individuell, als Team oder in unserem ganzen Unternehmen. Mehr vom Selben zu tun bringt dann nur wenig. Hargens warnt uns davor, solch frustrierenden Situationen reflexartig mit verstärktem Einsatz zu begegnen. »Wenn etwas nicht funktioniert, hör auf damit. Mach etwas ander(e)s«, lautet sein dritter Tipp folgerichtig. Statt beständig unsere Anstrengungen zu erhöhen, ohne jemals etwas zu verbessern, sollten wir bestimmten Situationen lieber den Rücken kehren. Was oft leichter getan ist, als man glauben mag.

Notdürftige Auswege

Wie entkommen wir Situationen, die uns schier ausweglos erscheinen – und die ja oft genug mit anderen Leuten zu tun haben? Wenn wir uns in einem Meeting wie gelähmt fühlen? Eingesperrt in einem dysfunktionalen Team? Festgenagelt von einem vorwurfsvollen Managerblick?

»Geh' pinkeln!«, rät uns Hargens kurz und bündig. Dieser Rat mag ein Schmunzeln auslösen oder verständnisloses Kopfschütteln. In jedem Fall kann das doch nicht ernst gemeint sein. Oder doch? Rufen Sie sich versuchsweise eine unangenehme Situation in Erinnerung, wo sie mit Ihrem Latein am Ende waren und den Eindruck hatten, dass es den anderen genau so ging. Eine Situation also, in der sich alle Beteiligten ratlos fühlten. Wie entkommen Sie nun einer solchen Situation – und zwar ohne andere unnötig vor den Kopf zu stoßen oder selbst das Gesicht zu verlieren? Nun, der Gang zur Toilette ist zweifellos viel leichter zu entschuldigen, als wenn Sie sich in die Hose machen (natürlich

→

nur im übertragenen Sinne). Pinkeln zu gehen bedeutet, unsere Not gewissermaßen in die Blase zu verlagern. Versuchen Sie es doch einmal! Sie werden erstaunt sein, wie einfach Sie nach Ihrer Notdurft etwas anders machen können.

Abb. III–1 *Geh' pinkeln – aber nicht zu lange*

Hinter dem zweifellos mit einem gewissen Augenzwinkern vorgetragenen Rat steckt die Überzeugung, dass sich in manchen Fällen das Weitermachen nicht auszahlt. Wenn etwas nicht funktioniert, sollte man sich zumindest eine Zeit lang anderen Dingen widmen. Indem wir einen anderen Fokus setzen, vielleicht sogar den Ort wechseln, kommen wir auf andere Gedanken und können auf diese Weise vielleicht sogar neue Ideen für das gewinnen, was bislang nicht gelungen ist.

Doch was haben diese Überlegungen mit Selbstorganisation zu tun? Was verbindet die speziellen Dynamiken des Helfens mit unternehmerischer Agilität? Und wie wirken sie sich auf deren Management aus?

Auf den folgenden Seiten erfahren Sie, welche Antworten ich darauf parat habe:

- **Professionelles, systemisches und agiles Coaching**
  Gestartet wird mit der Definition eines Begriffs, der in den letzten Jahren höchst inflationär eingesetzt wurde. Danach werden einige Besonderheiten des sogenannten agilen Coachings erläutert und anhand von drei Spannungsfeldern gezeigt, wie das zum systemischen Beratungsansatz passt.
- **Kollegiale Beratung**
  Es werden einige Formate vorgestellt, die sich für die fachliche Entwicklung, aber auch für die Kultivierung agiler Interaktionen bewährt haben.

- **Kollegiales Feedback**
  Sie erfahren, warum wir nicht ohne persönliche Rückmeldungen auskommen, wenn wir selbstorganisierte Unternehmen schaffen wollen. Es werden acht Methoden beschrieben, um das in die Tat umzusetzen.
- **Coaching von Managern**
  Dieses Kapitel setzt sich mit einer besonderen Unterstützungsform im agilen Feld auseinander. Dabei beziehe ich mich ausdrücklich auf Führungskräfte und auf Einzelberatung, die im Unterschied zur Beratung agiler Teams [Davis & Sedley 2009; Adkins 2010; Kotrba & Miarka 2015] noch relativ stark vernachlässigt wird.
- **Manager als Coaches**
  Es wird aufgezeigt, wie Führungskräfte selbst zu professionellen Unterstützern werden können, die Selbstorganisation auf verschiedenen Ebenen fördern.

Jedes Kapitel beinhaltet eine Reihe von Fallbeispielen. Um deren Protagonisten zu schützen, sind die Namen verändert und die Unternehmenskontexte anonymisiert. Nichtsdestoweniger versuchen die gewählten Beispiele einige markante Praktiken zu veranschaulichen und ihr Verständnis zu erleichtern. Der besseren Übersicht wegen finden Sie hier eine Tabelle mit den wichtigsten Personen und Fällen, denen Sie in diesem Buchteil begegnen (in Klammern sind die dazugehörigen Abschnitte angegeben).

Personen (Abschnitte)	**Kontexte**	**Situationen**	**Ziele**
Heiner Pohl (12.1)	Scrum Master in einem Telekommunikationsunternehmen	Meta-Retrospektive	Agile Vorgehensweisen verbessern
Franz Russ (12.1 & 15.6)	Geschäftsleiter eines mittelständischen IT-Dienstleisters	Agile Transformation	Einen agilen Coach für die Umsetzung der agilen Transformation einsetzen
Günter Reisig (12.3)	Teamleiter und agiler Coach in einem Health-Care-Unternehmen	Bilanz des agilen Coachings	Druck ablassen
Harriet White (13.2)	Human-Resource-Managerin und Teamleiterin	Executive Coaching	Schwierige Beratungssituation bearbeiten
Sonja Weimar-Kober (13.4)	Leiterin der Abteilung Design in einem Automobilkonzern	Einführung eines Kanban-Systems	Konfliktbearbeitung
Peter Larsen (13.4)	Vorstandsvorsitzender eines mittelständischen Automobilzulieferers	Verantwortungskultur fördern	Umgang mit Kritik und Veränderungswünschen verbessern
Harald Gmeiner (14.1 & 16.1)	Bereichsleiter in einem Versicherungsunternehmen	Einführung agiler Produktentwicklung	Entwicklung der neuen Feature-Teams fördern

→

Personen (Abschnitte)	Kontexte	Situationen	Ziele
Otto Hesch (14.2)	Abteilungsleiter Revision bei einer Bank	Einführung eines neuen IT-Systems	Veränderung erleichtern
Sonja Rebacher (14.3 & 16.2)	Leiterin des Produktmanagements	Innovationsworkshop	Kundenfeedback und kollegiales Feedback verbinden
Michel Coutard (14.4)	Mitgründer eines Start-ups und Gruppensprecher	Teamentwicklungs-workshop	Kommunikation verbessern
Jürgen Schreiber (14.5 & 14.6)	Leiter des agilen Führungs-teams einer Onlineplattform	Managementworkshop	Klar strukturierte Rückmeldungen austauschen
Dagmar Reininghaus (14.7 & 14.8)	Geschäftsleiterin und Change-Team-Mitglied	Agile Transformation in der gesamten Geschäftseinheit	Persönliches Feedback mit fachlichen Tipps kombinieren
Rudolf Gluck (15.1)	Abteilungsleiter einer Versicherungsgesellschaft	Übernahme einer neuen Funktion	Klärung der teamüber-greifenden Abstimmung
Bernd Rottensteiner (15.3 & 15.5)	Vorstandsmitglied eines IT-Spezialisten	Umstellung auf unternehmerische Selbstorganisation	Unterstützung des Unternehmens in allen relevanten Fragen
Wolfgang Wiedinger (15.5)	Geschäftsführender Gesellschafter eines Marketingspezialisten	Einzelgespräche	Agiles Marketing einführen
Heinz Kastendorfer (15.6)	Leiter der Entwicklungs-abteilung bei einem IT-Dienstleister	Skalierung im agilen Umfeld	Wachstum ermöglichen
Robert Kappacher (15.6)	Entwicklungsleiter	Veränderung in Richtung Lean und Agile	Führungskompetenzen definieren und gemeinsam bewerten
Rainer Vyslozil (15.6)	Produktionsleiter Logistik	Time-to-Market-Workshop	Feedback ans Management geben
Yvonne Gut (15.6)	CTO in einem Infrastrukturunternehmen	Agile Transformation	Feedback ans Management geben
Harald Goldmüller (16.3)	Leiter der Testabteilung bei einem IT-Dienstleister	Agile Organisation	Coaching als Manager einsetzen
Renate Rausch (16.3)	Geschäftsbereichsleiterin bei einem Marketingspezialisten	Konflikt zwischen Produktmanagement und Entwicklung	Coaching als Manager einsetzen
Sylvia Strenitz (16.3)	Projektleiterin im Gesundheitsbereich	Managementtraining	Eigene Rolle als Coach professionalisieren
Herbert Rupp (16.3)	Bereichsleiter bei einem mittelständischen Automobilzulieferer	Fallberatung	Schwierige Coaching-situation reflektieren

Tab. III-1 *Personen, Kontexte, Situationen und Ziele der vorgestellten Fallbeispiele*

12 Professionelles, systemisches und agiles Coaching

Es fällt nicht schwer, Hargens' Beobachtungen auf das Feld des professionellen Coachings zu übertragen. Auch dort geht es ums Helfen, ums Verstärken, Verändern, Reparieren – und auch dort steht den guten Ratschlägen nicht selten eine ungute Ratlosigkeit gegenüber. Fragt sich bloß, was genau wir unter professionellem Coaching verstehen wollen. Was sind die Besonderheiten dieses Felds? Wobei genau wird geholfen? Was tut ein Coach, was wir nicht selbst können? Und wie hilft uns das bei der Entwicklung agiler Unternehmen?

Eine kurze Internetrecherche verdeutlicht, dass diese Fragen nicht ganz einfach zu beantworten sind. Captain Google stürzt uns sogleich in die Unübersichtlichkeit. Scheinbar kann heutzutage fast alles gecoacht werden: Die Palette reicht von den unterschiedlichsten Sporttrainern über diverse Fachberater wie den Finanzcoach, den Vertriebscoach oder den Unternehmenscoach bis hin zum Fitness-, Wellness- oder gar Lebenscoach. Der inflationäre Einsatz des Coachingbegriffs geht Hand in Hand mit einer gesättigten, um nicht zu sagen übersäuerten Marktsituation.

Dass heute jeder Coach sein will, scheint mir allerdings weniger der gesteigerten Hilfsbedürftigkeit in allen Lebensbereichen geschuldet als der chaotischen Verfassung einer Branche, für die es weder klare Zugangsbeschränkungen noch verbindliche Qualitätsstandards gibt. Wie professionell ein Coach agiert, ist oft nur am eigenen Leib zu verifizieren. Das macht aus Coaching eine Art von Medikamententest und den Kunden zum Versuchskaninchen. Diverse Outdoorexperten laden ebenso zum Selbstversuch ein wie Business-Schamanen oder Wellness-Gurus. Kein Wunder, dass eine Produktion von 3sat das kurz und bündig als Coaching-Wahn zusammenfasst (*http://www.3sat.de/mediathek/?mode=play&obj=53753*).

Abb. 12–1 *Berufsbild Coach*

Zu allem Überfluss steht dem Mangel an Qualitätsstandards ein ausuferndes Marketing gegenüber. Alle wollen helfen – und tun das leider allen kund. Das spamartige Anprangern von Hilfe erinnert indes nicht von ungefähr an den Witz vom Feuerwehrkommandanten, der von Haus zu Haus geht, um an jeder Tür zu fragen: »Entschuldigung, haben Sie vielleicht etwas zu löschen?«

Wer seine Gegenwart nicht versteht, sollte einen Blick in die Geschichte wagen, raten uns die Philosophen. Was gewinnen wir, wenn wir diesem Rat folgen und nach den historischen Wurzeln von Coaching suchen? Erst einmal ein interessantes Vorbild. Die Begriffsgeschichte führt uns nämlich auf den Kutscher zurück und auf sein Gefährt, das angeblich in der ungarischen Stadt Kocs seine Geburtsstunde gefundet hat. Coaching wäre dann das Vehikel, das einen Fahrgast von A nach B bringt. Sinngemäß bestimmen die Fahrgäste, wohin genau die Reise gehen soll, während der Kutscher für das Gelingen der Reise verantwortlich ist.

Offen ist allerdings, um welche Fahrgäste es sich jeweils handelt – und wie viele Fahrten notwendig sind, um alle Reisewilligen ans Ziel zu bringen. Ebenso offen ist, wie die Reise konkret ablaufen wird. Schließlich können sich die maßgeblichen Verhältnisse (Wetter, Boden, Fahrt, Müdigkeit etc.) ebenso schlagartig ändern wie die Zielsetzungen der Kutschierten. Zuweilen kennt der Kutscher nicht einmal die richtige Route, er weiß nicht, welche Hindernisse sich ihm entgegenstellen werden, und manchmal ist ihm sogar das Gelände unbekannt. All das macht eine verlässliche Planung zu einer höchst anspruchsvollen Aufgabe – sei es nun zeitlich (wann werden wir ankommen?), komforttechnisch (wie unruhig wird die Fahrt?) oder hinsichtlich der möglichen Risiken (was kann alles passieren, was uns aufhält oder gar das Reiseziel bedroht?). Und doch weiß der Coach, einen gewissen Erfahrungsschatz vorausgesetzt, wie er den Kutschierten ans Ziel bringen kann.

Vielleicht ist Ihnen das jetzt doch ein wenig zu geschichtsträchtig oder metaphernlastig oder beides. Nichtsdestotrotz können wir aus der Kutschen-Analogie einige richtungsweisende Koordinaten ableiten. Um professionelles Coaching zu ermöglichen, muss aus meiner Sicht Folgendes gegeben sein:

- **Veränderungsziel**
  Eine Person oder eine Gruppe sucht professionelle Unterstützung, um ein bestimmtes Ziel zu erreichen.
- **Kontakt**
  Der mögliche Kunde, der im Feld der Helfer gerne Klient genannt wird oder, wie ich bevorzuge, Coachee, tritt in Kontakt mit einem Coach, um sich über das Anliegen, die Ausgangssituation, den möglichen Weg und die nächsten Schritte zu verständigen.
- **Kontrakt**
  Wenn aus dem Erstkontakt ein Auftrag resultiert, werden alle wichtigen Vereinbarungen zur gemeinsamen Reise explizit gemacht.
- **Reise**
  Der Coach übernimmt die Verantwortung für die Gestaltung der Reise, also den Coachingprozess, während der Coachee die inhaltliche Verantwortung trägt.
- **Rollen**
  Der Coachee ist also mitnichten ein passiver Fahrgast, der sich nach Bekanntgabe des Ziels gemütlich zurücklehnen kann. Er ist sowohl in fachlicher Hinsicht als auch hinsichtlich der konkreten Routen *für das Gelingen der Reise mit*verantwortlich.
- **Veränderung**
  Es steht dem Coachee jederzeit frei, aus der Kutsche auszusteigen. Er kann, aus welchen Gründen auch immer, die Fahrt für beendet erklären – schließlich handelt es sich um eine Kutschenfahrt und nicht um einen Gefangenentransport. Der Coachee kann aber ebensogut das Ziel *än*dern oder einen neuen Weg vorschlagen. Immerhin *führt dieser Weg oft genu*g durch ein Gelände, das dem Coach und dem Coachee gleichermaßen unbekannt ist.
- **Expertise**
  Obwohl ich professionelles Coaching damit als per se kokreativen Prozess veranschlagen möchte, bleibt der Coach für die Gestaltung dieses Prozesses verantwortlich. Seine Kernexpertise liegt in der methodischen Zielfindung. Er weiß, wie man einen Weg Schritt für Schritt entdecken und dabei mit all den unbehaglichen Situationen des Nicht-Wissens umgehen kann, die dieser Weg mit sich bringt.

Auf der Basis dieser ersten Orientierungspunkte kann man Coaching durchaus als Sammelbegriff für viele verschiedene Formen professioneller Hilfe gelten lassen, die von der personenzentrierten Einzelberatung über eine Vielzahl teamentwicklerischer Unterstützungsmaßnahmen bis hin zur systemischen Organisationsberatung reicht. Gleichzeitig möche ich aber, wie Tabelle 12–1 dokumentiert, mein Coachingverständnis von anderen Unterstützungsformaten abgrenzen – obwohl mir klar ist, dass diese Grenzen in der Praxis immer wieder verschwimmen.

Format	Fokus
Coaching	Bei der Bewältigung beruflicher Herausforderungen unterstützen
Therapie	Lebensgeschichtliche Fragestellungen und Muster bearbeiten
Mediation	Konkrete Konflikte ausgleichsorientiert bearbeiten
Moderation	Kommunikations- und Entscheidungsprozesse zielorientiert gestalten
Training	Fachliche oder psychosoziale Fähigkeiten ausbauen
Teambuilding	Arbeitsfähigkeit auf Teamebene unterstützen
Teamevent	Gemeinsame Erlebnisse organisieren
Unternehmensberatung	Lösungskonzepte und *Best Practices* vermitteln
Organisationsentwicklung	Systemische Verbesserungsmaßnahmen erarbeiten und umsetzen

Tab. 12–1 *Hilfsformate und Fokusse*

Der rote Faden, der sich durch das weite Feld an Coachingformen zieht, ist die Kombination von Geschäft und Beziehung – also die Verbindung von Personenorientierung und Ökonomie. Ich will dir helfen, heißt es dann einerseits, und andererseits: Dafür will ich Geld von dir! Es versteht sich, dass dieses Spannungsverhältnis in sehr unterschiedlicher Form bewusst aufrechterhalten wird.

Beratungscurry

»Ich weiß ja gar nicht genau, was Consulting jetzt wirklich ist«, gesteht Tatortreiniger Schotty (Bjarne Mädel), als er in der Folge *Sind Sie sicher?* die Überreste eines Selbstmordes in einer Beratungsfirma beseitigt. »Muss auf jeden Fall was sein«, setzt Schotty mit Blick auf das noble Interieur nach, »wofür die Leute mehr bezahlen als für 'ne Currywurst.« (Folge vom 14.12.2016 *http://www.ardmediathek.de/tv/Der-Tatortreiniger/Sind-Sie-sicher/NDR-Fernsehen/Video?bcastId=24932130&documentId=39513298*)

Was uns dabei hilft, das systemische Coaching, auf das ich mich im Folgenden konzentrieren möchte, von vielen anderen Unterstützungsformen zu unterscheiden, ist die besondere Fokussierung der Arbeitswelt: Erst einmal geht es darum, bei der Bewältigung beruflicher Herausforderungen zu unterstützen. Damit unterscheidet sich systemisches Coaching kategorisch von therapeutischen oder eventorientierten Dienstleistungen, die Lebensgeschichten oder besondere Erlebnisse im Visier haben. Ähnlich kategorisch unterscheidet es sich von einer auf Standardlösungen spezialisierten Unternehmensberatung. Statt schablonenhafter Optimierungsstrategien, die ein Experte vorgibt, werden Problem und Lösung im systemischen Coaching gemeinsam erarbeitet. Dabei können diverse Moderationsmethoden oder Trainingselemente zum Einsatz kommen, wie das für die Organisationsentwicklung typisch ist. In diesem Sinne ließe sich die Organisationsentwicklung als Coaching auf höherer Flugebene ansehen, bei dem der

Fokus auf der Verbesserung übergreifender Arbeitsmanagementsysteme liegt (siehe Kap. 5).

Durch solche Einsätze wird aus dem vermeintlich überschaubaren Verhältnis zwischen Coach und Coachee im Handumdrehen ein komplexes Arbeits-Beziehungs-Geschäft. Zu den psychosozialen Aspekten des Helfens treten technische und wirtschaftliche Bezüge, die es zu meistern gilt. Was beschäftigt den Coachee? Welche Ziele verfolgt er? Wobei genau soll der Coach helfen? Welche ausgesprochenen und unausgesprochenen Erwartungen gibt es dazu? Welche Eckpfeiler wurden gesetzt (zeitlich, räumlich, monetär etc.)? Auf welches Vorgehen hat man sich verständigt? Die Notwendigkeit, all diese Fragen zu beantworten, macht Coaching zwangsläufig zur interdisziplinären Angelegenheit, für die es soziale, geisteswissenschaftliche und betriebswirtschaftliche Kompetenzen braucht. Auf diese Weise verbinden sich Experten- und Prozessberatung, Fach- und Beziehungsaspekte, Lebens- und Unternehmenswelten zu einer bunten Melange.

Wollen Coaches ihre Mission erfüllen, nämlich Coachees bei der erfolgreichen Bewältigung ihrer beruflichen Herausforderungen zu unterstützen, so brauchen sie dafür ein verlässliches Navigationssystem. Das ist umso wichtiger, als der Weg zu den gesteckten Zielen zumeist durch unbekanntes und nicht selten unwegsames Territorium führt. Abbildung 12–2 umreißt die Landkarte, die die Coachingarbeit gleichsam geländegängig macht.

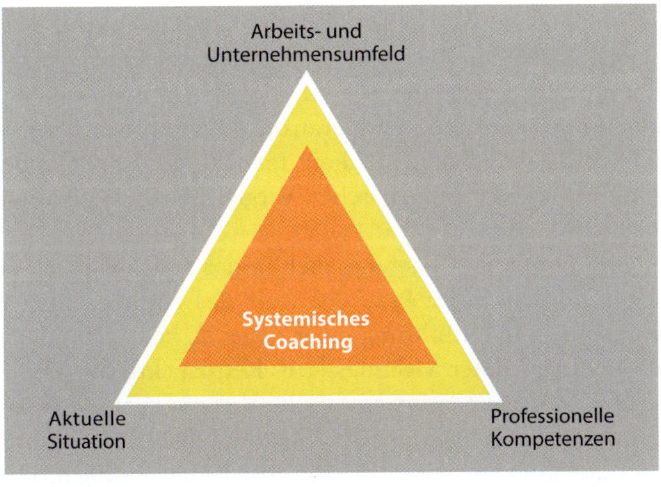

Abb. 12–2 *Landkarte des systemischen Coachings*

Wozu dieses Dreieck? Üblicherweise verläuft Coaching über die umsichtige Definition von Verbesserungszielen, das Einbringen verschiedener Blickpunkte, das Abwägen unterschiedlicher Szenarien und das gemeinsame Herausarbeiten jener Aktionen, die für den Coachee das größte Verbesserungspotenzial haben. »Handle stets so, dass die Anzahl der Wahlmöglichkeiten größer wird!«, schrieb uns der österreichische Physiker Heinz von Foerster bereits vor mehr als 40 Jahren ins Beraterstammbuch [Foerster 1973, S. 49]. Gutes Coaching löst diesen ethischen Imperativ ein, indem es neue Perspektiven und Handlungsoptionen ausarbeitet.

Dabei systemisch vorzugehen heißt, jegliche Unterstützung im virtuellen Dreieck zwischen aktueller Situation, Arbeits- und Unternehmensumfeld sowie professionellen Kompetenzen zu positionieren. Das wirft eine ganze Menge Fragen auf:

- Wie sieht der berufliche Werdegang des Coachees aus?
- Welche Erfahrungen hat sie oder er bisher gesammelt?
- Was ist ihr oder sein Spezialgebiet?
- In welchen organisatorischen Kontexten bewegt sich der Coachee gerade?
- Wie sehen die Rahmenbedingungen für die eigene Arbeit aus?
- Mit wem muss sich der Coachee regelmäßig koordinieren?
- Wie ist es um die Balance von Privat- und Berufsleben bestellt?
- Welche lebensgeschichtlichen Muster sind erkennbar?
- Und wie wirken sich diese wiederum auf die Arbeitswelt aus?

Ein systemischer Ansatz hält uns dazu an, solchen Fragen gebührende Aufmerksamkeit zu schenken – und zwar unabhängig vom konkreten Anliegen. Selbst wenn ich ein fachliches Thema bearbeite, sollte ich als Coach nicht blindlings Expertise liefern. Anstatt sich aufs Problemstichwort hin auf die Lösung zu stürzen wie der Hund auf sein Stöckchen, lohnt es sich fast immer, das geschilderte Problem in einem größeren Zusammenhang wahrzunehmen. Ja, ich behaupte, dass man ohne eine umsichtige Balance zwischen Fach- und Beziehungsaspekten, persönlicher und unternehmerischer Herausforderung sowie Team- und Organisationsdynamik leicht ins Schleudern gerät. Im nächsten Kapitel möchte ich diese Behauptung mithilfe eines exemplarischen Vergleichs von systemischem und agilem Coaching bekräftigen.

In den letzten Jahren ist Coaching auch in der agilen Welt zu einem prominenten Thema geworden. In der Praxis ist wohl das Teamcoaching am weitesten verbreitet: sei es nun zur Einführung einer neuer Arbeitsmethode (z.B. Scrum), zur Moderation ausgewählter Meetings (z.B. Retrospektiven) oder zur Optimierung bestehender Managementsysteme (z.B. Verbesserungsworkshops zu Kanban). Doch auch das Coaching einzelner Teammitglieder, Produktverantwortlicher, Projekt- oder Linienmanager hat vielerorts zugenommen. Dazu kommen verschiedene Spielarten des kollegialen Coachings wie sie für konsultative Entscheidungen, fachliches Pairing, den Austausch in Interessengemeinschaften oder für Mentoring typisch sind (siehe Kap. 8). Zu guter Letzt sollten wir die Beratung größerer Organisationseinheiten nicht vergessen, bei der für gewöhnlich verschiedene Unterstützungsformen zum Einsatz kommen.

Lyssa Adkins zufolge hilft agiles Coaching sowohl dabei, Methoden wie XP, Scrum oder Kanban besser anzuwenden als auch die dafür nötigen Einstellungen und Denkweisen zu kultivieren [Adkins 2010]. Dafür setzen agile Coaches ein breites Kompendium an Kompetenzen ein: Je nach Situation wirken sie als Moderatoren, Lehrer, Mentoren, Konfliktmanager oder Problemlöser. Und in jedem Fall wirken sie als Rollenmodelle für die Verhaltensformen, die gefördert werden sollen. Deswegen hat agiles Coaching, so Adkins, mehr mit der Persönlichkeit des Coaches zu tun als mit irgendwelchen Techniken. Wie es sich auswirkt, ist nicht nur vom konkreten Tun abhängig, sondern zu einem zumindest ebenso großen Teil vom Sein und davon, wie die angestrebten Werte in Erscheinung treten [Adkins 2010, S. 7 f.].

Dass Coaching wirklich hilft, ist in der agilen Welt allerdings ebenso ungewiss wie in der nicht agilen. Es besteht immer die Gefahr, dass die professionelle Unterstützung nicht das bringt, was der Coachee sich von ihr erwartet: Teams ärgern sich, weil sie die vermeintlich sachdienlichen Hinweise als bevormundend erleben. Manager begrüßen die Tipps des Beraters, um sie in der Praxis völlig zu ignorieren. Und dann gibt es ja noch jene Fälle, in denen eine genial anmutende Intervention kaum registriert wird, während banal wirkende Bemerkungen ein folgenreiches Aha auslösen. All das unterstreicht, dass es sich beim agilen Helfen ebenfalls um ein komplexes Phänomen handelt. Es ist und bleibt ein vielschichtiger sozialer Prozess, der auf vertrauensvolle Beziehungen aufbaut.

Obwohl sich agile Coaches zweifellos als professionelle Helfer sehen, scheinen ihnen oft weder die Hintergründe dieses Helfens noch deren Auswirkung auf das jeweilige Arbeits-Beziehungs-Geschäft klar zu sein. Was sind die konzeptionellen Fundamente einer agilen Unterstützung? Was macht Coaching lean? Wie passt das zur Tradition systemischer Beratung? Und was hat ein Coachee davon, wenn wir uns der Gemeinsamkeiten und Unterschiede zwischen den verschiedenen Ansätzen bewusster sind? Wieder einmal Fragen über Fragen – und Grund genug, sich an einschlägige Antworten zu machen.

Lassen Sie uns mit den besonderen Merkmalen des systemischen Coachings beginnen. In Anlehnung an das Manifest der agilen Softwareentwicklung (siehe Abschnitt 1.1) ließe sich so etwas wie ein systemisches Manifest aufstellen – also eine Sammlung von Grundannahmen und Werten, die den systemischen Beratungsansatz leiten. Dazu gehören:

- **Ergebnisorientierung,** indem gemeinsam verschiedene Handlungsoptionen durchgespielt, Verbesserungsschritte geplant und deren Resultate evaluiert werden.
- **Kontextualität** durch die Wahrnehmung der jeweiligen Erfahrungshintergründe, Arbeitsumfelder und Lebenssituationen
- **Hilfe zur Selbsthilfe,** die die Stärken der Coachees sowie – siehe Kontextualität – mögliche Hilfestellungen aus dem Umfeld fruchtbar zu machen versucht.
- **Balance** zwischen Fach- und Prozessorientierung, Diagnose und Input, Leitung und Begleitung

- **Partnerschaftlichkeit,** die auf einer klaren Vereinbarung zwischen Coach und Coachee beruht und die wechselseitigen Erwartungen ausweist. Systemisches Coaching zielt auf eine Beziehung ab, in der Profis auf Augenhöhe miteinander arbeiten. Dabei bringt der Coachee sowohl seine fachliche wie auch seine unternehmerische Expertise ein, während der systemische Coach vor allem Experte für die Gestaltung von Verbesserungsprozessen ist.
- **Respekt und Vertrauen** im Sinne der wechselseitigen Anerkennung der jeweiligen Erfahrungen wie der jeweiligen Persönlichkeiten als Basis für den schrittweisen Aufbau einer konstruktiven Arbeitsbeziehung
- **Herausforderung,** indem bestehende Ansichten infrage gestellt und neue Perspektiven entwickelt werden. So bedeutsam Respekt, Vertrauen und Wertschätzung für jedes Coaching sind, so wichtig ist die Kritik. Dabei kann es ebenso gut um die Klärung augenscheinlicher Missverständnisse wie um die Aufklärung diverser Mythen gehen.

Ich bin mir ziemlich sicher, dass die meisten agilen Coaches ein solches Manifest ohne Zögern unterzeichnen würden. Aus der Sicht des professionellen Helfens gibt es wohl kaum etwas gegen Ergebnisorientierung, Partnerschaftlichkeit oder Respekt einzuwenden. Doch wie so oft steckt der Teufel auch hier im Detail. Denn bei näherer Betrachtung gibt es meiner Ansicht nach einige markante Unterschiede zwischen agilem und systemischem Coaching.

Heiteres Beruferaten

»Was bin ich?«, hieß die von Robert Lembke moderierte Quizsendung, die 337 Folgen lang im deutschen Fernsehen ausgestrahlt wurde. Dabei musste ein vierköpfiges Team ungewöhnliche Berufe erraten. Es durften ausschließlich Fragen eingesetzt werden, auf die der jeweilige Berufsvertreter mit Ja oder Nein antworten konnte. Für jedes Nein erhielt der befragte Gast fünf deutsche Mark, die von Lembke demonstrativ in ein zuvor ausgewähltes Sparschwein geworfen wurden. Erlaubt waren maximal zehn Neins, dann wurde das Team aufgeklärt.

Agile Coaches hätten zu Lembkes Zeiten wohl ebenso gute Chancen auf 50 DM gehabt wie systemische Berater. »Was machst du eigentlich?«, ist jedenfalls eine der Hauptfragen, mit denen ich in Unternehmen konfrontiert bin. Dahinter steckt, wie ich meine, selten die Frage nach einem allgemeinen Berufsbild. Zumeist geht es darum, was denn ein Coach konkret zum Erfolg des Unternehmens beiträgt. Wie hilft er den Coachees? Was tut er, was Teams nicht selbst können? Wie unterstützt er das Management? Und warum versucht er Manager sogar selbst zu Coaches zu machen?

Der chamäleonartige Charakter von Coaching lässt keine einfachen Antworten zu. Lean? Agil? Systemisch? Teamcoach? Managementberater? Organisationsentwickler? Oder alles zusammen? In memoriam an »Was bin ich?« sollten wir unsere Kunden vielleicht öfter fragen, was Robert Lembke standardmäßig von seinen jeweiligen Berufsspezialisten wissen wollte: »Welches Schweinderl hätten S' denn gern?«

Ein augenfälliger Unterschied betrifft den Kontrakt, also die jeweils zugrunde liegende Arbeitsvereinbarung zwischen Coach und Coachee. Während agiles Coaching zumeist auf einer langfristigen Unterstützung vor Ort aufbaut, basiert systemisches Coaching meistens auf einer Serie kürzerer Beratungseinheiten, die zumeist abseits des Arbeitsalltags stattfinden. Während die Agilen also auf Präsenz und Kontinuität setzen, sind die Systemiker eher distanziert und zeitlich variabel unterwegs. Diese unterschiedlichen Arbeitsverträge haben weitreichende Auswirkungen: Man denke etwa an den sozialen Status als potenzieller In- oder Outsider (Stichwort: Teamnähe), an die Verfügbarkeit der Coaches im Arbeitsalltag (Stichwort: Präsenz) oder an die ökonomische Absicherung des Coaches im Sinne von Auslastung und Honorar (Stichwort: Grundeinkommen).

Dennoch legt der jeweilige Kontrakt noch nicht fest, wie die gemeinsame Reise verlaufen wird. So unterschiedlich die Rahmen- und Zielsetzungen auch aussehen, so wird jedes Coaching doch von drei grundlegenden Spannungsfeldern beeinflusst:

1. Dem Spannungsfeld zwischen Fach- und Netzwerkorientierung
2. Dem Spannungsfeld zwischen Expertise und Nicht-Wissen
3. Dem Spannungsfeld zwischen Personen- und Systemfokussierung

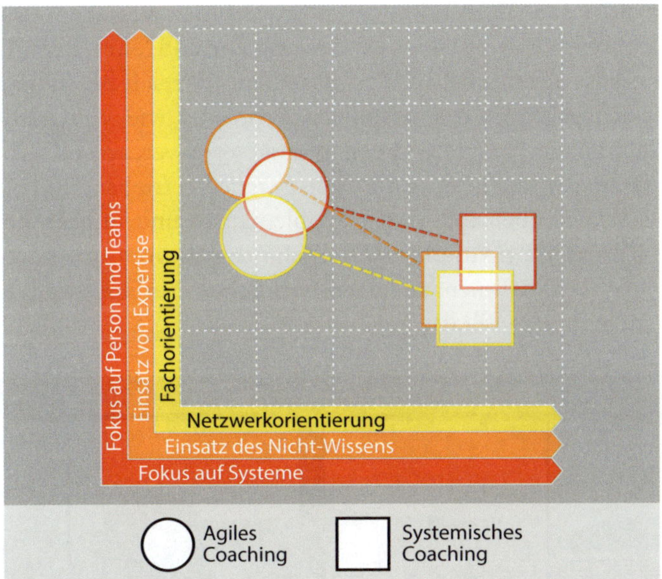

Abb. 12–3 *Spannungsfelder zwischen agilem und systemischem Coaching*

Wie Abbildung 12–3 nahelegt, sehe ich agiles und systemisches Coaching auf unterschiedlichen Positionen in einem Feld, das natürlich selbst einigen Schwankungen unterworfen ist. Meiner Beobachtung nach orientieren sich agile Coaches stärker an fachlichen als an sozialen Aspekten (siehe Spannungsfeld 1). Folglich steht bei Scrum- oder Kanban-Beratungen das Expertenwissen im Zentrum (Spannungsfeld 2). Und dieses Wissen wird vor allem im Hinblick auf Einzelpersonen und Teams vermittelt (Spannungsfeld 3). Demgegenüber stellen systemische Coaches kommunikative Netzwerke in den Vordergrund (1), setzen stärker auf ihr Nicht-Wissen (2) und legen ein großes Augenmerk auf systemische Zusammenhänge (3).

Gut möglich, dass Ihnen diese Differenzierung rätselhaft vorkommt. Ist das nicht allzu akademisch? Fern der konkreten Praxis? Ohne konkreten Nutzen für Coaches wie Coachees? Warum ich vom Gegenteil überzeugt bin, bedarf wohl noch ein wenig Erläuterung. Alsdann gehen wir in medias res.

12.1 Fach- und Netzwerkorientierung

Das erste Spannungsfeld unterstreicht die unterschiedliche Ausrichtung von agilem und systemischem Coaching. Auf die Gefahr hin, in Schwarz-Weiß-Malerei zu verfallen, wage ich zu behaupten, dass sich agiles Coaching vor allem inhaltlich definiert – nämlich über die Methode (XP, Scrum, Kanban oder Lean) und wie diese richtig zu implementieren ist. In dieser Hinsicht folgt agiles Coaching tendenziell dem Expertenparadigma und ist mit der klassischen Unternehmensberatung verwandt: Ein Wissender diagnostiziert die aktuellen Probleme, gibt einem oder mehreren Unwissenden die Lösung vor und leitet deren Umsetzung.

Inwiefern dieser Beratungsansatz tatsächlich hilfreich ist, hängt gleichermaßen von der Komplexität des jeweiligen Problems wie vom soziokulturellen Umfeld ab, in dem eine mögliche Lösung umgesetzt werden soll. Über den Daumen gepeilt lässt sich sagen, dass die *Best-Practice*-getriebene Expertenberatung vor allem bei relativ überschaubaren Problemlagen und in eher konservativen, hierarchie- und machtorientierten Unternehmenskulturen angesagt ist. Ob die vorgeschlagenen Maßnahmen zu einer wirklichen Verbesserung führen, steht freilich auf einem anderen Blatt.

Abb. 12–4 *Kommunikationssysteme und Umfelder*

Scrum ist für alle gut

Heiner Pohl ist seit mehr als fünf Jahren als Scrum Master für ein Telekommunikationsunternehmen tätig. »Mit Leib und Seele«, wie er betont. Ich lerne Herrn Pohl im Zuge eines Moderationsauftrags kennen, bei dem es um eine Meta-Retrospektive mehrerer Teams geht. Wo stehen die Teams auf ihrer agilen Reise? Was läuft gut? Was läuft nicht gut? Worauf sollte weiterhin geachtet werden? Und wo bräuchte es gezielte Verbesserungsmaßnahmen? Diese Fragen werden von einer Gruppe von Delegierten aus den verschiedensten Teams bearbeitet, der auch Heiner Pohl angehört.

Nach einer ersten Bestandsaufnahme kristallisieren sich rasch ein paar Themen zur vertieften Bearbeitung heraus. Unter anderem geht es dabei um die Frage, inwiefern *Scrum by the book* den tatsächlichen Anforderungen angemessen ist. Sollte es nicht viel stärker um Agilität gehen als um Scrum? Muss sich nicht jede Methode weiterentwickeln, um auf der Höhe der Zeit zu bleiben? Und sind die Experimente zur Verbindung von Scrum und Kanban, die eines der Teams zuletzt durchgeführt hat, nicht ein gutes Beispiel dafür? Bereits in der kurzen Phase, in der ich die dazu stattfindende Gruppendiskussion als Zaungast verfolge, fällt mir Herrn Pohls radikale Position auf: Scrum sei wohl durchdacht und funktioniere als natürlicher Kreislauf. Das Inspizieren und Verändern sei ja ein Teil dieses natürlichen Kreislaufs und müsse nicht künstlich hereingebracht werden. Und außerdem sei es die oberste Aufgabe der Scrum-Experten für die Verbreitung von Agilität zu sorgen und nicht diese zu hinterfragen. Das spiele nur den Gegnern des agilen Vorgehens in die Hände.

Der fundamentalistische Eindruck bestätigt sich, als Herr Pohl die Ergebnisse seiner Diskussionsgruppe im Plenum präsentiert. »Wir müssen das Unternehmen evangelisieren«, bringt er seine persönliche Überzeugung auf den Punkt, auch wenn das so nirgends auf dem von ihm präsentierten Plakat zu finden ist. Ich bin durchaus verwundert über Herrn Pohls Unbeirrbarkeit, habe aber den Eindruck, dass das seine Kollegen nur mit einem müden Schulterzucken quittieren. »Der glaubt halt immer noch, dass Scrum für alle gut sei – und verkauft das auch so«, meint einer dieser Kollegen in der anschließenden Pause. »Der hätte besser Missionar werden sollen.«

Systemisches Coaching ist hingegen auf das gesamte Arbeits- und Beziehungsfeld ausgerichtet. In welchem Zusammenhang taucht das Problem auf, vor dem der Coachee steht? Welche Interaktionsnetze gilt es zu berücksichtigen? Wer muss sich in Bewegung setzen, damit überhaupt ein Unterschied spürbar wird? Solche Fragen verfolgen vor allem zwei Interessen: die Gestaltung einer gemeinsamen Arbeitsbasis und die Erkundung des speziellen Kontexts, in dem das Beratungsziel erreicht werden soll. Anstatt die konkreten Herausforderungen für geklärt zu halten, bloß weil sie einen bekannten Namen tragen (»schwache Performance«, »mangelnde Übersicht«, »lange Durchlaufzeiten«), versuchen systemische Coaches ein umfassenderes Bild zu zeichnen. Was ist, wenn die formulierten Probleme nur Symptome weit umfassenderer Ursachen sind? Und die schwache Performance eines Teams durch die Abhängigkeit von anderen Teams beeinflusst wird? Oder die mangelnde Übersicht Teil des intransparenten Managementsystems ist und nicht ein Abteilungsproblem? Und Durchlaufzeiten nur grob geschätzt werden, weil man den wartenden Kunden gar nicht auf dem Radar hat?

Darüber hinaus versuchen systemische Coaches möglichst früh in Erfahrung zu bringen, was der Coachee denn schon alles unternommen hat, um die wahrgenommenen Probleme in den Griff zu bekommen. Was davon hat funktioniert? Was nicht? Wie sähe eigentlich eine gute Lösung aus? Und wo müsste dafür angesetzt werden? Um gleich welchen Ansatz erfolgreich zu machen, gilt es natürlich, die wechselseitigen Erwartungen zu klären: Was soll der Coach tun? Wofür übernimmt der Coachee die Verantwortung? Wer darf nicht ungestraft übersehen werden, wenn es um eine nachhaltige Verbesserung geht? Und woran lässt sich erkennen, ob sich die Investition lohnt?

Rollen des Coaches
Experte – liefert Lösungen und gibt konkrete Anweisungen.
Doktor – identifiziert Probleme und verschreibt bestimmte Lösungen.
Prozessberater – klärt gemeinsam mit dem Coachee, was tatsächlich gebraucht wird, wer dabei berücksichtigt werden muss und wie eine nachhaltige Verbesserung aussehen kann.

Tab. 12–2 *Rollen des Coaches*

Dabei geht es nicht allein um die Erwartungen von Einzelnen. Systemische Coaches versuchen das Beziehungsnetzwerk zu erkunden, in dem die unterschiedlichen Rollenträger aufeinander treffen. Die Tabellen 12–2 und 12–3 bieten eine Übersicht über diese Rollen und verdeutlichen, dass es in jeder Beratungssituation eine ganze Menge Variablen gibt.

Rollen im System des Coachees
Kontaktperson – holt den Coach und klärt den Kontrakt (zumindest formell).
Eigentlicher Klient – derjenige oder diejenigen, die schließlich mit dem Coach arbeiten.
Stakeholder – alle, die vom Veränderungsprozess betroffen sind, der durch das Coaching gefördert wird.

Tab. 12–3 *Rollen im System des Coachees*

Es lässt sich erahnen, wie komplex sich das Beziehungsfeld im Coaching gestalten kann – und wie wenig man anfänglich darüber weiß, wer alles in welcher Form mitspielt, wenn es um das Meistern einer speziellen Herausforderung geht. Die Rollen sind weder genau komplementär noch zeitlich fixiert. Außerdem sind sie durch die jeweilige Persönlichkeit des Rollenträgers, durch eingespielte Interaktionsmuster und nicht zuletzt durch politische Interessen geformt.

Nicht selten stehen solche Interessen gleich zu Beginn im Zentrum. Der von der Personalabteilung eingesetzte Coach kann dann leicht in Teufels Küche kommen, wenn es ihm nicht gelingt, die unterschiedlichen Lager einigermaßen akkurat zu identifizieren. Das ist umso schwieriger, je weniger sich hierarchisch Vorgesetzte selbst als Lernende sehen. Anders gesagt: Je mehr sie das erteilen, was ich Reparaturaufträge nenne (»Machen Sie mir mal Team xy fit«) – während sie sich selbst frei nach dem Motto »Wasch mich, aber mach mich nicht nass« gepflegt heraushalten. Problematisch ist das vor allem dann, wenn es um Systemoptimierung und nicht um lokale Verbesserungen geht.

Agil sind die anderen

Es ist schon eine Weile her, dass mich die Assistentin der Geschäftsführung eines mittelständischen IT-Dienstleisters anrief, um mich zu einem Erstgespräch einzuladen. Bei diesem Gespräch sollte es um die Weichenstellung zu jener agilen Transformation gehen, die angeblich ganz oben auf der strategischen Agenda stand. Franz Russ, einer der Geschäftsleiter, kenne mich aus einem anderen Unternehmen und sei sich sicher, dass ich das gut unterstützen könne. So folgte ich also dem Lockruf. Was ich dabei erlebt habe, erscheint mir nach wie vor stilbildend für ein bestimmtes Verständnis oder besser Missverständnis von agiler Veränderung zu sein.

Im Laufe des vereinbarten Klärungsgesprächs wurde rasch klar, dass viele Weichen bereits gestellt waren: Die Geschäftsleitung hatte sich für die Einführung von Scrum entschieden, die ersten Schulungen liefen bereits und es ging jetzt vor allem um eine ordentliche Umsetzung. Man vertraue darauf, so Herr Russ, dass ich als Topcoach die Qualität dieser Umsetzung sicherstellen könne. Trotzdem ich mich geschmeichelt fühlte, war ich geistesgegenwärtig genug, nach den konkreten Erwartungen zu fragen: Wann ich als Coach denn aus Sicht der Geschäftsleitung einen guten Job gemacht habe? »Expertise liefern«, »fachliche Guidance für die Teams gewährleisten«, »die Rollenträger begleiten«, »für einen optimalen Einsatz der Methode sorgen«, notierte ich Herrn Russ Zurufe. Des Weiteren erfuhr ich, wie er seine eigene Rolle in dem anvisierten Transformationsprozess sah: »Ich steuere den Agilisierungsprozess als Product Owner«, bekam ich zu hören und dass dieser Prozess bis Ende des Jahres abgeschlossen sein sollte. Ansonsten wolle sich die Geschäftsleitung, wie Herr Russ betonte, »bewusst aus dem Veränderungsprozess heraushalten, um die Teams möglichst wenig zu beeinflussen«. Weder waren sie bereit, selbst an einer der Schulungen teilzunehmen (O-Ton: »Wir wissen schon, was wir zu tun haben«), noch sahen sie die Notwendigkeit team- und hierarchieübergreifender Workshops (O-Ton: »Wir halten nichts von Großveranstaltungen«).

Alles in allem fühlte ich mich an einen alten Lehrsatz des systemischen Organisationsberaters Rudi Wimmer erinnert: »Es ist eine beliebte Form der Komplexitätsreduktion, dass sich die Verantwortlichen für einen Changeprozess selbst von demselben unmittelbar nicht betroffen fühlen« [Wimmer 2009]. Veränderungsbedarf werde nur an der Front gesehen, dort gelte es, für Bewegung zu sorgen und entsprechend zu mobilisieren. Dass die Lernresistenz der Generäle sich ebenso negativ auf jedes Agilisierungsvorhaben auswirkt wie ein rein methodenorientiertes Vorgehen, musste ich seit dieser Zeit immer wieder feststellen. Bleiben die Interaktionsmuster zwischen den Systemeinheiten und Hierarchieebenen unberührt, wird sich das Unternehmen nicht verbessern. Zwar mag sich in einigen Bereichen etwas ändern, im Großen und Ganzen bleibt aber alles beim Alten.

Diese Lernresistenz wirft eine Reihe kritischer Fragen auf: Wie bereit ist die Kontaktperson, so sie nicht selbst der Coachee ist, etwas zur Erreichung des formulierten Ziels beizutragen? Wie offen ist sie dafür, den eigenen Beitrag zum Problem wahrzunehmen? Neue Perspektiven zu erkunden? Und aktiv an einer nachhaltigen Verbesserung mitzuwirken?

Sich selbst und anderen solche Reflexionspunkte zuzumuten, gehört gewissermaßen zum kleinen Einmaleins systemischer Coaches. Die Chancen stehen gut, dabei unterschiedliche Antworten zu erhalten. Was soll vordringlich getan werden? Wer soll dafür was genau tun? Was tut der Coach? Und wann macht er einen guten Job? Je mehr Stakeholder einbezogen werden, desto wahrscheinlicher stößt man auf widersprüchliche Erwartungen. Diesen liegen oft frühere Erfahrungen mit Coaching und anderen Formen professioneller Hilfe zugrunde. Wenn ich mich als Abteilungsleiter bereits mehrmals über die Arroganz großer Beratungshäuser geärgert habe, wird das meine Haltung ebenso beeinflussen wie das Erlebnis von Teamcoachings, die allesamt sehr produktiv abgelaufen sind. Es ist ratsam, solche Erfahrungen möglichst früh aufzudecken und unter die Lupe zu nehmen, um nicht von deren Auswirkungen überrascht zu werden.

12.2 Expertise und Nicht-Wissen

All diese Aspekte legen nahe, als Coach in der Rolle des Prozessberaters zu starten. Gerade zu Beginn weiß man als Coach viel zu wenig über das Was, Wer und Wie genau, um wirklich hilfreich sein zu können. Die Fokussierung auf eine rein fachliche Auseinandersetzung kann dann leicht dazu führen, dass wesentliche soziale Faktoren unsichtbar bleiben. So werden Verbesserungstipps leicht zum Schuss ins Blaue. Deswegen empfiehlt es sich, in einer prozessorientierten Rolle zu beginnen, um Schritt für Schritt in Erfahrung zu bringen, was man am Anfang zwangsläufig noch nicht wissen kann.

Spätestens damit sind wir mitten im zweiten Spannungsfeld gelandet: der Differenz zwischen Expertise und Nicht-Wissen. Meiner Wahrnehmung nach setzen agile Coaches vor allem auf ihr technisches Wissen. Sie versuchen eine helfende Beziehung zu kreieren, indem sie dem Coachee Expertise liefern. Sie bieten Methoden und Tools, also den sprichwörtlichen Hammer und wie dieser richtig einzusetzen ist. Das mag ja auch so erwartet und in manchen Fällen genau das Richtige sein. Die Frage ist nur, wie häufig so ein Fall tatsächlich eintritt.

Abb. 12–5 *Gehämmertes*

Systemische Coaches verfolgen einen anderen Zugang. Für sie besteht die Welt aus mehr als einem Haufen Nägel – weswegen nicht immer ein Hammer angesagt ist. Vielleicht ist ja eine Zange nötig? Oder ein Schraubenzieher? Vielleicht liegt die Lösung jedoch gar nicht im Werkzeugkasten, sondern im Beziehungsnetz? In der Zusammenarbeit mit den Stakeholdern? In der Art, wie wir den Kunden wahrnehmen? Systemische Coaches versuchen, darauf gemeinsam mit dem Coachee Antworten zu finden. Sie gehen im wahrsten Sinn des Wortes umständlich vor. Sie erkunden die näheren Umstände bestimmter Ereignisse. Und sie klären lieber, als dass sie erklären – schließlich haben sie es gerade am Anfang mit vielen Unbekannten zu tun.

Expertise des Nicht-Wissens

Unserem Alltagsverständnis nach geht Nicht-Wissen mit folgenschweren Defiziten einher: Wir wissen etwas nicht, daher sind wir blind für … Es fehlt uns etwas, daher können wir nicht … Wir kennen etwas nicht, daher sind wir außerstande … Diesem Verständnis setzt der österreichische Beratungsforscher Kurt Buchinger die sogenannte Expertise des Nicht-Wissens entgegen [Buchinger 1997]. Paradoxerweise setzt diese Expertise den Erwerb einer möglichst breiten Wissensbasis voraus. Um komplexe organisatorische Verhältnisse steuern zu können, braucht es eine Vielzahl von Kenntnissen: etwa über die verschiedenen Varianten organisatorischer Strukturen und ihre Widersprüche, über Managementmethoden, die sich im Laufe der Zeit entwickelt haben, über das Wechselspiel von Produktentwicklung und Kundenanforderung, über die Volatilität des Marktes oder über agile Methoden und Prinzipien.

→

All dieses Wissen ist jedoch nichtig, so Buchinger, wenn es nicht mit dem Metawissen einhergeht, dass es bei all dem um Konstruktionen geht, die letztlich immer mit Unsicherheit behaftet sind. Wir können niemals sicher sein, ob sich das vorhandene Wissen auch in neuen Kontexten bewährt, ob es den sich rasch ändernden Herausforderungen gewachsen ist und ob es uns in Zukunft dabei hilft, die richtigen Entscheidungen zu treffen. Mit anderen Woren: Wir wissen nicht, welche Lösungen angemessen sein werden. Darauf eine professionelle Expertise zu gründen bedeutet, dieses Nicht-Wissen nicht ins Korsett vorhandenen Wissens zu zwängen – sei dieses Wissen nun nach Lean- oder agilen Prinzipien ausgerichtet. Im Gegensatz dazu ist die Fähigkeit gefragt, sich auf Unbekanntes einlassen zu können, nicht gleich nervös zu werden, vorschnellen Lösungen zu widerstehen und statt großer Pläne lieber kleine Experimente zu verfolgen, von denen man rasch lernen kann, was tatsächlich brauchbar ist und was nicht.

Für diesen Klärungsprozess nutzen Coaches eine schier unerschöpfliche Quelle: ihr Nicht-Wissen. Woher sollten Coaches denn wissen, womit sie es zu tun haben? Was das Richtige für das jeweilige System ist? Und welche Vorgehensweise sich empfiehlt? Üblicherweise reift dieses Wissen erst im Laufe jenes Erkundungsprozesses, in dem mit dem Coachee alle wesentlichen Verbesserungsparameter abgeklopft und mögliche Maßnahmen ausgearbeitet werden. Für diesen Erkundungsprozess nutzen sie das ganze Repertoire dessen, was professionelles Coaching grundsätzlich von alltäglichen Gesprächen unterscheidet: die bewusste Invervention.

Ohne Intervention keine Beratung, heißt es. Doch was bedeutet »Intervention« eigentlich? »Eingreifen, dazwischengehen, einschreiten, unterbrechen«, definiert der Duden den Bedeutungshorizont des Intervenierens. Durch Interventionen gestalten wir den Coachingprozess, versuchen Erlebnisse in bewusste Erfahrungen zu übersetzen und die vorhandenen Kenntnisse zu erweitern. Das Interventionsrepertoire, das wir dafür nutzen können, ist mittlerweile auch für die agile Welt gut sortiert [Kotrba & Miarka 2015], weswegen ich mich an dieser Stelle auf eine Übersicht beschränken möchte. Je nach Zielsetzung lassen sich folgende Basisinterventionen unterscheiden:

- **Beobachten**
  Obwohl das oft wenig bekannt ist, stellt das Beobachten eine Basisform jeder beraterischen Intervention dar. Wie stark diese Intervention sein kann, weiß jeder, der sich schon einmal beobachtet gefühlt hat. Folglich lebt die professionelle Beobachtung von der Zurückhaltung – und der Fähigkeit, sich dabei selbst gut im Auge zu behalten.
- **Zuhören**
  Genau so unscheinbar wie das Beobachten verläuft das Zuhören. Dessen Interventionscharakter wird offenkundig, sobald es aktiv wird: etwa wenn wir in eigenen Worten wiedergeben, was wir verstanden haben, unser Mitgefühl ausdrücken oder das bisher Gehörte kurz und bündig zusammenfassen.

Zudem versuchen wir auch auf das zu hören, was nicht explizit gesagt wird. Zwischen den Zeilen kann sich bekanntlich eine ganz andere Geschichte entfalten. Last but not least spielt beim Zuhören wie beim Beobachten die nonverbale Kommunikation eine wesentliche Rolle: Verschlossene Arme, eine skeptisch wirkende Miene, ein Stirnrunzeln oder ein unbeabsichtigtes Kopfschütteln können ebenfalls eine eigene Geschichte vermitteln.

- **Erweitern und Vertiefen**
  Im Coaching setzen wir Fragen ein, um Genaueres zu erfahren. Mit sogenannten offenen Fragen, dem Wie, Wer, Wo, Was oder Warum, ermutigen wir unseren Coachee, uns mehr zu erzählen. Durch gezieltes Nachfragen klären wir Kontexte, bringen neue Zusammenhänge in Erfahrung und gehen den Dingen Schritt für Schritt auf den Grund.
- **Klären**
  Darüber hinaus nutzen wir Fragen, um bestimmte Sachverhalte zu klären. »Habe ich Sie richtig verstanden, dass ...?«, »Meinen Sie ...?«, »Haben Sie den Eindruck, dass dies in dieser Situation zutrifft?« Es liegt in der Natur der Sache, dass wir dabei vor allem geschlossene Fragen verwenden, um möglichst klare Positionen festlegen zu können.
- **Erklären**
  Einerseits bittet der Coach den Coachee darum, Dinge zu erklären, die er nicht versteht – seien das nun organisatorische Zusammenhänge oder ein bestimmter Fachjargon. Andererseits erklärt der Coach, wie er bestimmte Sachverhalte sieht. Dabei geht es primär um die Vermittlung von Fachexpertise: Was ist unter Selbstorganisation zu verstehen? Worauf müssen wir achten, wenn wir agil werden wollen? Warum ist die Ablauforganisation so wichtig? Und vieles mehr aus Teil I dieses Buches. Hinsichtlich der notwendigen Rahmenbedingungen werden ebenfalls einige Dinge zu erklären sein: Was sind wesentliche Eckpfeiler von Coaching? Wie läuft es ab? Welche Vereinbarungen brauchen wir?
- **Bestätigen**
  Obwohl ich es als zentrale Aufgabe von Coaches sehe, kritische Differenzierung zu fördern, darf positives Feedback nicht vernachlässigt werden. Hier geht es freilich nicht um freundliches Lob, sondern um ehrliche Anerkennung: »Das ... klappt ja schon besser als erwartet!«, »Die ... ist definitiv etwas, worauf wir aufbauen können!«, »Den ... finde ich echt beeindruckend!«
- **Ermuntern**
  Die Bestätigung des bisher Erreichten ist nur eine Form, wertschätzend zu intervenieren. Um Potenzialentwicklung zu fördern, können Coaches viele weitere Interventionen setzen: Sie können ihre Coachees ermutigen, mehr von dem zu tun, was funktioniert; sie können gemeinsam überlegen, wie vorhandene Stärken auszubauen sind; sie können daran arbeiten, neue Koalitionen zu schaffen; oder sie können zu speziellen Veränderungsexperimenten animieren.

- **Konfrontieren**
  Wie in Kapitel 16 zu Managern als Coaches noch genauer dargestellt wird, gehört der konstruktive Opportunismus zum Standardrepertoire professioneller Coaches. Unterschiedliche Ansichten, Erfahrungen oder Werte sollten nicht übergangen, sondern bewusst genutzt werden. Selbstorganisation lebt von einem zielführenden Austausch über Unterschiede – seien diese nun sozialer oder fachlicher Natur.
- **Vereinbaren**
  Wenn wir keine Ergebnisse erzielen, bleibt das Coaching zwangsläufig folgenlos. Wenn wir diese Ergebnisse nicht festhalten, drohen sie uns wieder zu entgleiten. Und wenn sie entgleiten, sind sie kaum dazu geeignet eine nächste Etappe auf unserer Verbesserungsreise zu begründen. Deswegen setzen wir alles daran, im Coaching konkrete Vereinbarungen zu erzielen. Dafür unterstützen wir den Coachee im Reflexionsprozess, schreiben wichtige Erkenntnisse auf, helfen, daraus die richtigen Schlüsse zu ziehen, und übersetzen diese in konkrete Maßnahmen, die in einem überschaubaren Zeithorizont – beispielsweise bis zum nächsten Coaching – umsetzbar sind.

Was all diese Interventionen miteinander verbindet, ist die Haltung, mit der sie eingesetzt werden, die zumindest ebenso stark im Nicht-Wissen wie in der fachlichen Expertise wurzelt. Aus systemischer Sicht kann der Coach alleine weder die tatsächlichen Herausforderungen diagnostizieren noch die richtige Lösung liefern. Nur der Coachee verfügt nämlich über das nötige Kontextwissen, um nachhaltige Verbesserungen auf den Weg zu bringen. Deswegen können wir die tatsächlichen Probleme des Coachees in den seltensten Fällen mit vorgefertigten Rezepten adressieren, sondern müssen selbst kochen – und in der Zubereitung Schritt für Schritt die Geschmackswelten des Coachees, des Unternehmens, in dem er tätig ist, und last but not least die Kunden entdecken, für die er arbeitet. Alles in allem sehe ich zahlreiche Parallelen zwischen dieser Interventionshaltung und den Prinzipien, die der Organisationspsychologe Ed Schein für die sogenannte Prozessberatung definiert hat [Schein 1999]:

1. Versuche stets zu helfen.
2. Verliere nie den Bezug zur aktuellen Realität.
3. Setze dein Nichtwissen ein.
4. Alles, was du tust, ist eine Intervention.
5. Das Problem und seine Lösung gehören dem Klienten.
6. Geh mit dem Flow, dem natürlichen Fluss der Ereignisse.
7. Das Timing ist entscheidend.
8. Sei konstruktiv opportunistisch und arbeite mit konfrontativen Interventionen.
9. Alles liefert Daten; Fehler wird es immer geben, sie sind die wichtigste Quelle neuer Erkenntnisse.
10. Teile im Zweifelsfall das Problem mit anderen.

Aus meiner Sicht können uns diese Prinzipien dabei unterstützen, erfolgreich durch das Spannungsfeld von agilem und systemischem Coaching zu navigieren. Neben der Bedeutung des Fokus, des Nicht-Wissens, des Timings und des Umgangs mit Fehlern oder Selbstzweifeln, die sich einem roten Faden gleich durch diesen Buchteil ziehen, erscheint mir an dieser Stelle vor allem das fünfte Prinzip betonenswert: Das Problem und seine Lösung gehören dem Klienten. Dass die Gesamtverantwortung beim Coachee liegt, mag wie eine Binsenweisheit klingen – bei genauerer Betrachtung hat diese Weisheit aber schwerwiegende Konsequenzen. Schließlich verbietet sich damit sowohl jedweder heroische Einsatz, bei dem der Coach die Probleme des Coachees zu lösen versucht, als auch das Selbstverständnis, bereits zu Beginn der Lösungsarbeit über die dafür notwendige Expertise zu verfügen. Wenn wir diese per se als gegeben voraussetzen, laufen wir Gefahr, nicht die Probleme zu bearbeiten, die wir adressieren sollten, sondern jene, die wir adressieren können.

Stattdessen sind die Metaexpertise des Nicht-Wissens gefragt, eine gewisse Bescheidenheit und die konsequente Orientierung am Prinzip der Hilfe zur Selbsthilfe. Was – nicht zuletzt vor dem Hintergrund der abgesteckten Beratungsprinzipien – einige weitere Fragen aufwirft: Wem soll überhaupt geholfen werden? Wer ist unser Coachee? Mit welcher aktuellen Realität haben wir es zu tun? Welchen Flow sollten wir im Auge behalten? Und welche Daten sammeln und auswerten?

Nicht-Wissen in der Innovation

Die Expertise des Nicht-Wissens ist freilich nicht nur im Coaching von Managern wichtig. Sie ist überall dort unverzichtbar, wo es um Innovationen geht. Egal, ob es nun um Innovationen im Service-, Produkt- oder Vertriebsbereich oder im Bereich des Organisationsdesigns geht: Stets starten wir mit einem hohen Grad an Unklarheit. Haben wir überhaupt die wichtigsten Probleme im Visier? Wissen wir, wer diese Probleme hat, wie schwer sie wiegen, wie viele Leute davon betroffen sind und wie viele bereit sind, für deren Lösung auch zu bezahlen? Sind wir fähig, eine solche Lösung rasch und profitabel auf den Markt zu bringen? Da die Standardantwort zu Beginn zwangsläufig »keine Ahnung« lautet, müssen wir Mittel und Wege finden, um mehr in Erfahrung zu bringen.

In seinem Buch *Running Lean* zeigt Ash Maurya am Beispiel innovativer Softwarelösungen, wie wir die vorhandenen Markt-, Kunden- und Produktrisiken überschaubarer machen können [Maurya 2013]. Dieser Weg wird durch eine Lösungsidee geebnet, die so etwas wie den Leitstern des Innovationsprozesses darstellt. Viel entscheidender ist jedoch, so Maurya, dass wir die dahinter stehenden Probleme kennen. Doch wie kommen wir zu einer solchen Kenntnis? Nun, erfreulicherweise sind wir auch am Anfang eines Innovationsprozesses nicht völlig ahnungslos – selbst wenn sich das des Öfteren so anfühlen mag. Fast immer haben wir bestimmte Hypothesen, wofür unsere Lösungsidee gut ist und ebenso für wen.

→

Für den Test dieser Hypothesen empfiehlt uns Maurya zwei Strategien: das sogenannte Problem- und das Lösungsinterview. Obwohl beide Strategien einer klaren Struktur folgen – von einer falsifizierbaren Hypothese über die Datensammlung, die Kontextklärung und das Testen von Problem bzw. Lösung bis zur pointierten Auswertung – leben sie von der Agilität des Interviewers. Mit anderen Worten: von seiner Fähigkeit, sein Nicht-Wissen ins Zentrum zu stellen, die eigenen Annahmen aufmerksam zu prüfen, dabei aktiv zuzuhören, gezielt nachzufragen und die wichtigsten Erkenntnisse zusammenzufassen. »Bei Kundeninterviews geht es darum, das zu erkunden, von dem sie nicht wissen, dass sie es nicht wissen« [Maurya 2013, S. 71]. Gute Coachingskills haben dabei noch nie geschadet.

12.3 Fokus auf Personen vs. Fokus auf Systeme

Dieser Fragenkatalog ist eng mit der dritten Differenz verbunden, die ich zwischen agilem and systemischem Coaching sehe: dem Fokus. Ob Coaching eine spürbare Verbesserung mit sich bringt, hängt nämlich davon ab, dass der Optimierunghebel an den richtigen Stellen angesetzt wird. Meiner Beobachtung nach konzentrieren sich agile Coaches stark auf Individuen und Gruppen: Teams werden mit neuen Arbeitsweisen vertraut gemacht, Entwickler auf bestimmte Zeremonien eingeschworen, Produktverantwortliche im Umgang mit anderen Artefakten oder Scrum Master in ihrer Rollenfindung unterstützt. Organisatorische Probleme werden zwar brav in Verbesserungs-Backlogs erfasst – zumeist bleibt aber unklar, wie das Erfasste bearbeitet werden kann.

Systemische Berater sind viel weniger auf Personen ausgerichtet. Es geht ihnen primär um das Erkunden der größeren Zusammenhänge, in denen diese eingebettet sind. Selbst wenn es – wie in den Kapiteln 15 und 16 noch genauer vertieft wird – um Einzelcoaching geht, ist der organisatorische Kontext dieses Einzelnen von zentraler Bedeutung: Was trägt er oder sie zum Unternehmenserfolg bei? Was steht aktuell im Brennpunkt der Aufmerksamkeit? Wie passt das zur Mission der jeweiligen Geschäftseinheit, der die Person angehört? Wie ist sie mit anderen vernetzt? Welches Verhältnis hat sie zu den wichtigsten Kunden und Stakeholdern? Für den Systemiker provoziert auch das Thema Agilität eine Menge Fragen zum Großen und Ganzen: Warum sollen wir überhaupt agil werden? Was genau verspricht man sich davon? Wer muss alles beteiligt werden, damit dieses Versprechen eingelöst werden kann? Und was muss in Bewegung kommen, damit wir nicht nur im Kleinen schneller werden?

Selbstverständlich will ich nicht behaupten, dass agile Coaches solche Fragen komplett ignorieren. Doch ich komme nicht umhin, einen gewissen Tunnelblick zu konstatieren, wenn es um die Entwicklung agiler Teams geht. Statt der notwendigen Kontextualisierung wird mitunter eine fast bayrisch anmutende Selbstbehauptung gefördert: »Mia san mia!« Diese wird – wie das folgende Fallbeispiel exemplarisch zeigt – von einem latenten Misstrauen gegenüber der Organisation genährt, das nicht wenige agile Coaches zu teilen scheinen.

Agile Defensive

Günter Reisig ist seit sechs Jahren als agiler Coach im Einsatz. Einst als, wie er selbst sagt, *lonesome cowboy* gestartet, hat seine Pionierarbeit für den auf *Health Care* spezialisierten Konzern zunehmend Anerkennung gefunden. So konnte er im Laufe der Jahre nicht nur viele Unternehmensbereiche mit dem agilen Virus anstecken, sondern auch ein Team von mittlerweile acht Coaches aufbauen, das er heute nominell leitet.

Ich lerne Herrn Reisig auf einer Konferenz kennen, zu der ich als Gastreferent eingeladen bin. Unser Gespräch im Anschluss an meinen Vortrag zeigt rasch, dass wir auf ähnlicher Wellenlänge unterwegs sind. Wenig später lädt mich Herr Reisig dazu ein, einen Workshop mit dem von ihm geleiteten Team zu moderieren. Im Rahmen der Retrospektive, die ich entlang der Fragen »Was haben wir im letzten Jahr erreicht? Wofür klopfen wir uns selbst und einander auf die Schulter?« sowie »Was haben wir nicht erreicht? Was bereitet uns Kopfzerbrechen? Und was ärgert uns?« gestalte, tritt eine Menge Unmut zutage. Zwar habe man, so die Quintessenz der Retrospektive, im Bereich Scrum und Kanban eine Menge Expertise geliefert, die von vielen geschätzt wird. Doch das habe, wie Herr Reisig selbst betont, wenig bis gar nichts an den Unternehmensprozessen geändert. Ursprünglich sei man ja angetreten, das traditionelle Management sukzessive überflüssig zu machen, zumindest die Hierarchie deutlich zu verschlanken und bürokratische Prozesse abzubauen. Doch in dieser Hinsicht habe man gar nichts erreicht. Im Gegenteil: Die Ignoranz des Managements sei im letzten Jahr deutlich gestiegen. Die Impediment Backlogs der Teams werden mittlerweile nicht einmal mehr höflich ignoriert und das Training zur agilen Führung musste mangels Interesse abgesagt werden.

»Wie erklärt ihr euch diese Phänomene?«, wage ich in die spürbare Depression hinein zu fragen. »Und was bedeuten sie für euer weiteres Vorgehen?« Was ich zu hören bekomme, erinnert mich frappant an die berüchtigte Defensivtaktik im Teamsport: »Die agile Organisation ist tot«, »Wir konzentrieren uns auf die Unterstützung von Teams«, »Dem Management ist es sowieso egal, was wir tun«, »Keine Sonderangebote mehr«, »Ab jetzt schauen wir vor allem auf uns!«

Beratung sei die »Kunst, andere Leute zu beeinflussen«, offenbarte der amerikanische Informatiker Jerry Weinberg in seinen *Secrets of Consulting*, »und zwar auf ihren eigenen Wunsch hin« [Weinberg 1985, S. V]. Agile Coaches treten an, um solche Wünsche zu erfüllen. Selten mangelt es am dafür nötigen Know-how, noch seltener am Einsatz. Im Gegenteil: Viele agile Coaches haben nicht nur einen Beruf, sie folgen einer Berufung. Das scheint sie jedoch manchmal dazu zu verleiten, sogar dort zu missionieren, wo sie auf eingefleischte Atheisten treffen, d.h. auf Leute, die sich nicht beeinflussen lassen wollen. Und selbst der weltbeste Coach wird niemand dazu zwingen können, Coachee zu werden.

Systemische Berater versuchen natürlich ebenfalls, Beratungswünsche zu erfüllen. Sie versuchen dabei aber auch das Umfeld im Auge zu behalten, in dem die jeweiligen Wünsche geäußert werden – oder eben nicht. Denn es ist, wie Weinberg hervorhebt, »eine der Ironien des Beratungsgeschäfts, dass selten jene Leute um Hilfe fragen, die sie am meisten bräuchten. Das macht es verführerisch, dich bei Gelegenheit einzumischen, obwohl niemand danach fragt. Tu das nicht! Wenn niemand nach deiner Unterstützung fragt, stehen die Chancen gut, dass du auch nicht helfen kannst« [Weinberg 1985, S. 74].

Das Prinzip Freiwilligkeit gilt indes nicht allein für die Beratung von Einzelnen oder Gruppen. Im Spannungsfeld von agilem und systemischem Coaching bestimmt es jedwede Form professioneller Unterstützung. Dieses Feld kann nicht gleichsam naturgewachsen erweitert werden, indem wir Einzel- oder Teamcoaching skalieren. Es wird immer von denen abgesteckt, die für den jeweiligen Organisationsbereich verantwortlich sind. *Bottom-up*-Ansätze sind meiner Erfahrung nach nur sehr bedingt dafür geeignet, weitere Felder zu erschließen. Wollen wir ganze Systeme verändern, müssen wir *on top* ansetzen. Gelingt es uns nicht, dort entsprechende Unterstützungswünsche zu wecken, werden wir bei all unserer Expertise nur wenig Einfluss auf die Unternehmensentwicklung nehmen können.

Abb. 12-6 *Erstarrte Entwicklung*

Zu guter Letzt gilt das Prinzip Freiwilligkeit in der Beratung noch auf einer ganz anderen Ebene – schließlich ist die professionelle Hilfe weder auf eine typische Rolle (den Coach) noch auf hierarchische Beziehungen (den erfahrenen Senior und den unerfahrenen Junior) beschränkt. Es gilt ebenso für jene Unterstützung, die Kollegen einander zuteil werden lassen. Es kann gut sein, dass dabei keiner der Beteiligten auch nur eine Sekunde an Coaching denkt. Nichtsdestoweniger leben selbstorganisierte Unternehmen, wie im nächsten Kapitel verdeutlicht wird, von den vielfältigen Formen kollegialer Hilfe, die in ihnen stattfinden.

Was Sie aus diesem Kapitel mitnehmen können

Dieses Kapitel lieferte Ihnen eine solide Definition von Coaching. Gegen den inflationären Einsatz des Begriffs werden charakteristische Merkmale wie die Notwendigkeit eines klaren Veränderungsziels, die explizite Vereinbarung eines bestimmten Vorgehens oder die gemeinsame Definition von Erfolgsfaktoren festgelegt. Im Anschluss wurden zwei Beratungsansätze genauer untersucht, die in selbstorganisierten Unternehmen häufig anzutreffen sind: das agile und das systemische Coaching. Diese weisen zahlreiche Gemeinsamkeiten auf, aber auch markante Unterschiede. Dafür wurden drei Spannungsfelder bearbeitet, die einen großen Einfluss auf den Verlauf und den potenziellen Nutzen des jeweiligen Coachings haben:

1. Fach- und Netzwerkorientierung, die Ihnen zeigt, wie stark Sie inhaltliche oder soziale Themen im Blick haben.
2. Expertise und Nicht-Wissen, das sich im Verhältnis von Fragen und Antworten widerspiegelt.
3. Personen- und Systemfokussierung, die etwas über die Ausrichtung Ihrer Zusammenarbeit aussagt.

Alles in allem plädiere ich für ein balanciertes Vorgehen jenseits von Missionierung oder Lösungsheldentum. Im Gegensatz dazu muss der Coachee dabei unterstützt werden, die volle Verantwortung für seine Anliegen zu übernehmen und diese mithilfe des Coaches Schritt für Schritt selbst zu bearbeiten.

13 Kollegiale Beratung

Kollegiale Beratung gehört aus meiner Sicht zu den absoluten Herzstücken selbstorganisierter Unternehmenskulturen. Kein Wunder, geht es doch darum, einander in der Alltagsarbeit zu unterstützen und sich wechselseitig beim Lernen zu helfen. In seinen verschiedenen Erscheinungsformen stellt das sogenannte *Peer Coaching* längst eine kraftvolle Alternative zur traditionellen Personalentwicklung dar. Jenseits von Hierarchie und Spezialabteilungen wird auf das vorhandene Netzwerk an Arbeitsbeziehungen gesetzt, in das jeder Einzelne eingewoben ist.

In reifen Organisationen passiert kollegiale Beratung gleichsam natürlich: Wir bitten einen Fachkollegen um Rat, wenn wir mit einem Problem zu tun haben. Wir bringen eine schwierige Frage ins Team ein, um uns über mögliche Antworten klarer zu werden. Wir tauschen uns an der Kaffeemaschine zu aktuellen Themen aus und bekommen hilfreiche Hinweise. Über diese anlassbezogenen Fälle hinaus ist die kollegiale Ratsuche in vielen Unternehmen ein fester Bestandteil der Ablauforganisation. Einerseits findet sie in allen agilen Meetings vom Standup über das Review bis hin zur Retrospektive statt: sei das nun im Umgang mit operativen Blockaden, über deren Lösung gemeinsam beraten wird, in der Bewertung der Produktqualität oder in der Auseinandersetzung mit konkreten Verbesserungsmaßnahmen, die oft nach allen Regeln der Coachingkunst stattfindet. Andererseits verdeutlicht gerade das Konsultationsprinzip bei Entscheidungen, wie essenziell kollegiale Beratung für den Arbeitsfluss ist (siehe dazu auch Kap. 6). Obwohl jeder Mitarbeiter innerhalb eines gewissen Spielraums eigenständige Entscheidungen treffen kann, wird dabei stets ein breiteres Meinungsbild angestrebt. Was sagen Kollegen zu meinen Überlegungen? Habe ich alle wesentlichen Entscheidungskriterien berücksichtigt? Gibt es Risiken, die ich übersehen habe? Und was würden eigentlich andere an meiner Stelle tun? Das erweitert das verfügbare Wissen, vermindert das Risiko blinder Flecken und erhöht die Qualität der Entscheidungen, ohne die Verantwortung zu minimieren.

Wie erwähnt ist diese Kombination von Autonomie und Abstimmung typisch für alle selbstorganisierten Unternehmen. Darüber hinaus setzen sie spezielle Formate ein, um vom kollegialen Ideenreichtum zu profitieren:

- Das sogenannte Pairing, das einem anwendungsorientierten Austausch von Wissen und Können dient.
- Kollegiale Patenschaften, wie sie für das Onboarding oder für Mentoring-Beziehungen charakteristisch sind.
- Communities of Practice, in denen es um die fachliche Weiterentwicklung geht.
- Verschiedene Formen der Fallberatung, die sich vor allem mit der sozialen Dimension schwieriger Arbeitssituationen beschäftigen.
- Beratungen, die im Rahmen von kollegialen Feedbackgesprächen stattfinden. Diesen werde ich sogar ein eigenes Kapitel widmen und zeigen, wie wir einander bei der Konkretisierung persönlicher Verbesserungsmaßnahmen helfen können.

Im Folgenden werden die einzelnen Formate genauer vorgestellt.

13.1 Pairing

Das sogenannte Pairing ist eine Arbeitstechnik, die dem eXtreme Programming (XP) der agilen Softwareentwicklung entstammt. Beim XP arbeiten zwei Programmierer an einer Arbeitsstation zusammen, wobei sie ständig zwischen zwei Rollen wechseln: der Rolle des *Treibers,* der die Software schreibt, und der Rolle des *Beobachters* oder *Navigators,* der den entwickelten Code unmittelbar prüft, das Gesamtkonzept im Auge behält und Feedback gibt.

Dieses Kooperationsmodell gehört heute zur Standardausrüstung vieler selbstorganisierter Unternehmen. Weit über die IT hinaus wird auf einen intensiven Wissensaustausch und ein praxisnahes Training neuer Fähigkeiten gesetzt. Das hat sich im Finanzbereich ebenso bewährt wie im Personalbereich, im Marketing, im Anlagenbetrieb, in der Grundlagenforschung oder im Produktmanagement. Kurzum: in allen Bereichen, in denen Arbeit wissensintensiv ist und komplexe Herausforderungen auf der Tagesordnung stehen. Bei der amerikanischen Softwareschmiede *Menlo Innovation* arbeitet überhaupt niemand alleine. Alle Tätigkeiten werden gemeinsam durchgeführt, um sogenanne Wissenstürme zu vermeiden, sich wechselseitig zu unterstützen und Fehler rasch zu korrigieren. Auf diese Weise ist der fachliche Austausch ebenso zur Routine geworden wie das persönliche Feedback. Der wöchentliche Wechsel der jeweiligen Partner sorgt dafür, dass alle in Bewegung bleiben und immer wieder neue Impulse erhalten.

Die Gründe dafür liegen auf der Hand. Die Qualität des Arbeitsprozesses verbessert sich, da aufgrund der intensivierten Kommunikation mehr Varianten in Betracht gezogen und Entscheidungen optimiert werden. Außerdem werden wichtige Dinge aufgrund des Vieraugenprinzips weniger leicht übersehen und Schlampigkeitsfehler vermieden. Das kurzschleifige Feedback stärkt das Vertrauen ineinander und fördert den Teamgeist. Ob es sich nun um das paarweise Zusammenarbeiten von zwei Seniors, einer Senior-Junior-Kombination oder um zwei Juniors handelt, die sich gemeinsam an einer neuen Herausforderung erproben – stets wird dabei

Wissen ausgetauscht und unmittelbar angewendet. Durch die wechselseitige Beobachtung wird sogar implizites Know-how verfügbar gemacht: Wir sehen, was der jeweils andere tut, und können entsprechend gezielt nachfragen. »Wie hast du ... gemacht?«, »Warum hast du jetzt ...?«, »Welche Überlegung steckt hinter ...?«, sind nur einige Beispiele für jene spannungsvolle Detektivarbeit, die dann stattfindet. Zugleich wird mit dem Lernen auch die gemeinsame Verantwortung gestärkt – was am Ende des Tages beinahe zwangsläufig dazu führt, dass der Kunde bessere Ergebnisse geliefert bekommt.

Freilich sind diese Vorteile nicht umsonst zu haben. In Pairing muss bewusst investiert werden, schließlich wird die Arbeitskraft halbiert. Sie werden sich vielleicht fragen, ob sich das tatsächlich auszahlen kann. Nun, Untersuchungen zur Ökonomie des Pair Programming belegen eindrucksvoll, dass gemeinsam entwickelte Software deutlich schneller entwickelt wird und etwa 15 % weniger Fehler aufweist. In Anbetracht der Kosten, die eine spätere Fehlerbehebung verursacht, und der schwer quantifizierbaren Nebenkosten, die durch unzufriedene Kunden entstehen, rechnet sich Pairing schnell. Je wichtiger Qualität ist, desto eher ist die Halbierung des Work in Progress (WIP) auch betriebswirtschaftlich eine höchst sinnvolle Maßnahme. Und neben den kundenorientierten Aspekten sollte auch die höhere Mitarbeiterzufriedenheit berücksichtigt werden. In einer Onlinebefragung aktiver Pair-Programmierer haben nämlich sage und schreibe 96 % angegeben, dass sie das Pairing der Einzelarbeit vorziehen – ganz zu schweigen davon, dass satte 95 % auch davon überzeugt waren, dass sie damit bessere Lösungen lieferten.

Abb. 13–1 *Hand in Hand*

13.2 Mentoring

Buddies, kollegiale Patenschaften oder Mentoring – das sind einige der gängigen Bezeichnungen für eine weitere kollegiale Unterstützungsform, die in zahlreichen selbstorganisierten Unternehmen zu finden ist. Wie beim Pairing geht es dabei um eine intensive Auseinandersetzung, die zumeist zu zweit stattfindet. Anders als beim Pairing handelt es sich bei den meisten Patenschaften jedoch um eine Beziehung zwischen einem erfahreneren und einem weniger erfahrenen Kollegen. Außerdem ist die Auseinandersetzung weit weniger fokussiert. Tatsächlich ist es völlig offen, worauf sich der Ratsuchende, der sogenannte Mentee, jeweils konzentrieren möchte. Es können eher fachliche oder eher soziale Aspekte, persönliche oder organisationsspezifische Themen im Vordergrund stehen. Damit verlangen Patenschaften deutlich mehr Agilität und ähneln eher dem systemischen Coaching als der fachlichen Beratung im Pairing.

Mentoring wird aus den verschiedensten Gründen eingesetzt:

- Um neuen Mitarbeitern den Einstieg ins Unternehmen zu erleichtern: von der Einrichtung des Arbeitsplatzes und der Bereitstellung der notwendigen Ressourcen über die fachliche Einarbeitung bis zur Orientierung am Who is Who des Unternehmens.
- Um Übungsmöglichkeiten zu organisieren und Feedback zur Verfügung zu stellen.
- Um kulturelles Wissen zu vermitteln und soziale Integration zu fördern.
- Um junge Kollegen, aber auch sogenannte High Potentials, also besonders vielversprechende Talente, gezielt in ihrer Entwicklung zu unterstützen.
- Um Kollegialität auch dort zu fördern, wo offenkundige Unterschiede in der Erfahrung, in der fachlichen oder sogar in der hierarchischen Positionierung bestehen.

Welche Formen konkret eingesetzt werden, hängt einmal mehr vom Bedarf und natürlich vom Kontext des jeweiligen Unternehmens ab. Insgesamt kann sich der Einsatz von Mentoring ebenso stark wandeln wie die Themen, die dabei jeweils bearbeitet werden. Selbst bei vergleichbaren Ausgangssituationen können ganz unterschiedliche Wege eingeschlagen werden. Während ein neuer Mitarbeiter in einem Unternehmen von ein und demselben Paten durch die ersten Wochen begleitet wird, setzt ein anderes Unternehmen gezielt darauf, ihn mit unterschiedlichen Leuten in Kontakt zu bringen. Während bei einem Junior die fachliche Einführung über ein gezieltes Pairing mit einem Senior erfolgt, durchläuft ein anderer verschiedene Arbeitsschritte, um ihn von Anfang an mit verschiedenen Aufgabenbereichen und Kollegen vertraut zu machen. Und während Mentoring in dem einen Unternehmen zum fixen Bestandteil der internen Personalentwicklung gehört, findet das anderswo nur mit Mentoren aus unterschiedlichen Bereichen statt.

Meiner Erfahrung nach sind diese Beziehungen umso hilfreicher, je weniger sie auf standardisierte Abläufe zurückgreifen. Anders gesagt: Je mehr es gelingt, sie im Sinne professioneller Beratung zu gestalten, desto profitabler sind diese Beziehungen für alle Beteiligten. Das gilt ebenso für Mentoring-Beziehungen, die auf ein karriereorientiertes Ratgeben ausgerichtet sind. Obwohl der mythologische Ursprung einen klassischen Fachberatungsansatz nahelegt – Mentor war der Erzieher von Odysseus' Sohn Telemach –, empfiehlt es sich meiner Ansicht nach, die rein hierarchische Orientierung zu überdenken. Wenn wirklich geholfen werden soll, erweist sich eine fixe Über- und Unterordnung meistens als kontraproduktiv. Wer sagt, dass die Perspektive des Mentors die richtige ist? Wie kann der Mentee sichergehen, dass der Rat des Älteren nicht zu stark von Eigeninteressen gefärbt ist? Und warum sollten Problemanalyse und Lösungssuche nicht für beide lehrreich sein?

Weil man eben niemals auslernt …

Harriet White leitet seit fast zehn Jahren die Personalabteilung eines österreichischen Lebensmittelkonzerns. Obwohl sie in dieser Funktion reichlich zu tun hat, ist sie im Rahmen eines unternehmensübergreifenden Karrierenetzwerks auch als Mentorin tätig. Darüber hinaus ist sie regelmäßig als Lehrbeauftragte in zwei Ausbildungslehrgängen im Einsatz und Vortragende auf diversen Konferenzen. Privat ist ebenfalls für Dynamik gesorgt: zwei pubertierende Kinder, ein Ehemann, der als Unternehmensberater ebenfalls viel auf Achse ist, und zwei Hunde.

Seit Längerem darf ich Frau White als *Executive Coach* zur Verfügung stehen, damit sie, wie sie bereits in unserem Erstgespräch formuliert, »Übersicht über die vielen von mir jonglierten Bälle« behält und »zwischendurch einmal nur auf mich schauen« kann. So allgemein die Zielsetzung für unsere Arbeit umrissen ist, so speziell sind die Herausforderungen, die wir jeweils bearbeiten. So kommt in einem unserer Gespräche auch das Thema Mentoring zur Sprache. Konkret geht es dabei um eine Situation, die sie kürzlich mit einem Mentee erlebte. »Als ich mich total vergaloppiert habe«, antwortet Frau White auf meine Frage nach einer passenden Überschrift für die von ihr beschriebene Situation. Als Ziel für unsere Beratungsarbeit formuliert sie wiederum: »Zwei Lehren, die ich von diesem Ausritt mitnehmen kann.«

Der folgende Erkundungsprozess wird einmal mehr von Frau Whites selbstkritischer, aber auch humorvoller Grundhaltung bestimmt. Schritt für Schritt klären wir die Ausgangssituation, den Arbeitskontext des Mentees, dessen Kernkompetenzen sowie die Charakteristika der Mentoringbeziehung. Wie sich herausstellt, brachte Herr Rutzika, der Mentee, einen Fall aus seinem Unternehmen ein, der Frau White stark bewegte. »Kein Wunder«, erkennt sie im Nachhinein, »immerhin ging es um das Thema Frauen und Karriere, das ich schon lange verfolge – und das mich schon lange verfolgt.« So erklärt sich Frau White, warum sie so heftig auf die Geschichte reagierte. Zum einen habe sie mit einer Vielzahl ungeprüfter Annahmen gearbeitet, zum anderen mit zunehmender Vehemenz auf Herrn Rutzika eingeredet. »Ich bin doch nicht an der Situation schuld!«, habe Herr Rutzika

→

sie schließlich aufgerüttelt und ihr dann nach und nach jene Informationen geliefert, die sie eigentlich am Anfang hätte erheben sollen. Obwohl er spürbar irritiert gewesen sei, habe sich aus Frau Whites Sicht ein sehr produktives Gespräch ergeben. »Allerdings hatte ich dabei das Gefühl, dass Herr Rutzika eher mich beraten hat als umgekehrt!«

Und die Moral von der Geschicht'? »Mir wieder klarer machen, wo meine empfindlichen Punkte liegen« und »erkennen, dass helfende Beziehungen auf Gegenseitigkeit beruhen«, fasst Frau White ihre beiden Lektionen zusammen. »Man lernt eben nie aus. Deswegen sehe ich keinen Grund, warum ich mich noch länger für meine fehlgeschlagene Intervention genieren sollte«, setzt sie spürbar erleichtert hinzu. Ihrer Mentoringbeziehung habe die Situation wohl kaum geschadet. Im Gegenteil: In der Feedbackrunde nannte Herr Rutzika das gemeinsame Lernen sogar als besonderes Highlight ihrer Mentorinnentätigkeit. Und wer weiß, räsoniert Frau White abschließend, ob das ohne ihren Ausritt überhaupt möglich gewesen wäre, da sie üblicherweise immer viel Expertise liefere. »Fehler wird es immer geben«, erinnere ich uns in meinem Schlussstatement an eines der Prinzipien der Prozessberatung, »sie sind die wichtigste Quelle neuer Erkenntnisse« [Schein 1999].

Umsichtig eingesetzt, bringen Patenschaften aller Art zahlreiche Vorteile mit sich:

- Sie helfen, Kosten zu sparen, die durch traditionelle Formen des Ins-Boot-Holens (oder Nicht-ins-Boot-Holens) entstehen.
- Sie erhöhen die Bindung an das Unternehmen, indem neue Mitglieder von Anfang vernetzt und Talente gezielt gefördert werden.
- Sie tragen dazu bei, Unternehmen nach außen hin attraktiv zu machen.
- Sie ermöglichen allen Beteiligten, ihre sozialen Kompetenzen zu trainieren,
- Sie bieten die Möglichkeit, die eigenen Beratungsskills zu verbessern.
- Sie eröffnen dem Unternehmen neue Perspektiven der Zusammenarbeit, deren positiver Effekt weit über die einzelne Patenschaft hinausgeht.

13.3 Communities of Practice

Eine Community of Practice (CoP) ist eine Gruppe von Leuten, die ähnliches Wissen, ähnliche Fähigkeiten oder ähnliche Berufsrollen haben. Eine solche praxisbezogene Gemeinschaft, wie die etwas sperrige Übersetzung lautet, basiert auf einem gemeinsamen Fachwissen und dem Interesse, dieses systematisch auszubauen. Die Bildung solcher Gemeinschaften ist keineswegs auf agile Umfelder beschränkt, sondern scheint ein geradezu universelles Phänomen zu sein. So haben die Community-Gurus Jean Lave und Etienne Wenger ganz unterschiedliche Anwendungsgebiete untersucht wie etwa den Austausch mexikanischer Hebammen, die Wissensvermittlung afrikanischer Schneider oder die gemeinschaftliche Qualitätssicherung amerikanischer Fleischer [Lave & Wenger 1991].

In selbstorganisierten Unternehmen werden solche Gemeinschaften in den unterschiedlichsten Formen eingesetzt:

- Als sogenannte Brown-Bag-Sessions, bei denen sich Gleichgesinnte zu einer diskussionsfreudigen Mittagspause zusammenfinden.
- Als dezidierte Fachgruppentreffen, bei denen sich Experten in regelmäßigen Abständen bestimmten Themen widmen, Erfahrungen austauschen und einschlägige Tipps und Tricks vermitteln.
- Als virtuelle Interessengruppen, die für alle zugänglich sind.
- Als team- und bereichsübergreifende Expertengruppen, die bei der Musikplattform *Spotify* sogar zur grundlegenden Organisationsstruktur gehören.
- Als über die Grenzen einer einzelnen Organisation hinausführende Community-Veranstaltungen, bei denen zu einem bestimmten Fachgebiet oder einer Methode Impulse gegeben und Diskussionen geführt werden – etwa die von *InVision* in Düsseldorf veranstalteten *hafentalks*.

Die Scrum Clinic

Eine besondere Mischform von Mentoring und Community of Practice stellt die sogenannte Scrum Clinic dar. Die Grundidee ist so einfach wie attraktiv: Erfahrene Scrum-Coaches unterstützen weniger erfahrene Praktiker bei der Bearbeitung schwieriger Themen. Was lange Jahre ein fester Bestandteil großer Konferenzen wie der Scrum Gatherings war, findet mittlerweile auch in regionalen Community-Events und sogar virtuell statt. Unverändert sind die Basiselemente der Sammlung, der Auswahl und der Zuordnung von Themen zu bestimmten Coaches, Zeitfenstern und Räumlichkeiten, die bei großen Gruppen in Form eines sogenannten Marktplatzes visualisiert werden.

Abb. 13–2 *Parallele Beratungssessions auf einem Scrum Gathering*

→

Visualisierung ist auch das Stichwort für die eigentliche Beratungsarbeit. Ob diese Arbeit nun der Klinik-Metapher von Ärzten und Patienten, also dem Expertenparadigma, oder dem Paradigma der Prozessberatung folgt – spätestens am Ende sollten die aus Coachee- oder Menteesicht wichtigsten Erkenntnisse zusammengefasst und öffentlich gemacht werden. Auf diese Weise kann über die jeweilige Beratungsgruppe hinaus ein breiteres Publikum davon profitieren – was für Ratsuchenden und Ratgeber gleichermaßen interessant sein und durch eine gemeinsame Reflexion des Beratungsprozesses sinnvoll ergänzt werden kann.

All diesen Formen ist gemeinsam, dass sie drei Grundelemente kombinieren: ein soziales Netzwerk, ein bestimmtes Fachgebiet und die praktische Anwendung. Es liegt in der Natur der Sache, dass die konkrete Kombination dieser Elemente selbstorganisiert erfolgt. Statt hierarchischer Instruktion ist professionelle Moderation angesagt. Welche Rahmenbedingungen braucht es? Welche örtlichen, zeitlichen und technischen Strukturen werden geschaffen? Worauf wird im Ablauf geachtet? Welche Ergebnisse werden überhaupt angestrebt? Und wann ist die Veranstaltung ein Erfolg?

Gerade Letzteres ist oft schwer zu erfassen. Denn der Erfolg einer CoP hängt von den unterschiedlichsten Faktoren ab: einem klaren Zweck, der Motivation der Teilnehmenden, den zur Verfügung stehenden Ressourcen, dem organisatorischen Kontext und last but not least der schwierigen Balance von Raum geben und strukturell steuern. Mitunter führen selbst die besten Voraussetzungen nicht wirklich dazu, die Teilnehmenden zu inspirieren. Es werden nur einzelne Mitglieder aktiviert oder es bleibt bei oberflächlichem Austausch. Ganz abgesehen von der Unverbindlichkeit – Beispiel: ständiges Kommen und Gehen –, die es oft schwer macht, einen produktiven Rahmen zu gestalten.

Gelingt es, diese Gefahren in Schach zu halten, sind CoPs ein bewährtes Mittel, sowohl die persönliche als auch die professionelle Entwicklung zu fördern. Ihre Popularität erklärt sich auch dadurch, dass sie auf breiter Ebene die unternehmerische Leistungsfähigkeit fördern. Die Teilnehmenden schauen über den eigenen Tellerrand hinaus, tauschen wertvolles Anwenderwissen aus, entwickeln Ideen für neue Experimente und stärken die Lernkultur.

Der wirtschaftliche Wert des Austauschs

Wie beim Pairing ist auch der ökonomische Effekt von CoPs dokumentiert. Vor allem das historische Vorbild von Xerox wird hier gerne angeführt. Mitarbeiter des Xerox-Kundenservice haben nämlich bereits in den 1980er-Jahren damit begonnen, einander regelmäßig ihre Erlebnisse in diversen Feldeinsätzen zu berichten und Tipps und Tricks auszutauschen. Aus den informellen Frühstücks- oder Mittagsmeetings, in denen dieser Austausch ursprünglich stattfand, wurde schließlich das sogenannte Eureka-Projekt, in dem es um den Aufbau einer global verfügbaren Datenbank ging. Nach eigenen Angaben schätzt Xerox, dass die damit bewirkte fachliche Vernetzung dabei half, rund 100 Millionen Dollar an Reparaturaufwänden einzusparen – von der gesteigerten Kundenzufriedenheit durch effektiven Service ganz zu schweigen [Brown & Duguid 2000].

Obwohl sie informell und locker daherkommt, ist die Gestaltung einer CoP anspruchsvoll. Zuallererst gilt es, die Community so zu gestalten, dass sie sich möglichst natürlich entwickeln kann. Praxisgemeinschaften leben von ihrer besonderen Dynamik, die es mit sich bringt, dass sich die Teilnehmenden ebenso ändern wie die Erfahrungen, Interessenlagen oder Zielsetzungen. Dementsprechend stehen und fallen CoPs mit einem austauschorientierten Design.

Ein solches Design lebt vom offenen Dialog innerhalb der Community, aber auch von der Auseinandersetzung mit der Außenwelt. Auch wenn die Mitglieder die wichtigste Ressource einer CoP darstellen, hat es sich als nützlich erwiesen, immer wieder einmal Impulse von außen zu organisieren und über den eigenen Tellerrand hinauszublicken. Gleichzeitig lebt jede Community von abwechslungsreichen Diskussionsformen:

- Paargespräche oder Trios bieten einen geschützten Rahmen, um alle Beteiligten auf Betriebstemparatur zu bringen.
- Kleingruppen zu ausgewählten Aspekten eignen sich gut für eine gezielte Vertiefung.
- Interaktive Formen wie Galerien, Wanderausstellungen oder sogenannte Querschnittsgruppen helfen, auch Ergebnispräsentationen attraktiv zu gestalten [Kaltenecker 2015b, S. 198 ff.].
- World Café, Lean Coffee, Fishbowl-artige Diskussionen mit Innen- und Außenkreis sind bewährte Formate für den offenen Austausch zu fachlichen Themen.
- Der Einsatz kreativer Formen wie Graphic Recording, Sketches oder Videos bietet gute Alternativen zum großen Energieschwund, der fast unweigerlich auftritt, wenn eine Person redet und alle anderen nur zuhören.

Agiles Design bedeutet indes auch, unterschiedliche Formen der Beteiligung zuzulassen. Es geht um lose Kopplungen und nicht um formelle Bindungen. Das bringt es mit sich, dass einige Teilnehmer zumindest zeitweise deutlich engagierter sind als andere. Zudem ermöglicht die lose Kopplung den eher introvertierteren Personen, sich auf eine für sie stimmige Weise einzubringen – oder zurückzuhalten. Dennoch muss darauf geachtet werden, dass keine künstlichen Beteiligungsschwellen geschaffen werden, etwa durch einen bestimmten Jargon oder die von der Universität bekannten Phänomene von Bluff und Angst [Wagner 2002]. Nur der Vollständigkeit halber sei noch eine respektvolle Diskussionskultur erwähnt, bei der alle zu Wort kommen, ausreden können, gehört oder nonverbal durch direkten Augenkontakt und eine offene Körperhaltung bestärkt werden.

Die agile Ausrichtung legt zudem nahe, dass sich die Mitglieder in regelmäßigen Abständen mit der Qualität ihrer CoP beschäftigen. Prüfe und verändere, lautet die bekannte Zauberformel, die uns dazu anhält, den Wert unseres Tuns zu hinterfragen: Wie produktiv erleben wir die Auseinandersetzung? Was klappt gut? Worauf können wir weiter bauen? Womit kämpfen wir immer wieder? Und welche Verbesserungsmaßnahmen fallen uns dazu ein?

Ein wesentlicher Teil dieser Reflexionsschleife in eigener Sache ist auch die Prüfung des Rahmens. Das zielt auf die Optimierung der Moderation ab, aber auch auf die Häufigkeit und die jeweilige Dauer von CoPs. Damit die Gemeinschaft nicht zu einer hohlen Institution verkommt, sollte gemeinsam ein guter Rhythmus festgelegt und überlegt werden, was die Gestaltung möglichst lebendig halten könnte. Genauso wie bei anderen agilen Meetings sorgen die Rotation der Gastgeberschaft oder das gezielte Pairing von Moderatoren laufend für Abwechslung.

13.4 Fallberatung

Die sogenannte Fallberatung ermöglicht es uns, im Kollegenkreis schwierige Situationen zu bearbeiten, die nicht aufgrund fachlicher Herausforderungen, sondern aufgrund sozialer Dynamiken zustande kommen: beispielsweise durch einen persönlichen Konflikt von zwei Teammitgliedern, die einander nicht ausstehen können, durch die überkritische Haltung eines Produktverantwortlichen, durch die häufige Abwesenheit eines Managers, die durch überfallartige Einsätze kompensiert wird, oder die Uneinigkeit wichtiger Stakeholder, die dann individuell auf agile Teams zuzugreifen versuchen. Anders als CoPs konzentriert sich die Fallberatung oft auf die Untiefen von Kommunikation und Zusammenarbeit, die sich hinter solchen Phänomenen verbergen. Als solche kann sie auf eine lange Tradition im psychosozialen, insbesondere im supervisorischen Bereich zurückblicken, wird aber in den letzten Jahren auch verstärkt in Wirtschaftsunternehmen eingesetzt. Außerdem eignet sich die Fallberatung auch dazu, selbstorganisierte Unterstützung zu kultivieren.

Eine solche Fallberatung kann zwar im Rahmen vieler Formate, etwa auch als Teil eines Mentoring oder einer Community of Practice eingesetzt werden, da sie jedoch – wie wir gleich sehen werden – methodisch anspruchsvoller ist, empfehle ich ein eigenständiges Meeting.

Verdeckte Konflikte

Mitunter ist es für die Beteiligten alles andere als leicht, sich auf den Klärungsbedarf zu verständigen. Das ist in agilen Umfeldern nicht anders als in nicht agilen – wie das Beispiel der Designabteilung eines Automobilkonzerns zeigt, für den ich bereits öfters als Moderator tätig war. Dabei hätte ich die Randbemerkung der Abteilungsleiterin Sonja Weimar-Kober beinahe überhört. Immerhin ging es in unserem Gespräch doch um die Einführung eines Kanban-Systems für eine wertstromorientierte Steuerung (siehe Kap. 5) und nicht um den nebenbei erwähnten Konflikt mit dem Leiter des Fachbereichs, dem die Designabteilung zuarbeitete.

Dass meine Neugierde mich auf die richtige Spur brachte, zeigte Frau Weimar-Kobers Reaktion. Auf meine kurze Frage nach dem Hintergrund des Konflikts erntete ich einen langen Schwall an Erklärungen: dass die Zusammenarbeit mit dem Fachbereich seit Längerem im Argen liege, dass sie sich chronisch bevormundet fühle, dass die arrogante Haltung des Leiters auf die Mitarbeiter abfärbe und dass die bisherigen Verbesserungsversuche allesamt nichts gebracht hätten. Trotz ihrer emotional geprägten Rede war Frau Weimar-Kober anfangs nicht davon überzeugt, dass der Konflikt eine erfolgreiche Umsetzung des Kanban-Systems gefährde. Schließlich, so Frau Weimar-Kober, ginge es doch um die Verbesserung der Designprozesse. Es brauchte insgesamt drei Gesprächsrunden, an denen in der Folge auch die Teamleiter von Frau Weimar-Kober beteiligt waren, bis man einsah, dass die geplante klare Grenzziehung zum Fachbereich unmöglich ist. Das Transparent-Machen der laufenden Probleme, die durch die dysfunktionale Zusammenarbeit verursachten Blockaden und die Kosten, die sich aufgrund der fehlenden Lösungsorientierung ergaben, würden den Konflikt noch viel deutlicher zutage treten lassen. Diesen Konflikt methodisch zudecken zu wollen, würde sich jedenfalls rächen und führe mit viel Aufwand, wenn überhaupt, maximal zu einer lokalen Optimierung.

Was sind nun die Eckpfeiler der Fallberatung? Ich möchte Ihnen in diesem Abschnitt drei Ansätze vorstellen, die über klassische Diskussionsgruppen hinaus gehen: die Methode der kollegialen Fallarbeit, das Actstorming und die sogenannte Skalierungsmethode.

Die **kollegiale Fallarbeit** legt uns eine spezielle Schrittfolge nahe, wenn es um eine effektive Bearbeitung schwieriger Arbeitssituationen geht. Im Einzelnen sind das die folgenden Schritte [Tietze 2003]:

1. **Die Sicht des sogenannten Fallbringers (ca. 5 Minuten)**
   Der Fallbringer – also die Person, die eine Situation zur Verfügung stellt – schildert sein Problem und formuliert zum Abschluss seiner Ausführungen eine konkrete Frage. Die Gruppe der Kollegen, die sich des Falls annehmen, hört zu und unterbricht nicht. Stattdessen machen sich alle Notizen zu dem, was ihnen bei der Schilderung in den Sinn kommt, was sie empfinden oder wie sie den Fallbringer erleben.

2. **Verständnisfragen an den Fallbringer (ca. 5 Minuten)**
Die Gruppe kann in diesem Schritt Klärungsfragen stellen: Wie wirkt sich das geschilderte Problem aus? Welche Personen sind noch davon betroffen? Wie sieht der organisatorische Kontext aus? Was wurde bereits getan, um das Problem zu lösen? In dieser Phase geht es allerdings um sachliche Informationen und nicht um das Testen von Hypothesen oder Lösungsansätzen.
3. **Die Gruppe tauscht sich über den Fall aus (ca. 15 Minuten)**
Um die Gruppe ungestört arbeiten zu lassen, zieht sich der Fallbringer demonstrativ zurück, indem er seinen Stuhl zur Seite rückt. Sobald der Fallbringer Abstand gewonnen hat, beginnen die Kollegen ihre Eindrücke und Vermutungen auszutauschen. Jetzt können sie auch auf die Notizen zurückgreifen, die sie sich bei der initialen Fallbeschreibung gemacht haben. Was waren besonders starke Eindrücke? Welche Resonanz hat das Problem bei den Einzelnen ausgelöst? Was wurde gewissermaßen zwischen den Zeilen herausgehört? Worum könnte es noch gehen? Welche Ursachen werden vermutet?
Wesentlich ist, dass es in dieser Phase um den Austausch von Wahrnehmungen und Hypothesen geht und noch nicht um das Entwickeln von Lösungen. Es geht um Empathie, um ein Hineinversetzen und Nachvollziehen, aber auch um die Entwicklung verschiedener Betrachtungsweisen und Erklärungen. Dass die Fantasie bisweilen über das Ziel hinausschießt, gehört zu dieser Phase ebenso dazu wie überraschende Wendungen und schräge Perspektiven. Und dass zwischendurch gelacht wird, hat noch keiner Fallbearbeitung geschadet. Beratung ohne Humor ist bekanntermaßen witzlos.
Entscheidend bleibt, dass sich der Fallbringer in dieser Phase nicht einmischt. Selbst wenn die Gruppe offensichtlich auf falsche Annahmen baut und in sonderbare Richtungen abdriftet, muss er sich zurückhalten. Sich Notizen zu machen, kann hier ebenfalls als Ventil dienen, um nicht zu viel inneren Druck aufzubauen.
4. **Der Fallbringer nimmt Stellung (ca. 5 Minuten)**
Bevor die Gruppe die Lösungsarbeit in Angriff nimmt, gibt der Fallbringer Feedback zum bisher Gehörten. Auf Basis seiner Aufzeichnungen kann er jetzt Annahmen korrgieren und gegebenenfalls noch Informationen nachliefern. Darüber hinaus sollte er die Gruppe wissen lassen, was ihn bisher am stärksten angesprochen hat. Wie hat er die Beratung erlebt? Was hat ihn nachdenklich gemacht? Worüber hat er sich gewundert? Was ist ihm schon klarer geworden? Diese Feedbackschleife ist wichtig, weil sie dem Fallbringer Entlastung und der Gruppe Orientierung bietet.

5. **Die Gruppe arbeitet Lösungsvorschläge aus (ca. 15 Minuten)**
   Nachdem sich der Fallbringer wieder in seine Beobachtungsposition zurückgezogen hat, beginnt die Gruppe mit der eigentlichen Lösungsarbeit: Handlungsoptionen werden entwickelt, alternative Szenarien gesponnen, mögliche Werkzeuge sortiert oder Haltungsänderungen vorgeschlagen. In dieser Phase sollten die einzelnen Vorschläge weder bis ins Kleinste ausdiskutiert noch eine gemeinsame Strategie entworfen werden. Es geht um Lösungsreichtum und kreative Vielfalt.
6. **Schlussrunde (ca. 5 Minuten)**
   Nach Ablauf der Lösungszeit wird die Fallberatung gemeinsam ausgewertet. Zum einen kann der Fallbringer noch einmal Feedback darauf geben, welche Ideen ihn am stärksten angesprochen haben und welche Vorschläge er weiterverfolgen möchte. Zum anderen teilen die Gruppenmitglieder einander mit, was sie selbst aus der Beratung mitnehmen. Oft sind andere mit ähnlichen Problemen beschäftigt und profitieren vom Lösungsvorrat, den sie geschaffen haben.

   Abschließend können alle Beteiligten noch ein Feedback zur Qualität der Gruppenarbeit austauschen und mögliche Verbesserungsimpulse für Folgemeetings geben.

Für den Transfer schlage ich dem Fallbringer übrigens gerne vor, sich einen Kollegen zu nehmen, der die Umsetzungsschritte unterstützt. Eine solche Transferpartnerschaft bewährt sich umso mehr, als es am Ende einer intensiven Fallberatung meistens nicht möglich ist, einen genauen Aktionsplan festzulegen. Dazu muss man die mitunter recht aufwühlenden Ideen erst einmal setzen lassen und mit kühlem Kopf an die Sache herangehen. Das gelingt leichter, wenn einem ein Partner zur Seite steht – und man selbst in der Pflicht ist, die oft unangenehmen Schwierigkeiten tatsächlich in Angriff zu nehmen.

Die zweite Methode, die ich in diesem Rahmen vorstellen möchte, ist das sogenannte **Actstorming**. Wie der Name nahelegt, ähnelt dieser Ansatz dem Brainstorming, bei dem eine Gruppe assoziativ Ideen entwickelt. Im Actstorming geht es ebenfalls um spontane Assoziationen, der zentrale Unterschied liegt jedoch darin, dass diese nicht beschrieben, sondern vorgespielt werden, d.h., es wird gezeigt, wie die eigene Idee umgesetzt werden könnte. Nicht die theoretische Darstellung à la »Da könnte …«, »Und dann würde ich …«, »Man sollte aber …« etc. steht also im Zentrum, sondern die praktische Vorstellung: Welches Verhalten habe ich im Sinn? Wie würde ich nun konkret darauf reagieren? Wie formuliere ich meinen Einwand? Welche Worte wähle ich dafür? Was kommuniziere ich dazu auf der nonverbalen Ebene? Und wie gehe ich wiederum mit der Reaktion um, die all das in meinem Gegenüber auslöst?

Situative Verbesserung

Peter Larsen ist CEO eines mittelständischen Automobilzulieferers, der vor einem Jahr alle mittleren Managementpositionen abgeschafft hat. Jetzt setzt das Unternehmen, wie Herr Larsen das beschreibt, ganz auf die Intelligenz der knapp 100 Mitarbeiter. »Die wissen nämlich sehr gut, was zu tun ist. Fachlich sowieso, aber auch organisatorisch.« Das habe Herrn Larsen zufolge auch das erste Jahr »Freiflug« gezeigt. Seiner Ansicht nach war viel mehr Energie spürbar, die Leute hätten vor Ideen nur so gesprüht und auch vieles umgesetzt. Und das Beste sei, dass man dabei sogar den Umsatz um fast 10% gesteigert habe.

Dennoch, so Peter Larsens abschließende Bilanz, gebe es noch einiges zu tun – weswegen er ja auch mich um Unterstützung gebeten habe. Vor allem im Hinblick auf das Zwischenmenschliche sehe er Optimierungsbedarf bei Veränderungswünschen, die aus anderen Bereichen und natürlich auch von den Kunden kommen. Diese werden, wie Herr Larsen mehrfach selbst erlebt hat, reflexartig als Vorwürfe aufgenommen und mehr oder weniger aggressiv zurückgewiesen.

So entwickeln wir die Idee, das große Ziel »Selbststeuerungskultur fördern« auf kleine Experimente herunterzubrechen. Für die erste Etappe vereinbaren wir, alle interessierten Mitarbeiter zum Sammeln und Dokumentieren einschlägiger Situationen einzuladen. Wo treten Unstimmigkeiten auf? Wie konkret sehen die jeweiligen Fälle aus? Wer ist beteiligt? Worum geht es? Und welche Dynamik kommt dabei in Gang?

Wir sind nicht schlecht erstaunt, dass wir nach nur zwei Wochen auf eine Intranet-Sammlung von mehr als 20 Fällen blicken können. »Kunde X gibt kritisches Feedback«, »Kollege Y stellt die Qualität der übergebenen Arbeit infrage«, »Senior Developer Z arbeitet immer für sich allein«, sind einige markante Titel zu den gelieferten Beispielen. Wir beschließen, wie ursprünglich geplant, zu einem ersten Workshop einzuladen, bei dem es um die Bearbeitung der von den Teilnehmern priorisierten Situationen gehen soll. Methodisch setzen wir dabei auf eine Mischung von Feedbackübungen und einem fallorientierten Actstorming. Wie sich herausstellt, sprechen beide Interventionen die im Unternehmen großgeschriebene Experimentfreude und die Bereitschaft, voneinander zu lernen, sehr gut an.

Das stürmische Element beim Actstorming kommt dadurch ins Spiel, dass nicht nur eine Idee vorgeführt, sondern dass wir verschiedene, einander befruchtende Ansätze zu sehen bekommen. Darin ähnelt das kleine Actstorming ebenfalls dem großen Bruder des Brainstormings. Um die Kreativität zu fördern, können Szenarien wie im Video beliebig vor- oder zurückgespielt werden. Auf diese Weise sehen wir unterschiedliche Varianten des Einstiegs, der wichtigsten Argumentationen oder der abschließenden Vereinbarungen zu schwierigen Gesprächen.

Damit Actstorming gelingen kann, braucht es zumindest vier Dinge:

1. **Ein konkretes Szenario**
   Worum soll es gehen? Welche Herausforderung steht im Zentrum? Wie sieht der Kontext aus, der hierbei zu beachten ist? Und ist dieser Fall wirklich für ein Actstorming geeignet – oder wäre es besser, eine andere Beratungsmethode zu wählen?
2. **Ein angemessenes Design**
   Beim Actstorming kommen wir um Rollenspiele nicht herum. Eine Bühne muss eingerichet, ein Protagonist gefunden, ein Zeitrahmen festgelegt und der Ablauf vereinbart werden. Das impliziert Interaktionsdynamiken, die zwangsläufig unberechenbar sind. Mitunter können diese Dynamiken recht intensiv sein, weswegen der Moderator dafür sorgen sollte, den Beteiligten einen guten Ausstieg aus den jeweiligen Szenen zu ermöglichen. Eine gezielte Befragung zum Erleben, ein sorgsames Abholen und Zurückführen des Spielenden oder ein kurzes Ausschütteln sind bewährte Rituale dafür.
3. **Eine gewisse Vertrautheit mit der Methode**
   Wenn die Beteiligten noch niemals zuvor eine Lernbühne betreten haben, mit dem Vorspielen bzw. Beobachtetwerden nicht vertraut sind oder sich mit dem Geben und Annehmen von Feedback schwer tun, kann der geplante Sturm leicht zum lauen Lüftchen verebben.
4. **Eine experimentierfreudige Lernkultur**
   Wenn sich die Leute nicht zu exponieren trauen, weil abfällige Reaktionen befürchtet werden, macht Actstorming wenig Sinn. Dann ist wohl eher eine Auseinandersetzung mit dem Thema Vertrauen angesagt als eine Fallberatung.

Nachdem ein Fall ausgewählt wurde, braucht es eine Bühne, auf der dieses Szenario nachgestellt werden kann, sowie einen Bereich, in dem die Beobachter und potenziellen Actstormer sitzen. Es ist wichtig, im Actstorming vornehmlich auf kleine Szenarios zu fokussieren, beispielsweise Einzel- oder Teamgespräche, außerdem sollte die Gruppe nicht zu groß sein, damit sich die Energie nicht verliert. Je besser wir uns konzentrieren – etwa auf ein Totschlagargument in einer Diskussion, Widerstand gegen geplante Veränderungen oder einen offenen Konflikt zwischen zwei Personen –, umso präziser sind die Ideen der verschiedenen Actstormer.

In jedem Fall ist es wichtig, dem Sturm eine gewisse Zeit zu geben, damit er seine Kraft entfalten kann. Üblicherweise dauert es ein wenig, bis die Teilnehmenden ihre Ideen ausprobieren, sich wechselseitig inspirieren lassen und Gefallen am Lösungsspiel finden. Alle, die sich nicht auf der Bühne aufhalten, sollten sich zu jeder Situation Notizen machen. Andernfalls können wir am Ende nicht auf alle irrelevanten Beobachtungen zurückgreifen, sondern nur auf die jeweils frischesten Eindrücke.

Um die finale Auswertung möglichst produktiv zu gestalten, können wir auf das Feedback der Beobachtenden sowie auf die Wahrnehmungen der Beteiligten setzen. Gerade die Eindrücke eines schwierigen Gesprächspartners können erhellend sein: Was ist ihm besonders aufgefallen? Welche Situationen waren herausfordernd? Wo ist etwas in Bewegung geraten? Und was wollte das jeweilige Gegenüber überhaupt erreichen?

Wie im klassischen Rollenspiel ist es im Actstorming durchaus sinnvoll, den Fallbringer in die Rolle des Antagonisten schlüpfen zu lassen. Auf diese Weise erhellen sich oft die Motive und Gefühlswelten, die einem als Protagonisten unverständlich erscheinen. Außerdem bringt es nicht selten eine gewisse Entlastung mit sich, in die Rolle des anderen zu schlüpfen: »Endlich einmal wie ... sein dürfen!«

»Wenn es nicht kaputt ist, dann repariere es auch nicht«, rät uns Jürgen Hargens [Hargens 2000]. Was natürlich die Frage aufwirft, wann etwas als kaputt anzusehen ist. Solche Fragen führen mitunter zu langen Debatten. Wer seine Zeit lieber produktiver einsetzt, der kann auf eine pragmatische Alternative zurückgreifen – die sogenannte **Skalierungsmethode**. Dabei kann man sich grob an folgendem Ablauf orientieren:

1. **Eine konkrete Frage**
   Geben Sie dem Fallbringer die Möglichkeit, sich auf ein Anliegen zu fokussieren. Beispielsweise: Wie geht es dem Team mit ...? Wie fit ist unser Bereich in Bezug auf ...? Wie gut ist unsere Ausrichtung auf ...? Sobald eine Situation identifiziert ist, die für verbesserungswürdig gehalten wird, sind wir schon im Rennen.
2. **Eine einfache Skala**
   Zeichnen Sie auf einem Flipchart oder einem Whiteboard eine Linie, die Sie mit Zahlen von 1 bis 10 versehen. Also etwa so:

   ----

   1 2 3 4 5 6 7 8 9 10

   Verwandeln Sie die Linie in eine Skala, in dem Sie 1 als »total kaputt« und 10 als »völlig in Ordnung« festlegen.
3. **Eine intuitive Einschätzung des Fallbringers**
   Lassen Sie den Fallbringer auf dieser Skala einschätzen, wo er die von ihm fokussierte Situation einordnen würde.
4. **Eine ressourcenorientierte Erkundung**
   Angenommen, der Fallbringer legt sich auf eine 4 fest. Wie hat er es geschafft, auf diese 4 zu kommen? Was hat er alles dafür getan? Was ist ihm gelungen? Worauf kann er bauen? In dieser Phase erkundet die Gruppe, was hinter der Zahl steckt – und macht dem Fallbringer deutlich, was er trotz allem bereits geschafft hat.

5. **Die Erkundung möglicher Verbesserungsschritte**
   Nach einem solchen ressourcenorientierten Start sollten wir uns die Frage stellen, was den Fallbringer denn einen Schritt weiterbrächte. Was müsste passieren, damit er von einer 4 auf eine 5 kommt? Was könnte er konkret tun, um das zu ermöglichen? Welche der bisher erfolgreich eingesetzten Ressourcen könnte er noch stärker mobilisieren? Und welche neuen Aktionen fallen den Beratenden ein?
6. **Die Definition eines konkreten Verbesserungsschritts**
   Die skalenorientierte Fallberatung wird damit abgeschlossen, dass der Fallbringer die Maßnahme auswählt, die ihn am meisten anspricht, und einen Aktionsplan skizziert. Für die Umsetzungsphase hat es sich bewährt, einen Kollegen um Unterstützung zu bitten.

So weit, so gut. Aber lohnt sich der Aufwand? Was bringt es, auf kollegiale Fallberatung zu setzen? Diese wertkritischen Fragen möchte ich wie folgt beantworten:

- Kollegiale Beratung verbessert das Verständnis schwieriger Situationen, die in der Zusammenarbeit unweigerlich auftreten.
- Sie bietet einen geschützten Rahmen, um gemeinsam Lösungen für komplexe Kommunikationsprobleme zu entwickeln.
- Sie stärkt das Verantwortungsgefühl für soziale und emotionale Herausforderungen, die untrennbar mit unseren fachlichen Leistungen verbunden sind.
- Sie hilft Betroffenen, Abstand zu einer potenziell belastenden Situation zu gewinnen.
- Sie ermöglicht kreative Interaktionen und hilft allen Beteiligten, auf neue Ideen zu kommen.
- Sie fördert eine Kultur des Vertrauens und Anvertrauens.
- Sie fokussiert auf Fehler und Schwächen jenseits von Vorwurf und Rechtfertigung.
- Sie zeigt Stärken und Ressourcen auf.
- Sie stärkt die Fähigkeit zu professionellem Coaching.

Abschließend möchte ich noch einmal das Motto in Erinnerung rufen, das für alle Formen der Fallberatung gültig ist: Hilfe zur Selbsthilfe. Wie jede andere professionelle Beratungsform ist auch das kollegiale Coaching dazu da, die Selbstverantwortung zu stärken. Selbst die nettesten Kollegen werden Ihnen Ihre Probleme und deren Lösung nicht abnehmen.

Zwischendurch kann man sich selbst alleine dadurch helfen, dass man sich Zeit für eine eingehendere Analyse nimmt. Ein entsprechend gewichtiges Problem vorausgesetzt, kann dafür ein differenziertes Vorgehen nicht schaden. Diesbezüglich könnte Ihnen der folgende Leitfaden auf die Sprünge helfen.

Ein kurzer Leitfaden zur Selbstbefragung

- Was genau ist bisher passiert?
- Was daran sehe ich als problematisch?
- Welche Lösungen habe ich bereits versucht?
- Was gelang? Was nicht?
- Welche überraschenden oder sogar verrückten Lösungsmöglichkeiten fallen mir ein?
- Was würde ich einer Kollegin oder einem Kollegen in einer ähnlichen Situation raten?

Eine derartige Selbstbefragung lässt sich mit jeder kollegialen Beratungsmethode kombinieren – sei das nun im Pairing, Mentoring, beim fachlichen Austausch oder in der Fallberatung. Sie kann ein Katalysator für eine eingehendere Auseinandersetzung mit einem Mentor sein, sie kann der Anlass dafür sein, sich an einen Kollegen zu wenden, um ein Problem durchzusprechen, und sie kann in Gruppen dazu eingesetzt werden, überhaupt einmal Fälle zu erheben. Dazu halten alle Teilnehmenden Stichworte zu der von ihnen gewählten Arbeitssituation fest und präsentieren einander ihre Skizzen. Danach trifft die Gruppe gemeinsam eine Entscheidung, auf welchen Fall sie sich konzentrieren möchte.

Was Sie aus diesem Kapitel mitnehmen können

Kollegiale Beratung gehört zu den Herzstücken selbstorganisierter Unternehmenskulturen. In diesem Kapitel haben Sie erfahren, warum das so ist und welche Formate Sie dafür einsetzen können. Dabei liegt der Fokus auf vier Formaten:

1. Das sogenannte Pairing, bei dem zwei Fachleute sich gemeinsam auf eine bestimmte Arbeit konzentrieren.
2. Das Mentoring, in dem weniger die fachliche als die soziale Unterstützung im Zentrum steht.
3. Die Communities of Practice, die inhaltlichen Austausch und soziale Vernetzung ermöglichen.
4. Die Fallberatung, bei der es um eine supervisionsartige Auseinandersetzung mit schwierigen Arbeitssituationen geht.

Einige Fallbeispiele zeigen, wie effektive Unterstützung jenseits von Hierarchie oder Funktionsgrenzen funktioniert.

14 Kollegiales Feedback

»Spieglein, Spieglein an der Wand, wer ist die Schönste im ganzen Land?«, pflegt die böse Königin in *Schneewittchen* zu fragen. Es scheint, dass ein bisschen Märchenhaftes auch in unserer agilen Geschäftswelt steckt. Denn wir haben ebenfalls ein Spieglein, das uns sagt, wie schön unsere Arbeit läuft. Tatsächlich haben wir sogar mehrere solcher Spiegel – zumindest wenn wir bereit sind, die verschiedenen Formen von Produkt-, Anwender- und Prozessfeedback als solche gelten zu lassen.

Leider können wir uns nicht auf märchenhaften Zauber verlassen, um zu Feedback zu kommen. Deswegen investieren wir in Design Thinking, visualisieren unsere Arbeitssysteme, sorgen für ein transparentes Management und nutzen schlanke Meetings sowie ausgewählte Messungen. Agile Vordenker wie Don Reinertsen, David Anderson oder Eric Ries betonen die Bedeutung kurzer Feedbackschleifen [Reinertsen 2009; Ries 2011; Anderson 2011]. Ob das nun der Zyklus Bauen – Messen – Lernen des Lean-Startup-Ansatzes, das evolutionäre Veränderungsmanagement mit Kanban oder das iterative Framework von Scrum ist – stets geht es darum, die richtigen Entscheidungen zu treffen, indem wir den tatsächlichen Wert unserer Produkte und Leistungen validieren. Dafür erforschen wir die Erlebniswelt von Kunden, leiten daraus Geschäftsoptionen ab, limitieren unseren Work in Progress, stimmen uns regelmäßig über unseren Arbeitsfluss ab, holen Rückmeldungen von unseren wichtigsten Stakeholdern ein und versuchen, daraus die richtigen Schlüsse zu ziehen. Die Entscheidungen, die wir darauf aufbauen, schließen die Schleife – bevor wir mit neuen Daten eine weitere Schleife eröffnen. Douglas Hofstadter drückt das so aus: »Du triffst Entscheidungen, handelst, beeinflusst die Welt, bekommst Rückmeldung von dieser Welt, machst dir diese zu eigen, bevor das aktualisierte 'Du' weitere Entscheidungen trifft und so weiter, rund herum« [Hofstadter 2007, S. 193]. Auf diese Weise halten wir unsere Systeme fit und unser Business gesund. Frei nach dem Motto: *A loop a day keeps the trouble away.*

Abb. 14–1 *Ein einfaches Erfolgsrezept*

Freilich können wir uns damit ein paar unangenehme Fragen nicht ersparen. Lernen wir denn wirklich etwas aus unseren Feedbackschleifen? Treffen wir dadurch bessere Entscheidungen? Optimieren wir unsere Systeme kontinuierlich? Und ist jedem in diesem System klar, was sie oder er dazu beitragen muss?

Meine eigene Arbeit in den verschiedensten Unternehmen nährt gewisse Zweifel. Messungen und Meetings allein, so die Beobachtung, sind nicht genug. Zumeist drehen sich die Feedbackschleifen, die ich sehe, sehr stark um die Sammlung von Daten: sowohl quantitative Daten zu unserer Systemleistung oder zum Verhalten unserer Kunden als auch qualitative Daten zur Teamarbeit oder zum Nutzen, den Anwender tatsächlich realisieren. Gleichzeitig bin ich unsicher, wie viel die Leute tatsächlich mit diesen Daten anfangen: Welche Einsichten leiten die Experten daraus ab? Wie klar ist jedem Einzelnen, was er oder sie anders machen muss, damit etwas besser werden kann? Was können wir daraus über die notwendige Verbesserung unseres Arbeitsmanagementsystems lernen? Und wie sorgen wir dafür, dass wir unser Lernen in gezielte Maßnahmen transferieren und diese konsequent umsetzen?

Vor allem die letzte Frage zielt auf das ab, was ich bei vielen Verbesserungsstrategien vermisse: die Bereitschaft, Feedback auch ganz persönlich zu nehmen. Genauer gesagt: die Bereitschaft, Feedback zu unserem System durch kollegiales Feedback zu ergänzen. Denn wer sieht besser als meine Kollegen, was ich im Arbeitsalltag gut und nicht so gut mache? Wer ist nahe genug an mir dran, um mein Verhalten und dessen Konsequenzen zu beobachten? Und wer kann mir dementsprechend am besten dabei helfen, meine Stärken möglichst gut einzusetzen und mich in bestimmten Bereichen gezielt weiter zu verbessern?

Wir wissen, dass wir ohne Messungen und Meetings nicht gut lernen können. Die Erfahrung zeigt allerdings, dass wir vieles messen und besprechen, ohne etwas dabei zu lernen. Wenn wir eine Kultur kontinuierlicher Verbesserung schaffen wollen, brauchen wir mehr als leistungsbezogene Daten und aufgabenorientierte Abstimmungen. Henry Fords berühmte Klage über die ganze Person, die an dem Paar Hände hängt, das er für die Produktion braucht, mag uns daran erinnern, dass es in der Wissensarbeit ebenfalls um mehr als um Gehirne geht. Ob uns das nun gefällt oder nicht, hängt ebenfalls eine ganze Person dran – eine Person mit ganz bestimmten Verhaltensmustern, Bewusstheitsgraden, Emotionen und Bedürfnissen, die den Lernerfolg wesentlich beeinflussen.

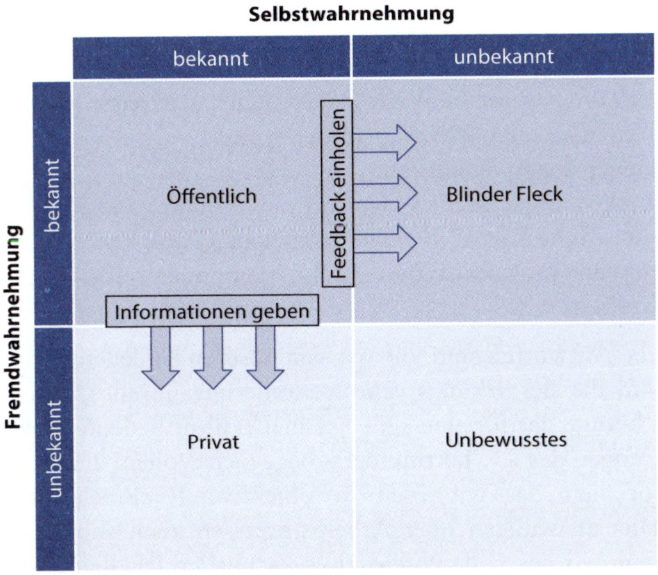

Abb. 14–2 *Adaptierte Version des Johari-Fensters [Luft & Ingham 1955]*

Mit einer adaptierten Version des bekannten Johari-Fensters lässt sich gut darstellen, warum wir persönliches Feedback brauchen, wenn wir ein solches Lernen fördern wollen [Luft & Ingham 1955]. Wie Abbildung 14–2 zeigt, geht es dabei um die Begegnung von zwei Personen. Aus der Selbst- und Fremdwahrnehmung und dem, was den beiden Personen jeweils bekannt bzw. unbekannt ist, ergeben sich vier typische Quadranten: das Öffentliche, also das, was mir selbst und meinem Gesprächspartner bekannt ist; das Private, das naheliegenderweise nur mir bekannt ist; das Unbewusste, das uns beiden unbekannt ist; sowie der blinde Fleck, der mir ebenfalls unbekannt, dem anderen aber bekannt ist.

Das Fenster unterstreicht zumindest zwei für jede Interaktion wesentliche Aspekte: Erstens geht es um die gezielte Ausweitung des öffentlichen Quadranten, der zu Beginn zwangsläufig relativ klein ist, und zweitens gibt es immer einige Aspekte in unserem Verhalten, die uns nicht oder nicht vollständig bewusst sind. »Ich seh'etwas, was du nicht siehst« könnte die Formel dafür lauten, dass andere Personen Dinge wahrnehmen, die uns selbst verborgen bleiben. Dieser blinde Fleck kann dazu führen, dass Selbst- und Fremdeinschätzung deutlich auseinanderklaffen. Dass rund 80 % aller Führungskräfte meinen, dass sie zu den 20 % mit der besten Performance gehören, ist bloß eine kuriose Variante dieses Auseinanderklaffens [Ortmann 2011].

Glücklicherweise sind wir nicht zur Blindheit verdammt. Unser blinder Fleck ist zwar uns selbst unbekannt, andere kennen ihn aber sehr wohl. Persönliches Feedback von Kollegen, die intensiv mit uns zusammenarbeiten, kann diesen Fleck erhellen und den öffentlichen Bereich gemeinsamen Wissens und wechselseitigen Verständnisses ausbauen. Während es uns freisteht, diesen Bereich durch Informationen über unser Privatleben selbst zu vergrößern, brauchen wir andere, um mehr über das Kaleidoskop unserer Stärken und Schwächen zu erfahren:

- Welche Verhaltensweisen soll ich beibehalten? Was passt gut? Was schätzen meine Kollegen an mir? Wovon profitieren sie?
- Was könnte ich sogar verstärken?
- Was sollte ich weniger oder weniger oft tun? Womit ganz aufhören?
- Womit sollte ich beginnen? Welche zusätzlichen Fähigkeiten brauche ich?
- Worauf muss ich in Zukunft besser achten, um mich selbst und unsere Teamarbeit zu verbessern?

Je ähnlicher die Antworten sind, die wir von unseren Kollegen bekommen, desto kraftvoller sind die Bestärkungs- und Veränderungsimpulse, denen wir folgen können. Was könnte das für eine agile Feedbackkultur bedeuten, mit der wir den Herausforderungen des 21. Jahrhunderts begegnen wollen? Für mich persönlich bedeutet es vor allem, dass wir abseits der objektiven Rückmeldungen zu unseren Produkten, Dienstleistungen oder Arbeitsprozessen auch subjektives Feedback brauchen. Wenn wir das volle Potenzial von schnellen Feedbackschleifen nutzen wollen, müssen wir genauer auf die einzelnen Leute und deren Verhalten schauen. Weder dürfen wir gute Arbeit für selbstverständlich nehmen oder positives Feedback auf rhetorische Anerkennungsformeln (wie »gut gemacht« oder »super Job!«) reduzieren. Noch sollten wir kritischem Feedback ausweichen, nur weil es vielleicht unangenehm ist. Akio Toyoda, Chief Executive Officer des japanischen Automobilkonzerns Toyota, formuliert das folgendermaßen: »Wenn wir den Leuten nicht akkurates Feedback zu ihrem tatsächlichen Verhalten geben, kommen diese nicht weiter und wir respektieren sie auch nicht« [Liker & Convis 2011, S. xii].

Professionell eingesetzt, hat das persönliche Feedback, das wir von Kollegen erhalten, viele Vorteile. Zuallererst bringt es natürlich dem Empfänger etwas:

- Sie/er fühlt sich respektiert und anerkannt: Sie/er ist es wert, dass man sich näher mit ihr oder ihm auseinandersetzt.
- Sie/er erfährt, wie andere die eigenen Stärken und Talente wahrnehmen.
- Sie/er lernt mehr über fragwürdige Aspekte des eigenen Verhaltens.
- Sie/er bekommt Anregungen, um sich weiterzuentwickeln.
- Sie/er fühlt sich motiviert, konkrete Verbesserungsschritte in Angriff zu nehmen.

Zweitens hat kollegiales Feedback positive Auswirkungen auf die jeweilige Arbeitsbeziehung:

- Es macht unterschiedliche Erfahrungen explizit,
- verstärkt die Zusammenarbeit,

- fördert die Bereitschaft, sich wechselseitig in die Pflicht zu nehmen,
- klärt unterschiedliche Ansichten und
- verstärkt das Vertrauen ineinander.

Drittens profitiert das Unternehmen folgendermaßen vom kollegialen Feedback:

- Individuelles Verhalten, Teamdynamik und die Leistung des Gesamtsystems werden miteinander verbunden.
- Die Deutung gleiche welcher Informationen fällt leichter.
- Unternehmerisch bedeutsame Fähigkeiten werden bestärkt.
- Verbesserungsmaßnahmen, von denen die ganze Organisation profitiert, werden gefördert.
- Kontinuierliche Verbesserung wird auf den verschiedensten Ebenen kultiviert.

In den meisten Unternehmen ist allerdings weder das Geben noch das Nehmen von kollegialem Feedback eine Selbstverständlichkeit – auch in selbstorganisierten nicht. Scrum Master fürchten sich bisweilen davor, verschiedene Perspektiven einzuholen, Produktverantwortliche verbergen ihre tatsächlichen Eindrücke, Teammitglieder leiden an unausgesprochenen Erwartungen, Kanban-Experten fokussieren zu sehr auf technische Aspekte, Manager verstecken sich hinter Ritualen und Ähnliches mehr.

Nun ist es ja keineswegs so, dass wir nichts über das Was, Wie und Warum von persönlichem Feedback wissen. Es gibt tonnenweise Richtlinien, Regeln und Werkzeuge dazu. Wenn ich allerdings in Unternehmen schaue, sehe ich selbst in agilen Umfeldern einen großen Unterschied zwischen Wissen und Tun. Wir wissen, dass persönliches Feedback wichtig ist, wir wissen, worauf wir achten müssen, wir wissen vielleicht sogar, wie wir es in unserem Kontext konkret anwenden könnten – und doch setzen wir persönliches Feedback viel zu wenig ein und wenn, dann oftmals nicht richtig.

Warum haben wir damit solche Schwierigkeiten? Einerseits fehlt es oft an Vetrauen und Sicherheit. Die Rahmenbedingungen stimmen nicht, sodass sich Leute bedeckt halten, weil sie negative Konsequenzen befürchten. Teams gehen in die Defensive, weil Offenheit mit zu viel Risiko verbunden scheint. Ja mitunter gehört das taktische Verhalten zum kulturellen Selbstverständnis, da Ehrlichkeit verborgene Interessen gefährden würde. Doch auch in Unternehmen, in denen die Mitarbeiter offen sind, wo ein kritisch-wertschätzendes Klima herrscht und Führungskräfte die ehrliche Auseinandersetzung fördern, sind wir oft mit einem großen Defizit konfrontiert: Es fehlt uns schlicht und ergreifend an Übung. Es fehlt uns an Erfahrung, die nur durch kontinuierliche Wiederholung wachsen kann: durch den regelmäßigen Austausch von Wahrnehmungen, regelmäßiges Feedback zur Qualität dieses Austauschs und eine schrittweise Verbesserung.

Wenn wir schließlich zu üben beginnen, stellt sich rasch heraus, dass die Einführung kollegialer Feedbackschleifen mehr als technische Veränderungen mit sich bringt. Sie fordert eine sukzessive Änderung unseres Verhaltens, unserer Einstellung und unseres Könnens.

Feedback geben	Wie?	Warum?
Persönlich	Ich rede über meine subjektiven Eindrücke.	Ich gebe nur (m)eine Perspektive wieder.
Beschreibend	Ich rede über konkrete Ereignisse, nicht über allgemeine Gefühle oder Bewertungen.	Es so nachvollziehbar wie möglich machen.
Zeitnah	Möglichst unmittelbar nach den Ereignissen, auf die sich mein Feedback bezieht.	Verständnis und Lernen erleichtern.
Anbietend	Das ist eine Perspektive, aber es gibt sicher noch andere.	Respekt zeigen, selbst wenn man nicht einer Meinung ist.

Tab. 14–1 *Professionelles Geben von Feedback*

Feedback annehmen	Wie?	Warum?
Aktives Zuhören	Genau zuhören, paraphrasieren, zusammenfassen.	Die volle Botschaft verstehen.
Klärend	Fragen stellen.	Verständnis und Lernen erleichtern.
Verdaubar	Ich unterscheide zwischen dem Verstehen und dem Verarbeiten von Feedback.	Nicht unter Druck geraten und sich für ein bestimmtes Verhalten rechtfertigen.
Wertschätzend	Mich dafür bedanken, dass mir der andere mit seinem Feedback helfen will.	Die Zeit und Aufmerksamkeit des Feedbackgebers anerkennen.

Tab. 14–2 *Professionelles Annehmen von Feedback*

Immerhin sind das Geben und das Nehmen von professionellem Feedback, wie die Tabellen 14–1 und 14–2 examplarisch zeigen, anspruchsvolle Aufgaben:

- Wir sollen Feedback persönlich nehmen.
- Wir wollen einander dabei helfen, die Auswirkungen unseres Verhaltens besser zu verstehen.
- Wir spechen in »Ich«-Botschaften darüber, wie wir vom anderen inspiriert, ermutigt, vor den Kopf gestoßen oder verärgert wurden.
- Wir nennen konkrete Beispiele, rufen Ereignisse in Erinnerung, erzählen Erfolgsgeschichten, untersuchen aber auch Misserfolge.
- Wir machen uns selbst angreifbar, wenn wir mehr darüber in Erfahrung bringen, wie wir wahrgenommen werden.
- Wir stellen klärende Fragen, um auch das zu verstehen, was uns bisher nicht oder nicht ausreichend klar war.
- Wir begreifen unsere Feedbackgespräche als gemeinsame Forschungsreise und nicht als einseitige Beurteilung.

- Wir trauen uns, konkrete Tipps und Ratschläge zu geben, zu Verbesserungsexperimenten zu animieren und dabei zu helfen, diese erfolgreich im Arbeitsalltag umzusetzen.

Es sollte nicht weiter überraschen, dass wir diese Potenziale kaum auf dem klassischen Weg von alljährlichen Mitarbeitergesprächen, anonymisierten 360-Grad-Einschätzungen oder wettbewerbsorientierten Assessments realisieren können. Wenn wir persönliches Feedback zu einem Zusatzmotor kontinuierlicher Verbesserung machen wollen, können wir dieses Feedback nicht auf hierarchische Beziehungen oder standardisierter Einschätzungen reduzieren. Wir brauchen andere Formate, um vertrauensvollen Austausch und wechselseitige Hilfe zu fördern.

Wie können solche Formate nun aussehen? Was brauchen wir, um kollegiale Rückmeldungen zur Routine zu machen? Wie lässt sich eine Art von Peer-Feedback-Kata schaffen? Wie uns die Coaching-Kata des *Toyota*-Produktionssystems vor Augen führt [Rother 2009], ist persönliches Feedback umso wirksamer, je zeitnäher und alltagsbezogener es gegeben wird. Warum sollten wir also darauf warten, gute Ideen wertzuschätzen, positive Entwicklungsimpulse anzuerkennen, negatives Verhalten offen anzusprechen oder Fehler gemeinsam zu bearbeiten, bis uns eines der unten beschriebenen Formate dazu einlädt? Zweifellos wollen wir kollegiales Feedback zu einem festen Bestandteil unseres Arbeitsalltags machen. Leider müssen wir uns in den allermeisten Fällen eingestehen, dass es sich dabei eher um die Champions League als um Volkssport handelt. Obwohl mittlerweile viele Experten im agilen Umfeld gute Erfahrungen mit kollegialem Wissensaustausch in Form von Pairing, Communities of Practice oder Lean Coffees machen [Kaltenecker 2015b, S. 202], sollten wir auf ein gezieltes Training unserer Feedbackkompetenzen nicht verzichten. Wir brauchen regelmäßige Übungsgelegenheiten, um Feedback richtig einzusetzen und uns wechselseitig effektiv zu unterstützen.

Im Folgenden werden acht konkrete Methoden beschrieben, wie wir solche Gelegenheiten gestalten können. Am Anfang stehen relativ einfache Möglichkeiten, um die Hemmschwelle zu überwinden und alle Beteiligten mit kollegialem Feedback vertraut zu machen. Die in der Folge beschriebenen Varianten erlauben es, den persönlichen Austausch zu intensivieren. Abgeschlossen wird der Reigen von einigen Methoden, die auf volle Transparenz und damit auf die Bereitschaft bauen, persönliche Entwicklungsprozesse offen im gesamten Team zu thematisieren.

Um Verständnis und Einsatzbarkeit zu fördern, sind alle Ansätze in derselben Struktur beschrieben. So gibt es jeweils eine Spalte zum Zeitbedarf und Inhalt, zu den Rahmenbedingungen sowie zu den Zielen jedes Moderationsschritts, die wiederum von oben nach unten chronologisch geordnet sind. Zudem werden die möglichen Ausgangssituationen, Dynamiken und Ergebnisse anhand ausgewählter Fallbeispiele skizziert.

14.1 Eine besondere Visitenkarte unseres Kollegen

Die erste Methode, die ich vorstellen möchte, habe ich unter anderem bei einer Serie von drei Teamentwicklungsworkshops für ein österreichisches Versicherungsunternehmen eingesetzt. Dieser Workshop war der Auftakt eines längerfristigen Prozesses, in dem es um die Einführung agiler Produktentwicklung ging. Da sie früher in unterschiedlichen Komponententeams eingesetzt waren, kannten sich die Mitarbeiter der neu zusammengesetzten Feature-Teams nur wenig. Dementsprechend lautete das bewusst doppeldeutige Motto »Zusammen wachsen/Zusammenwachsen«.

Mit dem Bereichsleiter Harald Gmeiner definierte ich vier Teilziele für die Workshops:

1. Einander kennenlernen
2. Individuelle Potenziale ausloten
3. Erwartungen klären
4. Eine gemeinsame Team-Charter erstellen

Als Moderator wollte ich gleich zu Beginn für eine aufgelockerte Stimmung sorgen. Statt einer formalen Vorstellungsrunde lud ich die Teammitglieder dazu ein, spezielle Visitenkarten zu gestalten – allerdings nicht für sich selbst, sondern füreinander. Damit sollte von Anfang an auf wechselseitige Kommunikation und Vernetzung gesetzt werden und nicht auf individuelle Präsentationen. Gleichzeitig wollte ich die Aufmerksamkeit auf Dinge lenken, auf die das Team bauen konnte – und diese visuell verankern. Tabelle 14–3 fasst zusammen, wie ich diese Sitzung gestaltet habe.

Zeit	Inhalt	Struktur	Ziel
10–15 Min.	■ A3- oder A4-Blatt für jedes Teammitglied zur Verfügung stellen und im Raum verteilen ■ Dazu einladen, für jeden Kollegen eine Visitenkarte zu erstellen, indem positive Stichwörter zu Erfahrungen, Höhepunkten, Erfolgen oder Stärken festgehalten werden. ■ Eventuell einen speziellen Fokus definieren, z.B. »Welche Stärken zeichnen unseren Kollegen aus?«	■ Galerie ■ Selbstorganisiertes Schreiben	Bewegung und positiven Fokus kombinieren
1–2 Min. für jeden	Gemeinsamer Galerie-Besuch, bei dem jeder Visitenkarte Aufmerksamkeit geschenkt wird – am besten, indem jeder die Stichwörter präsentiert, die sie oder er geschrieben hat.	■ Galerie-Besuch ■ Zeitbegrenzung für die Präsentation	■ Positive Akzente setzen ■ Gleiche Aufmerksamkeit für alle
5–10 Min.	Allen Vorgestellten die Möglichkeit zu einem kurzen Kommentar oder Ergänzungen geben.	Individuelle Kommentare	Resonanz ermöglichen

Tab. 14–3 *Moderationsdesign für »Besondere Visitenkarten«*

Die Visitenkartenübung ist vor allem für Teams geeignet, die am Anfang ihres Entwicklungsprozesses stehen. Sie bietet einen niedrigschwelligen Einstieg in das kollegiale Feedback, indem sie auf die natürliche Neugierde setzt. Hinzu kommt, dass die Teammitglieder dabei nicht steif herumsitzen, sondern sich frei bewegen und spontan auf für sie interessante Impulse reagieren können (ein Stichwort, eine Randbemerkung, ein Lachen, ...). Die Erstellung der Visitenkarten erfolgt in einer ebenso lockeren Atmosphäre wie deren Präsentation, in der es um mehr als um die Auflistung der gängigen Eckdaten geht. Da die Visitenkarten im Raum bleiben, dienen sie als visuelle Anker für den gesamten Arbeitsprozess. Sie betonen die vorhandenen Stärken jedes Einzelnen und zeigen ungeahnte Verbindungen zwischen den Leuten an.

14.2 Einander den Rücken stärken

Vor ein paar Jahren hatte ich mit der Revisionsabteilung einer großen österreichischen Bank zu tun. Gleich zu Beginn unserer Zusammenarbeit beschrieb Abteilungsleiter Otto Hesch die Einführung des sogenannten elektronischen Akts als eine der größten Herausforderungen. Dieser Akt konfrontierte seine Experten mit neuen IT-Standards, denen viele wenn nicht ablehnend, so doch zumindest skeptisch gegenüber standen. Die beschriebene Aufregung erweckte in mir den Eindruck, dass die Leute das Ausmaß der Veränderung übertrieben und ihre eigenen Stärken aus den Augen verloren. Das war der Hauptgrund, warum ich im Rahmen des gemeinsam mit Herrn Hesch geleiteten Workshops die Feedbackrunde darauf fokussierte, worauf die Mitarbeitenden weiterhin bauen konnten. Die Methode wurde folgendermaßen moderiert:

Zeit	Inhalt	Struktur	Ziel
5 Min.	Jedes Teammitglied bekommt ein Flipchart auf den Rücken geklebt (ein paar Streifen Klebeband über die Schultern sind dafür genug).	Selbstorganisierte Vorbereitung der Übung	Körperliches und emotionales In-Bewegung-Setzen
10–15 Min.	Alle schreiben einander positives Feedback auf das Flipchart: Was schätze ich an dir? Was möchte ich gerne be- und verstärken?	Offener Raum	Dynamische und humorvolle Form des Austauschs
5–10 Min.	Allen die Möglichkeit bieten, das erhaltene Feedback in Ruhe zu lesen und zu genießen – und die Freude eventuell mit einem Kollegen zu teilen.	■ Einzel ■ Paare	Feedback und Freude teilen

Tab. 14–4 *Moderationsdesign, um einander den Rücken zu stärken*

Selbstverständlich fegte die Methode weder alle Bedenken zur Seite noch hielt sie die Abteilung davon ab, die IT weiterhin für ihre Schwierigkeiten verantwortlich zu machen. Doch sie half zumindest, die Aufmerksamkeit von den Neuerungen, von denen sich die Abteilung fast überwältigen ließ, zu den Kernkompetenzen zu verschieben, die davon unberührt blieben. Für diese Gruppe zahlte es sich offensichtlich aus, sich wieder einmal ausschließlich auf das eigene Können und auf positive Aspekte der Zusammenarbeit zu konzentrieren. Darüber hinaus wurde eine wertschätzende Haltung gestärkt, die in der fehlerorientierten Revisionskultur leicht unterging.

Die erfreuten Gesichter unterstrichen, dass diese Haltung durchaus willkommen war. Wie sich herausstellte, hatten einige noch nie zuvor kollegiale Rückmeldungen ausgetauscht, obwohl sie teilweise bereits einige Jahre lang miteinander zu tun hatten. Das war auch der Grund dafür, warum die Abschlussrunde sogar um einiges länger dauerte als ursprünglich geplant.

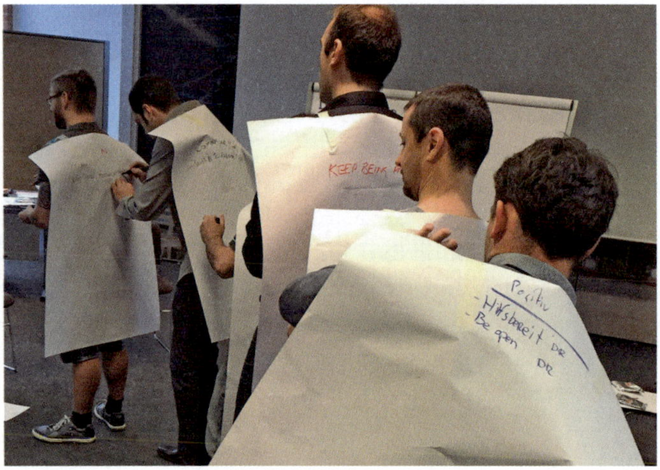

Abb. 14–3 *Rückenstärkung in Action*

14.3 Speed Feedback Dating

Wenn sich ein Team bereits eine Zeit lang entwickeln und sich ein bestimmtes Maß an Vertrauen etablieren konnte, kann man die Anspruchslatte ruhig ein wenig höher legen. Das war der Fall bei einer Gruppe von Produktmanagern im Telekommunikationsbereich, die mich für die Moderation eines Innovationsworkshops engagierten.

Mit Sonja Rebacher, ihres Zeichens Head of Product Management, verständigte ich mich darauf, Innovation nicht auf rein kognitiven Erfindergeist zu reduzieren. Stattdessen wollten wir nach der prototypenorientierten Interaktion mit den am Vormittag eingeladenen Kunden am Nachmittag die emotionalen Komponenten der Innovation in den Mittelpunkt stellen. In diesem Rahmen schlug ich Frau Rebacher vor, auch auf die Kraft des kollegialen Feedbacks zu setzen: Wie nehmen wir einander wahr? Wie arbeiten wir zusammen? Welche konkreten Verhaltensweisen sollten beibehalten oder gar noch gestärkt werden? Was sollte wiederum weniger oder gar nicht mehr getan werden?

Abb. 14–4 *Speed Feedback Dating*

Dafür setzten wir vier offene Statements ein: »Ich danke dir für ...«, »Ich schätze an dir ...«, »Ich würde dich gerne bitten um ...«, »Es würde mir helfen, wenn du öfter/weniger oft ...« Nach einer kurzen Einführung und einer knapp 10-minütigen Vorbereitungszeit fand der Austausch in der Form selbstorganisierter Dialoge statt. Je nach Interesse fanden sich die Teammitglieder zu Zweiergesprächen zusammen. Wenn der jeweilige Austausch beendet war, suchten sich die Teilnehmer einfach einen neuen Gesprächspartner – oder bekundeten zumindest ihr Interesse, sofern diese Partner noch in einem anderen Gespräch waren. Obwohl es die aus dem Speed Dating bekannte Möglichkeit gibt, die Dauer der jeweiligen Dialoge genau zu synchronisieren, entschied ich mich in diesem Fall gegen einen erzwungenen Wechsel. Ich vertraute der Selbstorganisation des Teams, die Gesamtzeit bestmöglich zu nutzen – egal wie viele Gespräche jeder führte und wie lange diese jeweils dauerten. Tabelle 14–5 führt vor Augen, was beim Einsatz dieser Methode zu beachten ist.

Zeit	Inhalt	Struktur	Ziel
10–15 Min.	■ Die Idee von kollegialem Feedback vorstellen. ■ Eine klare Struktur und eventuell auch ein paar Fokussierungsfragen bieten.	Input	Den Rahmen für gute Gespräche setzen
5–10 Min.	Vorbereitungsphase	Einzelarbeit	Fokus klären
30–45 Min.	Durchführungsphase: so viele und so lange Zweiergespräche wie gewünscht.	Parallele Dialoge	Paare miteinander ins Gespräch bringen
5–10 Min.	Alle nochmals für ein paar stille Minuten versammeln.	Plenum	Runterkommen und verdauen

Tab. 14–5 *Moderationsdesign für »Speed Feedback Dating«*

Die Produktmanager schienen die strukturelle Freiheit gut nutzen zu können. Da das Wetter perfekt war, entschieden sich viele, ihre Dates nach draußen zu verlegen. Das tat der Intensität ebenso wenig Abbruch wie der Umstand, dass manche Gespräche deutlich länger dauerten als andere. Man gab einander ein kurzes Zeichen und respektierte dann die Zweierdynamik ohne weitere Unterbrechung.

Am Ende der Sequenz entschied ich mich dazu, alle noch einmal kurz zu versammeln. Zwei Minuten gemeinsamer Stille sollten die Gelegenheit bieten, in angemessener Form nachzuschwingen – was, wie ich in der darauffolgenden Pause erfuhr, von einigen als ebenso stimmiger wie kraftvoller Ausklang empfunden wurde. »Es war gut, noch ein paar Minuten für sich zu haben«, bestätigte mir auch Frau Rebacher, die natürlich ebenfalls am *Speed Feedback Dating* teilgenommen hatte, »so konnte ich mich noch ein bisschen sortieren, bevor es inhaltlich weiterging.«

14.4 Kugellager-Feedback

Wenn Sie mehr Struktur bieten wollen, können Sie die Methode des sogenannten Kugellager-Feedbacks einsetzen, die auch unter dem Namen Feedback-Zwiebel bekannt ist – wie ich das beispielsweise im Rahmen eines Teamentwicklungsworkshops für ein Schweizer Start-up-Unternehmen getan habe. Warum habe ich diese Methode gewählt? Zum einen war es Teil meines Auftrags, die Definition von klaren Kommunikationsrichtlinien zu erleichtern. Laut Michel Coutard, der mit mir den Auftrag klärte, waren die sechs Gründer des Start-ups gut befreundet, aber »gemeinsam eher chaotisch unterwegs. »We're brilliant alone but idiots together.« Zum anderen stimmte mir Herr Coutard zu, dass ein praktischer Test der erstellten Richtlinien sinnvoll wäre. »Wir wollen auf keinen Fall irgendwelche Luftschlösser bauen«, versicherte er mir, »die Richtlinien sollen unser Tagesgeschäft in pragmatischer Form unterstützen.«

Um die Bodenhaftung ihrer Vereinbarungen zu prüfen, schlug ich eine Runde an kollegialem Feedback vor – mit anschließender Reflexion, wie gut diese Runde mit den definierten Richtlinien in Einklang stand.

Zeit	Inhalt	Struktur	Ziel
30–45 Min.	■ Mit dem Team Kriterien für gute Kommunikation definieren: Wie wollen wir miteinander reden? Was berücksichtigen wir, wenn wir in der Gruppe kommunizieren? ■ Ein Experiment vereinbaren, bei dem es um die Umsetzung der gemeinsamen Richtlinien geht.	Plenum	Kommunikations-regeln vereinbaren
Ca. 10 Min. für jedes Gespräch	■ Dazu einladen, sich mit jedem Kollegen zu einem Einzelgespräch zu treffen. ■ Wenn der gesetzte Zeitrahmen vorbei ist, bewegt sich jeder nach dem Kugellager-Prinzip zum nächsten Kollegen.	Parallele Einzelgespräche	Alle sprechen einmal direkt mit jedem Kollegen
5–10 Min. für jede Präsen-tation	■ Jeder fasst die für sie oder ihn wichtigsten Erkenntnisse zusammen und präsentiert diese kurz im Plenum. ■ Die anderen zu Fragen oder Kommentaren einladen.	Plenum	Zusammenfassen und teilen

Tab. 14–6 *Moderationsdesign für ein Kugellager-Feedback*

Wie sich herausstellte, war die Definition der Kommunikationsregeln relativ einfach. Das Team hatte keinerlei Mühe, die Werte zu benennen, die ihnen wichtig waren. Per einfacher Zurufabfrage listete ich diese auf einem Flipchart. Der feedbackorientierte Test dieser Werte verlief ebenso energievoll. Offensichtlich gelang es allen Beteiligten gut, sich auf das ungewohnte Format einzulassen.

Nachdem jeder mit jedem ins Gespräch gekommen war, wurde noch einmal gemeinsam untersucht, inwiefern die Feedbackrunde den zuvor definierten Regeln entsprochen hatte. Wenig überraschend gab es noch einige Punkte, die zu diskutieren und zu präzisieren waren. »Wir hätten das schon viel früher tun sollen«, zeigte sich Michel Coutard nach dem Workshop überzeugt. »Damit hätten wir uns sicher einige Umwege und nervenaufreibende Auseinandersetzungen erspart.«

14.5 Feedback and feed-forward

Wie das Kugellager-Feedback basiert auch diese Methode auf einer klaren Struktur für das offene Feedback aller an alle. Sie beruht auf drei einfachen Bausteinen: einer kurzen Einführung zum Was und Warum von persönlichem Feedback, einer klaren Zielsetzung und einer einfachen Struktur für die Vorbereitung, den Austausch und die Verarbeitung der Rückmeldungen. Der einzige Unterschied besteht im Einsatz eines Arbeitsblatts, das alle Beteiligten dazu anhält, sich auf ausgewählte Punkte zu konzentrieren und einige Stichworte festzuhalten. Für gewöhnlich setze ich diese Variante hauptsächlich bei Gruppen ein, die bereits ein gutes Vertrauensklima geschaffen haben – wie das bei einer Gruppe von Senior

Managern einer deutschen Onlineplattform der Fall war, die sich selbst »agiles Führungsteam« nannten.

Jürgen Schreiber, der Leiter dieses Teams und Sponsor des hier beschriebenen Workshops, stimmte dem von mir vorgeschlagenen Vorgehen zu. Er war vom Nutzen des kollegialen Feedbacks voll überzeugt, vor allem was die Vertrauensbildung und die Bereitschaft betraf, sich wechselseitig stärker in die Pflicht zu nehmen. Hier mein Rezept für die Durchführung:

Zeit	Inhalt	Struktur	Ziel
5–10 Min.	Die Idee von kollegialem Feedback vorstellen.	Kurzer Input	Kontext klären
5 Min.	Ein Arbeitsblatt anbieten, das zu differenziertem Feedback einlädt: Welches Verhalten solltest du aus meiner Sicht beibehalten, verstärken, minimieren oder ganz einstellen?	Arbeitsblatt vorstellen	Konzentrierte Vorbereitung vereinfachen
15–20 Min.	Laden Sie dazu ein, für jeden Kollegen zumindest einige Stichworte zu jedem Bereich festzuhalten.	Individuelle Vorbereitung	Sich in Ruhe vorbereiten
30–60 Min. (je nach Gruppengröße)	Tauschen Sie die ausgefüllten Arbeitsblätter aus, nachdem jedes Teammitglied Gelegenheit hatte, die eigenen Stichworte vorzustellen und gegebenenfalls noch zu erläutern.	Marktplatz	Offener Austausch des Feedbacks
10 Min.	Bieten Sie eine angemessene Möglichkeit zur Verarbeitung und zum Abschluss – z.B. durch Paar- oder Kleingruppengespräche.	Kleine Gesprächsrunden	Zusammenfassen und abschließen

Tab. 14–7 *Moderationsdesign für »Feedback and feed-forward«*

Der Arbeitsprozess fiel weit intensiver aus als erwartet – und auch extensiver. Tatsächlich brauchte die Gruppe nämlich fast eine halbe Stunde für die Vorbereitung und **über** eine Stunde für die Klärung ihrer Rückmeldungen.

»Gerade die Follow-ups waren super«, erzählte mir Herr Schreiber später, »nicht zuletzt, weil wir individuelle mit Verbesserungen auf Team- und sogar auf Organisationsebene verbinden konnten.« Vor allem hätte ihn beeindruckt, wie sich das Feedback sofort auf die Art unseres Umgangs miteinander ausgewirkt hat. »Wir sollten das auf jeden Fall wieder machen«, meinte er abschließend. Bei der nächsten Feedbackrunde, die tatsächlich wie geplant stattfand und von Herrn Schreiber selbst moderiert wurde, einigte sich die Gruppe sogar auf eine regelmäßige Durchführung. Kollegiales Feedback sollte fortan ein fixer Bestandteil der quartalsmäßigen Review- und Planungsmeetings sein.

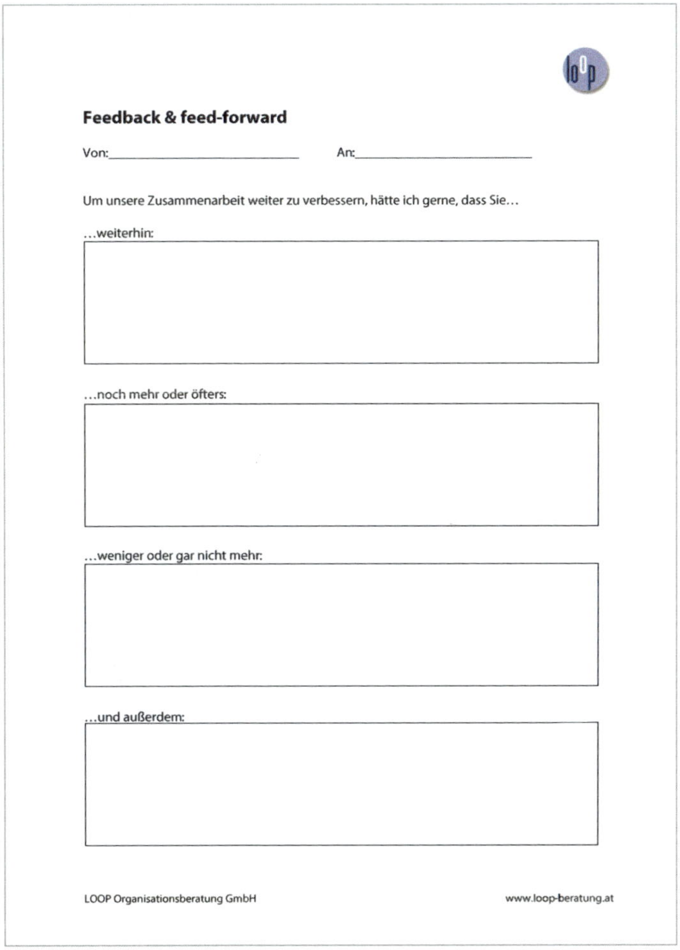

Feedback & feed-forward

Von:____________________ An:____________________

Um unsere Zusammenarbeit weiter zu verbessern, hätte ich gerne, dass Sie...

...weiterhin:

...noch mehr oder öfters:

...weniger oder gar nicht mehr:

...und außerdem:

LOOP Organisationsberatung GmbH www.loop-beratung.at

Abb. 14–5 *Arbeitsblatt zu »feedback and feed-forward«*

14.6 Update zu feedback and feed-forward

Wenn sich eine Gruppe zu regelmäßigen Feedbackrunden entschließt, steht der Moderator zwangsläufig vor der Herausforderung, diese Folgeschritte weder überfordernd noch langweilig zu gestalten. Auch die in Abschnitt 14.5 beschriebene Managementgruppe nahm sich dafür eine sehr ambitionierte Agenda vor. Sie umfasste einen kurzen Rückblick auf das, was seit der letzten Feedbackrunde passiert war (Was hat gut funktioniert? Wo hatte man bereits Verbesserungen wahrgenommen?), ein Update im Sinne aktueller Beobachtungen (Was ist mir in letzter Zeit aufgefallen?) sowie eine weitere Schleife in die Zukunft (Was erwarten wir als Nächstes?).

Obwohl dieses Vorgehen anspruchsvoll genug ist, lohnt es sich, mit einer Selbsteinschätzung zu beginnen. So empfahl ich Herrn Schreiber für die Moderation der neuen Feedbackrunde schließlich folgendes Moderationsdesign:

Zeit	Inhalt	Struktur	Ziel
	Bereits im Vorfeld an die Mitnahme der zuletzt erhaltenen Feedbackblätter erinnern.	Vorbereitungs-Mail	Update ermöglichen
2 Min.	Agenda und Struktur vorstellen.	Moderator	Übersicht geben
5–10 Min.	Selbsteinschätzung: ■ Was ist mir gelungen? ■ Welche Verbesserungsideen konnte ich umsetzen? ■ Was ist mir nicht gelungen? ■ Womit kämpfe ich?	Einzelarbeit	Fokus setzen
3 Min.	Die Arbeitsblätter austauschen. Jeder bekommt wieder die ursprünglich von ihm erstellten Blätter zurück.	Offene Runde	Wechsel von Selbst- zu Fremdeinschätzung
15–20 Min.	Das zuletzt gegebene Feedback in zweierlei Hinsicht aktualisieren: 1. hinsichtlich dessen, was gelungen und nicht gelungen ist, und 2. hinsichtlich neuer Wahrnehmungen zum Verhalten des jeweiligen Kollegen.	Arbeitsblatt einsetzen, Stichwörter festhalten	Reflexion der spezifischen Wahrnehmungen
20–30 Min. für eine Gruppe mit fünf Mitgliedern	Arbeitsblätter übergeben, Zeit für Lektüre einräumen, klärendes Nachfragen ermöglichen (aber keine Diskussionen).	Einzelarbeit und offene Kommunikation	Gemeinsam das Beste aus den Rückmeldungen machen

Tab. 14–8 *Moderationsdesign für »Update zu feedback and feed-forward«*

Wie mir Herr Schreiber berichtete, lohnte sich dieses Update in mehrfacher Hinsicht für alle daran Beteiligten:

- Sie übernahmen Verantwortung für die eigene und für die Verbesserung der Managementkollegen.
- Sie hatten die Möglichkeit, auf aktuellen Rückmeldungen aufzubauen.
- Sie würdigten den grundsätzlichen Einsatz und die wahrgenommenen Veränderungsbemühungen.
- Sie freuten sich gemeinsam über gelungene Fortschritte.
- Sie versorgten einander mit neuen Herausforderungen.
- Sie teilten Ideen, Tipps und Tricks, die den anderen helfen könnten.

Wie Herr Schreiber hervorhob, brachte das Update neuerlich viele Aha-Momente mit sich – insbesondere durch den Vergleich der Selbst- mit den aktualisierten Fremdeinschätzungen. Glücklicherweise machte die Gruppe daraus keine todernste

Angelegenheit. »Dass wir uns wechselseitig dabei ertappten, schon wieder denselben Blödsinn gemacht zu haben, war zwischendurch echt witzig. Immerhin kennen wir uns ja schon eine Weile.« Obwohl das Update demnach im Zeichen von Respekt und Verständnis stand, zeigte man sich entschlossen, an den Verbesserungspunkten dranzubleiben – was sich auch in der Entscheidung widerspiegelte, das kollegiale Feedback in der Agenda der quartalsmäßigen Managementrunden zu verankern.

14.7 Lass' dir helfen!

»Lass' dir helfen« folgt einem ganz anderen Ansatz als die bisher beschriebenen Methoden. Statt auf eine breite Vielfalt an Eindrücken und Vorschlägen fokussiert sie auf Antworten zu einer einzigen Frage. Diese Methode haben wir in einem Workshop mit dem Change-Team eines Finanzdienstleisters eingesetzt, das für die agile Transformation von mehr als 200 Leuten verantwortlich war.

Mit Dagmar Reininghaus, Geschäftsleiterin und Mitglied des ebenso interdisziplinären wie hierarchieübergreifenden Change-Teams, klärte ich im Vorfeld den besonderen Nutzen dieser Methode. Frau Reininghaus gefiel besonders, dass man dabei genau dort um Hilfe bat, wo man sich selbst verbessern wollte. Wie sich herausstellte, waren genug Fragen vorhanden: Wie kann ich die Leute in meinem Verantwortungsbereich besser für die Agilisierung gewinnen als mir das bei anderen Veränderungsinitiativen gelungen ist? Was kann ich tun, um mir ausreichend Zeit für die Umsetzung zu reservieren? Welche Transformationsmaßnahmen haben sich in anderen Bereichen bewährt? Diese von den einzelnen Teammitgliedern formulierten Fragen bildeten den Ausgangspunkt für eine Feedbackrunde der etwas anderen Art.

Im Folgenden finden Sie einige Gestaltungsdetails, die ich mit Frau Reininghaus festgelegt habe:

Zeit	Inhalt	Struktur	Ziel
5–10 Min.	Die Idee wechselseitiger Hilfe vorstellen und eine Arbeitsstruktur dafür bieten.	Kurzer Input	Den richtigen Rahmen setzen
5 Min.	Dazu einladen, sich auf eine spezielle Frage oder Herausforderung zu konzentrieren, zu der sie/er gerne Feedback hätte.	Individuelle Vorbereitung	Konzentrationspunkt setzen
30–60 Min.	Den Ablauf klären: selbstorganisierter Input und Austausch von Leuten, die einander helfen können.	Rahmen für die Gespräche	Offener Austausch von Feedback und Ideen
10 Min.	Bieten Sie eine angemessene Möglichkeit zur Verdauung und zum Abschluss.	Offen	Zusammenfassen und abschließen

Tab. 14–9 *Moderationsdesign für »Lass' dir helfen«*

Was bringt diese Methode? Die Rückmeldungen der Change-Team-Mitglieder gingen in folgende Richtung:

- »Dank eures Feedbacks habe ich ein paar frische Ideen für eines meiner Evergreen-Probleme bekommen.«
- »Mir ist jetzt klarer, was ich selbst zu dem Problem beigetragen habe – und wie ich dadurch eine Lösung verhindert habe.«
- »Ich schätze die Rückmeldungen, insbesondere die kritischen!«
- »Ich freue mich schon darauf, einige eurer Vorschläge auszuprobieren. Ich werde euch spätestens in unserer nächsten Feedbackrunde davon berichten.«

Selbstverständlich hängt die Qualität des Feedbacks stark von der Qualität der Fragestellung ab. Wenn es an Vertrauen fehlt, werden sich die Leute bedeckt halten und nicht auf das fokussieren, wo es wirklich weh tut. Und wenn ein Team zu sehr mit Konkurrenzdenken beschäftigt ist, werden sie weder gute Fragen noch hilfreiche Antworten zur Verfügung stellen.

14.8 ABC-Feedback-Trios

»Wie können wir eigentlich die Qualität unserer Rückmeldungen verbessern?«, fragte mich Dagmar Reininghaus in einem unserer regelmäßigen Coachinggespräche. Die Frage war wohl begründet. Immerhin hatte Frau Reininghaus bereits mit unterschiedlichen Formen des kollegialen Feedbacks experimentiert. Was konnte getan werden, wenn im Zuge der agilen Transformation zwar positive Erfahrungen gesammelt wurden, aber auch der Eindruck entstand, dass man noch nicht am Ende der Fahnenstange angelangt war? Und nicht wenige davon überzeugt waren, dass Feedback sowohl besser gegeben als auch besser angenommen werden könnte?

Um zu richtungsweisenden Antworten zu kommen, schlug ich Frau Reininghaus vor, ein weiteres Experiment mit sogenannten ABC-Feedback-Trios durchzuführen. Konsequenterweise starteten wir damit wieder im Change-Team. Grundsätzlich handelt es sich um ein Übungssetting, in dem drei Rollen zum Einsatz kommen: A als Feedbackgeber, B als Feedbacknehmer und C als Beobachter. Diese Rollen werden nach dem Rotationsprinzip eingenommen: Das heißt, jeder im Trio ist einmal Sender, Empfänger und Beobachter der jeweils ausgetauschten Rückmeldungen – wobei der Beobachter selbst nicht nur Eindrücke sammelt, sondern diese ebenfalls in angemessener Form zurückmeldet. Die Instanz des Beobachters liefert gewissermaßen ein Metafeedback, bei dem es um die Qualität des Austauschs geht: Wie gut ist es dem Sender gelungen, die Standards für konstruktive Rückmeldungen umzusetzen? Wie professionell hat der Empfänger das aufgenommen? Welche Dynamik ist dabei entstanden? Was hat den Beobachter beeindruckt? Was hat ihn irritiert? Und welche Verbesserungstipps hat er? Damit eröffnet der Beobachter eine gemeinsame Auswertung, in der man sich in einer kurzen Retrospektivenschleife mit den gemachten Erfahrungen und zukünftigen Optimierungsmaßnahmen für kollegiales Feedback auseinandersetzt.

Tabelle 14–10 gibt Ihnen eine kurze Übersicht über die Dinge, die Sie beim Einsatz von ABC-Feedback-Trios beachten sollten.

Zeit	Inhalt	Struktur	Ziel
Ca. 10 Min.	Kurze Vorbereitungszeit für alle (Fokus: Feedback geben) und Festlegung des Ablaufs	Einzelarbeit und Abstimmung in der Gruppe	Professionelle Rückmeldungen gewährleisten und Vorgehen vereinbaren
Ca. 5 Min.	Erste Runde: Feedback geben und empfangen.	Trio. Beobachter tritt zumindest einen Schritt zurück und achtet auf die Zeit.	Üben und Eindrücke sammeln
Ca. 5 Min.	Erste Runde: Beobachter gibt Feedback aufs Feedback.	Trio. Beobachter tritt demonstrativ einen Schritt nach vorne und schließt gleichsam den Kreis.	Qualität von Feedback fokussieren
Ca. 5 Min.	Erste Runde: Feedbackgeber und -nehmer reagieren auf Feedback des Beobachters und eröffnen gemeinsame Auswertung.	Trio. Feedbackgeber hat das letzte Wort bezüglich möglicher Verbesserungen.	Feedback verbessern
Ca. 15 Min.	■ Rotation der Rollen und Durchführung der Runden 2 und 3 ■ Finale Abstimmung für plenaren Kurzbericht	Wie oben	Wie oben
Ca. 10 Min.	Kurzer Bericht im Plenum: Was waren die interessantesten Erkenntnisse?	Gruppensprecher	Austausch zwischen den Gruppen

Tab. 14–10 *Moderationsdesign für ABC-Feedback-Trios*

Dem praktischerweise genau sechsköpfigen Change-Team gelang es, mithilfe von ABC-Feedback-Trios die Qualität der Rückmeldungen deutlich zu steigern. »Das Metafeedback hat definitiv geholfen, einige blinde Flecken zu erhellen«, fasste Frau Reininghaus ihre Erkenntnisse zusammen. »Und durch das Rotationsprinzip konnten wir gut aufeinander aufbauen und die erhaltenen Tipps sofort umsetzen.« Nach dem Pilot im Change-Team wurden die Trios sogar in zweifacher Form im Unternehmen eingesetzt: für den Austausch von persönlichem Feedback, aber auch, um kollegiales Feedback an andere durchzuspielen. Letzteres wurde als besonders hilfreich empfunden, wenn es um potenziell schwierige Situationen (beispielsweise gegenüber Kunden) bzw. um negative Rückmeldungen ging: Wie gut gelingt es mir, Kritik zu formulieren? Wie sachlich kann ich sie vermitteln? Was tue ich, wenn mein Gegenüber abwehrend reagiert?

14.9 Zur Einführung von kollegialem Feedback

Grundsätzlich lassen sich die beschriebenen Methoden von kollegialem Feedback in den verschiedensten Situationen produktiv anwenden. Meiner Erfahrung nach sind sie allesamt relativ einfach zu verstehen, leicht zu variieren und flexibel kombinierbar. So können Sie nach Lust und Laune eine Methode auswählen, ein erstes Experiment mit Ihren Kollegen starten und sehen, was dabei herauskommt. Sie können dieses Experiment wiederholen, um zu prüfen, was kollegiales Feedback bewirken kann. Sie können selbst eine Methode gestalten, indem sie die oben beschriebenen Elemente anders miteinander verbinden oder überhaupt eigene Schrittfolgen definieren.

Feedback für alle

Eine spannende Variation des kollegialen Feedbacks hat der deutsche Telefoniespezialist *sipgate* umgesetzt. Dabei wird ganz auf Selbstorganisation gesetzt: Alle Mitarbeiter sind dazu angehalten, sich halbjährlich von drei bis fünf Kollegen Rückmeldungen einzuholen. Dabei bestimmt jeder selbst, wen er einlädt und ob das Feedback nun in einer Reihe von Einzelgesprächen oder in der Gruppe stattfinden soll. In beiden Varianten stehen drei Fragen im Zentrum: Was macht der Kollege gut und was sollte er auf jeden Fall beibehalten? Welche Highlights haben wir mit ihm erlebt? An welchen Punkten könnte er noch arbeiten?

Abb. 14–6 *Feedback für alle (Foto mit freundlicher Genehmigung von sipgate und Oliver Tjaden)*

→

Um die Koordination zu erleichtern, stellt das Personalteam eine einfache Struktur zur Verfügung. Zum einen werden die aktuellen Tage und Zeitfenster nach Art des Marktplatzes im *Open Space* transparent gemacht, zum anderen die Namen der Mitarbeiter auf Karten erfasst. Damit es übersichtlich bleibt, werden die Feedbackgespräche in alphabetischer Reihenfolge organisiert, und zwar jeweils für fünf Kollegen pro Woche. Sobald diejenigen Mitarbeiter, die an der Reihe sind, ihre jeweiligen Feedbackgeber eingeladen haben, legen sie den konkreten Zeitpunkt und Ort der Gespräche fest und hängen ihre Namenskarte in den Marktplatz. Auf Wunsch steht das Personalteam auch für die Moderation der Feedbackrunden zur Verfügung. Protokolle oder Aktenvermerke gibt es allerdings keine. Schließlich geht es um den Nutzen des Einzelnen und nicht um einen bürokratischen Akt.

Der erste Durchlauf von »Feedback für alle« fand jedenfalls ein sehr positives Echo. Tatsächlich haben sich fast alle *sipgate*-Mitarbeiter beteiligt und das Experiment als produktiv erlebt. Die Kultivierung offener Rückmeldungen im Arbeitsalltag bleibt dennoch eine ebenso nachhaltige Herausforderung wie die weitere Verbesserung der Feedbackqualität.

Es gibt eben viele Möglichkeiten, mit kollegialem Feedback zu starten. Wie bei den meisten anderen Dingen in unserem Arbeitsleben liegt die Schwierigkeit jedoch weniger beim Starten als bei der konsequenten Fortsetzung des Weges. Wenn Sie Feedback nicht zur Eintagsfliege verkommen lassen wollen, brauchen Sie mehr als ab und zu mal eine nette Methode. Dementsprechend möchte ich zum Abschluss dieses Kapitels einige Change-Management-Prinzipien in Erinnerung rufen, die sich auch für die Kultivierung von kollegialen Feedbackschleifen bewährt haben.

- **Starten Sie mit dem, was Sie jetzt machen,** d.h. unter Berücksichtigung Ihrer derzeitigen Arbeitssituation. Womit sind Sie und die Kollegen um Sie herum derzeit am stärksten beschäftigt? Was sind Ihre größten Herausforderungen? Und wie könnte persönliches Feedback dabei helfen, diese Herausforderungen besser in den Griff zu bekommen? Machen Sie kollegiales Feedback nicht zum Thema, wenn Sie auf diese Fragen keine Antwort finden können.
- **Klären Sie, worauf Sie bauen können:** Was wissen die Kollegen schon über Feedback? Welche Erfahrungen haben sie mit dem Austausch von Beobachtungen und Erlebnissen gemacht? Und wie passt die Idee von kollegialem Feedback zu Ihrer Unternehmenskultur? Seien Sie sich bewusst, dass die Ermutigung von kollegialem Feedback im Kontrast zu vielen Führungsroutinen steht.
- **Sorgen Sie für ein gemeinsames Verständnis der Grundsätze:** Worum geht es bei persönlichen Rückmeldungen? Wozu soll kollegiales Feedback gut sein? Wie profitieren die Einzelnen davon und wie die ganze Gruppe? Rechnen Sie mit gewissen Widerständen, da die Aussicht auf ehrliches Feedback mitunter auch Befürchtungen auslöst.

- **Überfordern Sie Ihre Kollegen nicht:** Wie könnte ein erstes Experiment aussehen, das Neugier weckt? Was wäre interessant genug, um es einfach einmal auszuprobieren? Welche Ansprüche können Sie setzen, um die richtige Balance von Bestätigung und Irritation zu finden? Bedenken Sie, dass einige Leute mitunter einen kleinen Schubser brauchen, um aus ihrer Komfortzone herauszukommen.
- **Gewinnen Sie die Zustimmung Ihrer Kollegen** zu einer Serie von Feedbackschleifen: Wie können Sie die Bereitschaft fördern, regelmäßig kollegiales Feedback durchzuführen? Bestimmte Methoden bewusst zu wiederholen, um deren Wirkung zu sehen? Investieren Sie nicht zu viel in große Planungen vorweg, sondern machen Sie daraus eine evolutionäre Veränderungserfahrung.
- **Legen Sie ausreichend Disziplin an den Tag,** um sowohl die individuellen Fortschritte als auch die methodische Effizienz zu evaluieren: Wie können Sie regelmäßig für entsprechende Prüfungen und nötige Anpassungen sorgen? Wie erkennen Sie den Langzeiteffekt von kollegialem Feedback? Wann sollten Sie eine andere Methode einsetzen, um die Erfahrung lebendig zu halten? Einmal mehr geht es darum, dass jeder einzelne Kollege als Rollenmodell für das Verhalten fungiert, das er sich wünscht.

Einführung von kollegialem Feedback

Der niederländische IT-Dienstleister *Computest* hat kollegiales Feedback auf allen Unternehmensebenen eingeführt. Dafür hat die HR das Thema zuerst umsichtig aufbereitet: Was ist unter kollegialem Feedback zu verstehen? Wozu brauchen wir das? Welchen Nutzen versprechen wir uns? Und wie wollen wir vorgehen?

Diese Fragen wurden allerdings nicht bloß theoretisch diskutiert. Die Fach- und Prozesscoaches, die für eine Reihe von teamübergreifenden Services verantwortlich waren, führten auch eine praktische Nagelprobe durch. Indem sie mit dem kollegialen Feedback im eigenen Kreis starteten, erfuhren die Coaches sozusagen am eigenen Leib, worum es ging und wie sich das anfühlte. Dass der Pilotversuch bei allen Beteiligten inklusive CEO und HR-Verantwortlicher sehr gut ankam, verlieh der ganzen Initiative zusätzlichen Rückenwind.

Nachdem die Grundidee des kollegialen Feedbacks allen im Unternehmen vorgestellt wurde und auf breiter Ebene ein positives Echo fand, war es nun an den Coaches, für die Umsetzung auf Teamebene zu sorgen. Man entschied sich für einen niedrigschwelligen Einstieg, der allen Beteiligten ausreichend Übungsgelegenheit einräumte. Eine pointierte Darstellung der Hintergründe, die Wahl einfacher Methoden und die Einbettung des kollegialen Feedbacks in eine breiter angelegte Teamentwicklungsmaßnahme erleichterten allen Teammitgliedern einen konstruktiven Zugang. Nicht zuletzt die Ausarbeitung der vorhandenen Persönlichkeitsprofile verdeutlichte, warum jeder auf ganz bestimmte Weise Rückmeldung gab und nahm.

Weitere Feedbackzyklen sind bereits geplant und man darf gespannt sein, wie diese zur Entwicklung der Selbststeuerungskultur beitragen.

Alles in allem sollten wir nicht vergessen, dass die beschriebenen Methoden Hilfestellungen sind. Im besten Fall unterstützen sie Ihr Unternehmen dabei, die professionellen Standards des persönlichen Feedbacks in Fleisch und Blut übergehen zu lassen. Schließlich geht es immer darum, rasche direkte Rückmeldungen zum selbstverständlichen Teil des Arbeitsalltags zu machen. Kollegiales Feedback bietet dafür ebenso wertvolle Ansatzpunkte wie die kollegiale Beratung (Kap. 13). Sie sorgen für intensive Vernetzungen und fördern eine Kultur der wechselseitigen Unterstützung.

Unterstützung findet in selbstorganisierten Unternehmen jedoch nicht nur auf kollegialer Ebene statt. Auch immer mehr Manager erkennen, dass sie in agilen Umfeldern leicht einmal mit ihrem Latein am Ende sind und gewissermaßen Übersetzungshilfe brauchen. Professionelles Coaching tritt an, um diese Hilfe zu leisten – und verändert im Handumdrehen die Art, wie Manager ihrerseits ihre Mitarbeiter unterstützen. Davon soll in den nächsten beiden Kapiteln die Rede sein.

Was Sie aus diesem Kapitel mitnehmen können

Kollegiales Feedback ist unerlässlich, wenn wir uns kontinuierlich verbessern wollen. Wer erlebt denn intensiver, welche Stärken und Schwächen wir an den Tag legen, als diejenigen, die täglich mit uns zusammenarbeiten? In diesem Kapitel haben Sie erfahren, warum persönliche Rückmeldungen eine wichtige Ergänzung zu den klassischen Feedbackschleifen von Meetings und Messungen darstellen und auch warum das eine anspruchsvolle Aufgabe ist, für die es uns oft an Übung fehlt.

Acht Methoden laden dazu ein, solche Übungen in Angriff zu nehmen. Sie finden zu jeder Methode eine Beschreibung des Inhalts, der Struktur und des Ziels. Fallbeispiele sollen den praktischen Einsatz illustrieren. Außerdem wurde gezeigt, wie kollegiales Feedback bei *sipgate* und *Computest* eingesetzt wird, und erläutert, was Sie in puncto Change Management beachten sollten, wenn Sie Ähnliches vorhaben.

15 Coaching von Managern

Père Joseph war ein außergewöhnlicher Mann. 1577 als François Leclerc du Tremblay geboren, setzte er nicht nur in Frankreich neue Maßstäbe. Als Kapuzinermönch sorgte er durch seine Ordensbrüder in allen Teilen der Welt bereits Anfang des 17. Jahrhunderts für einen regen Informationsaustausch – und darf damit als einer der ersten globalen Netzwerker gelten. Als enger Vertrauter von Kardinal Richelieu agierte er zudem als das, was man gemeinhin graue Eminenz nennt. Er war Vertrauensmann, Beichtvater und Ratgeber in Personalunion – und somit einer der Ahnherren des Coachinggewerbes.

Freilich hat sich dieses Gewerbe seit damals tiefgreifend verändert. Weder teilen Coaches heutzutage dasselbe Glaubensbekenntnis noch haben sie ein Ordensgelübde abgelegt. Statt einer Institution verpflichtet zu sein, sind sie heute zumeist Freiberufler, die sich nicht der Armut, sondern dem Geschäftserfolg verschrieben haben. Zu guter Letzt sieht das Gewebe von Macht, Politik und Führung im 21. Jahrhundert wohl etwas anders aus als im 17. Jahrhundert. Dennoch scheint Père Joseph ein reiches Erbe hinterlassen zu haben. So geht es im modernen Managementcoaching ebenfalls um Folgendes:

- Bei der Bewältigung von Herausforderungen zu unterstützen, die sich aus der Führungsrolle ergeben.
- Eine exklusive Beziehung aufzubauen, die auf Vertrauen und Vertraulichkeit basiert.
- Eine gemeinsame Sprache für systemische Zusammenhänge zu entwickeln, um die aktuelle Situation zu erfassen und angemessene Maßnahmen für eine bessere Zukunft zu definieren.
- Einen geschützten Rahmen abzusichern, in dem Coach und Coachee mit offenem Visier agieren können.
- Professionelle Resonanz einzuholen, andere Perspektiven zu erschließen und das Selbstbild durch eine professionelle Außensicht abzugleichen.
- Neue Handlungsoptionen zu erschließen und gezielte Verbesserungsexperimente durchzuführen.

Exklusivität, Vertrauen und Schutz – das sind unerlässliche Rahmenbedingungen für die beraterische Unterstützung von Managern. Nicht umsonst nannte der Unternehmensberater Wolfgang Looss sein Buch über Managementcoaching *Unter vier Augen*. Dabei geht es, so Looss' programmatische Definition, um »die personzentrierte Arbeit mit Führungskräften entlang der Frage, wie die Managerrolle von der Person bewältigt wird« [Looss 2006, S. 15]. Diese Definition zieht einen ganzen Rattenschwanz von Fragen nach sich: Warum sollte eine Führungskraft so eine Arbeit überhaupt auf sich nehmen – bringt es die Managementrolle doch mit sich, dass man ohnehin mehr als genug zu tun hat? Warum sollte er sich dafür ausgerechnet einem Coach anvertrauen? Was braucht ein Manager, wenn er sich denn zu einer Einzelberatung entschließt, um sich möglichst gut darauf einlassen zu können? Und welche Besonderheiten gilt es zu beachten, wenn diese Beratung in einem agilen Umfeld stattfindet?

15.1 Motive

Lassen Sie mich gleich die ersten beiden Fragen aufgreifen. Laut einer Umfrage des *Harvard Business Review* werden Management-Coaches vor allem aus drei Gründen engagiert: zur Potenzialentwicklung, also zum gezielten Ausbau der vorhandenen Stärken und Fähigkeiten, für die Einholung professioneller Resonanz und für die Auseinandersetzung mit Verhaltensformen, die als dysfunktional erlebt werden [Coutu & Kauffman 2009].

Die auf Coaching in den USA und Großbritannien ausgelegte Umfrage des Magazins passt gut zu den Ergebnissen der Wirkungsforschung aus dem deutschsprachigen Raum. Demzufolge profitieren Manager hierzulande vor allem in folgenden Bereichen von einer professionellen Einzelberatung [Martens 2016]:

- **Geschärfter Fokus**
  Worauf konzentrieren sich Manager, um der chronischen Zerstreuung ihres Arbeitsalltags entgegenzuwirken? Worauf achten sie vorrangig? Was treiben sie voran?
- **Höhere Entscheidungsqualität**
  Welche Entscheidungsbereiche gibt es? Wie soll entschieden werden? Was braucht das Unternehmen, um gute Entscheidungen zu fördern?
- **Bessere Selbstorganisation**
  Wie sorgt der Manager für eine bessere Wahrnehmung seiner Kernaufgaben? Und wie stellt er Rahmenbedingungen sicher, die das im ganzen Unternehmen ermöglichen?
- **Professionellere Konfliktlösung**
  Wie kann der Manager bei einem Konflikt vorgehen? An welchen Punkten sollte er ansetzen? Und welche Strategien sind verfolgenswert?

- **Umsichtigeres Change Management**
  Was genau soll überhaupt verändert werden? Wer muss dafür gewonnen werden? Wie sieht das Vorgehen aus?
- **Balancierteres Selbst- und Fremdbild**
  Was wird gleich oder zumindest ähnlich gesehen? In welchen Aspekten gibt es auffällige Unterschiede? Und was sieht der Coach, was der Manager nicht sieht?

In einer agilen Welt kann sich niemand der grassierenden Verunsicherung entziehen – auch Manager nicht. Weder gelingt es ihnen, noch länger am Idealbild des souveränen Experten festzuhalten, noch sind sie gut für die latente Orientierungslosigkeit ausgerüstet, die eine volatile Geschäftswelt mit sich bringt. Last but not least sind Manager ad personam mit Belastungen konfrontiert, die das Thema Burn-out zu einem echten Dauerbrenner machen.

Aus meiner Sicht sind es genau diese drei Veränderungsfelder, aus denen ein führungsspezifischer Unterstützungsbedarf erwächst: die Organisation, die Rollen und die Person. Diese Felder sind nicht messerscharf voneinander zu trennen. Die verschiedenen Motive beeinflussen sich wechselseitig und schaffen fließende Übergänge. Was durch die Organisation angestoßen wird, kann leicht auf die Rollengestaltung durchschlagen, rollenbedingte Unklarheiten können sehr persönliche Fragestellungen nach sich ziehen, persönliche Anliegen wiederum zu Organisationsthemen führen und so weiter.

Agile Motive

Zuweilen ändern sich, kaum dass man ein wenig Licht in die Ausgangslage gebracht hat, die ursprünglichen Ziele ebenso rasch wie die Kontexte, in denen sie formuliert werden. Agil ist eben nicht nur ein schillernder Begriff. In dieser Hinsicht war für mich die Arbeit mit Rudolf Gluck, dem designierten Abteilungsleiter einer österreichischen Versicherungsgesellschaft, besonders lehrreich. Nachdem beim Erstgespräch Herrn Glucks Neuernennung im Mittelpunkt stand und er sich vom Coaching Unterstützung bei der Rollenfindung versprach, entdeckten wir beim ersten Termin rasch, dass es dabei vor allem um ein konkretes Thema ging: nämlich die Verbesserung der teamübergreifenden Zusammenarbeit. Was konnte der Abteilungsleiter tun, um die von diversen Animositäten geprägte Zusammenarbeit auf Vordermann zu bringen? Wie fand er vom Fingerpointing zu vertrauensvollen Arbeitsbeziehungen? Und welche Maßnahmen empfahlen sich, damit sich die Abteilung trotz allem nicht primär mit sich selbst beschäftigte, sondern wieder den Kunden ins Zentrum rückte? Während wir zwei Coachings lang intensiv an dem arbeiteten, was Herr Gluck kulturelle Altlasten nannte, wurde beim dritten Treffen evident, dass es noch um einen ganz anderen Aspekt ging. Immerhin hatte Herr Gluck eine ihm wohlgesonnene Fachexpertin an die Stelle eines kritischen Teamleiters gesetzt – was bei der Belegschaft für ziemlichen Unmut sorgte.

→

Auf diese Weise waren wir nach der ursprünglichen Konzentration auf die Rolle über die Erhellung des Kontexts und die Ausarbeitung neuer Organisationsformen bei einem emotionalen Themenkomplex gelandet. Am Ende war ich bereits darauf gefasst, dass sich aus dem dichten Netz an politischen Kämpfen und informellen Intrigen wieder neue Organisationsaspekte schälten – und wurde letztendlich doch davon überrascht, dass Herr Gluck im Zuge einer wenig später stattfindenden Reorganisation plötzlich zum Bereichsleiter aufstieg.

Für ein differenziertes Verständnis von Managementcoaching lohnt es sich umso mehr, die oben genannten drei Veränderungsfelder noch ein wenig genauer auszuleuchten. Was also ist im Einzelnen gemeint?

Organisationsspezifische Gründe für Managementcoaching ergeben sich hauptsächlich aus der vielzitierten Turbulenz heutiger Geschäftswelten. Agile Antworten auf diese Turbulenz sind für die meisten Unternehmen nicht ohne umfassende strukturelle oder prozessuale Veränderung zu haben. Das stellt die Unternehmensführung vor neue Herausforderungen – und lässt sie immer öfter auf die Idee kommen, sich dafür professionelle Hilfe zu holen. Erfahrene Coaches konzentrieren sich auf jene organisatorischen Fragestellungen, die die Einführung agiler Vorgangsweisen zwangsläufig mit sich bringt: Welche Rahmenbedingungen braucht es, wenn wir auf Selbstorganisation setzen wollen? Wie wirkt sich das auf die bestehenden Abläufe aus? Was ändert sich für die Kunden, wenn wir agilen Prinzipien folgen? Was ändert sich für die Mitarbeiter? Und was braucht es auf Systemebene, um eine Kultur kontinuierlicher Verbesserung auf den Weg zu bringen?

Angesichts solcher Fragen verwundert es wohl kaum, dass das Thema Veränderung ganz oben auf der Agenda vieler Managementcoachings steht. Neben dem kleinen Einmaleins des Veränderungsmanagements geht es vor allem um Designthemen. Dazu gehören beispielsweise die folgenden Themen:

- Die Gestaltung von Arbeitssystemen, die es erlauben, die Fähigkeiten aller wirksam zu machen.
- Die Absicherung eines gemeinsamen Fokus in allen Bereichen
- Die Moderation systemweiter Abstimmungs- und Entscheidungsprozesse
- Der Umgang mit Bedenken und Widerständen, die im Zuge einer umfassenden Veränderung entstehen.
- Das Festlegen von Messkriterien, die uns erkennen lassen, ob wir auf dem richtigen Weg sind.

Der erste Teil dieses Buches hat hoffentlich klargemacht, dass es sich dabei um alles andere als triviale Aufgaben handelt. Weit weniger klar ist, wie Manager mit den unbehaglichen Gefühlen umgehen sollen, die diese neuen Gestaltungsanforderungen auslösen. Was ist nötig, um die Fixierung auf Administration zu überwinden? Welche neuen Konzepte und Werkzeuge braucht es dafür? Und wie können diese möglichst effektiv erlernt werden?

Angesichts dieser problemlastigen Fragen ist es durchaus verständlich, dass in der Managementberatung gerne auf fertige Lösungskonzepte zurückgegriffen wird. Dementsprechend hoch stehen Skalierungsmodelle wie SAFe, LeSS oder Disciplined Agile Framework im Kurs. Mit detaillierten Modellen suggerieren sie organisatorische Machbarkeit und versprechen auch dort Steuerungshoheit, wo es drunter und drüber geht. Damit tritt ein Beratungskonzept in Erscheinung, das einmal mehr primär auf Instruktion ausgerichtet ist: Ein Experte erklärt, wie es richtig geht, und überwacht die korrekte Umsetzung des dafür ausgearbeiteten Plans. Ob sich die Realität immer an diesen Plan hält, steht allerdings auf einem anderen Blatt.

Wer sich weder mit Fertiggerichten zufrieden geben noch völlig rezeptlos vor sich hinkochen will, der braucht einen anderen Ansatz. Wie in Kapitel 12 skizziert, setzen viele Coaches auf agiles und systemisches Rüstzeug. Sie wissen um die notwendige Balance zwischen Fach- und Beziehungsorientierung, können ihre Expertise auf stimmige Weise mit ihrem Nicht-Wissen verbinden und sorgen dafür, dass bei aller Konzentration auf Individuen und Interaktionen organisatorische Zusammenhänge nicht zu kurz kommen. Um die identifizierten Herausforderungen möglichst effektiv zu adressieren, kombinieren sie unterschiedliche Techniken und lassen sich nicht auf methodische Dogmen festlegen.

15.2 Voraussetzungen

Undogmatische Management-Coaches treten also an, um Führungskräften bei der Bearbeitung agiler Herausforderungen unter die Arme zu greifen. Bleibt die Frage nach den Voraussetzungen für eine solche Unterstützung. Was ist nötig, um dem gemeinsamen Lernen Raum zu geben, wenn die Unsicherheit nicht einfach wegzudeklinieren ist? Wenn bei der Problemlösung gewisse Risiken unvermeidlich sind? Wenn die Selbstgefährdung, wie Wolfgang Looss meint, sogar eine notwendige Vorbedingung für den Erfolg jedweder Beratung ist? »Wer nicht nur die Ratschläge von Experten einholt, sondern sich wirklich beraten läßt, also sich auf die Suche nach Lösungen begibt, die nicht sofort sichtbar sind (...), der gefährdet sich freiwillig in seiner gewohnten Rolle und gewachsenen Identität« [Looss 2006, S. 40].

Wann also lassen sich Führungskräfte auf ein solch gefährlich anmutendes Experiment ein? Die rationale Antwort darauf lautet wohl: Das passiert, wenn die Risiken, die durch eine Nichtbearbeitung aktueller Probleme entstehen, höher sind als der Aufwand ihrer Bearbeitung.

Abb. 15–1 *Auswege*

Nun ist die Entscheidung für oder gegen Coaching nicht nur Kopfsache. Wie bei den meisten anderen Entscheidungen hat der Bauch ein gehöriges Wörtchen mitzureden. Deswegen, so wage ich zu behaupten, brauchen Manager auch eine emotionale Antwort, wenn es um die Frage »Coaching Ja oder Nein geht«. »Es ist ein Zeichen von Stärke und Selbstbewusstsein, wenn man die Grenzen seines eigenen Wissens erkennt und sich im Klaren darüber ist, dass man externe Hilfe benötigt«, argumentieren Kathleen Sutcliffe und Karl Weick [Weick & Sutcliffe 2003, S. 43]. Diese Argumentation mag intellektuell nachvollziehbar sein und erklären, warum Coaching eigentlich für alle Spezialisten selbstverständlich sein sollte. Emotional fällt es jedoch gerade Managern schwer, ihre Hilfsbedürftigkeit anzuerkennen – und wohl noch schwerer, diese Bedürftigkeit als etwas zu sehen, was ihrem professionellen Selbstbild zuträglich ist.

Zweifellos hat das mit der Beharrlichkeit traditioneller Managementideale zu tun. Solche Vorstellungen sind mehr als simple Vorbilder, die wir schnell mal zur Seite legen können. Sie wirken als mentale Modelle, die unsere Wahrnehmung filtern und unser Denken leiten. Allerdings hat die Zurückhaltung von Managern auch viel mit der Unsicherheit zu tun, die Coaching selbst repräsentiert. Das ist in hohem Maße einer Marktsituation geschuldet, die Managern weder Orientierung noch ein überzeugendes Wertversprechen bietet. Dazu müssen sie sich erst einmal im Dickicht des Beratungsdschungels zurechtfinden. Darüber hinaus bringt es die Natur des Helfens mit sich, dass sich Manager in einer für sie ungewohnten Situation wiederfinden. Plötzlich sind sie es, die sich auf der Seite der Wissensdefizite und der Abhängigkeit wiederfinden, auf der sie üblicherweise ihre Untergebenen positionieren. Und ihnen gegenüber steht eine Person, der man zwangsläufig eine gewisse Steuerungsautorität zugestehen muss. Kurzum: Manager müssen sich im Coaching zumindest initial auf eine untergeordnete Position einlassen, die dazu angetan ist, ihre Unsicherheit weiter zu steigern. Das verlangt ihnen einiges ab.

Sich-Einlassen

Damit professionelles Coaching helfen kann, muss sich ein Manager auf mehreren Ebenen auf neue Situationen einlassen:

- **Auf die eigene Bedürftigkeit**
  Es braucht Mut, die eigenen Grenzen wahrzunehmen und darüber hinauszugehen, um etwas Neues für sich zu entdecken.
- **Auf ein ungewohntes Format**
  Die Arbeitsform der Einzelberatung mit ihrem oftmals verzögerten Tempo, mit intensiver Reflexion und der Verweigerung vorschneller Lösungen steht im Kontrast zum reflexgetriebenen Managementalltag.
- **Auf ein wenig standardisiertes Vorgehen**
  Im Coaching sind langsames Denken und Experimentierfreude gefragt. Das übergeordnete Ziel ist am Anfang meist noch unklar, sodass wir uns gezwungermaßen eher vorantasten als planvoll vorgehen. Der Verzicht auf einfache Erfolgsrezepte löst weitere Verunsicherung aus.
- **Auf eine intensive Zweierbeziehung**
  Ohne die Bereitschaft, sich auf ein spezielles Format, ein ungewohnes Vorgehen und darüber hinaus auf eine andere Persönlichkeit mit einem eigenen professionellen Selbstverständnis einzulassen, wird Coaching nicht funktionieren.
- **Auf eine neue Führungsform**
  Nicht zufällig erinnert Coaching an einen Tanz -- freilich einen Tanz mit wechselnden Rollen, ohne feste Abläufe und vordefinierte Figuren. Im agilen Umfeld gibt es keine standardisierten Management-Cha-Cha-Chas oder Beratungs-Tangos. Stattdessen müssen die richtigen Schritte erst gefunden werden. Es geht um Takt, Rhythmus und einen gewissen Bewegungsfluss. Das kann jedoch nur in einem kokreativen Prozess passieren, in dem die Führung oftmals wechselt. Dieser Prozess kann ganz leichtfüßig verlaufen, eher schleppend oder so, dass man sich ständig auf die Füße tritt, aus dem Takt gerät oder sogar ins Stolpern kommt. Grundsätzlich aber, so darf ich aus reicher Erfahrung versichern, macht der Coaching-Tanz Spaß – zumindest wenn man den richtigen Partner hat.

Doch nicht nur die Coachees, sondern auch die Coaches müssen sich einlassen – und sie müssen darüber hinaus die Voraussetzungen schaffen, damit das in zielorientierter Weise gelingen kann. Meiner Erfahrung nach können sie vor allem durch vier Interventionen dafür sorgen, dass die Risiken überschaubar bleiben:

1. Durch ein genaues Abstecken aller wesentlichen Kooperationseckpfeiler im **Erstgespräch.**
2. Durch einen expliziten **Kontrakt**, in dem die notwendigen Rahmenbedingungen für eine erfolgreiche Beratungsarbeit dargestellt werden.

3. Durch die Kombination einer klaren Grundhaltung mit Coachingmethoden, die dabei helfen, **Sicherheit zu gewinnen**.
4. Durch den Mut, gezielt **Unsicherheit zu stiften**, um die beraterische Komfortzone in Schach zu halten.

Die nächsten Abschnitte gehen genauer auf diese vier Interventionsformen ein und zeigen, wie sie zu einer erfolgreichen Zusammenarbeit beitragen.

15.3 Erstgespräch

Jedes Coaching ist unterschiedlich – und beginnt doch immer gleich: mit einem ersten Gespräch. Dieses Gespräch kann inspirierend oder pragmatisch ablaufen, es kann vor Spannung regelrecht knistern oder jede Energie sofort verpuffen, es kann daraus ein Mandat erwachsen oder man kann danach wieder getrennter Wege gehen. In jedem Fall braucht es eine gewisse Verständigung.

Oftmals erfolgt das Erstgespräch per Telefon und man ist nicht wirklich darauf vorbereitet. Für gewöhnlich sitzen Coaches nicht voller Erwartung neben dem Apparat und sind gleich voll fokussiert, wenn ein potenzieller Kunde in der Leitung ist. Das Klingeln reißt einen aus irgendeiner anderen Situation heraus und man ist von einem Moment auf den anderen gefordert, einen guten Kontakt herzustellen. Das Gespräch zu vertagen und einen Rückruf anzubieten, ist eine pragmatische Möglichkeit, sich einer solchen Stresssituation zu entziehen – hinterlässt aber nicht immer den besten Eindruck.

Selbst wenn man die Macht des ersten Eindrucks für einen Mythos hält, will man als Coach nicht gleich ins Stottern geraten. Immerhin geht es bereits im Erstgespräch um wegweisende Entscheidungen – zumindest um diejenige, ob es überhaupt einen Folgeschritt geben wird. Aus meiner Sicht liegt es in der Verantwortung des Coaches, alle für diese Entscheidung relevanten Faktoren wenigstens kurz zur Sprache zu bringen. Die im Merkkasten zusammengestellten Fragen können dafür als Gedächtnisstütze dienen, um dem Überraschungsmoment zum Trotz nichts Wesentliches zu vergessen.

Fragen, die am Ende des Erstgesprächs beantwortet sein sollten

- Was ist die Funktion und der Auftrag des Anrufenden?
- Ist der Anrufer selbst der mögliche Coachee oder nur eine Kontaktperson? Vermittler oder Auftraggeber?
- Wie ist der Anrufer auf den Coach gekommen? Empfehlung, Netzwerkrecherche, Zufall?
- In welchem Kontext bewegt sich der Coachee? Zum Beispiel Organisationseinheit, Kernprodukte/Services, Hauptkunden, Mitarbeiteranzahl, Größe des gesamten Unternehmens.

→

- Wie lautet das aktuelle Anliegen an den Coach?
  Was ist das wichtigste Ziel?
- Welche Probleme müssen dafür gemeistert werden?
  Was sind die zwei wichtigsten Herausforderungen?
- Aktuelles Problemgewicht auf einer Skala von 1 = federleicht bis 10 = enorm?
- Worauf können wir in der weiteren Lösungsarbeit bauen?
  Was sind die zwei wichtigsten Stärken?
- Welche Erfahrungen mit Coaching gibt es?
- Was braucht der Coachee, um zu einer guten Entscheidung über das weitere Vorgehen zu kommen?
- Welche Rahmenbedingungen braucht der Coach? Zum Beispiel Verbindlichkeit, Rhythmus, Dauer, Arbeitsort, Reisetätigkeit, Honorar.
- Wie sieht der nächste Schritt aus? Zum Beispiel kurzes Gesprächsmemo, formelles Angebot, Erstgespräch mit dem Coachee, interne Klärung.

Je nachdem, was der Coachee antwortet, wird der Coach weitere Fragen stellen – und darüber hinaus versuchen, alle für die Zusammenarbeit wesentlichen Informationen geben. In möglichst kurzer Zeit soll ein gemeinsames Verständnis über das aktuelle Anliegen, den unternehmerischen Kontext und die für die Beratungsarbeit wesentlichen Rahmenbedingungen hergestellt werden. Sogar dann, wenn gar nicht der Coachee, sondern ein Vermittler in Kontakt tritt, sollte der Coach eine erste Idee für das Coaching ausarbeiten können.

Abb. 15–2 *Klare Empfehlungen*

Neben Fragen können im Erstgespräch auch Hypothesen getestet werden. Das fällt umso leichter, je mehr Erfahrung der Coach in einem bestimmten Bereich mitbringt. »Das klingt für mich nach ...«, »Ich habe den Eindruck, dass ...«, »Es scheint, dass Problem X durch Y bedingt ist!?«, »Könnte es sein, dass ...?«, sind dafür typische Formulierungen. Wer noch einen Schritt weiter gehen will, kann sich sogar in Richtung möglicher Interventionen vorwagen: »Wenn es vor allem um X geht – haben Sie denn schon Y versucht?«, »In aller Kürze erinnert mich Ihre Situation an ein Unternehmen, das sich ganz auf Z konzentriert hat – wäre das für Sie auch denkbar?«, »Ihre Ausgangslage legt für mich nahe, dass wir schleunigst für ... sorgen sollten!«

Erstkontakte und Hausbesuche

Das folgende Beispiel aus der Praxis möge Ihnen helfen, diese kryptischen Variablen in exemplarischer Form zu spezifizieren. Es handelt sich dabei um einen rasch wachsenden IT-Spezialisten, dessen Vorstandsmitglied Bernd Rottensteiner mich über XING kontaktiert und um ein Erstgespräch gebeten hatte. Durch die verzögerte Anfrage konnte ich mich ein wenig auf das vereinbarte Gespräch mit Herrn Rottensteiner vorbereiten, obwohl die recherchierbaren Daten letztlich wenig aufschlussreich waren. So wusste ich nicht wirklich, mit wem ich es zu tun hatte, bevor wir zu telefonieren begannen.

Erwartungsgemäß stand dieses Telefonat zunächst ganz im Zeichen der Information. Kurz und knackig wurde ich über die Ausgangssituation und das aktuelle Anliegen in Kenntnis gesetzt. Man suche, so mein Gegenüber, eine gezielte Unterstützung auf dem Weg zu selbststeuernden Teams. Und man habe mein Buch gelesen und denke, dass ich genau die erwartete Unterstützung bieten könne. Im Vorstand sei man sich jedenfalls einig, dass sich das komplette Unternehmen in Richtung autonomer Geschäftseinheiten ohne hierarchische Führung entwickeln solle.

Neben dem Versuch, möglichst aktiv zuzuhören, verfolgte ich zwei Klärungsstrategien. Erstens stellte ich mehr oder weniger naheliegende Fragen: Woher denn das Anliegen komme? Was denn bereits alles in Angriff genommen wurde? Welche Erfahrungen man dabei gesammelt habe? Und wie genau mein Beitrag aussehen könnte? Und zweitens versuchte ich einige Eindrücke zu vermitteln: dass das Ganze nach einer sehr entschlossenen Initiative klinge, dass mir allerdings noch unklar sei, wie die neue Organisation aussehen soll, dass ich sehr neugierig wäre, nicht nur die Perspektive der anderen Vorstandsmitglieder, sondern auch die der Mitarbeiter kennenzulernen, und dass ich mich erst nach diesem Kennenlernen auf das weitere Vorgehen festlegen wolle.

Es entstand eine zielgerichtete Diskussion zur Ist-Situation und den möglichen nächsten Schritten. Schließlich vereinbarten wir einen kurzfristigen Besuchstermin, bei dem ich vor Ort mehr über das Unternehmen erfahren sollte.

Ob der Coach nun seine Eindrücke schildert, Annahmen prüft oder Interventionsmöglichkeiten auslotet, stets geht es dabei um den Abgleich von Landkarten im Sinne eines gemeinsamen Verständnisses. Bereits im Erstgespräch alle Dimensionen des avisierten Arbeits-Beziehungs-Geschäfts auszuloten, bleibt dennoch ein Ding der Unmöglichkeit. Falls es sich beim Anrufer um den an einem Coaching interessierten Manager handelt, steht dieser mit hoher Wahrscheinlichkeit unter Druck. Ebenso wahrscheinlich will er nur wenig Zeit in die allgemeine Klärung investieren und nutzt dazu ein Medium, das einen guten Beziehungsaufbau von vornherein erschwert. Und dann muss ja auch noch die Hürde der Rahmenbedingungen genommen werden, nicht zuletzt das Honorar, das so manchen Dialog schlagartig auf eine Kostendiskussion zusammenschrumpfen lässt. Der Wert der Unterstützung rangiert dann nur mehr unter ferner liefen ...

Wird auch diese Hürde genommen, sollte einer Begegnung von Angesicht zu Angesicht nichts mehr im Wege stehen.

15.4 Vom Kontakt zum Kontrakt

»Zusammenarbeit mit dem Kunden über Vertragsverhandlungen«, fordert das Agile Manifest ein [Beck et al. 2001]. Wie passt dazu, das Coaching agiler Manager von einem Kontrakt abhängig zu machen? Nun, des Rätsels Lösung liegt darin, dass das coachingspezifische Contracting nicht auf formale Aushandlungsprozesse ausgerichtet ist. Stattdessen steht die offene Klärung aller wesentlichen Kooperationspunkte im Zentrum. Neben den inhaltlichen werden dabei auch die Weichen für die Beziehungskultur gestellt. Für mich als Coach ist es gerade zu Beginn besonders aufschlussreich, wie sich diese Kultur entwickelt. Ist der Coachee bereit, die Karten offen auf den Tisch zu legen? Bringt er auch Bedenken und Vorbehalte zur Sprache? Stellt nicht nur der Coach, sondern auch der Coachee Fragen, die der gemeinsamen Orientierung dienen? Und zeigt sich nicht nur der Coachee, sondern auch der Coach von seiner unsicheren Seite?

Gerade im Kontext agiler Unternehmen halte ich es für wichtig, die Kultur der Zusammenarbeit von Anfang an im Blick zu haben. Balance ist für mich diesbezüglich ein zentraler Leitwert: sei es nun die Balance zwischen fachlicher und sozialer Orientierung, Personen- und Organisationsfokus oder die Balance der Redeanteile.

Gerade die Balance zwischen Fragen stellen und Informationen liefern erscheint mir essenziell: Schlussendlich wollen wir dem Coachee weder Löcher in den Bauch fragen noch vergessen, dass er sich vom Coach eine gewisse Steuerungssicherheit erwartet. So wie ich Coaching im Spannungsfeld von agilem und systemischem Denken verstehe, ist Prozesskompetenz ebenso angesagt wie der dosierte Einsatz von fachlichem Know-how. Tabelle 15–1 zeigt einen Leitfaden, den ich mir speziell für die Beratung in selbstorganisierten Umfeldern zusammengestellt habe.

Was?

Fragen zu:

- **Motiv für Coaching**
  Was führt Sie zu mir? Welches Anliegen wollen Sie bearbeiten?
- **Verbesserungsziele**
  Was wollen Sie konkret erreichen?
- **Erwartungen**
  Was erwarten Sie von Agilität/Lean/Selbstorganisation?
  Was kann die Organisation dann, was sie jetzt noch nicht kann?
- **Messkriterien**
  Woran genau würden Sie die gewünschte Verbesserung erkennen?
  Was hat die Organisation davon? Was der Kunde?
- **Umfelder**
  Welche Kontextfaktoren sind zu beachten?
  Wer sind relevante Stakeholder der geplanten Veränderung?
- **Offene Punkte**
  Welche für Sie wesentlichen inhaltlichen Fragen sind noch unbeantwortet?

Informationen über:

- **Thema**
  Was Agilität/Lean/Selbstorganisation aus der Sicht des Coaches ist – und was nicht.
- **Erfolgsfaktoren**
  Was der Coach beachten und welche Stolperfallen er vermeiden möchte.
- **Gute Praktiken**
  Was man sich von anderen abschauen kann.
- **Vergleichswerte**
  Wie andere Manager vergleichbare Herausforderungen gemeistert haben.

Warum?

Fragen zu:

- **Motiv für Veränderung**
  Warum muss etwas anders werden?
  Was sind die wichtigsten Herausforderungen, die Sie derzeit zu meistern haben?
- **Wertschätzung des Bestehenden**
  Worauf können Sie bauen?
  Was sind die wichtigsten Stärken Ihrer derzeitigen Organisation?
- **Gründe für Agile/Lean/Selbstorganisation**
  Warum haben Sie sich dafür entschieden?
  Was erwarten Sie sich von diesem Vorgehen?
  Welche großen Fragezeichen haben sie noch?
- **Unmittelbarer Anlass**
  Warum ist das genau jetzt wichtig?
  Wem ist es wie wichtig?
  Wer sieht das anders?
- **Szenarien**
  Was würde passieren, wenn sich nichts ändert?
  Warum wäre das so?
- **Offene Punkte**
  Welche für Sie wesentlichen Fragen zum Warum sind noch unbeantwortet?

→

Warum? (Fortsetzung)	**Informationen über:** ■ **Erfahrungswerte mit Agile/Lean/Selbstorganisation** Warum andere Unternehmen sich in diese Richtung verändern, was sie dabei erleben und was sie erreicht haben. ■ **Gesetze der Veränderung** Was im Coaching beachtet werden sollte. ■ **Wichtigkeit eines umsichtigen Ansatzes** Warum Stakeholder-Management erfolgskritisch ist. ■ **Management und Coaching** Warum Manager eine zentrale Rolle spielen – und diese mithilfe von Coaches noch besser gestalten können.
Wie?	**Fragen zu:** ■ **Zusammenarbeit** Wie soll die Kooperation aussehen? Wer ist wofür verantwortlich? Worauf legen Sie besonderen Wert? Was wollen Sie vereinbaren? ■ **Erfahrungen** Auf welche Erfahrungen greifen Sie zurück? Was haben Sie mit Coaches bereits erlebt? Was mit bisherigen Veränderungsinitiativen? ■ **Messkriterien** Wann hat sich das Coaching für Sie gelohnt? Wann hat der Coach einen guten Job gemacht? Woran erkennen Sie das jeweils? ■ **Organisation** Wie soll vorgegangen werden? Wie intensiv soll der Coach begleiten? Was sind die nächsten Schritte? ■ **Offene Punkte** Welche für Sie wesentlichen Fragen zum konkreten Vorgehen sind noch unbeantwortet? **Informationen über:** ■ **Empfohlene Vorgangsweisen** Was sich in vergleichbaren Situationen bewährt hat – und was nicht. ■ **Spiegelphänomene** Wie sich das Vorhaben auf die Zusammenarbeit auswirken könnte. ■ **Schrittfolgen** Was sich als Nächstes zu tun empfiehlt.

Tab. 15–1 *Kontraktleitfaden für Managementcoaching im agilen Umfeld*

Selbstverständlich läuft kein Klärungsgespräch genau nach diesem Leitfaden ab. Es wäre ein sonderbares Verständnis von Agilität, wenn wir diese Fragen einfach durchdeklinieren würden. Bereits das Contracting gleicht eher einem interaktiven Tanz als einer einseitigen Vertragserstellung. Im echten Beratungsleben springen wir von einer Was- direkt zu einer Warum-Frage, lassen uns von den Erzählungen des Coachees leiten, nutzen eine Nebenbemerkung zu einem vergangenen Veränderungsprojekt, um das Wie der Zusammenarbeit zu klären, schweifen dabei in Richtung eines speziellen Themenaspekts ab, kehren wieder zu den Zielen zurück und so weiter und so fort.

Gerade aufgrund der Dynamik jedes Klärungsgesprächs hat mir der Leitfaden schon oft gute Dienste erwiesen. Ich behalte den Überblick, kann mich zwischendurch neu orientieren und vergesse in der Hitze des Gefechts keine wichtigen Punkte.

Laufende Beratung

Wem die Metapher des Beratungstanzes zu privat ist, der könnte auf ein anderes Sinnbild zurückgreifen: das gemeinsame Laufen. Die laufende Beratung verweist indes nicht nur auf die Kontinuität guter Arbeitsbeziehungen – sie ist auch ganz leibhaftig zu verstehen: als Coaching, das im Gehen, Joggen, Spazierengehen oder Wandern stattfindet.

Eine solche Verbindung von mentaler und physischer Bewegung liegt nicht nur aufgrund der Eigendynamik agiler Systeme nahe. Sie ist ein zentraler Bestandteil unseres Denkens und Sprechens: Wir gehen ein bestimmtes Vorhaben an, wir gehen ausgewählte Themen durch, wir gehen auf spezielle Fragen ein oder wir gehen davon aus, dass wir Probleme lösen.

Wenn wir die Bewegungsmetaphern der Coachingarbeit nicht nur wörtlich, sondern gewissermaßen körperlich nehmen, dann geht es freilich nicht um Sport. Selbst wenn wir tatsächlich laufen, hat das nichts mit Höchstleistung zu tun. Im Gegensatz dazu stehen Dinge im Zentrum, um die es in jeder Beratungsbeziehung geht: das Beschreiten eines Weges, das Entdecken einer guten Schrittfolge, das gemeinsame Finden einer stimmigen Geschwindigkeit, die Entwicklung eines Gedanken- und Bewegungsflusses, der unversehens ganz selbstverständlich wird.

Ich habe sehr gute Erfahrungen damit gemacht, den Coachees bereits früh ein solches Bewegungsexperiment anzubieten. Managementcoaching kann damit einen Kontrapunkt zur traditionellen Kopf- und Sitzlastigkeit der Führungsarbeit setzen. Gezielte Pausen für die Zusammenfassung und gegebenenfalls Visualisierung von Ergebnissen stellen sicher, dass sich die Bewegung nicht in Schall und Rauch auflöst.

15.5 Sicherheit gewinnen

Auf dem Weg vom Erstkontakt zu einer klaren Arbeitsvereinbarung geht es um mehr als nur um die richtige Mischung von Fragen und Informationen. Wir müssen dabei auch das psychologische Gefälle bearbeiten, das die Startphase jedes Coachings prägt. Wer Hilfe braucht, findet sich in unserem gesellschaftlichen Wertesystem nämlich leicht in einer schwächeren, quasi untergebenen Position wieder.

Diese Positionierung ist gerade im Managementcoaching ein besonderes Thema, da Führungskräfte für gewöhnlich hierarchisch übergeordnete Positionen einnehmen. Nun muss sich der Manager-Coachee plötzlich mit seinen Wissensdefiziten und Betriebsblindheiten herumschlagen, während er dem Coach

Überblick und Expertise zuschreibt. Das kann negative Erinnerungen an strenge Eltern oder ungerechte Lehrer wachrufen und für entsprechend unbehagliche Übertragungen sorgen. Selbst wenn wenig später Fachdiskussionen im Mittelpunkt stehen, bleibt der Beginn von Coachingbeziehungen von diversen Sorgen dominiert: Was wird der Coach wohl mit mir anstellen? Wohin führt er mich? Wie weit muss ich ihm folgen? Was passiert, wenn ich das nicht tue? Was, wenn sich das Ganze als Zeitverschwendung herausstellt? Und ich dafür auch noch viel Geld zahlen muss? Solche Fragen können leicht kontraproduktive Schutzmechanismen auf den Plan rufen: Der Coachee agiert vorsichtig, hält sich erst einmal eher bedeckt, antwortet bei heikleren Punkten ausweichend oder flüchtet sich in Allgemeinplätze.

Abb. 15–3 *Das Gesicht nicht verlieren*

Diese Ambivalenz mag auf den ersten Blick rätselhaft erscheinen. Ist es denn nicht der Manager, der bewusst Hilfe sucht und sich dafür an einen professionellen Coach wendet? Nun, intellektuell mag es so sein, dass man die eigenen Grenzen wahrnimmt und sich eingesteht, dass man so nicht mehr weiterkommt. Gleichzeitig ist es aber nur selten der Fall, dass man daraus emotionale Stärke zieht. Der Ruf nach professioneller Hilfe verstärkt die eigene Unsicherheit.

Was bedeutet diese Ausgangslage für den Coach? Wie geht er mit der gleichsam in der Luft liegenden Unsicherheit um? Und was kann er tun, um von Anfang an eine Beziehung auf Augenhöhe zu fördern? Meiner Erfahrung nach ist das

Wissen um die prekäre Ausgangslage schon einmal ein guter Startpunkt. Dazu braucht es eine Grundhaltung, die im Zeichen des Respekts und der Anerkennung steht. Und es braucht Techniken, die dem latent vorhandenen Gefühl von Überlegenheit ein Schnippchen schlagen.

Ed Schein hat uns dafür ein richtungsweisendes Konzept in die Hand gegeben, das respektvolle Haltung und partnerschaftliche Interaktion kongenial miteinander verbindet [Schein 2013]. »Bescheidenes Erkunden« nennt Schein dieses Konzept, das mit einer besonderen Form der Aufmerksamkeit verbunden ist. Es geht um Fragen, um aktives Zuhören, aber auch ums Beobachten, etwa der nonverbalen Kommunikationsebene oder der eigenen Resonanzen. Ein wenig pathetisch könnte man sagen, dass Coaches all ihre Sinne einsetzen, um sich voranzutasten. Bescheiden wird dieses Erkunden durch die praktische Anwendung des sokratischen Prinzips: »Ich weiß, dass ich nichts weiß!«

Wie alles im Leben sollte auch dieses Prinzip nicht überstrapaziert werden, da der Coachee sonst leicht das Vertrauen in die fachliche Expertise des Coaches verlieren kann. In der richtigen Dosis eingesetzt, verhilft das bescheidene Erkunden jedoch zu jeder Menge Informationen. Darüber hinaus versetzt es den Coachee in eine Position, die ihn gerade in der Anfangssituation rasch Sicherheit gewinnen lässt. Geleitet durch das Wechselspiel von aufmerksamem Zuhören und interessiertem Nachfragen, nimmt er sich selbst viel stärker als Experte denn als Nicht-Wissender wahr.

Bescheidene Fragetechniken

Als »sanfte Kunst des Fragens statt Redens«, so der Untertitel von Ed Scheins Buch *Humble Inquiry* [Schein 2013], lebt das bescheidene Erkunden davon, dass Sie sich als Berater zurücknehmen und Ihrem Gegenüber das Wort überlassen. Dazu gibt es spezielle Fragetechniken, die Sie bereits in der Contracting-Phase gezielt einsetzen können:

- **Um rasch auf den Punkt zu kommen**
  Was genau ist passiert?
  Können Sie mir ein konkretes Beispiel geben?
  Wie oft treten solche Situationen auf?
- **Um Reaktionen zu erforschen**
  Was hat das bei Ihnen ausgelöst?
  Was ist Ihnen dabei durch den Kopf gegangen?
  Wie haben Sie sich in diesem Fall verhalten?
- **Um Ursachen auf den Grund zu gehen**
  Warum haben Sie so reagiert?
  Warum glauben Sie, ist es so gekommen?
  Was könnte noch dahinter stehen?

→

- **Um auf konkretes Handeln zu fokussieren**
  Was haben Sie bisher alles versucht?
  Was wollen Sie als Nächstes tun?
  Wer könnte Sie dabei unterstützen?
- **Um systemische Zusammenhänge zu erkennen**
  Was glauben Sie, was Ihr Handeln bei Person A ausgelöst hat?
  Wer war daran noch beteiligt?
  Wie würde Team B wohl auf eine solche Entscheidung reagieren?
- **Um verbindlich abzuschließen**
  Was sollten wir unbedingt festhalten?
  Wie sehen aus Ihrer Sicht die nächsten Schritte aus?
  Wie wollen wir verbleiben?

Sicherheit wird allerdings nicht allein durch respektvolle Zurückhaltung und bescheidene Gesprächstechniken vermittelt. Sicherheit entsteht vor allem durch die konstruktive Auseinandersetzung mit den coachingtypischen Arbeitsfeldern. Hier ein kurzer Überblick, wie diese Felder in selbstorganisierten Unternehmen aussehen:

- **Die Zielformulierung**
  Agile Profis wissen, dass sie nicht zu viel Zeit mit der Definition gewünschter Endergebnisse verschwenden sollten. Wir wissen aber ebenso, dass es eine Vision braucht, damit wir zielorientiert vorangehen können. Wie sähe eine Organisation aus, die den aktuellen Anforderungen gewachsen ist? Was kann eine solche Organisation? Was können ihre Mitglieder? Was liefern sie? Und was haben die Kunden davon? Es liegt in der Natur der agilen Sache, dass die Vision zu Beginn nicht vollständig erfasst werden kann. Ganz ohne Vision wird es allerdings schwierig, Teilziele zu definieren und diese so zu priorisieren, dass erste Veränderungsetappen in Angriff genommen werden können. Dafür ist die Unterscheidung zwischen dem Beratungs- und dem sogenannten Heimatsystem wesentlich: Was soll sich im Arbeitsalltag verändern? Und was davon kann im Coaching sinnvoll vor- und nachbereitet werden? Ohne diese kategorische Differenzierung bleibt unklar, was wir im Rahmen des Coachings zur Zielerreichung beitragen können und welche Aspekte wir dafür jeweils bearbeiten sollten.
- **Die Klärung der aktuellen Situation**
  Sinnvolle Ziele können nur dann festgelegt werden, wenn sie in Bezug zur aktuellen Situation gebracht werden. Erst daraus ergibt sich jene kreative Spannung, die jede Veränderung antreibt. Aus Sicht des Beraters ist nicht nur die zukünftige, sondern schon die aktuelle Situation unbekanntes Gelände. Folglich wird der Coachee eingeladen, seine Geschichte zu erzählen. Je leben-

diger das passiert, umso mehr Informationen erhält der Coach. Indem er aktiv zuhört, gezielt nachfragt und bestimmte Vermutungen äußert, kann er sein Verständnis sukzessive erweitern.

- **Die Definition der Rahmenbedingungen**
  Es sollte sich herumgesprochen haben, dass erfolgreiche Selbstorganisation von klaren Rahmenbedingungen abhängt. Das gilt auch für jenen differenzenorientierten Austausch, der im Zentrum jedes Managementcoachings steht. Um dafür einen konstruktiven Container einzurichten, braucht es einige Grundvereinbarungen. Ich persönlich gebe am Anfang bewusst einige Regeln vor – immerhin bin ich dafür verantwortlich, das Coachingsystem so einzurichten, dass sowohl ich als Coach als auch mein Coachee gut darin arbeiten kann. Da es sich dabei um ein vielschichtiges Arbeits-Beziehungs-Geschäft handelt, gehören dazu Regeln zum Vorgehen (Stichwort: iterativer Ansatz), zur Vertraulichkeit (Stichwort: Las-Vegas-Regel), zum Ablauf (Stichwort: Dauer und Frequenz) und last but not least zur Ökonomie (Stichwort: Honorar). Auch für das leidige Thema Verbindlichkeit, insbesondere hinsichtlich kurzfristiger Absagen, sollte es eine klare Vereinbarung geben (Stichwort: Stornobedingungen). Es versteht sich von selbst, dass diese Rahmenbedingungen ebenso wie die Zielformulierung regelmäßig geprüft und gegebenenfalls erweitert werden müssen (Stichwort: agiles Contracting).
- **Entlastungsmöglichkeiten schaffen**
  Oft ist das Thema Be- bzw. Entlastung sofort präsent: Manager stehen unter Druck, Teams liefern nicht, was sie sollen, das Unternehmen muss sich als Ganzes dringend verbessern und so weiter. Agilisierung wird dann mitunter als Zaubermittel gesehen, das gleichsam über Nacht wahre Wunder bewirkt. In solchen Situationen kann sich der Coach leicht dazu eingeladen fühlen, den Lösungshelden zu geben. Am besten macht er gleich auf Miraculix und braut der Organisation den magischen Zaubertrank. Ich weiß, wie verführerisch so ein Setting sein kann und wie leicht man hier in die Falle geht. Das bescheidene Erkunden ist ein probates Mittel, um solchen Machtfantasien vorzubeugen. Indem sich der Coach zurücknimmt, öffnet er den Raum, damit sich der Coachee seinen Ärger, die Unsicherheit oder die Sorge von der Seele reden kann. Es lohnt sich fast immer, erst einmal ein offenes Ohr zu haben und emotionale Entlastung zu ermöglichen, bevor man sich an die fachliche Lösung macht.

Ventile schaffen

»Ich fühle mich wie im Druckkochtopf«, offenbarte mir Wolfgang Wiedinger, seines Zeichens geschäftsführender Gesellschafter eines deutschen Marketingspezialisten, gleich zu Beginn unseres Gesprächs. Tatsächlich schien der aktuelle Stress des Geschäftsführers bereits durch seine rotstichige Hautfarbe dokumentiert zu werden. Darüber hinaus hörten sich seine Erzählungen tatsächlich ein wenig an, als würde heißer Dampf aus einem Überdruckventil zischen. Die Umsatzzahlen stimmten nicht, bereits das dritte Quartal in Folge schreibe man rote Zahlen, ihm sei aber immer noch nicht klar, wie er für nachhaltige Verbesserung sorgen könne und müsse sich jetzt zu allem Überfluss noch mit diversen Qualitätsproblemen herumschlagen. »Das klingt nach schlaflosen Nächten«, meinte ich spontan und öffnete damit sofort ein neues Ventil. Er sei nun schon seit so vielen Jahren im Unternehmen, viel Gutes sei geschaffen und ein stabiler Wachstumskurs verfolgt worden. In letzter Zeit aber habe sich der Markt extrem stark verändert. »Kaum, dass man glaubt, nun mit der Digitalisierungswelle mitsurfen zu können, bricht schon die nächste über einen herein.« Das ganze Gerede von Agilität, so Wolfgang Weidinger zerknirscht, wirke für ihn mittlerweile nur mehr wie eine riesengroße Seifenblase.

Ich hätte mich nun gleich auf das genannte Thema stürzen können. Mein Auftrag lautete ja, die gesamte Geschäftsführung auf dem Weg zu einem wie es hieß »wirklich agilen Unternehmen« zu unterstützen. Ich spürte jedoch deutlich, dass die Stresssituation, die sich bereits im ersten der vereinbarten Einzelgespräche zeigte, eine themenzentrierte Arbeit vorerst unmöglich machte. Deswegen entschied ich mich, den Emotionen jenen Raum zu geben, den sie offenkundig brauchten. Vorsichtig fragte ich also nach, versuchte möglichst aktiv zuzuhören und mein Verständnis in eigenen Worten zusammenzufassen. Nach und nach verstand ich immer besser, was dem Geschäftsführer Sorgen bereitete. Mit einem Schlag sah er sein ganzes Lebenswerk gefährdet. Wie sich später herausstellte, überschwemmten diese Sorgen auch jedwede Verbesserungsstrategie – und führten dazu, dass die angestrebte Agilisierung kaum über lokalen Aktionismus hinauskam, weil Herr Wiedinger beharrlich versuchte, alles unter Kontrolle zu halten.

Allerdings brachte unser Gespräch nicht die alles entscheidende Wende. Weder war danach das weitere Vorgehen detailliert noch jegliche Sorge aus dem Weg geräumt worden. Doch zumindest war es gelungen, das bislang Unausgesprochene in einem professionellen Rahmen zu artikulieren. »Und dieses Auszischen war längst überfällig«, wie Herr Wiedinger zum Abschluss gestand.

Sortieren helfen

Die emotionale Achterbahnfahrt zwischen Ohnmachtsgefühlen und Macherallüren spiegelt sich nicht selten in einem intellektuellen Wirrwarr wider. Das zeigt sich vor allem in einer wilden Mischung von Nicht- und Halbwissen, die munter in undurchdachte Veränderungskonzepte übersetzt wird. Es ist die Aufgabe des Coaches, diese Konzepte zu respektieren und dennoch deutlich zu machen, dass es tragfähigere Ansätze braucht. Coaches tun das, indem sie dem Coachee beim Sortieren helfen Was sind Mythen der Selbstorganisation, wie sieht die Realität aus? Was ist notwendig, um Systeme durchgehend zu agilisieren, was ist nur Oberflächenkosmetik? Wo müssen wir ansetzen, wenn wir gute Arbeitsflüsse schaffen wollen, welche Ideen führen uns in die Sackgasse? Wir trennen gewissermaßen die Spreu vom Weizen, greifen brauchbare Ideen auf und versuchen sie zum Teil eines noch besseren Ansatzes zu machen. Zum Glück können wir häufig auf guten Grundlagen aufsetzen. Der Coachee ist in vielen Bereichen kundig und baut vielleicht sogar auf einschlägigen Erfahrungen auf. Manches ist und bleibt allerdings Schrott und Coaches tun gut daran, das möglichst früh klarzustellen. Das ist natürlich leichter geschrieben als getan, den sie kränken dadurch, sie enttäuschen, sie nähren Misstrauen und womöglich verlieren sie sogar das Mandat. Wenn sich Coaches jedoch zu Dienern halbgarer Managementideen machen, sind sie von vornherein zum Scheitern verurteilt.

- **Instruieren, üben, lernen**

Professionellen Coaches ist bewusst, dass sie es gerade am Anfang einer Beratungssituation mit vielen Unbekannten zu tun haben. Ihnen ist aber ebenso klar, dass sie ein profundes Wissen über Erfolgsfaktoren und Stolpersteine besitzen, von dem sie im Coaching profitieren können. Sie gehen methodisch vor und setzen ausgewählte Navigationshilfen ein: Checklisten, ausgewählte Unterlagen, mit denen die eigenen Ausführungen verdeutlicht werden, oder einfache Modelle, die dem Coachee Orientierung bieten. Konkrete Beispiele und Vergleichswerte von anderen Unternehmen stoßen üblicherweise auf ein positives Echo.

Das Echo lässt sich verstärken, wenn die Wissensvermittlung mit kleinen Übungen verbunden wird. Ich persönlich habe gute Erfahrungen mit verschiedenen Varianten des aus dem Design Thinking bekannten *Visual Talk* [Brown 2009] gemacht und noch bessere, wenn ich diese Gesprächsform so einsetze, dass ich dabei gemeinsam mit dem Coachee vor einem Flipchart oder Whiteboard stehe. Das lässt sich fachlich ausgezeichnet mit einer Wertstromanalyse oder der Skizze eines Kanban-Boards verbinden. Ich lade den Coachee dann zu einem gepflegten Ping-Pong-Spiel ein, indem ich ihm demonstrativ den Boardmarker in die Hand drücke: Wie würde sein Bild aussehen? Was kann er ergänzen? Was will er korrigieren? Und welche Impulse kann der Coach dazu liefern? Dadurch wird das Coaching unversehens zu einem kleinen Trainingslager, bei dem der Manager Dinge praktisch durchdenken, erproben und verbessern kann. Ich halte es für wichtig, die Lernbereitschaft von Managern möglichst früh anzustacheln. Das setzt sich in der Vereinbarung konkreter Transferschritte fort: Umsetzungsaufgaben für das Heimatsystem, klärende Gespräche mit anderen oder die Lektüre bestimmter Fachartikel. Dabei hat es sich als hilfreich erwiesen, kurze Telefonate zwischen den einzelnen Treffen durchzuführen, um wenigstens ein Mindestmaß an durchgängigem Monitoring zu gewährleisten.

Die Zukunft skizzieren

Im Rahmen des ersten großen Coachingeinsatzes in Bernd Rottensteiners Unternehmen (siehe Abschnitt 15.3) war die Ausarbeitung der zukünftigen Organisationsstruktur ein zentrales Thema. Alles in allem hatte der IT-Spezialist tiefgreifende Veränderungen vorgenommen. So wurden alle funktionalen Silos aufgelöst, um interdisziplinäre Teams zu bilden, und damit zugleich die Managementpositionen beseitigt, um die erwartete Selbstorganisation der Teams nicht zu behindern. Man setzte eine Art von Matrix auf, in der jedes Team über einen sogenannten *Playing Captain* verfügte, also einen Leiter, der auch im operativen Einsatz war, und die einzelnen Experten teamübergreifend von Fachcoaches unterstützt wurden.

Nach dem gemeinsamen Studium der bisherigen Überlegungen lud ich Herrn Rottensteiner dazu ein, alles Weitere direkt auf dem Whiteboard auszuarbeiten. So entstand ein sehr konstruktiver Dialog, bei dem wir nicht nur laut dachten, sondern unsere Gedanken auch in konkrete Bilder übersetzten. Im besten Sinne der Kokreation folgte eine Skizze auf die andere. Wir probierten bestimmte Überlegungen aus und führten sie uns sogleich vor Augen. Dabei konnte ich ohne großes Aufheben auch einige Wissenselemente einbringen, etwa über bekannte Probleme mit Matrixstrukturen, die Notwendigkeit agiler Interaktionen oder die Bedeutung WIP-limitierter Pull-Systeme für die kundenorientierten Wertströme, auf die sich die einzelnen Teams konzentrierten. Am Ende dieses Dialogs beschlossen wir, unsere Ideen individuell zu konsolidieren und nächste Woche noch einmal ein Best-of zu definieren, zu dem wir dann aus den verschiedenen Teams Feedback einholen konnten.

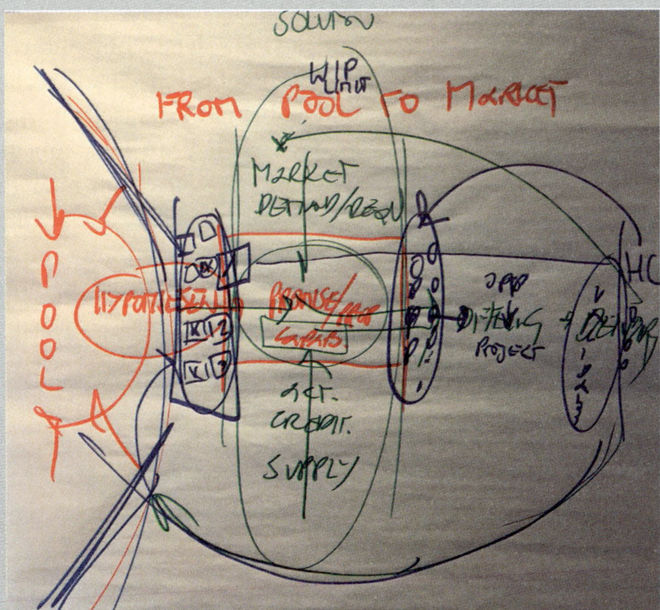

Abb. 15-4 *Kokreatives Chaos im Managementcoaching*

15.6 Unsicherheit stiften

Sie werden es vielleicht schon bemerkt haben: Wenn es so etwas wie einen roten Faden gibt, der sich durch das hier verfolgte Coachingkonzept zieht, dann ist das der Begriff der Balance. Ob die Balance zwischen Wissen und Nicht-Wissen, zwischen Vertrauen in den Prozess und Kontextsteuerung oder zwischen Führen und Geführt-Werden – stets geht es darum, übertriebene Einseitigkeiten zu vermeiden. Aus diesem Grund wollen wir uns im Coaching nicht allzu sehr in Sicherheit wiegen. Um in dieser Hinsicht für ein angemessenes Gegengewicht zu sorgen, können wir der sanften Kunst des Fragens das gegenüberstellen, was ich die respektvolle Kunst der Provokation nennen möchte.

Was ist darunter zu verstehen? Wortwörtlich heißt provozieren ja herausfordern. Für das Beratungsleben bedeutet das aus meiner Sicht, uns nicht mit dem Status quo zufrieden zu geben, sondern über das Bestehende hinauszugehen. Es bedeutet, gemeinsam mit dem Coachee bestehende Grenzen zu überschreiten, etwas Besseres zu gestalten oder zumindest etwas anderes auszuprobieren. Dafür können wir verschiedene Formen von etwas einsetzen, was Ed Schein in seinen Prozessberatungsprinzipien konfrontative Interventionen nennt [Schein 1999].

Konfrontativ sind aus meiner Sicht all jene Interventionen, die auf Differenzierung und Kontrastierung ausgerichtet sind. Bei »Gegenüberstellung« weiß der Lateiner um die buchstäbliche Bedeutung einer *confrontatio*. Und der Coach weiß wiederum, wie er eine solche Gegenüberstellung bewirken kann: etwa durch eine herausfordernde Frage, das Einbringen einer alternativen Betrachtungsweise, einen irritierenden Vergleich oder eine dezitierte Gegenmeinung zu der vom Coachee vertretenen Position. Hilfreich sind solche Konfrontationen überall dort, wo es um den Abgleich von Sichtweisen geht. Für einen solchen Abgleich können wir natürlich ebenso das bescheidene Erkunden einsetzen – ja wir müssen das sogar, weil wir ein Mindestmaß an Sicherheit brauchen, um im Coaching voranzukommen. Die Erfahrung zeigt jedoch, dass wir damit manchmal nur bis zu einem gewissen Punkt kommen. Diesem Punkt kann auf die Sprünge geholfen werden, wenn wir uns einmal weiter vorwagen. Wenn wir, mit anderen Worten, die Bescheidenheit einmal Bescheidenheit sein lassen und auf jene Aspekte fokussieren, die uns bedenklich, diskussionswürdig oder sogar streitbar erscheinen. Wenn wir also Konflikte riskieren und uns – apropos *confligere*, »zusammentreffen, kämpfen« – in Widerstreit begeben.

Selbstorganisation oder nicht Selbstorganisation – das ist hier die Frage

Ein geradezu programmatisches Beispiel für einen solchen Widerstreit habe ich bei einem deutschen IT-Dienstleister erlebt. In einem der regelmäßigen Jour fixes, die ich als Lean Agile Coach mit Heinz Kastendorfer, dem Head of Engineering, vereinbart hatte, ging es um das Thema Skalierung. Wie soll sich das Unternehmen, das seit vielen Jahren agil arbeitete, auf den erwarteten Mitarbeiterzuwachs vorbereiten? Was bedeutet ein solches Wachstum auf struktureller Ebene? Wie kann man eine fokussierte Steuerung sicherstellen, wenn plötzlich 200 statt 120 Mitarbeiter zu führen sind? Rund um diese Fragen entstand eine zunehmend hitzigere Debatte.

Da ich mit Herrn Kastendorfer bereits seit mehreren Jahren zusammenarbeitete, debattierten wir sozusagen mit offenem Visier. Sparring bedeutete in unserem Fall, durchaus einmal kräftiger auszuteilen – und damit zu rechnen, dass die schlagfertige Reaktion kaum ausblieb. Inhaltlich krachten dabei zwei Positionen aufeinander, die natürlich gerne zur Polarisierung einladen: auf der einen Seite die Position, dass es Hierarchie braucht, also dedizierte Team- und Bereichsleiter, um die gewünschte Steuerung abzusichern; auf der anderen Seite die Position, dass dies eine Frage des Organisationsdesigns sei, die durch visuelles Arbeitsmanagement und ein wohldurchdachtes System von Delegierten gut zu beantworten sei.

Spannend an dem Disput waren vermutlich weniger die Argumente als die dahinterliegenden Grundannahmen. Traute Herr Kastendorfer den Mitarbeitern eine effektive Selbststeuerung möglicherweise gar nicht zu? Oder war ich als Coach einfach viel zu naiv, auf ein solches Urvertrauen zu setzen? Konnte man auf die bisherigen Erfahrungen mit teamübergreifenden Interaktionen bauen? Oder waren diese eher negativ besetzt? Waren die Mitarbeitenden tatsächlich vor allem auf ihre Fachexpertise konzentriert? Oder waren sie sehr wohl an Steuerungsfragen interessiert – und auch bereit, diesbezüglich Verantwortung zu übernehmen?

Wie es die Idee des Sparrings mit sich bringt, endete der Disput mit einem deklarierten Unentschieden. Gleichzeitig gingen wir beide sozusagen als Sieger vom Platz – hatten wir durch unser streitbares Argumentieren doch einige neue Einsichten gewonnen, über die es sich bis zum nächsten Sparring nachzudenken lohnte.

Es ist eine Binsenweisheit, dass Beziehungen durch das konstruktive Austragen von Konflikten gestärkt werden. Ohne das Sichtbarmachen von Konflikten können wir Unterschiede weder verstehen noch produktiv machen. Wie gezeigt, halte ich einen solchen differenzierungsfreudigen Austausch für ein konstitutives Element jedweder Selbstorganisation (siehe dazu vor allem Abschnitt 2.2). Ja, ich halte ihn im Führungscoaching sogar für absolut erfolgskritisch, da die Herausforderung zum Selbstbild der Manager gehört. Sie ist gleichsam in der Grundverfassung von Leuten festgeschrieben, deren Expertise in der professionellen System- und Personalentwicklung liegt. Wenn es Coaches nicht schaffen, diesbezüglich Paroli zu bieten, werden sie von ihren Coachees möglicherweise nicht als Partner auf Augenhöhe respektiert. Meiner Ansicht nach müssen Management-Coaches ausreichend wendig und bereit sein, sich den vermeintlich sicheren Kooperationsboden immer wieder mal unter den Füßen wegzuziehen. Fußballerisch gesprochen geht es um die Bereitschaft, sozusagen an den Mann zu gehen, um die Fähigkeit zu überraschenden Spielzügen, um ein gepflegtes Tackling und eine gewisse Robustheit, damit wir nicht gleich beim ersten Gegenangriff aus den Schuhen kippen.

Wie bereits in obigem Fallbeispiel angeklungen ist, stehen uns für die Kultivierung einer solchen Partnerschaft verschiedene Möglichkeiten zur Verfügung. An dieser Stelle wollen wir uns vier Varianten genauer ansehen:

- Konstruktives Misstrauen
- Systemisches Fragen
- Direkter Widerspruch
- Persönliches Feedback

Ein elementarer Katalysator von Unsicherheit im Managementcoaching ist das, was ich **Konstruktives Misstrauen** nenne. »Misstrauen?«, kann ich Sie förmlich fragen hören und mir gut vorstellen, wie Sie an meiner geistigen Gesundheit zu zweifeln beginnen. Immerhin behaupte ich die ganze Zeit über, dass Coaching auf Vertrauen basiert – und da bin ich wahrlich nicht der Einzige.

Selbstverständlich, so möchte ich zur Verteidigung meiner Geisteskräfte anführen, bleibt das Paradigma des Vertrauens bestehen. Ein genauerer Blick auf die Genese von Vertrauen zeigt an, worauf ich hinaus möchte. Lassen Sie uns also einmal unter die Lupe nehmen, wie Vertrauen im Coaching zustande kommt: Zuerst müssen beide Seiten Vertrauen vorschießen – ohne einen solchen Vorschuss können sie einander weder etwas zutrauen noch sich entsprechend anvertrauen. Dieser Vorschuss muss sich allerdings lohnen, denn sonst wird man weitere Investitionen infrage stellen. Dementsprechend dürfen Coachees nicht zu lange im Fragemodus festgehalten werden. Professionelle Berater müssen rasch Orientierung bieten und fachlich weiterhelfen, damit ihre Coachees schon kurzfristig zu einem für sie angemessenen Return kommen und zu weiteren Investititionen bereit sind.

Echtes Vertrauen wird jedenfalls Schritt für Schritt erworben, man muss es sich, wie die Alltagssprache weiß, verdienen. Das gilt im Übrigen für beide Seiten: Der Coachee muss dem Coach vertrauen lernen, der Coach aber auch dem Coachee. Damit Vertrauen wachsen kann, gilt es, miteinander einschlägige Erfahrungen zu sammeln. Wie gezeigt passiert das über den dynamischen Austausch von Fragen und Informationen, den Einsatz dialogförderlicher Techniken und eine beraterische Grundhaltung, die dem Coachee die inhaltliche Gesamtverantwortung überlässt. Doch bildet das, was auf dieser Bühne zur Aufführung kommt, die Realität ab? Können Coaches alles, was ihnen erzählt wird, für bare Münze nehmen? Oder kommt hier mitunter auch einiges an Falschgeld ins Spiel?

Damit will ich keineswegs für eine notorische Skepsis plädieren. Wir sollten auch nicht jedes Wort auf die sprichwörtliche Goldwaage legen. Als gebranntes Kind möchte ich jedoch vor zu viel Gut- oder Leichtgläubigkeit warnen – und mich dafür aussprechen, dass Coaches auch ihre Coachees sozusagen auf Herz und Nieren prüfen. Ergeben die Erzählungen einen Sinn? Fehlen uns wesentliche Teile? Entspricht das, was wir hören, vergleichbaren Erfahrungen? Haben wir den Eindruck, dass uns etwas Bestimmtes verschwiegen wird? Erkennen wir jetzt wirklich das ganze Problem oder sortieren wir es immer noch scheibchenweise?

Führung in Action

Eine bewährte Prüfungsstrategie ist es, Manager sozusagen in freier Wildbahn zu erleben und nicht nur im geschützten Rahmen des Coachings. Oft reicht es bereits, sie bei agilen Meetings zu beobachten, um einschlägige Antworten auf die oben aufgeworfenen Fragen zu erhalten.

Standups, Reviews oder Retrospektiven sind gute Formate, um bestimmte Interaktionsmuster wahrzunehmen. Sie helfen, den eigenen Beratungshorizont zu erweitern. Oft erlebt man durchaus Überraschendes, wenn man über die Laborsituation hinausgeht und alltägliches Verhalten beobachtet. So passierte es mir zuletzt mit Franz Russ, dem Geschäftsleiter eines mittelständischen IT-Dienstleisters (siehe Abschnitt 12.1), der sich, wie er mir schon bei unserer ersten Begegnung erklärte, »mit Herz und Seele der agilen Transformation verschrieben« hatte. Dementsprechend intensiv setze er sich mit den verschiedenen Konzepten auseinander, habe bereits einige Konferenzen besucht und zahlreiche Artikel gelesen. Tatsächlich machte Herr Russ auf mich den Eindruck eines aufgeschlossenen Managers, der die Notwendigkeit tiefgreifender Veränderung sah und sich ernsthaft darauf vorbereitete.

Was ich in der Retrospektive beobachtete, die er mit Delegierten aus allen Geschäftsbereichen durchführte, legte allerdings noch ein paar Hausaufgaben nahe. Bereits die Einstiegsrunde war nämlich von einer ziemlich traditionell anmutenden Statusabfrage geprägt, es gab keine klare Agenda und die Diskussionen waren zwar durchaus spannend, blieben jedoch ohne klares Ergebnis. Unter agiler Moderation verstand Herr Russ offenkundig, zwischen verschiedenen Themen hin- und herzuspringen, in Gruppendiskussionen von außen einzugreifen und am Ende Ergebnisse festzuhalten, die an eine traditionelle Befehlsausgabe erinnerten.

Es spricht für Franz Russ, dass er das Feedback, das ich in unserem anschließenden Einzelgespräch dazu gab, sehr gut aufnahm. Er sehe durchaus, dass er noch lange nicht dort sei, wo er gerne hinwolle. Aber genau dafür habe er ja mich als erfahrenen Wegbegleiter engagiert. Durch seine verständnisvolle Reaktion ermutigt, bot ich ihm quasi als Sofortmaßnahme an, die nächste Retrospektive gemeinsam vorzubereiten – und dabei auf eine agile Gestaltung sowie auf seine Vorbildrolle zu achten.

Statt uns in falsche Sicherheit zu wiegen, sollten wir uns also lieber einmal zu viel als zu wenig verunsichern. Dafür stehen uns unter anderem die Techniken des sogenannten systemischen Fragens zur Verfügung. Das **systemische Fragen** bietet eine breite Palette an Interventionstechniken, um sich vom bescheidenen Erkunden geschmeidig in Richtung risikofreudiger Provokation zu bewegen [Radatz 2003]. Dabei können wir unterschiedliche Kategorien unterscheiden. Das sogenannte triadische Fragen konzentriert sich erst einmal auf die Perspektive eines abwesenden Dritten. Mitarbeiter, Führungskollegen, Freunde oder auch der Berater selbst bieten gute Ankerpunkte, um die eigene Sichtweise gezielt zu erweitern. Wie alle systemischen Fragen dient es dazu, das eigene Weltbild höflich, aber bestimmt infrage zu stellen. Ist meine Betrachtungsweise tatsächlich die einzig mögliche? Sehen das alle anderen gleich? Oder gibt es Akzente oder vielleicht sogar Gegenperspektiven, die ebenfalls in Betracht gezogen werden sollten?

Triadische Fragen:
Wie sieht das jemand anderer?

- Wie sehen Ihre Mitarbeiter die Situation?
- Welchen Eindruck hätte wohl ein Außenstehender?
- Was würde X zu Ihrer aktuellen Situation sagen?
- Worauf würde ein kritischer Stakeholder besonderen Wert legen?
- Was würde Ihnen Ihr bester Freund raten?
- Was glauben Sie, dass ich mir dazu denke?

Eine weitere Kategorie bilden die sogenannten hypothetischen Fragen. Einfach gesagt geht es dabei um die Auseinandersetzung mit imaginären Szenarien. »Was wäre, wenn …?«, »Wie würde die Situation aussehen, ohne dass …?«, »Was wäre am nächsten Morgen alles anders, wenn über Nacht ein Wunder geschähe und Ihre größten Probleme gelöst wären?« oder: »Womit würde sich Ihre derzeitige Situation vergleichen lassen? Was wäre es für ein Film? Wie würde die Überschrift zu einem Zeitungsartikel darüber lauten?«.

Wie alle systemischen Fragen sorgen die hypothetischen für eine Perspektivenerweiterung. Hierfür brauchen Coachees allerdings weniger Empathie, wie bei den triadischen Fragen, als ein gerütteltes Maß an Kreativität. Manager sollen sich andere Situationen ausmalen können und ihre Fantasie einsetzen, um sich bestimmte Veränderungen zu vergegenwärtigen, als wären sie tatsächlich bereits passiert.

Hypothetische Fragen:
Was wäre, wenn …?

- Was passiert, wenn nichts passiert?
- Was würde sich ändern, wenn alles einfach so weitergeht?
- Stellen Sie sich vor, das Problem ist über Nacht gelöst: Was hat sich dann alles verändert?
- Wenn das Problem eine Überschrift hätte, so wäre das am ehesten: …?
- Wenn das Problem ein Film wäre, dann wahrscheinlich …?
- Wer hätte in diesem Film die Hauptrolle? Wer wären die wichtigsten Nebendarsteller?
- Wenn Ihnen eine Fee einen speziellen Veränderungswunsch gewähren würd, was würden Sie sich dann wünschen?
- Wenn Sie auf Knopfdruck eine Ihrer Führungseigenschaft stärken könnten, worauf würden Sie setzen?
- Wie würde sich das Problem ändern, wenn Sie nicht mehr beteiligt wären?

Die dritte und letzte Kategorie, die ich Ihnen ans Coachingherz legen möchte, sind die Klassifizierungsfragen. Wie der Name nahelegt, geht es dabei um eine besondere Art der Vermessung: Wie viel Problemgewicht würden Sie derzeit auf eine imaginäre Waage bringen? Welche T-Shirt-Größe hätte Ihre aktuelle Herausforderung? Und auf welcher Position würden Sie Ihre aktuelle Situation auf einer bestimmten Skala verorten?

Klassifizierungsfragen:
Wie viel, wie groß, wie stark, wie oft …?

- Wenn die Last Ihrer Arbeitssituation ein Gewicht wäre – wie viel Kilo hätte sie?
- Wie groß ist das von Ihnen geschilderte Problem?
- Wie viel Prozent Ihrer Energie nimmt das Problem in Anspruch?
- Wo sehen Sie Ihre aktuelle Situation auf einer Skala von 1 = sehr schlecht bis 10 = optimal?
- Wie oft sind Sie mit Symptomen des Problems konfrontiert?

Gerade systemische Fragen laden zum Widerstand ein. »Woher soll ich denn wissen, was meine Mitarbeiter dazu denken?«, meinte Robert Kappacher, Entwicklungsleiter und Pionier des kollegialen Feedbacks in seinem Unternehmen, verärgert, als ich ihm in einem unserer Dialoge triadisch kam. »Bin ich vielleicht Hellseher?« Lassen Sie sich als Coach nicht von einem solchen Abwehrreflex abschrecken. Geben Sie sich und Ihrem Coachee Zeit, noch einmal über die Frage nachzudenken. Erlauben Sie sich, Ihre Frage noch einmal umzuformulieren, und erklären Sie, was Ihnen nötig erscheint. Tun Sie nur eines nicht: Ihre Frage einfach zurückzuziehen. Nehmen Sie es lieber sportlich und stellen Sie sich – wie beim Sparring – einem gewissen Kräftemessen.

Sportsgeist ist auch bei einer anderen Intervention gefragt, die allemal für eine gehörige Portion Verunsicherung sorgen kann: dem **direkten Widerspruch.** Ein solcher Widerspruch liegt in der Luft, wenn Sie dezidiert anderer Meinung sind. Dafür kann es viele Gründe geben:

- Coach und Coachee können in inhaltlichen Punkten unterschiedlicher Ansicht sein. Eines meiner Lieblingsbeispiele dazu habe ich in einer Session mit Dagmar Reininghaus erlebt, nämlich den populären Vergleich agiler Methoden nach dem Muster: Scrum ist für innovative Projekte, Kanban für inkrementelle Verbesserungen, Scrum für entwicklungslastige Herausforderungen, Kanban für den Betrieb, Scrum fördert das kreative Querdenken, Kanban einen guten Arbeitsfluss usw. Im Fall von Frau Reininghaus, die als Geschäftsleiterin und Change-Team-Mitglied großen Einfluss auf die Gestaltung der angestrebten agilen Transformation hat (siehe Abschnitte 14.7 und 14.8), konnte ich nicht umhin, einen genauso abstrusen Vergleich einzubringen: »Wussten Sie eigentlich, dass Hometrainer für fleißige und Fitnessstudios für faule Sportler erfunden wurden?« Wie bei vielen anderen Polarisierungen liegt der springende Punkt in der relativen Beliebigkeit, mit der wir Begriffe zuordnen können. Vielleicht gibt es, wie ich der irritierten Frau Reininghaus erklärte, ja tatsächlich gewisse Tendenzen; meiner Ansicht nach sei es jedoch viel entscheidender, was man daraus im jeweiligen Umfeld machte. Und das scheint mir für Sportgeräte in vergleichbarem Maße zuzutreffen wie für Methoden.
- Sie können einander widersprechen, weil sie anderen Leitwerten folgen. In solchen Fällen kann es schlagartig persönlich werden. Ich erinnere mich an einen heftigen Disput mit Peter Larsen, dem Vorstandsvorsitzenden eines mittelständischen Automobilzulieferers (siehe Abschnitt 13.4) als dieser mir sein Verständnis von Vertrauen erläuterte. Echtes Vertrauen, so der CEO, sei für ihn, wenn seine Leute bereit wären, ihm blindlings zu folgen. Falls Sie dieses Buch nicht erst an dieser Stelle zu lesen beginnen, ahnen Sie wahrscheinlich, in welche Richtung mein Widerspruch ging. Spannend daran war, dass wir nach unserem rhetorischen Frontalzusammenstoß rasch zu einer konstruktiven Auseinandersetzung über Ein- und Zweibahnstraßen in der Kommunikation fanden. Und dass diesem initialen Widerspruch noch weitere folgten, da der CEO sehr wohl einen Verbesserungsbedarf in seinen Meetings wahrnahm (O-Ton: »Ich langweile mich zu Tode.«).
- Agile Prinzipien eignen sich ebenfalls trefflich für eine Verunsicherung der Coachingfundamente. In der Softwareentwicklung gehört die Gegenüberstellung von Individuen bzw. Interaktionen und Prozessen bzw. Werkzeugen zu den absoluten Klassikern. Natürlich behauptet niemand, der etwas auf agile Prinzipien hält, dass Letzteres wichtiger wäre als Ersteres. Doch Entscheidungen werden dennoch oft genug im Hinblick auf Prozessrichtlinien getroffen und Werkzeuge heftiger debattiert als deren Auswirkung auf die Zusammen-

arbeit. Coaching bietet eine gute Möglichkeit, solche Widersprüche aufzuspüren und ein ambiguitätsfreundlicheres Verständnis von Agilität zu erarbeiten.

- Widerspruch ist ebenso vorprogrammiert, wenn der Coach in einem speziellen Bereich völlig andere Erfahrungen hat als der Coachee. Diesbezüglich habe ich mich in meinem Kampf gegen traditionelle Veränderungskonzepte schon des Öfteren wie Don Quijote gefühlt. Die entsprechenden Windmühlen mögen dann Masterplan heißen, Change-in-Progress-Unlimited oder fehlendes Monitoring.
- Es zeigt sich, dass es unterschiedliche Erwartungen an die Zusammenarbeit gibt. Ihren professionellen Reflexen folgend, tendieren Manager auch im agilen Umfeld dazu, Coaches so zu behandeln wie ihre Mitarbeiter. Ich persönlich reagiere allergisch auf direkte Einsatzbefehle à la »Herr Kaltenecker, machen Sie doch mal ...!« Weniger autoritär, aber nicht minder nachdrücklich wird versucht, den Coach für Dinge verantwortlich zu machen, die de facto im Verantwortungsbereich des Coachees liegen. »Herr Kaltenecker, reden Sie doch mal mit ...!«, »Kümmern Sie sich doch darum, dass Team X wieder in die Spur kommt!«, »Bringen Sie doch die beiden Streitparteien wieder an einen Tisch!« Ich empfehle dringend, sich einer solchen Delegationsstrategie zu entziehen – und deren Auftauchen als Indikator zu sehen, dass Ihre Arbeitsvereinbarungen dringend geprüft werden sollten.

Wenn wir ein Schäuflein Verunsicherung zulegen wollen, ist direkter Widerspruch eine zielführende Strategie. Manchmal können wir Differenzen absichtlich zuspitzen: »Glauben Sie denn wirklich, dass ...?«, »Sie scheinen ja davon überzeugt zu sein, dass ...?«, »Ich habe noch nie erlebt, dass ...!« Andere Male müssen wir es darauf ankommen lassen, weil wir keine andere Wahl haben. Wenn wir die Gestaltung selbstorganisierter Unternehmen unterstützen wollen, können wir nicht mit Managern an präskriptiven Lösungsmodellen arbeiten. Wir dürfen uns nicht zu falschen Schulterschlüssen hinreißen lassen und in einigen Fällen müssen wir sogar so weit gehen, unser Coachingmandat explizit infrage zu stellen. Kann denn unternehmerische Agilität entstehen, wenn wir uns nur auf Teams konzentrieren? Darf ein Managementcoach darüber hinwegsehen, dass Entscheidungen nach wie vor nur von Vorgesetzten getroffen werden? Oder Feedbackschleifen zu reinen Informationsritualen verkümmern?

Für alle Situationen gilt, dass die Reibungshitze des direkten Widerspruchs nicht immer gut verträglich ist. Coachee wie Coach können sich gleichermaßen leicht die Finger daran verbrennen.

Last but not least möchte ich das **persönliche Feedback** als potenziell verunsichernde Intervention anführen. »Wieso verunsichernd?«, werden Sie sich vielleicht fagen. Gilt Feedback denn plötzlich nicht mehr als Katalysator einer konstruktiven Weiterentwicklung? Gewinnen wir durch professionelle Rückmeldungen nicht gerade Sicherheit für unsere Verbesserungsvorhaben? Nun, ich gebe zu, dass die Verunsicherungsthese ein wenig Erläuterung verdient.

Grundsätzlich ist man in der agilen Welt ja erstaunlich einheitlicher Meinung: Feedback wird als wesentlich, gar überlebenswichtig angesehen, es soll in kurzen, zeitnahen Schleifen erfolgen und es scheint auf allen Ebenen willkommen zu sein – sowohl hinsichtlich der Leistungsfähigkeit unserer Arbeitssysteme, der Attraktivität neuer Ideen, der Zusammenarbeit auf Teamebene als auch hinsichtlich des individuellen Verhaltens.

So weit die Theorie. Die Feedbackpraxis hält allerdings einige Stolpersteine bereit. Wenn es um kritische Rückmeldungen geht, hat man es bisweilen sogar mit einem ordentlichen Steinhaufen zu tun. Und wenn sich diese Kritik auf das Verhalten von Managern konzentriert, kann man sich schon wie in einem wahren Steinbruch vorkommen. Feedback kann sich nämlich als echte Schwerarbeit entpuppen!

Unerwünschtes Feedback

Im Anschluss an einen teamübergreifenden Workshop zum Thema Time to Market treffe ich Produktionsleiter Rainer Vyslozil wie vereinbart zu einer gemeinsamen Auswertungsrunde. Nachdem er mich sofort nach meinen Eindrücken fragt, biete ich ihm persönliches Feedback an – hatte er doch aus meiner Sicht eine zentrale Rolle in diesem Workshop eingenommen. Da er das Angebot erfreut annimmt, komme ich gleich zum Punkt. Aus meiner Sicht habe er den Workshop über Gebühr dominiert, was sich nicht nur in seinen Redeanteilen, sondern auch darin spiegele, dass er andere oft unterbrochen habe. Außerdem hätte er das besprochene Moderationskonzept mehrfach ausgehebelt und die geplante Beratung mit den Teamleitern in eine Befehlsausgabe verkehrt.

Wenig überraschend ist am Ende meiner Rückmeldung jede Freude aus dem Gesicht des Abteilungsleiters gewichen. Ebenso wenig überraschend beginnt er sich jetzt zu verteidigen: Für ihn sei der Workshop gut gelaufen, zwischendurch musste er einfach eingreifen, um das Ganze wieder auf die richtige Bahn zu bringen. Als ich mir erlaube, seine Zufriedenheit darauf zurückzuführen, dass er das weitere Vorgehen weitgehend diktiert statt auf die Selbstorganisation vertraut habe, wechselt er die Strategie. Angriff ist bekanntlich die beste Verteidigung, weswegen er mir jetzt wortwörtlich vorwirft, »das große Ganze aus den Augen verloren« zu haben. Nachdem ich Herrn Vyslozil daran erinnere, dass die im Workshop vorgestellte Kernidee eines teamübergreifenden Kanban-Systems untrennbar mit der Idee verbunden ist, dieses System gemeinsam mit den Teamleitern zu entwickeln, bricht der Abteilungsleiter unser Meeting kurzerhand ab. Was das für eine Auswertungsrunde sein solle, wirft er mir noch an den Kopf, wenn es doch nur darum ginge, sein Vorgehen schlecht zu machen? Er dürfe doch wohl erwarten, dass ich ihm den Rücken stärke, statt das Erarbeitete nachträglich infrage zu stellen!

Was kritisches Feedback schwer macht, erklärt das damit verbundene Verunsicherungspotenzial. Oft ist es alles andere als einfach, ein konstruktives Gespräch über mögliche negative Aspekte zu führen. Häufig stehen uns da unsere eigenen Emotionen im Weg, ganz zu schweigen von den Emotionen, die unsere Rückmeldungen beim Empfänger auslösen. Hinzu kommt, dass gerade Manager nur selten mit direkter Kritik konfrontiert werden. Je höher wir in der Hierarchie gehen, desto mehr können wir sogar von einer wahren Feedbackarmut sprechen. Vorstände großer Konzerne scheinen zumeist in etwa so viele Lichtjahre von ihren Kunden entfernt wie von einer ehrlichen Auseinandersetzung mit ihrem Verhalten. Niemand wagt es mehr, mögliche Kurzsichtigkeiten und blinde Flecken offen anzusprechen. Es könnte natürlich sein, dass alle unter ähnlichen Sehschwächen leiden, da sich Vorstände ja gerne mit ihresgleichen umgeben. Angesichts der mit dem Topmanagement verbundenen Machtfülle nehmen Unternehmen mit dieser besonderen Form der Betriebsblindheit aber unkalkulierbare Risiken in Kauf.

Aus meiner Sicht haben Management-Coaches die Aufgabe, diesem Missstand entgegenzuwirken. Gerade wenn es um Agilität geht, sind sie in ihrer Wahrnehmungsfähigkeit und ihrer Bereitschaft gefordert, differenziert auf das Verhalten ihrer Coachees zu reagieren. Man könnte geradezu von einer Verpflichtung sprechen, Führungskräften einen besonderen Spiegel vorzuhalten. Gerade die Widersprüche zwischen Reden und Tun, Wissen und Können, agilem Wollen und systemischem Vermögen bieten dafür lohnende Ansatzpunkte. Veränderungsrhetorik führt selten zum gewünschten Wandel.

Von agilen oder nicht so agilen Transformationen

In einem Jour fixe erklärt Yvonne Gut, CTO eines Schweizer Infrastrukturunternehmens, dass nun die gesamte Entwicklung agil sei. Die Transformation sei erfolgreich abgeschlossen, die Teams mittlerweile alle auf Scrum umgestellt und die üblichen Kinderkrankheiten der Veränderung überwunden. Folglich dürfe das Unternehmen nunmehr eine deutliche Leistungssteigerung erwarten.

Ich kann mein Erstaunen kaum verbergen. In meiner Funktion als Lean Agile Coach habe ich doch deutlich andere Beobachtungen gemacht. Offiziell gilt die Transformation zwar als abgeschlossen, das bezieht sich aber primär auf das Ende des entworfenen Masterplans. Im Arbeitsalltag sehen einige Teams immer noch wenig Sinn im iterativen Vorgehen oder gestehen offen, dass sie in Wahrheit nicht viel anderes machen als vorher. Scrum Master beklagen hinter vorgehaltener Hand die Disziplinlosigkeit mancher Kollegen. Und die Übernahme der Product-Owner-Rolle durch die bisherigen Teamleiter hat meiner Beobachtung nach die erwartbaren Konflikte mit sich gebracht.

→

Im Anschluss an den Jour fixe biete ich Frau Gut eine persönliche Rückmeldung an. Obwohl ich mir einbilde, sehr vorsichtig zu beginnen, verfinstert sich ihre Miene mit jedem weiteren Satz. Es dauert eine Weile, bis diese Miene Worte findet. »Wie genau haben Sie denn diese Einsichten gewonnen?«, will sie wissen und ebenso, ob das nicht willkürlich herausgegriffene Einzelfälle wären. Doch nach dieser ersten Phase, die spürbar im Zeichen der Abwehr steht, entfaltet sich ein zunehmend offenerer Dialog. Nachdem ich Frau Guts inquisitorische Fragen sowohl mit weiteren Beobachtungen als auch mit objektiven Messergebnisse beantwortet habe, die alles andere als die angestrebte Leistungssteigerung belegen, zeigt sie sich nachdenklich. So wage ich mich zu einigen Rückmeldungen vor, die ihr eigenes Verhalten hinterfragen: dass ich nicht sehen würde, inwiefern die agile Transformation ihr eigenes Managementverhalten verändert habe, dass ich den Eindruck hätte, sie ziehe sich ganz auf die Rolle des agilen Sponsors zurück, und dass trotz dieses Sponsorings in manchen Bereichen das »Wozu agil?« noch immer unklar sei.

Am Ende meines Feedbacks wirkt Frau Gut ein wenig kraftlos. Ich habe den Eindruck, dass ich ihr eine Überdosis an Feedback verabreicht habe. Doch als wir beginnen, das unausgesprochene »Und was nun?« in Aktionen zu übersetzen, gewinnt die CTO rasch wieder an Energie. Und nach 90 Minuten haben wir schlussendlich das zusammengestellt, was sie im Abschlussfeedback »höchst aufschlussreiche Ergebnisse einer längst überfälligen Managementretrospektive« nennt. Und eines der Ergebnisse ist es, »dieses Format des begleiteten Nach- und Vordenkens mit Toppriorität in meinem Kalender zu verankern«.

Wie alle anderen potenziellen Unsicherheitsstifter atmet das kritische Feedback den Geist der Herausforderung. Es ist nicht ohne eine gewisse Lust an der Provokation zu haben. Und es sollte eben, wie Abbildung 15–5 zeigt, nicht allein den deklarierten Bedürfnissen folgen, sondern auch dem erweiterten Bedarf. Letzterer ist dem Coachee allerdings unbekannt: Er liegt im Bereich des blinden Flecks. Anders als die Anliegen, die sich aufgrund des sicherheitsstiftenden Intervenierens ergeben, ist dieser Bedarf dem Coachee erst einmal unbekannt – während der Coach sehr wohl einen gewissen Einblick hat oder zumindest einschlägige Erfahrungswerte, die bestimmte Annahmen nahelegen.

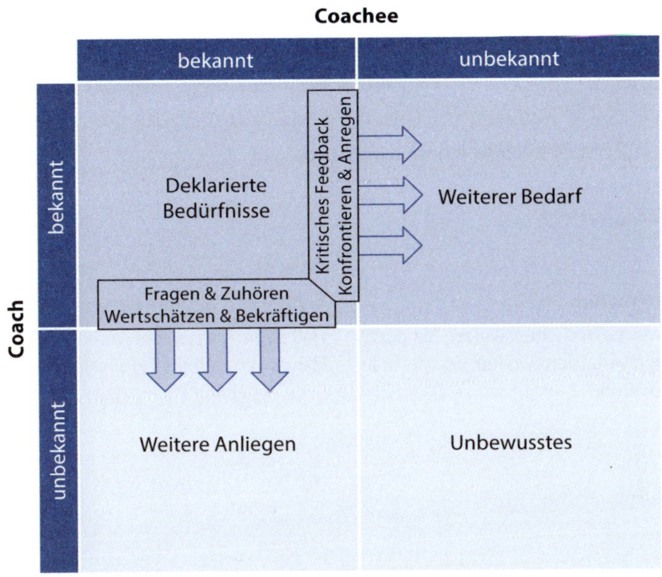

Abb. 15–5 *Coachingspezifisches Johari-Fenster*

Erst das kritische Feedback des Coaches, die Konfrontation mit konterintuitiven Einsichten oder das Vorlegen widersprüchlicher Daten zeigt auf, dass es noch mehr gibt als die Weltsicht des Managers.

Kritisches Feedback hat indes nichts mit dem Ausleben von Rebellionsfantasien zu tun. Als professionelle Coaches wollen wir weder den Oberen eins auswischen noch um jeden Preis Recht behalten. Vielmehr geht es um einen unterscheidungsfreudigen Abgleich von Wahrnehmungen, den der Begriff der Kritik wortwörtlich anmahnt. Im Rahmen des Managementcoachings soll also genau jener Austausch über Unterschiede gefördert werden, der die Keimzelle jeder Selbstorganisation darstellt (siehe dazu Abschnitt 2.2).

Damit diese Zelle nicht gleich abgetötet wird, muss kritisches Feedback dosiert werden. Wenn Coachees zu schnell mit zu vielen und zu massiven Verhaltensrückmeldungen konfrontiert werden – wie es mir im zuvor geschilderten Fall des Produktionsleiters offenkundig passiert ist –, kann es leicht zu einer Überforderung kommen. Über entsprechendes Abwehrverhalten braucht man sich dann nicht weiter zu wundern.

Gerade für kritisches Feedback gilt das eherne Gesetz der Anschlussfähigkeit vielleicht mehr als für alles andere. Deswegen muss der Coach darauf achten, dass ausreichend Vertrauen aufgebaut und eine produktive Arbeitsbeziehung vorhanden ist, bevor er den Manager mit anderen Wahrnehmungen konfrontiert. Mit anderen Worten: Es muss eine gewisse Interaktionssicherheit gewonnen sein, bevor eine bewusste Verunsicherung riskiert werden kann.

Zum Abschluss dieses Abschnitts möchte ich ein einfaches Werkzeug in Erinnerung rufen, das ich bereits oft eingesetzt habe, um Feedback angemessen zu dosieren: meine Adaption des sogenannten Feedback Planners von Paul Jerome [Jerome 1994]. Mir hat der in Tabelle 15–2 vorgestellte Leitfaden schon öfter dabei geholfen, kritische Rückmeldungen besser zu erfassen.

Der Feedback Planner	
Name:	**Datum:**
1. Derzeitiges Verhalten Legen Sie fest, welche Verhaltensweisen Sie durch Ihre Rückmeldung verändern wollen. Was steht im Brennpunkt Ihrer Kritik?	**4. Alternatives Verhalten** Halten Sie fest, welche Verhaltensweisen oder Haltungen zielführender sein könnten.
2. Konkrete Situationen Identifizieren Sie Zusammenhänge, in denen das von Ihnen kritisierte Verhalten wahrnehmbar war.	**3. Systemische Auswirkungen** Beschreiben Sie die Konsequenzen des beschriebenen Verhaltens.

Tab. 15–2 *Adaption des Feedback Planner [Jerome 1994]*

Wie immer, wenn wir bestimmte Techniken einsetzen, sollten wir das möglichst nicht zu technisch tun. In der Praxis hat es sich jedenfalls bewährt, dem ausgearbeiteten Feedbackplan nicht blindlings zu folgen. Statt die Quadranten herunterzubeten, sollten wir sie als Sprungbrett für eine offene Auseinandersetzung verwenden. Dazu gehört aus meiner Sicht, auf eine gute Balance von Fragen und Erklärungen zu achten: Wie sieht der Manager sein Verhalten? Wie hat er bestimmte Situationen erlebt? Welche Konsequenzen sind ihm bewusst? Und wie kann er selbst für Verbesserung sorgen?

Ich persönlich halte mich mit Vorschlägen (siehe Tab. 15–2: Alternatives Verhalten) sehr zurück. In den allermeisten Fällen habe ich zwar welche angedacht – entscheidend ist aber, was sich der Coachee vorstellen kann. Hier gilt es einmal mehr, geduldig zu sein, ausreichend Zeit zu geben und die Suche des Coachees nicht zu früh mit eigenen Ideen zu stören.

Alternativen zum Coaching

Zum Abschluss dieses Kapitels möchte ich noch einmal zwei Dinge unterstreichen: Coaching ist kein Allheilmittel für alle Managementprobleme dieser Welt und es ist immer der Coachee, der die Lösungen vorantreibt. Selbsthilfe bleibt angesagt. Mit Wolfgang Looss können wir uns darauf besinnen, dass es noch viele andere Möglichkeiten für eine solche Selbsthilfe gibt [Looss 2006]:

- **Gespräche mit sich selbst**
  Zeit für Selbstreflexion einräumen, persönliche Retrospektiven durchführen, die eigene Stimmenvielfalt wahrnehmen, sich in der Natur, etwa bei einem ausgedehnten Spaziergang, zerstreuen und anschließend neu sortieren.
- **Gespräche mit Büchern**
  Fachliteratur lesen, aber auch gute Belletristik, in andere Geschichten eintauchen, mit Charakteren mitfiebern, auf andere Ideen kommen, neue Impulse erhalten.
- **Gespräche mit dem Partner**
  den Dialog mit jemandem suchen, der einen besonders gut kennt, die Beziehung intensivieren, sich bestätigen und irritieren lassen.
- **Gespräche mit Freunden**
  sich anvertrauen, Außensicht einholen, sich selbst mit anderen Augen betrachten, andere Perspektiven erkunden.
- **Gespräche mit Kollegen**
  sich fachlichen Rat holen, Ideen testen, gemeinsam etwas Neues ausprobieren, um persönliche Unterstützung bitten.
- **Gespräche mit anderen Beratungsstellen**
  vertrauten Kontext verlassen, Sichtweise ausweiten, andere Hinweise und Hilfestellungen erhalten.

Was Sie aus diesem Kapitel mitnehmen können

Managementcoaching ist heutzutage in vielen Unternehmen eine feste Größe. Dieses Kapitel zeigte, was Manager dazu motiviert, wie ein führungsorientiertes Coaching abläuft und welche Besonderheiten sich im agilen Umfeld ergeben.

Zum einen wurde analysiert, wie Coach und Coachee überhaupt zueinander finden: Vom initialen Impuls über das Erstgespräch bis zum Kontrakt, in dem alle wesentlichen Ziele, Erwartungen und Rahmenbedingungen skizziert werden.

Zum anderen ging es um das besondere Wechselspiel, das professionelles Managementcoaching auszeichnet: das Schaffen von Sicherheit und der gezielten Verunsicherung. Außerdem haben Sie erfahren, wozu ein solches Wechselspiel gut ist und welche bewährten Werkzeuge Sie dafür einsetzen können.

16 Manager als Coaches

Es gehört zu den charakteristischen Phänomenen unserer Zeit, dass sie vielerorts Hilfsbedürftigkeit produziert. Guter Rat scheint in fast allen Bereichen gefragt zu sein. Das lässt auch Manager auf die Idee kommen, sich vermehrt als Coaches zu betätigen. Ob es sich nun um Beratung, Mentoring oder eine Konsulententätigkeit handelt, ob diese Tätigkeiten organisationsintern oder -extern stattfinden oder ob der Manager das nebenbei oder sogar hauptberuflich tut – das Ziel bleibt stets die effektive Unterstützung des jeweils Ratsuchenden. Dagegen ist nicht das Geringste einzuwenden. Im Gegenteil: Gilt doch die praktische Erfahrung zurecht als zentrale Beraterressource.

Allerdings bleibt die Frage, inwiefern sich solche Quereinsteiger auch mit den nötigen Konzepten und Werkzeugen ausrüsten. Machen Managementprofis ihre coachingspezifischen Hausaufgaben? Unterziehen ehemalige Vorstandsmitglieder ihre Erfahrungen einer kritischen Reflexion? Setzen beratende Abteilungsleiter vor allem auf ihr fachliches Know-how? Und reden gelernte MBAs nicht allzu gerne von *Best Practices*, die in unsicheren Zeiten natürlich immer hoch im Kurs sind?

In diesem Kapitel soll es indes gar nicht um den freien Coachingmarkt gehen und darum, wie dieser durch ehemalige Manager umstrukturiert wird. Stattdessen soll von jenen die Rede sein, die immer noch als Manager tätig sind und in ihrer Organisation auch als Coaches wirksam werden wollen. Was naturgemäß einen ähnlichen Fragenkatalog aufwirft – und dazu noch die Frage, inwiefern das überhaupt zusammenpasst. Die Kombination von Manager- und Coach-Rolle gilt als verdächtig. So manchen erinnert sie an die alte Geschichte vom Bock, der zum Gärtner wird. Wie kann ein Vorgesetzter plötzlich Berater sein? Wie sollte er dem Mitarbeiter helfen können, wenn er gleichzeitig als disziplinarische Instanz agiert? Wenn er gewissermaßen mit dem einen Auge auf Unterstützung fokussiert, während er mit dem anderen auf Leistungskontrolle schielt?

Von Beziehungskonfusion ist dann die Rede, gar von Beziehungsfalle, der weder die Manager-Coaches noch die Mitarbeiter-Coachees entkommen können [Hockling 2012]. Beide können, so das Postulat, weder sich interesselos begegnen noch herrschaftsfrei miteinander kommunizieren. Im Falle des Falles sitzt die

Führungskraft immer am längeren Hebel. Der Grundwiderspruch zwischen der zielorientierten Einwirkung auf Mitarbeiter und deren agendafreier Unterstützung sei nicht zu lösen. Man denke nur daran, dass es dem Mitarbeiter um Konfliktbearbeitung mit dem Vorgesetzten, um Versetzung oder gar darum gehe, das Unternehmen zu verlassen. Das mache Loyalitätskonflikte unvermeidbar und Coaching entsprechend defensiv.

So weit, so schlüssig. Wie komme ich dann überhaupt auf die Idee, Management und Coaching miteinander fusionieren zu wollen – wenn dies doch bloß zu diversen Konfusionen führt? Warum sollten ausgerechnet Führungskräfte zu Beratern werden? Und welche Funktion könnte das für die Gestaltung selbstorganisierter Unternehmen haben? Eine erste Antwort liegt für mich in der offensichtlichen Popularität von Coaching begründet. Kaum ein Unternehmen, das heute noch ohne diese Unterstützungsform auskommt: sei es nun auf der Ebene der Teamentwicklung, der Organisationsberatung, des expliziten Führungscoachings oder der Ausrüstung von Managern mit diversen Coachingfähigkeiten. Für einige Beratungskollegen weist diese Ausrüstung mit Nachdruck auf die Unzulänglichkeiten des bestehenden Managementsystems hin. Dass wir so viel Coaching brauchen, sei ein Symptom für die Dysfunktionalität traditioneller Führung – und ein Indikator für die Schwierigkeit, diese konsequent zu agilisieren. Für andere Beratungsprofis zeigt die Neuerfindung des Managers als Coach in eine ganz andere Richtung: Sie sehen sie als ein Produkt jener verstärkten Mitarbeiterorientierung, mit der man seit vielen Jahren auf die Ineffektivität traditioneller Steuerungssysteme reagiert. Jeder soll heute demonstrativ respektiert, in seinen Stärken geschätzt und in der Entwicklung gefördert werden. Damit ein derart modernisiertes *People Management* gelingen kann, brauchen Führungskräfte viele Fähigkeiten, die traditionellerweise Coaches zugeschrieben werden.

Gegen einen wertschätzenderen Umgang mit Mitarbeitern ist nicht das Geringste einzuwenden – bis auf den Umstand, dass man sich damit leicht über die Ursachen dieses Wertschätzungsbedarfs hinwegtäuschen kann. Für den Systemdenker John Seddon etwa ist die verstärkte Sorge um den Mitarbeiter – die in einigen agilen Unternehmen bis zum Einsatz eigener *Feel Good Manager* oder *Chief Happiness Officer* geht – mehr Schmerztherapie als Lösung [Seddon 2008]. Denn die Ursache für die Probleme vieler Organisationen habe nichts mit der zu geringen Mitarbeiterorientierung zu tun. Sie liege in der falschen Logik begründet, mit der Arbeit organisiert werde. Seddon zufolge ist Respekt so wenig eine rein persönliche Angelegenheit wie Vertrauen oder Anerkennung. Diese Dinge entstehen vornehmlich durch die Rahmenbedingungen, die den Mitarbeitern vorgegeben werden, d.h. dadurch, dass der Manager seinen Job als Systementwickler ordentlich macht. Wenn Arbeitssysteme nach wie vor von bürokratischen Richtlinien determiniert, Experten mit unsortierter Arbeit überschwemmt oder persönlich kontrolliert werden, braucht man sich über Wertschätzungsdefizite nicht zu wundern. Ohne angemessene Gestaltungsspielräume kann heutzutage kein respektvolles Arbeitsumfeld geschaffen werden. Bleiben die dafür notwendigen Rahmensetzungen aus, mag Coaching durch die Führung zwar Trost spenden – die systemischen Herausforderungen bleiben dabei allerdings ausgeblendet.

»Es gibt kein richtiges Leben im falschen«, wusste schon Professor Adorno [Adorno 1997, S. 43]. Wie verrückt muss man also sein, um ausgerechnet den Manager als Coach für agile Unternehmen in Stellung bringen zu wollen? Um Sie nicht völlig an meiner Zurechnungsfähigkeit zweifeln zu lassen, möchte ich dafür zumindest drei gute Gründe anführen:

1. Mitarbeiter- und Systemorientierung stellen keine unversöhnlichen Gegensätze dar. Sie schließen einander nicht wechselseitig aus, sondern können sinnvoll verbunden werden.
2. Die Widersprüche, aufgrund derer sich der Manager als Coach verbieten soll, sind Symptome von Veränderungkonflikten: nicht zuletzt von Konflikten, die dem Übergang von einer traditionellen zu einem agilen Organisationsverständnis entspringen.
3. Es stellt sich die berechtigte Frage, ob ein agiler Manager denn wirklich noch zwischen persönlicher Unterstützung und unternehmerischer Kontrolle zerrissen ist. Schließlich muss er, will er Agilität fördern, damit aufhören, Leute und Aktivitäten zu steuern. Er muss sich auf Kontextsteuerung konzentrieren und konsequent an der Verbesserung der Systemparameter arbeiten. Mikromanagement verbietet sich damit ebenso kategorisch wie ein Führungsverhalten, das Mitarbeiter in persönlicher Abhängigkeit hält.

Wie bereits in Kapitel 10 ausgeführt, legt das eine andere Verteilung der hierarchisch gebündelten Verantwortlichkeiten nahe. Darüber hinaus ergeben sich neue Aufgaben, für deren professionelle Erfüllung wir wiederum passende Werkzeuge und Haltungen brauchen.

16.1 Aufgaben

Mit Designen, Choreografieren und Coachen lassen sich die neuen Aufgaben des Linienmanagements umreißen. Allerdings könnte man den Manager auch für alle drei Bereiche als Coach in Stellung bringen:

- Als **Designer** gestaltet er die Rahmenbedingungen des jeweiligen Systems. Er steckt gewissermaßen das Spielfeld ab, innerhalb dessen sich die Leute frei bewegen können. Er ist dafür zuständig, die Hardware bereitzustellen, die räumlichen, zeitlichen und technischen Voraussetzungen zu schaffen und die Software von Kommunikations- und Entscheidungsregeln zu klären. Er versteht sich als Dienstleister, der vor allem am System arbeitet, und nutzt seine privilegierte Stellung, um all das im Auge zu behalten, was über die Kontrolle der Systemmitglieder hinausgeht.

- Als **Choreograf** unterstützt er die Koordination der Teilsysteme untereinander und mit ihren jeweils relevanten Umwelten. Er moderiert team- und bereichsübergreifende Abstimmungen in operativer Hinsicht (Standups), in strategischer Hinsicht (Retrospektiven) oder im Hinblick auf das Lernen (kollegiales Coaching oder Communities of Practice). Er fördert den Austausch mit Kunden und anderen Stakeholdern. Er achtet darauf, dass alle Einheiten in Bewegung bleiben, und unterstützt ein professionelles Verbesserungsmanagement. Und er pflegt ein vitales Feedbacksystem, das ihm dabei hilft, seine Choreografie genauso kontinuierlich zu optimieren wie sein Design.
- Als **Coach** im engeren Sinne berät er einzelne Personen oder Gruppen. Er hilft bei fachlichen Fragen oder bei Fragen der Kommunikation. Er setzt sich mit strukturellen oder prozessualen Themen auseinander. Er teilt seine Erfahrungen und schafft gezielte Übungsgelegenheiten. Und er agiert als Pate oder Mentor, um besondere Herausforderungen wie den Einstieg ins Unternehmen oder den Umstieg in einen anderen Bereich zu erleichtern.

»Ermächtigung wird erst dann funktionieren, wenn Führungskräfte das Kommandieren und Kontrollieren sein lassen und Coaches und Mentoren werden«, zeigen Jeremy Hope und Robin Fraser die Veränderungsrichtung an [Hope & Fraser 2003, S. 147]. Wollen wir selbstorganisierte Unternehmen schaffen, ist eine solche Veränderung unvermeidlich. Wenn lokale Einheiten ihr operatives Geschäft selbst steuern, wenn Mitarbeiter verbindliche Regelungen zu Urlauben, Heimarbeit, Fortbildung oder sogar zum Gehalt selbst treffen, einander regelmäßig mit Feedback versorgen und Verantwortung für ihre Weiterentwicklung übernehmen, braucht es weder übergeordnete Instanzen noch Zentralfunktionen.

Die Geschichte selbstorganisierter Unternehmen zeigt indes, dass wir gut daran tun, unseren Eifer im Zaum zu halten. Solche Unternehmen entstehen nicht über Nacht. Sie entwickeln sich evolutionär, sie brauchen Zeit, sie leben von mutigen Experimenten und den Fortschritten, aber auch den Fehlern, die dabei gemacht werden. Und sie stehen und fallen mit der professionellen Begleitung aller Veränderungsprozesse. Ich habe länger überlegt, ob ich Change Management als eigenen Aufgabenbereich definieren soll – und mich schlussendlich dagegen entschieden, da die Veränderungskompetenz sich wie der sprichwörtliche rote Faden durch alle Verantwortlichkeiten zieht. Für mich steht diese Kompetenz heutzutage auf einer Stufe mit Kommunikation und Entscheidung: Sie ist so präsent, dass es keinem mehr auffällt. Veränderung ist buchstäblich ein Lebensmittel für agile Organisationen. Regelmäßiges Prüfen und Anpassen, Skizzieren und Modifizieren, Reflektieren und Lernen ist gleichsam ihr täglich Brot.

Leider haben wir beim Verändern weniger Übung als beim Brotessen – und können nur auf wenig Automatismen setzen. Da sich im Zuge der Gestaltung von selbstorganisierten Unternehmen auch Interaktionsmuster ändern, ist es umso wichtiger, dass sich Manager ihrer Verantwortung bewusst sind. Eine ihrer zentralen Aufgaben besteht darin, diese Veränderungsprozesse nach allen Regeln der Kunst zu gestalten – inklusive der Folgen, die diese Prozesse für sie selbst haben. Coaching ist für mich ein Sammelbegriff für diese Kunst. In all seinen Spielformen von fachlicher Instruktion, Prozessberatung, Moderation oder Training hilft es Unternehmen, den Weg in Richtung Agilität einzuschlagen – und konsequent weiterzugehen.

Agile Reisen

Dass dieser Weg nie zu Ende ist, mag für einige verdächtig nach Sisyphusarbeit riechen. »Wann sind wir eigentlich fertig mit dem agilen Change?«, fragte mich Harald Gmeiner, Bereichsleiter in einem Versicherungsunternehmen (siehe Abschnitt 14.1), als er mit der Einführung agiler Produktentwicklung noch ziemlich am Anfang stand. »Und das mit den selbststeuernden Teams sollten wir auch einmal abschließen!«

Obwohl ich mir ein Grinsen nur schwer verkneifen konnte, tat ich gut daran, Herrn Gmeiners Ansagen ernst zu nehmen. Immerhin gab es uns Gelegenheit, noch einmal einige Grundlagen zu erörtern, die ich eigentlich für selbstverständlich gehalten hatte. Worum es bei agilem Vorgehen seiner Ansicht nach gehe, fragte ich ihn, weshalb er das überhaupt für sinnvoll erachte und welches Zukunftsszenario er vor Augen habe. Es entspann sich ein inspirierender Dialog, im Zuge dessen mir Herr Gmeiner auch einige persönliche Dinge anvertraute. Ich offenbarte ihm wiederum, was mich selbst an Selbstorganisierten Systemen fasziniere und warum ich davon überzeugt sei, dass die agile Reise nie zu Ende sei. Auf diese Weise fanden wir eine unerwartete Gelegenheit, unsere Landkarten aufs neue abzugleichen – und zugleich die Kooperationsbeziehung zu stärken.

Wir können jedoch dafür sorgen, dass wir die agile Reise so angenehm wie möglich gestalten. Das bedeutet aber keineswegs, dass Veränderung nach dem Komfortzonenprinzip stattfinden sollte. Wir sind aber sehr wohl dazu angehalten, unnötige Aufwände zu vermeiden und den Unternehmenswandel so reibungsfrei wie möglich zu managen. Ein iterativer Ansatz, kurze Etappen, möglichst wenig Parallelaktionen und ein gepflegter Veränderungsfluss sind schon einmal gute Orientierungspunkte.

Wie wir wissen, geht das mit den Leuten leichter als gegen sie. Und für die Gestaltung eines solchen Miteinanders sind Coachingfähigkeiten hilfreich. Umso wichtiger ist es, dass wir noch einmal sortieren, worauf wir dabei zurückgreifen.

16.2 Werkzeuge

Was brauchen Manager, um gute Coaches zu sein? Interessehalber habe ich diese Frage allen Führungskräften gestellt, mit denen ich innerhalb eines Monats zu tun hatte: meinen aktuellen Coachees, meinen Geschäftspartnern in den unterschiedlichsten Unternehmen und einigen befreundeten Managern. »Gute Werkzeuge«, war die mit Abstand häufigste Antwort.

Sie denken sich wahrscheinlich, dass diese Antwort wohl auf der Hand lag. Die instrumentelle Logik bleibt selbst dort ein zentraler Bestandteil der Management-DNA, wo das A für Agilität stehen könnte. Grundsätzlich ist daran ja nichts verkehrt, solange wir unter Werkzeugen nicht ein beliebiges Sammelsurium an Tools verstehen, die wir dann blindlings einsetzen. Folglich möchte ich an dieser Stelle eine Auswahl von Leitfäden und Checklisten vorstellen, die Manager für ihre professionellen Coachingeinsätze vorrätig haben sollten. Im Einzelnen sind das:

- Eine Übersichtstabelle zum Beobachten
- Eine Checkliste zum Zuhören
- Ein kurzer Fragenkatalog
- Ein noch kürzerer Querverweis zum Geben und Annehmen von Feedback
- Ein Leitfaden für das Visualisieren
- Praxistipps zum Treffen von Vereinbarungen
- Ein Leitfaden für den Ablauf eines Einzelcoachings
- Zwei Checklisten zur Auswertung von Coaching

Vieles davon wird Ihnen wahrscheinlich bekannt vorkommen. Da es mittlerweile einige brauchbare Bücher zu Coaching gibt, werde ich mich mit einer kurzen Darstellung begnügen und dabei vor allem den Gebrauchswert für coachende Manager herauszustellen versuchen.

Das **Beobachten** ist gerade im Management eine schwer vernachlässigte Kunst. Üblicherweise steht das Entscheiden im Mittelpunkt. Entscheidungen sind allerdings nur dann richtungsweisend, wenn sie sich auf realitätsnahe Wahrnehmungen beziehen – und diese Wahrnehmungen in der Folge auch kommuniziert werden, damit die Entscheidungen nachvollziehbar sind. Die Entscheidung für agiles Vorgehen ist dafür ein schönes Beispiel. Warum ist das wichtig? Weshalb führt kein Weg daran vorbei? Welche Verbesserungen erwartet man sich dadurch? Und welche konkreten Veränderungen sind dafür notwendig? Eine sorgsame Beobachtung des Marktes, der Kundenbedürfnisse und der unternehmerischen Prozesse ist eine Grundvoraussetzung, um diese Fragen zu beantworten. Das gilt gleichermaßen für Manager wie für Mitarbeiter. Unter dem programmatischen Titel *Achtung Organisation! Vorsicht Management* hat der Managementforscher Frank Dievernich das so formuliert: »Mitarbeiter müssen wieder erwarten können, dass das Management (...) vor allem beobachtet und dass das Management erwartet, dass sie als Mitarbeiterschaft selbst ebenfalls beobachten und kommunizieren« [Dievernich 2007, S. 29].

Beobachten, coachen, verbessern

Steven Spear berichtet, wie ein neuer Werksleiter bei *Toyota* seine ersten Wochen damit verbrachte, direkt in den Fertigungsstraßen zu arbeiten. Der amerikanische Manager, der kein Wort Japanisch konnte, kooperierte Seite an Seite mit einem japanischen Produktionsarbeiter, der wiederum kein Englisch sprach. Dennoch gelang es den beiden durch die gemeinsame Beobachtung, die Arbeit mit Prototypen und gezielte Rollenspiele mehr als 35 Probleme zu lösen: von der Halbierung des Weges, den ein Arbeiter für ein Ersatzteil zurücklegen muss, bis zur Ergonomie eines Werkzeugwechsels. Indem sie die Rollen von Führungskraft und Mitarbeiter neu definierten, etablierten sie eine Zusammenarbeit, die gemessen an europäischen Industriestandards geradezu unvorstellbar ist. Laut Spear folgte diese Zusammenarbeit vier Gundprinzipien:

1. Für direkte Beobachtung gibt es keinen Ersatz.
2. Jeder Verbesserungsversuch hat experimentellen Charakter.
3. Manager und Arbeiter führen so oft wie möglich Experimente durch.
4. Der Manager coacht, er repariert nicht. (Spear zit. n. [Brown 2009, S. 189])

Für den Manager als Coach bedeutet das, dass er weit mehr im Auge behalten sollte als nur das Inhaltliche. Tabelle 16–1 gibt Ihnen dazu eine kurze Übersicht:

Fokus	Beobachtungskriterien
Sich selbst	■ Konzentration aufs Wesentliche ■ Klarheit des Vorgehens ■ Eigener Aktivitätsgrad ■ Emotionale und körperliche Resonanzen ■ Haltung
Ihren Coachee	■ Wichtigkeit des Anliegens ■ Klarheit der Schilderungen ■ Offenheit ■ Ergebnisorientierung ■ Commitment zu Verbesserungsmaßnahmen ■ Haltung
Ihre Arbeitsbeziehung	■ Leichtigkeit des In-Kontakt- und Ins-Vertrauen-Kommens ■ Fortschritt im gemeinsamen Aufbau einer tragfähigen Arbeitsbeziehung ■ Gemeinsames Problemverständnis ■ Umsichtige Lösungsfindung ■ Potenzial der erarbeiteten Maßnahmen ■ Kokreativer Geist ■ Agiles Mindset ■ Humor

→

Fokus	Beobachtungskriterien
Systemische Kontexte	■ Kunden des Coachees ■ Wertströme im Unternehmen ■ Arbeitsflüsse: Typen, Aktivitäten und Blockaden ■ Grenzen des Systems, dem der Coachee angehört ■ Relevante Umfelder dieses Systems ■ Stakeholder der Coachingarbeit
Mögliche blinde Flecken	■ Fragen, die nicht gestellt werden, obwohl sie gleichsam in der Luft liegen ■ Themenaspekte, um die es gehen sollte, die aber nicht zur Sprache kommen ■ Fäden, die verloren werden ■ Zwischenergebnisse, die aus den Augen geraten ■ Zwischenergebnisse, die nicht geprüft werden ■ Themenverfehlungen: Wir reden über x, obwohl es um y gehen sollte.

Tab. 16–1 *Beobachtenswertes im Coaching*

Mit dem **Zuhören** ist das eine ähnliche Sache wie mit dem Beobachten. Unsere Ohren mögen zwar so offen sein wie unsere Augen – was wir von dem akkustisch Vernommenen tatsächlich wahrnehmen, ist jedoch eine andere Geschichte. Aktiv Zuhören lautet seit vielen Jahren die Patentlösung für Aufmerksamkeitsprobleme aller Art. Wie bei Patentlösungen üblich, begnügt man sich gerne mit einem oberflächlichen Verständnis – was dem aktiven Zuhören eine Topplatzierung in der Rangliste der am häufigsten missverstandenen Kommunikationstechniken beschert. Alle glauben zu wissen, worum es geht, doch kaum einer ist sich über die Eigenheiten des Phänomens im Klaren – geschweige denn, dass diesbezüglich mehr Register gezogen werden als das sinnbildliche Die-Ohren-Spitzen.

Ich wage zu behaupten, dass das Potenzial des aktiven Zuhörens in der Coachingpraxis zu wenig genutzt wird. Zumindest habe ich diesen Eindruck in den diversen Beratungsausbildungen gewonnen, in die ich als Lehrtrainer involviert war. Die folgende Übersicht listet die aus meiner Sicht wichtigsten Ausdrucksformen des aktiven Zuhörens auf:

- **Passender Gesichtsausdruck, angemessene Mimik**
  Vermeiden Sie sowohl *Buster Keaton* (absolute Regungslosigkeit) als auch *The Joker* (aufgesetzter Ausdruck).
- **Blickkontakt pflegen, aber variieren**
  Falls Sie mit dem Dschungelbuch vertraut sind, wird Ihnen der Ausdruck *Schlange-Kaa*-Blick wahrscheinlich etwas sagen. Falls nicht: Vermeiden Sie bitte, Ihrem Coachee gegenüber in ein hypnotisch wirkendes Starren zu verfallen!
- **Nonverbales Zeigen von Aufmerksamkeit**
  Legen Sie Wert auf das sogenannte soziale Grunzen, jenes oft ganz selbstverständlich eingesetzte Mmmh und Aha, das Ihrem Gegenüber signalisiert, dass Sie ihm folgen. Nicken ist ebenfalls ein wesentliches Aufmerksamkeitszeichen.

- **Verständnis und Mitgefühl zum Ausdruck bringen**
  Zu vermitteln, dass das Gesagte angekommen ist, ist umso wichtiger, je emotionalisierter der Coachee ist. Oft reicht ein kurzer Satz, um zu verdeutlichen, dass Gefühle wie Ärger, Frustration oder Enttäuschung für den Coach nachvollziehbar sind: »Das muss schwierig für Sie gewesen sein?!«, »Das war wohl eine ziemliche Überraschung für Sie?!«, »Ich kann mir vorstellen, dass das alles andere als angenehm war!?«.
- **Notizen machen**
  Ohr und Hand miteinander zu verbinden, gehört für mich zu den kraftvollsten Varianten des aktiven Zuhörens. Indem ich das Gehörte in Geschriebenes übersetze, halte ich mich als Coach nahe an dem, was der Coachee sagt. Durch das Wiederholen von wichtigen Aussagen signalisiere ich dem Coachee, dass ich ihm aufmerksam folge. Dieses Signal lässt sich noch verstärken, wenn Sie wichtige Gesprächsthemen auf einem Flipchart oder Whiteboard festhalten.
- **Wesentliche Aussagen mit eigenen Worten wiederholen**
  Nutzen Sie das sogenannte Paraphrasieren, um sicherzugehen, dass Sie Ihren Gesprächspartner richtig verstehen. Damit verbessern Sie Ihr eigenes und mitunter auch das Verständnis Ihres Coachees.
- **Bei Unklarheiten zeitnah nachfragen**
  Aktives Zuhören ist keine Schweigetechnik. Unabhängig davon, ob Sie sich nun persönliche Notizen machen oder gut sichtbar visualisieren, empfiehlt sich ein gezieltes Nachhaken. »Gesagt ist nicht gehört, gehört ist nicht verstanden«, weiß der Volksmund – und der liegt auch nicht immer falsch.
- **Sich mit eigenen Meinungen zurückhalten**
  Das aktive Zuhören ist ein Mittel, um Ihre Gesprächspartner besser zu verstehen – und kein Sprungbrett, um sofort in Diskussion zu treten. Wenn Sie nachfragen, sollte es um Klärung gehen und nicht um Ihre eigenen Meinungen.
- **Das Gehörte zusammenfassen**
  Manchmal sind die Berichte Ihres Coachees alles andere als geordnet. Das Hip-Hopping zwischen verschiedenen Themen mag emotional nachvollziehbar sein – inhaltlich können wir dadurch leicht bei einem chaotischen Themenpuzzle landen. Deswegen dürfen wir uns sehr wohl erlauben, den Redefluss des Coachees zu unterbrechen, um Zwischenergebnisse festzuhalten. Diesbezüglich empfehle ich ebenfalls ein Wechselspiel von Nachfragen (»Was haben Sie mit ... gemeint?«, »Könnten Sie diesem Themenbereich eine prägnante Überschrift geben?«) und der Überprüfung des eigenen Verständnisses (»Ich verstehe das so: ...«, »Aus meiner Sicht geht es hier um ...«).

Zuhören ist ein eigenes Abenteuer, habe ich mal irgendwo aufgeschnappt. Es führt uns allemal in unbekannte Gefilde und wir wissen nicht, was wir dabei alles entdecken werden. Das Beobachten und Zuhören sind Techniken, mit denen wir uns sozusagen auf alles gefasst machen. Wenn wir diese Erlebnisse in konkrete Erfahrungen übersetzen wollen, brauchen wir allerdings mehr als eine gepflegte Resonanz. Dafür müssen wir das Gespräch in bestimmte Richtungen lenken können. Wir tun das vor allem, indem wir Fragen stellen.

Zu Fragetechniken sind mittlerweile ganze Bibliotheken an gut sortiertem Wissen verfügbar. Daher möchte ich mich hier mit einem durchaus persönlich gefärbten Potpourri begnügen und dabei nicht die Technik, sondern die Zielsetzung ins Zentrum stellen. Statt offener, geschlossener oder systemischer Fragen finden Sie also folgende Formen von Fragen:

Tatsachenfragen, bei denen der Coach den Coachee dazu einlädt, mehr über bestimmte Sachverhalte zu erzählen.

- Was beschäftigt Sie derzeit am meisten?
- Was würden Sie gerne verbessern?
- Wie ist Ihre Organisation aufgebaut?
- Wie läuft Ihr Arbeitsalltag ab?
- Wer sind Ihre wichtigsten Stakeholder?
- Was haben Sie bereits alles unternommen, um agiler zu werden?

Diagnostische Fragen, durch die Hintergründe und Motive zum Thema werden. Die Diagnose kann auf ganz verschiedene Ebenen fokussieren:

- **Emotionen**
  Wie fühlten Sie sich dabei?
  Wie reagierten Sie darauf?
  Wie haben sich andere dazu geäußert?
- **Ursachen**
  Was führte Ihrer Meinung nach zu den geschilderten Problemen?
  Weshalb geschah das Ihrer Meinung nach?
  Womit könnte das noch zu tun haben?
- **Wirkungen**
  Was hat das bei anderen ausgelöst?
  Wer war davon betroffen?
  Wie hat das die Organisation verändert?
- **Schlussfolgerungen**
  Welche Lehren ziehen Sie daraus?
  Welche Optionen sehen Sie jetzt?
  Was würden Sie jemanden in Ihrer Situation raten?

→

Konfrontative Fragen, bei denen sich der Coach stärker von seinen eigenen Eindrücken leiten lässt. Durch die Äußerung von Hypothesen, Erfahrungen und Ideen hält er den Coachee dazu an, die Situation von einer neuen Perspektive zu überdenken (siehe dazu auch Abschnitt 15.6).

- Hätten Sie die teamübergreifende Abstimmung nicht auch anders sicherstellen können?
- Was würde Ihrer Meinung nach passieren, wenn das Team selbstständig über ... entscheiden würde?
- Warum haben Sie keine anderen Optionen in Betracht gezogen?
- Was würde wohl der Kunde dazu sagen, wenn Sie das nächste Mal ... würden?
- Was spricht dagegen, zumindest eine Zeit lang ... auszuprobieren?

Was in den konfrontativen Fragen implizit ist, wird durch **Feedback** explizit gemacht: nämlich die eigenen Wahrnehmungen und Überlegungen. Feedback hat in diesem Buch bereits großen Raum eingenommen – weswegen ich kurzerhand auf die Ausführungen zum kollegialen Feedback (Kap. 14) und zum kritischen Feedback ans Management (Abschnitt 15.6) verweisen möchte. Was ich dort zum Thema Feedbackgeben und -empfangen darlege, gilt eins zu eins für die Rückmeldungen, die Manager-Coaches auf dem Radar haben sollten.

Ähnlich breit wie das Thema Feedback wurde in diesem Buch auch das Thema **Visualisierung** diskutiert. Im Unterschied zum Feedback möchte ich dem Visualisieren hier dennoch ein bisschen Raum geben – immerhin werden im Coaching andere Darstellungsformen eingesetzt als diejenigen, die wir für flussbasierte Steuerungssysteme oder das Entscheidungsmanagement brauchen. Zwar können diese Visualisierungsformen in jedem Coaching auftauchen, in dem Steuerung thematisiert wird, typischerweise geht es im Coaching jedoch um etwas anderes.

Abbildung 16–1 führt beispielhaft vor Augen, von welcher Form der Visualisierung hier die Rede sein soll. Nämlich von einer Visualisierung, die dem »lauten Denken« und der Strukturierung des Beratungsprozesses dient. Über das aktive Zuhören hinaus unterstützen die Techniken des Notizenmachens und der Flipchart-Visualisierung die Gesprächsführung – und das in mehrfacher Hinsicht:

- Sie erlauben dem Coach, den Redefluss des Coachees respektvoll zu unterbrechen: »Moment einmal! Können wir an dieser Stelle Folgendes festhalten: ...«
- Sie führen ein neues Kommunikationsmedium ein, nämlich die Schrift. Was Schwarz auf Weiß festgehalten wird, hat bekanntermaßen ein anderes Gewicht als das bloß gesprochene Wort.
- Sie verändern die Gesprächsebene, da das Schreiben oft auf einem Flipchart oder einem Whiteboard erfolgt.

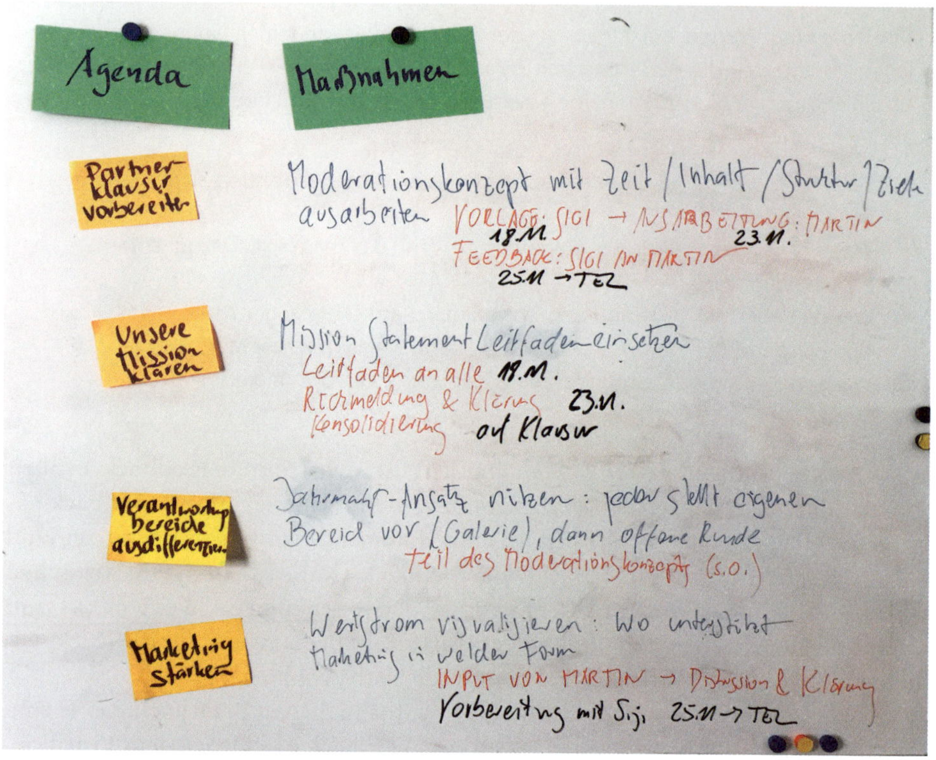

Abb. 16–1 *Beispiel für die Visualisierung im Coaching von Managern*

- Sie lassen innehalten und ermöglichen ein Zusammenfassen von Zwischenergebnissen: »Können Sie mir bitte helfen, die bisher gesammelten Ideen auf den Punkt zu bringen.«
- Sie ermöglichen Coachee wie Coach, Vereinbarungen zu präzisieren: »Was sollten wir diesbezüglich festhalten, um die weitere Verbesserung zu unterstützen?«

Solange der Zweck klar ist, sind der Kreativität der Visualisierung keine Grenzen gesetzt. Sie können ebenso gut Modelle auf einem Whiteboard skizzieren wie Themen per Zurufabfrage auf einem Flipchart listen, Sie können Pinkarten oder A4-Blätter einsetzen, Sie können ein individuelles Brainwriting durchführen und Ihre Ergebnisse anschließend vergleichen oder Sie können Coachees zum gemeinsamen Visualisieren einladen.

Ich persönlich tendiere eher zu dem, was man im Angesicht moderner Standards wie Visual Recording und Graphic Facilitation als alte Schule bezeichnen muss. Obwohl ich die Form nicht über den Zweck stellen würde und relativ formlose Visualisierungen zumeist ihren Zweck erfüllen, habe ich hier für mich seit Längerem ein Verbesserungsfeld identifiziert – und möchte auch Manager-Coaches empfehlen, ein kritisches Auge auf ihre diesbezüglichen Fähigkeiten zu werfen.

»Keine Maßnahme ohne Diagnose«, lautet eine der Maximen der systemischen Beratung. »Kein Coaching ohne Maßnahmen«, ließe sich im Hinblick auf die Praxis hinzufügen. Zu viele Gespräche bleiben nämlich ohne klare Ergebnisse. Selbst wenn über mögliche Maßnahmen gesprochen wird, ist am Ende nicht immer klar, wer was genau bis wann tun wird. Es bleibt nebulös, welche konkreten Schritte es im Umsetzungsprozess überhaupt braucht. Keiner weiß so recht, wo das Vorhaben gerade steht. Und dann gibt es ja auch noch die Variante, dass zwar Maßnahmen gestartet, aber keine Verbesserungen erzielt werden.

Es braucht mehr als gute Vorsätze, um diesen Missständen entgegenzuwirken. Robuste **Vereinbarungen** sind gefragt. Doch wie schaffen Sie es, der latenten Unverbindlichkeit zu entkommen? Was braucht es, um einen festen Pakt mit Ihrem Coachee zu erreichen? Und wie gelingt es, die bestehende Situation Schritt für Schritt zu optimieren? Die folgenden Praxistipps sollen Ihnen dazu einige Antworten liefern:

- **Klären Sie den unternehmerischen Nutzen**
  Was bringt es, wenn eine bestimmte Maßnahme umgesetzt wird? Welche Auswirkungen hat die Umsetzung auf die aktuelle Ablauforganisation? Wie wirkt sie sich auf die Zusammenarbeit aus? Und woran erkennen Sie, ob sich dadurch tatsächlich etwas verbessert?
- **Klären Sie den individuellen Nutzen**
  Was hat der Coachee davon, wenn er ein bestimmtes Verbesserungsvorhaben umsetzt? Was wird ihm dadurch ermöglicht? Welche persönlichen Vorteile hat er?
- **Unterstützen Sie Ihren Coachee dabei, sich nicht zu viel auf einmal vorzunehmen. Auch Verbesserung muss dosiert werden.**
  Wie viele Parallelaktionen hat der Coachee derzeit auf dem Radar? Wie viel Kapazität ist dafür vorhanden? Was wäre eine sinnvolle Beschränkung für Ihre Veränderungsmaßnahmen, also ein angemessenes Change-in-Progress-Limit? Und wie kann er die für die Veränderung notwendige Zeit und Energie absichern?
- **Regen Sie kleine Experimente an, idealerweise Schritte, die bis zu Ihrem nächsten Gespräch erledigt werden können**
  Was könnte der Coachee ausprobieren? Welche konkreten Aktionen will er setzen, um dem gewünschten Ziel näherzukommen? Was wird er als Erstes tun? Was kommt danach? Woran erkennt der Coachee, dass er auf Kurs ist?
- **Lernen Sie von Etappe zu Etappe**
  Coaching ist ein ausgezeichnetes Format, um regelmäßig zu bilanzieren. Was funktioniert? Was kann der Coachee getrost fortsetzen? Wovon sogar mehr machen? Und was sollte er tunlichst ändern?

- **Vereinbaren Sie spezifische Beobachtungs- bzw. Messkriterien**
  Woran wird der Coachee erkennen, dass etwas besser geworden ist? Wie wird er für entsprechendes Feedback sorgen? Und wann ist eine Maßnahme eigentlich fertig?
- **Machen Sie die Wichtigkeit eines konsequenten Monitorings deutlich**
  Wie gedenkt der Coachee, sich sein Vorhaben vor Augen zu halten? Wo wird es in seinem Arbeitsalltag sichtbar? Wie sorgt er für die notwendige Aufmerksamkeit?
- **Finden Sie heraus, wer oder was die Umsetzung noch unterstützen könnte**
  Wer ist dem Vorhaben wohlgesonnen? Wer hat auch etwas davon? Wer wäre vielleicht sogar zu tatkräftigem Support bereit? Und was in der unmittelbaren Arbeitsumgebung fördert die gewünschte Verbesserung?

Vielleicht haben Sie sich im Zuge des bisherigen Sortierens ja bereits gefragt, nach welchen Gesichtspunkten diese ganzen Werkzeuge denn nun einzusetzen sind. Wie soll eigentlich ein Coaching ablaufen? Woran kann sich der Manager orientieren? Was gibt ihm gerade für seine ersten Coachingeinsätze ausreichend Navigationssicherheit? Tabelle 16–2 versucht Ihnen kompakte Antworten zu geben. Diese Tabelle hat ein idealtypisches Gespräch zwischen einem Manager-Coach und einem Mitarbeiter-Coachee im Visier und listet Phasen, Fragen und eine grobe Zeitleiste auf, die ein solches Gespräch zu strukturieren helfen.

Phasen	Fragen	Zeit
Einstieg	■ Wie geht's? Wie läuft's im Team/in den Projekten/mit den Kunden …? ■ Was beschäftigt Sie aktuell? ■ Was haben Sie für das heutige Gespräch mitgebracht?	5 Min.
Klärung	■ Was wollen Sie verbessern? ■ Was davon können wir im Coaching sinnvoll bearbeiten? ■ Wie wollen wir vorgehen?	5 Min.
Zielformulierung	■ Was genau wollen Sie erreichen? ■ Woran erkennen Sie im Alltag, dass Sie etwas besser machen? ■ Wer sollte das noch bemerken? Und woran?	5 Min.
Probleme und Hindernisse	■ Was haben Sie bisher versucht, um die fomulierten Ziele zu erreichen? ■ Was hat sich bewährt? Was nicht? ■ Worüber sind Sie immer wieder gestolpert? ■ Woran hat das gelegen?	10 Min.
Lösungs-optionen	■ Was können Sie tun, um die genannten Hindernisse aus dem Weg zu räumen? ■ Was scheint einen neuen Versuch wert? ■ Was würde Ihnen ein Kollege raten? Was ein guter Freund? ■ Was wäre alles anders, wenn über Nacht ein Wunder geschähe? ■ Und wie könnten Sie selbst für ein kleines Wunder sorgen?	15 Min.

→

Phasen	Fragen	Zeit
Maßnahmen	▪ Was nehmen Sie sich vor? ▪ Was genau wollen Sie bis wann erreicht haben? ▪ Wie sichern Sie die Umsetzung Ihrer Vorhaben ab? ▪ Wer oder was könnte Sie dabei unterstützen?	15 Min.
Ausstieg	▪ Wie war das Gespräch für Sie? ▪ Was war aus Ihrer Sicht hilfreich? ▪ Was weniger? ▪ Wie wollen wir miteinander verbleiben?	5 Min.

Tab. 16–2 *Leitfaden für ein Coachinggespräch*

In der Coachingpraxis verschwimmen die beschriebenen Phasen oft miteinander und sie laufen auch nicht immer in der angegebenen Reihenfolge ab. Die aufgelisteten Fragen sind zuweilen unbrauchbar und die Zeiteinschätzung, im vorliegenden Fall für eine Coachingstunde, unrealistisch. Trotzdem kann es sich rächen, wenn einzelne Phasen leichtfertig weggelassen, wesentliche Fragen übersprungen und Zeitläufe ignoriert werden.

Wenn Leitfäden zu Leidfäden werden

Als bekennender Fan aller möglichen Vernetzungs- und Unterstützungsformen versucht Sonja Rebacher seit Längerem mehr Coaching-Know-how einzusetzen. Wie mir die Leiterin des Produktmanagements berichtet, passiert es ihr jedoch immer wieder, dass sie zwischendurch den Faden verliert. »Plötzlich weiß ich einfach nicht mehr weiter. Stelle ich jetzt noch eine Frage? Sollten wir uns noch auf das Problem konzentrieren? Oder ist die Zeit bereits reif für Lösungen?« Zuletzt habe sie sogar die Zeit ganz aus den Augen verloren und sei vom plötzlichen Aufbruch ihres Gesprächspartners überrascht worden. Eigentlich wären sie erst irgendwo zwischen Lösungsoptionen und konkreten Maßnahmen gewesen ...

»Könnte es sein, dass Sie sich zu stark am Phasenmodell orientieren?«, wagte ich mich mit einer Hypothese vor, »und versuchen, dabei alles richtig zu machen?« Nun ja, tatsächlich steckte hinter meinen Fragen mehr als eine vage Annahme. Das Klammern ans Richtige gehört nämlich zu den typischen Anfängerfehlern: Wenn ich mich nur an das Rezept XYZ halte, wird alles gut!

Auch Frau Rebacher kann etwas mit dieser Rezeptfalle anfangen. Im Nachhinein sehe sie sehr wohl, wie sehr dadurch das eigentliche Ziel, nämlich ein für den Coachee hilfreiches Gespräch, ins Hintertreffen geraten sei. So nimmt sie sich vor, wieder mehr auf ihre Kernkompetenzen zu vertrauen – und nicht krampfhaft zu versuchen, möglichst viele »coole Techniken« einzusetzen. Und beschließt zugleich, ihren Lernehrgeiz weniger auf perfekte Vorbereitung und Durchführung als auf die nachträgliche Reflexion zu konzentrieren (siehe dazu die weiter unten vorgestellten Auswertungshilfen).

Zu guter Letzt sollten Manager nicht davor zurückschrecken, ihre Coach-Rolle auf den Prüfstand zu stellen. Dafür möchte ich Ihnen gleich zwei Checklisten in den Werkzeugkasten legen. Sich bewusst zu machen, was alles in einem Coachinggespräch abläuft, ist nämlich ebenso anspruchsvoll wie das Herausfiltern jener Bereiche, in denen Verbesserung besonders angesagt ist.

Die erste Checkliste bietet einige Fragen, die Ihnen eine **spontane Auswertung** Ihrer Coachingsession erleichtern (Tab. 16–3). Nutzen Sie die Spalten für eine möglichst zeitnahe Bewertung nach -- = schlecht, - = nicht so besonders, 0 = o.k., + = gut, ++ = sehr gut. Greifen Sie eventuell auf Ihre Gesprächsnotizen zurück, um Ihre Wertungen qualitativ zu unterfüttern.

Fragestellung	--	-	0	+	++
Wie schätze ich die Qualität des Dialogs ein?					
Wie war der Gesprächseinstieg?					
Wie war das Gesprächsziel formuliert?					
Wie wurde das Ziel verfolgt?					
Wie beurteile ich die Qualität der erzielten Ergebnisse?					
Wie gelang das Beobachten?					
Wie konnte ich verschiedene Fragetechniken einsetzen?					
Wie gelang mir das aktive Zuhören?					
Wie habe ich Feedback eingesetzt?					
Wie ist die nonverbale Kommunikation gelaufen?					
Wie bin ich mit Störungen umgegangen?					
Wie deutlich wurde meine Grundhaltung?					
Wie zielführend erscheinen mir die getroffenen Vereinbarungen?					
Wie war der Gesprächsabschluss?					

Tab. 16–3 *Auswertung eines Coachinggesprächs*

Selbstverständlich erhalten Sie mit einem solchen Check keine objektiven Messergebnisse. Außerdem helfen Ihnen Ihre Einschätzungen weder dabei, die Motive für Ihre jeweiligen Interventionen zu diagnostizieren, noch durchschauen Sie damit die gesamte Interaktionsdynamik. Einige Manager-Coaches haben mir allerdings bestätigt, dass dieses kurze Feedback der Selbstwertschätzung gut tut und darüber hinaus brauchbare Verbesserungshinweise liefert. In den Worten von Frau Rebacher: »Indem ich mir einen kritischen Spiegel vorhalte, kann ich rasch zentrale Stärken und Schwächen meiner Arbeit erkennen.«

Für wiederholte Einsätze, wenn Sie beispielsweise denselben Mitarbeiter öfter coachen und die Kooperationsebene entsprechend gefestigt ist, möchte ich Ihnen sogar empfehlen, diesen Check einmal gemeinsam mit dem Coachee durchzuführen. Für mich waren solch kokreative Auswertungen jedenfalls immer lehrreich.

Mittlerweile sehe ich in ihnen eine besondere Form der gemeinsamen Retrospektive, die zusätzliche Einsichten eröffnen kann. Und für manche Coachees bietet sie zudem eine gute Gelegenheit, professionelles Feedback zu trainieren.

Der zweite Leitfaden ist ganz für den Hausgebrauch gedacht. Obwohl er ebenfalls mit einer simplen Plus/Minus-Bewertung verbunden ist, dient er nicht der Einschätzung einer einzelnen Coachingsession, sondern der Bewertung längerfristiger Beratungseinsätze. Wie kann der Manager insgesamt erkennen, ob er als Coach einen guten Job macht – und zwar unabhängig davon, ob er nun auf die System- oder die Teamentwicklung oder die Entwicklung einzelner Mitarbeiter fokussiert? Tabelle 16–4 verhilft Ihnen vielleicht zu aufschlussreichen Antworten.

Selbstbeobachtung	--	-	0	+	++
Ich behalte nicht nur den Coachee, sondern auch mich selbst gut im Auge.					
Ich nehme körperliche Reaktionen wie flauen Magen, Müdigkeit, Schwindelgefühle etc. als mögliche Resonanzen auf den Ablauf des Coachings wahr.					
Ich achte auf meinen Energiehaushalt während und rund um meine Coachingeinsätze.					
Ich teile meine Wahrnehmungen regelmäßig mit Kollegen oder meinem eigenen Coach.					
Feedback					
Ich untersuche regelmäßig, wie gut sich mein Coachee durch das Coaching unterstützt fühlt - und was er/sie gerne anders hätte.					
Wir arbeiten gemeinsam daran, unsere Beratungsgespräche kontinuierlich zu verbessern.					
Ich hole von meinen Coachees immer wieder Rückmeldungen zum konkreten Nutzen unserer Arbeit ein.					
Ich überprüfe standardmäßig die Wirksamkeit der im Coaching erarbeiteten Verbesserungsmaßnahmen.					
Ich beobachte, inwiefern sich das Arbeitssystem des von mir gecoachten Mitarbeiters verbessert.					
Retrospektiven					
Ich führe persönliche Retrospektiven zu meiner Rolle als Coach durch.					
Ich führe mit dem Coachee regelmäßig Retrospektiven zur Qualität unserer Zusammenarbeit durch.					
Ich tausche mich immer wieder mit Kollegen zu konkreten Coachingsituationen aus.					
Aus jeder Retrospektive gewinne ich zumindest eine konkrete Verbesserungsmaßnahme.					
Ich setze Verbesserungsmaßnahmen konsequent um.					
Meine Maßnahmen führen nachweislich zu einer besseren Coachingarbeit.					

Tab. 16–4 *Auswertung der eigenen Coachingeinsätze*

16.3 Haltungen

»A fool with a tool is still a fool«, mahnen Beratungsprofis gerne. Immerhin gehört die Methoden- und Werkzeugfixierung zu den größten Stolpersteinen von Coaches. Gerade im Management kann die instrumentelle Logik leicht auf das Coaching abfärben. Wird diese Logik nicht hinterfragt, droht die vermeintliche Hilfe leicht zum bloßen Reparaturdienst zu verkommen. Der Manager-Coach agiert als Mechaniker, dem die Unternehmenswelt einmal mehr als komplizierte Maschine gegenübersteht.

Deswegen ist es notwendig, die gewählten Techniken mit einer angemessenen Haltung einzusetzen. Doch was ist eine angemessene Haltung? Welche Grundannahmen sollten einem wertorientierten Coaching zugrunde liegen? Worauf gilt es besonders zu achten, wenn wir den Coachees und der Organisation einen guten Dienst erweisen wollen? Hier einige Orientierungspunkte für Manager, die auch als Berater Haltung bewahren wollen:

- **Freiwilligkeit**
  Coaching kann nicht erzwungen werden. Wenn Ihr Gesprächspartner kein Anliegen hat oder sich Ihnen, aus welchen Gründen auch immer, nicht anvertrauen möchte, ist kein Coaching möglich. Vermeiden Sie gekünstelte Situationen, in denen Sie aus jedem möglichen Dialog unbedingt ein Coaching zu machen versuchen.
- **Hilfe zur Selbsthilfe**
  »Das Problem und seine Lösung gehören dem Klienten«, lautet eines der Kernprinzipien professioneller Beratung [Schein 1999]. Als Coaches sollten Führungskräfte nicht nur ihre eigenen Ziele zurückstellen, sondern auch Abstand zum Problem des Coachees halten, um das zu vermeiden, was ich Lösungsheldentum nenne. Die Versuchung ist groß, mit der eigenen Erfahrung und Expertise beeindrucken zu wollen: »Ich weiß, wie es geht!«, »Ich tu das für dich!«, »Lass' mich nur machen!« sind typische Reflexe eines überengagierten Helfers. Doch selbst wenn sie in bester Absicht für ihre Coachees in Aktion treten und Best Practices anvisieren, tun Coaches niemandem etwas Gutes. Nicht zufällig ähnelt ein solches Vorgehen dem Mikromanagement, das dann im Gewande von Coaching fröhliche Urständ feiert.
- **Zurückhaltung**
  Das Konzept des beratenden Helfens ist untrennbar mit Respekt und Bescheidenheit verbunden. Gerade zu Beginn eines Gesprächs sollte sich jeder Coach an das sokratische Prinzip halten: »Ich weiß, dass ich nichts weiß!« Managern fällt es nicht immer leicht, ihre Führungs- und ihre Fachexpertise zur Seite zu legen, um sich vorbehaltlos auf die Anliegen ihrer Coachees einzulassen.

- **Balance**
  Das Verhältnis von Wissen und Nicht-Wissen ist nur einer von vielen Balanceakten, die Coaches zu meistern haben. Fach- und Prozessberatung, Bedürfnis- und Bedarfsorientierung oder Bestärkung und Verunsicherung sind weitere Beispiele. Situativ müssen beratende Manager entscheiden, wann sie in der Fragehaltung bleiben und an welchen Stellen sie inhaltliche Tipps geben. Vergleichbares gilt für das Verhältnis von positiven und kritischen Rückmeldungen oder von Beratungsbedürfnis und Beratungsbedarf. Wie reagieren Sie als Coach auf die Anliegen Ihrer Coachees? Wann ziehen Sie sich aufs Zuhören zurück, wo machen Sie eine Ansage? Wie geben und wo holen Sie sich Feedback? Wo üben Sie sich in Geduld und wo riskieren Sie einen energischen Impuls?

Abb. 16–2 *Standfestigkeit für Manager-Coaches*

- **Positives Denken**
  Zuversicht und die Überzeugung, dass Verbesserung möglich ist, sind Grundlagen einer professionellen Coachinghaltung. Der Coach fungiert in dieser Hinsicht als Rollenmodell, indem er sowohl von der grundsätzlichen Lösbarkeit von Problemen als auch von der Lösungskompetenz des Coachees ausgeht. Er schafft ein Umfeld, in dem der Coachee sich ihm anvertrauen kann, ohne negative Konsequenzen befürchten zu müssen. Dazu gehört eine Einstellung, die jeglichen Verbesserungsversuch anerkennt, Fortschritte wertschätzt und Rückschläge als Lernchancen auffasst.

- **Gemeinsames Lernen**
  Echtes Coaching ist eine partnerschaftliche Entdeckungsreise. Oft genug geht es dabei um das Erkunden von Terrain, das Coachee wie Coach unbekannt ist. Für ein solches Terrain haben sich kurze Etappen bewährt. Dadurch können gelungene und weniger gelungene Schritte leichter rekonstruiert und rasch notwendige Kurskorrekturen vorgenommen werden.

Tatsächlich werden im Laufe einer Beratungsreise ganz unterschiedliche Dinge entdeckt: Der Manager sieht, wie er als Coach agiert. Coachee und Coach lernen einander besser kennen und mit jeder Prüfung und Auswertung optimieren sie ihre Zusammenarbeit, und neue Hindernisse halten sie dazu an, systemische Verbesserungen vorzunehmen.

Gespräche unter Erwachsenen

Harald Goldmüller leitet seit vielen Jahren die Testabteilung eines international agierenden IT-Dienstleisters. Seit das Unternehmen begonnen hat, den gesamten Entwicklungsbereich zu agilisieren, ist kaum mehr etwas von der früheren Managementstruktur übrig geblieben. Statt am Wasserfallmodell ist das Vorgehen jetzt ganz an Wertflüssen ausgerichtet, statt Über-den-Zaun-Werfen ist umsichtige Koordination angesagt und statt Silos gibt es interdisziplinäre Teams, denen auch die früher in einer Abteilung vereinten Testspezialisten angehören.

Nach einer, wie Herr Goldmüller gesteht, durchaus holprigen Phase der Auseinandersetzung ist das Coaching mittlerweile ein fixer Bestandteil seiner neuen Führungsarbeit. »Um Kontakt zu meinen Leuten zu halten« und »um fachlich dranzubleiben«, beantwortet er meine Frage nach dem Warum? »Das klappt erstaunlich gut und ist, glaube ich, nicht bloß für mich, sondern auch für meine Mitarbeiter wertvoll.« Thematisch seien die zumindest einmal pro Quartal stattfindenden Einzelgespräche vor allem von Kooperationsthemen geprägt: vom Ablauf der Standups über Probleme mit der Regeleinhaltung bis zum Thema Messungen, das vielen nach wie vor Unbehagen bereite. Manchmal, berichtet Herr Goldmüller, kämen aber auch Aspekte zur Sprache, die weit über die Teamarbeit hinausgehen: Konflikte mit Stakeholdern, chronisch überfrachtete Abstimmungsmeetings zwischen den Teams, ein unklares Delegiertensystem oder das mangelhafte Management von Abhängigkeiten.

Er persönlich, resümiert Herr Goldmüller, möchte diese Dialoge nicht mehr missen. Plötzlich sei er mit seinen Leuten ganz anders in Kontakt gekommen. »Irgendwie war es mehr ein Gespräch unter Erwachsenen, mit mehr Ruhe und wirklichem Nachdenken. Jedenfalls anders als früher, wo alles unter dem Diktat des laufenden Betriebs stand und wir sowieso für nichts Zeit hatten.«

In exemplarischer Form unterstreicht das Fallbeispiel, dass der Nutzen des Coachings weit über die Unterstützung individueller Lösungen hinausgehen kann. Obwohl die Anliegen des Coachees im Zentrum stehen, profitiert der Manager genauso von der Beratungsbeziehung. Er stärkt die Kooperationsbeziehung zum jeweiligen Coachee. Darüber hinaus erhält er Einblicke in operative Dynamiken, erfährt Genaueres über organisatorische Blockaden und bekommt Informationen zu kundenrelevanten Aspekten. Kurzum: Er dockt an die Erlebniswelt jener an, die im System arbeiten.

Das ist umso wichtiger, als der Manager nach wie vor dafür verantwortlich ist, dieses System zu optimieren. Selbst wenn er als Coach auftritt, bleibt er Designer und Choreograf. Damit er diese Aufgaben meistern kann, braucht er ausreichend Nähe zur Arbeit – und zu denen, die im System arbeiten. Diese Nähe zu gewährleisten, ist ein erwünschter Nebeneffekt des Coachings durch Manager. Zugleich hilft es, Einblick und Einmischung sauber auseinanderzuhalten. Coaching ist keine verdeckte Form von Mikromanagement, sondern ein Format, um Unterschiede produktiv zu machen: seien das nun unterschiedliche Erfahrungen, unterschiedliche Informationen, unterschiedliche Ansichten oder unterschiedliche Gestaltungsideen.

Zur Erinnerung: Der Austausch über solche Unterschiede ist ein konstitutives Element von Selbstorganisation. Die Eigendynamik des Austauschs bringt es mit sich, dass der Coach zuweilen auch den Coachee zurate zieht. »Teile im Zweifelsfall das Problem mit anderen«, legen uns Ed Scheins Beratungsprinzipien nahe [Schein 1999]. Und wann ist ein Fall schon völlig zweifelsfrei?

Save our agile soul

Im Rahmen eines Managementcoachings berichtet mir Renate Rausch, ihres Zeichens Geschäftsbereichsleiterin eines Marketingspezialisten, von einer spannenden Situation, mit der sie in einem ihrer letzten Mitarbeitergespräche konfrontiert war. In diesem Gespräch mit ihrem Produktmanagementleiter Herbert Folkerts, einem ihrer erfahrensten, aber auch kritischsten Weggefährten, ging es erneut um die Kooperation zwischen der Produkt- und der Entwicklungsabteilung. Herrn Folkerts zufolge sei diese mittlerweile völlig dysfunktional: Produkt und Entwicklung arbeiten nach wie vor aneinander vorbei, das gemeinsame Kanban-Board werde nur stiefmütterlich behandelt, die Prioritätensetzungen ignoriert und das kundenrelevante Feedback sträflich vernachlässigt.

Zugleich habe ihr Herr Folkerts ein Ultimatum gestellt. Er sei der chronischen Reibungsverluste müde und nicht mehr bereit, den Kunden gegenüber ständig den Kopf hinzuhalten. Frau Rausch sei gewissermaßen sein letzter Hilferuf. Es ginge darum, wie Herr Folkerts etwas pathetisch meinte, »unsere agile Seele zu retten.« Wenn auch sie keine Veränderung zustande brächte, werde er das Unternehmen verlassen.

»Natürlich«, so Frau Rausch im O-Ton, »ist mir erst einmal das Herz in die Hose gerutscht. Plötzlich schien alles an mir zu hängen. Wenn ich jetzt nicht das Richtige mache, verliere ich eine der absoluten Säulen des Unternehmens«. Gott sei Dank habe sie sich von ihrer ersten Schrecksekunde rasch wieder erholt. Zwar wollte sie Herrn Folkerts Hilferuf keineswegs ignorieren, doch zugleich war sie auch nicht bereit, die ganze Verantwortung für die Konfliktlösung alleine zu schultern. So begann sie damit, die Situation genauer auszuloten: Wie wirkt sich die beklagte Dysfunktionalität im Arbeitsalltag aus? Was bekommen die Kunden davon mit? Warum bringt das Kanban-System eigentlich nicht die gewünschten Effekte? Und was hat man denn bereits alles unternommen, um die Gesamtsituation zu verbessern?

→

Nach und nach stellte sich heraus, dass zwar einige Verbesserungsversuche unternommen wurden, deren relative Ergebnislosigkeit jedoch niemals untersucht worden war. Zudem fand keine der bereichsübergreifenden Retrospektiven statt, die man eigentlich vereinbart hatte. Und schließlich wurde auch klar, dass Herr Folkerts zwar in mehreren Meetings auf diese Missstände hingewiesen, aber niemals das persönliche Gespräch mit Herrn Richter, dem Entwicklungsleiter, gesucht habe. »Was würdest du jemandem raten, der in einer solchen Situation steckt?«, führte Frau Rausch ihren Erkundungsprozess konsequent in Richtung Lösungsarbeit weiter. »Und was könnte die Vorgesetzte zu einer konstruktiven Streitschlichtung beitragen, ohne die Beteiligten zu bevormunden?«

Sie sei sich sicher, so Frau Rauschs Schlussfolgerung, dass sie ohne Coachingtechniken auf verlorenem Posten gewesen wäre. Erst ihre Erfahrung mit dem bescheidenen Erkunden und systemischen Fragen hätte einer positiven Konfliktbearbeitung den Weg geebnet. Noch wichtiger war für sie allerdings die professionelle Haltung – insbesondere, dass sie ihren Retterimpuls gut im Griff gehalten habe. Stattdessen habe sie Herrn Folkerts konsequent zurate gezogen. Nur dadurch, zeigte sich Frau Rausch des zentralen Erfolgsfaktors sicher, konnte sie ihre anfängliche Ratlosigkeit akzeptieren und ein partnerschaftliches Verhältnis wahren.

Dass es in der Zwischenzeit ein Vieraugengespräch zwischen Herrn Folkerts und Herrn Richter gegeben habe, das, wie beide Führungskräfte unabhängig voneinander meinten, sehr konstruktiv verlaufen sei, stimme sie zuversichtlich. »Ich denke, wir sind dabei, eine wirkliche Verbesserung auf den Weg zu bringen. Und ich selbst freu mich darauf, in Zukunft die bereichsübergreifenden Retrospektiven zu moderieren. Damit sichere ich hoffentlich das gewünschte Lernen ab und habe die Chance, meine eigene Gesamtverantwortung besser wahrzunehmen.«

Nachfragen, Erkunden, Widersprechen oder Feedback sind keine uneigennützigen Werkzeuge. So sehr sie den Coachee dabei unterstützen, sich selbst zu helfen, so sehr hilft sich damit auch der coachende Manager – ob man das nun als Ausdruck einer balancierten Haltung sehen mag oder als zwangsläufigen Nebeneffekt jeder Beratungsbeziehung. Das Ziel des Austauschs bleibt jedenfalls das gemeinsame Lernen. Wie sieht die aktuelle Situation aus? Wer ist in welcher Form daran beteiligt? Wer nimmt welche Aspekte wahr? Was könnte einen guten Unterschied machen? Und wer sollte dazu in welcher Form beitragen?

Bei allen erwünschten Wirkungen und Nebenwirkungen möchte ich allerdings noch einen Warnhinweis auf dem Beipackzettel anbringen: Nicht jedes Gespräch zwischen Managern und Mitarbeitenden ist plötzlich ein Coaching. Wenn Mitarbeiter Fragen haben, wenn ihnen etwas unklar ist und sie beim Manager Rat suchen, heißt das noch lange nicht, dass sie damit automatisch zu Coachees mutieren. Viele Anliegen können ebenso rasch wie einfach bearbeitet werden, ohne dass es dafür besondere Arrangements braucht. Denn es geht ums Helfen und nicht um den Einsatz bestimmter Formate oder Tools.

Selbst wenn es sich um komplexe Themenstellungen handelt, sind Mitarbeiter vielleicht besser beraten, wenn sie sich an Kollegen wenden. Gerade wenn es um Fachthemen geht, ist der Manager oft nicht ausreichend qualifiziert. Deswegen sollte zu Beginn eines möglichen Managercoachings sorgsam gefiltert werden: Um welches Thema geht es überhaupt? Wie sieht das damit verbundene Anliegen aus? Was braucht es, um dieses sinnvoll zu bearbeiten? Wie könnte dabei geholfen werden? Und wer ist dafür der Richtige?

Meiner Erfahrung nach tut es internen Coaches ebenso gut, bestimmte Anliegen abzulehnen, wie externen. Das Prinzip Freiwilligkeit hat für Coaches genau so viel Gültigkeit wie für Coachees. Zurückhaltung kann in diesem Sinne auch bedeuten, bestimmten Anfragen nicht zu folgen. Die Coaching-Rolle sollte Manager jedenfalls nicht dazu verführen, sich aufs Neue als Alleswisser und -könner zu positionieren. Nicht jede Frage kann von jedem beantwortet werden, manches liegt außerhalb des eigenen Horizonts und anderes überfordert einen emotional.

Speziell der letzte Punkt unterstreicht, dass es auf weit mehr als auf Wissen oder Werkzeuge ankommt. Es geht stets um den ganzen Coach, seine Grundhaltungen und Verhaltensweisen. Deswegen hängt professionelles Coaching von so vielen Voraussetzungen ab. Anderen zu helfen steht und fällt damit, sich selbst zu kennen. Es geht darum, seine eigenen Muster einigermaßen im Griff zu haben und sich beständig vor Augen zu halten, dass man als Coach immer als Rollenmodell für jene Verhaltensweisen agiert, die man befördern möchte – zum Beispiel der grundlegende Respekt für andere, das eingehende Zuhören und klärende Fragen, die Bereitschaft zu kritischem Feedback oder der Humor, den man bei all dem nicht verlieren sollte.

Als Rollenmodell zu agieren hat freilich nichts mit einer narzisstischen Show zu tun. Die Bühne, die man dabei betritt, wird nicht von Starallüren, sondern von ehrlicher Selbstreflexion getragen. Selbstreflexion bedeutet, sich selbst gut zu beobachten: Was nehme ich eigentlich wahr? Was sehe und höre ich als Coach? Was löst das emotional in mir aus? Welche Gedanken kommen mir dazu? An welchen Punkten fühle ich einen besonderen Drang, mich einzumischen? Und was passiert, wenn ich mich genau an diesen Punkten zurückhalte? Mein Selbstbewusstsein als Coach dreht sich nicht zuletzt darum, meine eigenen Reaktionsmuster zu kennen: die Dinge, die mich leicht nerven, Verhaltensweisen, mit denen ich schlecht zurechtkomme, aber auch die eigenen Bedürfnisse nach Anerkennung, das Gefallen- und Beeindruckenwollen.

Es ist mir durchaus bewusst, dass das für Manager eine besondere Herausforderung darstellt – ist doch die traditionelle Führungsrolle mit deutlich anderen Grundhaltungen verknüpft. Die Balance zwischen Selbstbewusstsein und Selbstreflexion ist freilich nicht der einzige Bereich, in dem Manager des Öfteren um Haltung ringen. Vor allem von vier Problemen wird mir immer wieder berichtet:

- von der Konfusion zwischen der Vorgesetzten- und der Coach-Rolle,
- von Lösungen, die als gezwungen erlebt werden,
- von der eigenen Ungeduld oder
- von dem Gefühl, nur Symptome zu kurieren.

Im Folgenden wird jedes dieser Probleme kurz aufgezeigt und dabei werden typische Warnsignale und mögliche Interventionen in Form vorbeugender Maßnahmen oder in einer Form, die ich als »Erste Hilfe« bezeichnen möchte, identifiziert.

Legen wir gleich los: Auf eine mögliche **Rollenkonfusion zwischen disziplinarischer Führung und Beratung** kann vieles hindeuten. Klassische Warnsignale sind Managermonologe, langatmige Erklärungen, Unterbrechungen oder direkte Anweisungen, die gerne im Gewand guter Ratschläge auftreten.

Von der Beratung zur Vorschrift

Sylvia Strenitz ist seit vielen Jahren Projektleiterin im Gesundheitsbereich. In dem Managementtraining, in dem ich Frau Strenitz kennenlerne, fällt sie mir als ebenso herzliche wie engagierte Person auf. Deswegen überrascht es mich wenig, dass sie sich als Erste für eine Übung meldet, die wir zum Thema »Die Führungskraft als Coach« duchführen. In dieser rollenspielartigen Übung bearbeitet sie einen Fall, bei dem ein Mitarbeiter sich von seinem Team gemobbt fühlt. Er habe den Eindruck, erfahren wir, dass er von einigen im Team nicht für voll genommen werde. Wenn er sich in den Meetings zu Wort melde, beginnen andere mit Nebengesprächen, die von ihm eingebrachten Themen fielen immer unter den Tisch und das Pairing, das er mit einem Kollegen durchführen wolle, sei jetzt auch schon das dritte Mal verschoben worden. Zudem falle ihm auf, dass zwar hinterrücks über ihn, aber kaum mit ihm geredet werde.

Wir sehen, wie Frau Strenitz aktiv zuhört. Behutsam versucht sie, dem Mitarbeiter Verständnis zu vermitteln, indem sie die geschilderten Vorfälle in eigenen Worten zusammenfasst. Sie erkundet die Häufigkeit solcher Vorkommnisse und deren Auswirkung auf die Qualität der Zusammenarbeit. Und sie befragt ihn, was er denn schon alles versucht habe, um die Situation zu verbessern, was davon Früchte getragen und was er aus Fehlschlägen gelernt hätte. Mit all diesen Interventionen zeigt sie sich ganz in der Rolle der Führungskraft als Coach.

Als sich der Mitarbeiter jedoch, wie in der Rollenbeschreibung vorgegeben, in seiner Opferrolle einzunisten beginnt, wirkt Frau Strenitz zunehmend genervt. Nachdem er zum wiederholten Mal versichert, er habe wirklich alles versucht, nichts habe wirklich geholfen und er habe auch keinerlei Idee mehr, wechselt Frau Strenitz den Modus: »Warum machst du nicht ...?«, beginnt sie sich nun ebenfalls zu wiederholen, »Du solltest auf jeden Fall ...!«, »Ich verstehe überhaupt nicht, warum du nicht ...?!«, »Mach doch einfach mal ...!«. Bevor wir das Rollenspiel abbrechen, ist sie ganz in der Rolle der disziplinarischen Vorgesetzten angekommen. »Ich möchte gerne, dass du bis zu unserem nächsten Gespräch ...!«, formuliert sie und kommt immer mehr in Fahrt. Es folgen Erklärungen, Begründungen, Hinweise. Am Ende kommt der Mitarbeiter gar nicht mehr zu Wort, sondern nickt nur mehr stumm.

→

Es spricht für Frau Strenitz' Professionalität, dass sie das anschließende Feedback in Richtung Rollenkonfusion nicht nur gut annehmen, sondern auch über sich selbst herzlich lachen kann. »Ich hätte nicht gedacht«, so eine ihrer Schlussfolgerungen, »dass ich so schnell mit meinem Beratungslatein am Ende bin. Und mir dann nichts Besseres einfällt, als in den Vorschriftenmodus zu wechseln.«

Was aber kann der Manager im Verwirrungsfalle tun? Was, wenn sich in seinem Kopf, wie das der Schriftsteller Heinrich Steinfest ausdrückt, »diverse Blasmusikkapellen und die Hardrocker von AC/DC auf keine gemeinsame Komposition einigen können?« [Steinfest 2008, S. 27]. Um weniger leicht in die genannten Fallen zu geraten, können die Rollen bereits in der Klärungsphase expliziert werden: Wann agiere ich als Coach? Wann spreche ich als Vorgesetzter? Wo bin ich ganz für die Anliegen des Coachees da? Wo muss ich auch die Interesse des Unternehmens vertreten? Einige Manager haben mir erzählt, dass sie diese Rollen sogar durch einen demonstrativen Stuhlwechsel voneinander abgrenzen. Die Coachees um Rückmeldung zu bitten, wenn denn Verwirrung auftritt, ist ebenfalls eine zielführende Strategie. Damit zeigt der Coach seine eigene Unsicherheit an und unterstreicht die Wichtigkeit des gemeinsamen Lernens.

Was aber, wenn es für Vorbeugung zu spät ist, weil das Problem bereits akut geworden ist? Was ich Erste Hilfe nenne, meint dann Maßnahmen, die sofort ergriffen werden können. Eine solche Erstversorgung kann ganz unterschiedlich in Angriff genommen werden. Der Coach kann beispielsweise seine Selbstbeobachtung zur Verfügung stellen: »Ich glaube, ich agiere jetzt zu sehr in der ... Rolle!?« Der Coach kann durch unerwartete Reaktionen des Coachees dazu angehalten werden, sein eigenes Verhalten offen zu hinterfragen: »Agiere ich jetzt zu sehr in der ... Rolle?« Oder der Coachee kann von sich aus Feedback geben: »Ich habe den Eindruck, Sie sind jetzt wieder ganz in der ... Rolle.« Wie auch immer auf eine mögliche Rollenverwirrung hingewiesen wird – wesentlich ist deren offene Thematisierung. Sind wir überhaupt noch im Beratungsmodus? Wo sind wir vom Weg abgekommen? Was hat dazu geführt? Und was wollen wir tun, um uns Klarheit über das weitere Vorgehen zu verschaffen?

Ein anderer klassischer Fallstrick für coachende Manager ist das **Erzwingen von Lösungen.** Warnsignale hierfür sind etwa rhetorische Fragen (»Sollten Sie nicht einmal ... versuchen?«), persönlicher Druck (»Wenn Sie nicht bald ..., dann ...!«), diffuse Gebote (»Du musst doch einsehen, dass ...«) oder das Suggerieren bestimmter Handlungsstrategien (»Also ich würde an Ihrer Stelle ganz einfach ...«). Eine umsichtige Klärung der Verantwortlichkeiten im Vorfeld kann solchen Verirrungen effektiv vorbeugen. Die Prüfung, inwiefern die initial gesetzten Ziele überhaupt realistisch sind, hat eine ähnliche Wirkung. Wenn unreflektiert an zu großen Vorhaben gearbeitet wird, die noch dazu vielleicht gar nicht im Einflussbereich des Coachees liegen, kann sich der Manager-Coach leicht zum Lösungshelden berufen fühlen. Ein solches Heldentum spiegelt sich vor allem in einem übergebührlichen Redefluss wider.

Reden und Schweigen

»Klug zu reden ist oft schwer, klug zu schweigen noch viel mehr!«, wusste schon Wilhelm Busch. Coaches sollten dem einiges abgewinnen können. Einerseits dürfen sie sich darin bestärkt fühlen, dass es in der Beratungsarbeit nicht immer nur um höfliches Nachfragen und aufmerksames Zuhören geht. Kluges Reden kann dann genauso bedeuten:

- seine eigenen Eindrücke in der Beratung nicht über Gebühr zurückzuhalten,
- neben systemischen Fragen (»Wie sehen Sie die Situation? Und wie sieht das jemand anderer?«) auch selbst Antworten zu liefern (»Wie ich das sehe«),
- bewusste Opposition zu wagen (»Also das sehe ich komplett anders«),
- seine eigene Expertise pointiert zur Verfügung zu stellen,
- kleine Veränderungsexperimente anzuregen,
- Empfehlungen auszusprechen – etwa so wie ein Arzt ein Medikament verschreibt.

Andererseits sollte der Wilhelm-Busch-Spruch daran erinnern, dass ein Coach:

- häufig effektiver ist, wenn er eher weniger als mehr tut,
- sich immer wieder bewusst zurückhält,
- zwischendurch einfach mal den Mund hält,
- dem Coachee ausreichend Zeit zum Nachdenken gibt,
- Stille aushält und sich in Geduld übt,
- »pinkeln geht«, wenn die Zurückhaltung nicht gelingen will oder einfach mal eine Pause nötig scheint (siehe dazu Einführung zu Teil III).

Stress entsteht allemal, wenn für die Bearbeitung eines bestimmten Anliegens von vornherein zu wenig Zeit veranschlagt wird. »Gehe mit dem Flow«, rät uns die Prozessberatung, aber auch: »Das Timing ist entscheidend.« Ob man nun zu viel auf einmal bewerkstelligen möchte, ob die Komplexität mancher Verbesserungsmaßnahmen unterschätzt wird oder der Coach wichtige Phasen überspringt – stets wird über der Beratung das Damoklesschwert des Zwanghaften schweben.

Coach wie Coachee stehen viele Maßnahmen zur Verfügung, um dieses Schwert nicht zum Fallbeil werden zu lassen. Sie können schlicht und ergreifend die vorhandene Zeitnot ansprechen: »Ich habe den Eindruck, dass wir das heute nicht abschließen können«, »Ich fürchte, wir beginnen ein wenig zu hasten« oder: »Vielleicht sollten wir darüber noch einmal schlafen?!« Ein umsichtiges Festhalten von Zwischenergebnissen und eine selbstbewusste Vertagung sind erprobte Maßnahmen, um Druck herauszunehmen und die Qualität der Auseinandersetzung zu sichern.

Zeitnot und Leistungsdruck gehören zu den charakteristischen Alltagserfahrungen von Managern. Alles soll in möglichst kurzer Zeit in möglichst hoher Qualität erledigt werden: Taktung und Effizenz sind an der Tagesordnung. Das macht die **Ungeduld** fast zwangsläufig zu einem weiteren Fallstrick im Coaching. Manager tendieren manchmal dazu, schlecht zuzuhören, innerlich abzuschweifen, den Coachee zu unterbrechen oder bereits in den Lösungsmodus zu wechseln, bevor sie das Problem verstanden haben. Aus diesen Gründen sollten sich Manager auf den Tempowechsel vorbereiten, der mit Coaching einhergeht. Coaching als einen weiteren, knapp bemessenen Termin in einen ohnehin bereits dichten Kalender zu quetschen, ist kontraproduktiv.

Meiner Beobachtung nach gelingt es Managern nicht immer, ihre beraterischen Hausaufgaben zu erledigen, bevor sie ein Coaching beginnen. Im Sinne einer wertschätzenden Grundhaltung sollte jedoch ein Mindestmaß an persönlicher Einstimmung, wenigstens das Durchsehen der bisherigen Gesprächsnotizen, gewährleistet werden. Sonst kommt es leicht dazu, dass wichtige Dinge vergessen, dieselben Fragen gestellt oder Erklärungen wiederholt werden. Der Coachee kann sich dann plötzlich wie im Kino vorkommen: *Und täglich grüßt das Murmeltier.*

Passiert es in der Hitze des Gefechts dennoch, dass sich die Symptome der Ungeduld mehren, sollten diese möglichst vorwurfsfrei benannt werden. Sonst ist es sehr wahrscheinlich, dass der Coach sich zu rechtfertigen beginnt. Ein neutrales Ansprechen verhindert, dass das Coaching weiterhin von Ungeduld dominiert bleibt, und stellt die Weichen für angemessene Gegenmaßnahmen: etwa eine kurze Pause, das gezielte Wechseln der Sitzplätze oder sogar eine Raumveränderung. Danach ist nicht automatisch alles anders – aber zumindest wurde ein Verhaltensmuster unterbrochen, das den Beratungserfolg gefährdet.

Ein besonders unangenehmer Fallstrick ist das **Kurieren von Symptomen**. Dabei schafft es der Manager-Coach zwar, seine Rollen sauber auseinanderzuhalten, für ausreichend Entlastung und sogar die notwendige Geduld zu sorgen –

und doch wird er das Gefühl nicht los, bloß an der Oberfläche zu kratzen. Eine solche Oberflächlichkeit schlägt sich leicht in einer gewissen Energie- oder Ideenarmut nieder: Dem Coach fallen keine schlauen Fragen ein, der Coachee antwortet einsilbig, beide scheinen in Gedanken woanders, es wird an Nebensächlichkeiten gearbeitet, kurz und schlecht: Die Beratung fühlt sich an, als würde man einen Sumpf durchwaten. Das Kleben an Symptomen kann jedoch auch das genaue Gegenteil bewirken: Coach und Coachee sind voll in Aktion, sie bearbeiten ein Problem nach dem anderen, dasselbe Probleme hält sie vielleicht sogar über mehrere Coachingtreffen beschäftigt – allein, die ganze Arbeit führt einfach zu keiner nennenswerten Verbesserung.

Für beide Varianten gibt es ganz unterschiedliche Ursachen. Und doch lassen sich bei näherer Betrachtung ähnliche Muster ausmachen. Denn in beiden Fällen fokussieren wir schlicht und ergreifend auf die falschen Dinge oder es gelingt uns nicht, die tieferliegenden Ursachen zu entdecken. Und dann gibt es natürlich noch die Fälle, in denen es uns als Coaches an Konsequenz fehlt. Wir vermuten zwar, dass wir um den heißen Brei herumreden, wollen uns aber nicht die Finger daran verbrennen.

Eine umsichtige Vorbereitung ist ein bewährtes Mittel, um sich nicht im Dschungel von Problemauswüchsen zu verheddern. Persönliche Retrospektiven, etwa mithilfe der in Abschnitt 16.2 vorgestellten Werkzeuge, können eine solche Vorbereitung auf einen guten Weg bringen. Der Coach kann sich, wie in Kapitel 14 ausgeführt, kollegiales Feedback von anderen Manager-Coaches holen. Und wenn es um die eigenen blinden Flecken geht, mobilisieren kollegiale Beratungen mitunter geradezu hellseherische Fähigkeiten.

Was aber, wenn es uns doch passiert? Wenn wir an Symptomen kleben? Und vielleicht sogar Lösungen erarbeiten, diese aber leider an der Problemursache vorbeigehen? Das dezidierte Benennen des drohenden Fallstricks ist einmal mehr die wirksamste Erste-Hilfe-Maßnahme, die ich kenne. Meines Wissens nach hat eine derartige Selbstthematisierung noch keinem Coaching geschadet. Im Gegenteil: Dem Unbehagen einen Namen zu geben, ist besser, als darin zu verharren. »Ich habe den Eindruck, wir arbeiten nicht an dem, was wirklich wichtig ist«, »Ich werde das Gefühl nicht los, dass wir irgendwie nicht zu des Pudels Kern kommen«, »Könnte es ein, dass wir konsequent an der eigentlichen Herausforderung vorbeigehen?« sind beispielhafte Formulierungen, mit denen die mögliche Symptomfixierung zur Sprache gebracht werden kann. Dabei geht es keineswegs um eine profunde Diagnose. Der Coach muss – Stichwort: Expertise des Nicht-Wissens – keine fertigen Antworten haben, aber er sollte für entsprechende Fragen sorgen. Wie sieht das der Coachee? Hat er den Eindruck, mit seinem Vorhaben voranzukommen? Ist er vom Verbesserungspotenzial des Bisherigen überzeugt? Oder könnte es vielleicht um etwas ganz anderes gehen?

Manchmal ist der Coach freilich alles andere als ahnungslos. Er weiß sehr wohl, was die Ursachen des bearbeiteten Problems sind, oder er ahnt diese zumindest. In solchen Situationen ist Mut gefragt. Bei aller Verpflichtung zur Geduld darf der Coach nämlich nicht zu lange warten, bis er seine Eindrücke und Hypothesen zur Verfügung stellt.

Timing

»Das war dir reinste Zeitverschwendung!«, beklagte sich Jakob Tischer lautstark, als ich gerade zur Kaffeemaschine kam. »Ich brauche Antworten auf mein Problem, keine Frageserien.« Zu meiner Beruhigung stellte sich rasch heraus, dass Herr Tischer, Teamleiter bei einem mittelständischen Automobilzulieferer, nicht über das von mir geleitete Führungstraining sprach, an dem er gerade teilnahm, sondern über seinen Vorgesetzten. Er habe sich, wie Herr Tischer fortsetzt, gefühlt wie beim Psychiater.

Ich hätte den Vorfall wohl vergessen, wenn es nicht der Zufall gewollt hätte, dass ein paar Tage danach genau jener Vorgesetzte, über den sich Herr Tischer beklagt hatte, an einer von mir moderierten Fallberatung teilnahm. Als Herbert Rupp seinen Fall kurz vorstellte, konnte ich allerdings noch keine Verbindung herstellen. Erst im Zuge der genaueren Bearbeitung dämmerte mir, dass Herr Rupp exakt die Situation eingebracht hatte, über die sich Herr Tischer so vehement beklagt hatte.

Aus Herrn Rupps Sicht ging es vor allem darum, dass er seinen Mitarbeiter nicht wirklich erreichen konnte. Mithilfe der gelernten Coachinginstrumente hatte er zwar versucht, für ein angemessenes Problembewusstsein zu sorgen. Er sei aber das Gefühl nicht losgeworden, dass sein Mitarbeiter sich weder auf die Beratungssituation noch auf die Auseinandersetzung mit dem eigentlichen Problem eingelassen habe. Und dieses Problem bestehe, so Herr Rupp, darin, dass er zwar über eine hohe fachliche Qualifikation verfüge, mit seinem sozialen Verhalten jedoch ständig vor den Kopf stoße. Er sei laut, unterbreche andere oft und reagiere bei Meinungsverschiedenheiten mitunter regelrecht cholerisch – und passe damit so gar nicht in die agile Kultur, die er in seinem Bereich schaffen wolle.

Nachdem die Gruppe ausreichend Kontextinformationen für die Fallberatung gesammelt und erste Thesen gebildet hatte (siehe Abschnitt 13.4), verdichtete sich der Eindruck, dass Herr Rupp zwar nach allen Regeln der Fragekunst vorgegangen war, um auf das problematische Verhalten aufmerksam zu machen, Herrn Tischer aber kein persönliches Feedback gegeben hatte. Darüber hinaus habe er die negativen Auswirkungen auf die Zusammenarbeit und die Kulturveränderung nur angedeutet.

Das wird von Herrn Rupp umstandslos bestätigt. Er habe zwar einmal eine ganz konkrete Situation angesprochen, diese sei jedoch sofort als absurd zurückgewiesen worden. Am Ende sei sein Mitarbeiter nur mehr mit verschränkten Armen und finsterem Gesichtsausdruck dagesessen und da habe ihn wohl der Mut verlassen. »Irgendwie hatte ich da den Eindruck, dass es schon zu spät war, um noch etwas auszurichten.«

→

Zumindest gelang es Herrn Rupp, sich in eine Vertagung zu retten. Für das nächste Gespräch empfahl ihm die Gruppe einen Strategiewechsel: vom vorsichtigen Erkunden zur selbstbewussten Konfrontation. Er möge doch bitte, so die einhellige Meinung, seine Karten gleich auf den Tisch legen. Jede Intervention sei ja auch eine Sache des richtigen Zeitpunkts. In letzter Instanz ginge es, so die einhellige Gruppenmeinung, um die Veränderungsbereitschaft von Herr Tischer. Sieht er überhaupt, dass sein Verhalten der agilen Kultur widerspreche? Will er daran etwas ändern? Und übernimmt er dafür auch die volle Verantwortung? Für eine strukturierte Vorbereitung des Gesprächs empfahl man Herrn Rupp noch das Werkzeug des Feedback Planner (siehe Abschnitt 15.6) – und bot sogar an, die gesammelten Feedbacknotizen noch einmal zu diskutieren, bevor es in die nächste Gesprächsrunde ging.

Wie auch immer der jeweilige Fallstrick aussieht, über den Sie im Coaching stolpern, es erscheint mir wichtig, und in dieser Hinsicht wiederhole ich mich gerne, dieses Stolpern als mögliche Folge größerer Systemkonflikte zu sehen. Das soll nicht als billige Ausrede dienen wie in dem Straßenbahnwitz, wo der haltlos herumstolpernde und andere Fahrgäste anrempelnde Trunkenbold immer nur erklärt: »So eine wilde Fahrt!« Wir tragen immer etwas zu den Problemen bei, mit denen wir kämpfen, und wir können darin sicher einige lebensgeschichtliche Verhaltensmuster wiederfinden. Und doch ist es kein Zeichen persönlicher Unfähigkeit, wenn uns Beratungsfehler unterlaufen. Wenn Manager-Coaches als Lösungshelden agieren, wenn sie Druck aufbauen und ihnen die Ungeduld einen Strich durch die Beratungsrechnung macht, so spiegeln sich darin umfassendere Veränderungskonflikte wider: nämlich die Konflikte, die sich, wie ich bereits zu Beginn dieses Kapitels argumentiert habe, aus dem Übergang von einem traditionellen zu einem agilen Organisationsverständnis ergeben.

Viele Manager sind diesbezüglich noch genauso auf der Reise wie die Unternehmen, für die sie arbeiten. Sie sind nicht nur agile Coaches, sie haben nach wie vor disziplinarische Aufgaben zu erfüllen, sie gestalten nicht nur systemische Freiräume, sondern führen außerdem Budgetrichtlinien aus, sie fördern die Autonomie der Experten und sorgen gleichzeitig für deren persönliche Kontrolle, und ihre Unterstützung der Selbstorganisation wird zuweilen von traditionellem Mikromanagement konterkariert. Wie erklärt sich das? Wollen wir nicht? Verstehen wir es nicht? Können wir nicht? Oder alles zusammen? Meiner Ansicht nach haben wir in über 100 Jahren Weisungsgebundenheit einfach zu viel Organisationsschulden angesammelt, als dass es einen groß wundern muss, wenn wir uns in der Gestaltung von agilen Unternehmen in Widersprüche verwickeln. Und ebenso wenig muss man sich wundern, wenn Manager in ihren neuen Aufgaben zuweilen gehörig um Haltung ringen.

Das legt die Frage nahe, wie die Reise weitergehen könnte. Wie sehen die nächsten Etappen aus? Welche Maßnahmen braucht es, um die vorhandenen Widersprüche effektiv zu adressieren? Was können Manager und Coaches dazu beitragen? Und worauf sollten sie besonders achten, wenn es im 21. Jahrhundert um eine andere Art der Führung geht? Das sind die Fragen, die uns in den letzten Teil des Buches geleiten.

Abb. 16–4 *Bridge over troubled water*

Was Sie aus diesem Kapitel mitnehmen können

Es dürfte sich mittlerweile herumgesprochen haben, dass selbstorganisierte Unternehmen neue Anforderungen an die Führung stellen. Das hat auch zur Folge, dass Manager selbst als Coaches in Erscheinung treten. Dieses Kapitel beleuchtete die Hintergründe und die Aufgaben, die coachende Manager zu erfüllen haben. Darüber hinaus zeigte es die dafür nötigen Werkzeuge auf vom Beobachten und Zuhören über das Fragen, Rückmelden, Visualisieren und Vereinbaren bis hin zur gezielten Auswertung von Coaching. Einfache Tabellen und Checklisten sollen das Verständnis ebenso erleichtern wie Fallbeispiele aus der Praxis. Auch die Haltung spielt dabei eine wesentliche Rolle. Denn ohne Freiwilligkeit, positives Denken oder Hilfe zur Selbsthilfe wird Coaching nur wenig Nutzen stiften.

Teil IV Kleines Manifest für selbstorganisierte Führung

»Freie Einteilung der Arbeit, große Büros, passende Zusammenarbeit und eine kreative Umgebung«, meinte meine jüngere Tochter, als ich sie nach ihrem Bild von einer attraktiven Organisation fragte. »Genau«, stimmte meine ältere Tochter zu, »und dass man selbst darüber bestimmen kann, wie man arbeitet, wann und auch wo.« Ob es in der Zukunft denn noch Management gebe, wollte ich weiter wissen. »Auf jeden Fall«, waren sich die beiden sofort einig. »Jemand muss schließlich bestimmen, was gearbeitet wird und für wen.« Und Coaching? Das gehöre doch schon zum Alltag, wurde ich belehrt. Man arbeite in Projekten zusammen, helfe einander und werde auch von außen gut unterstützt. »Vor allem Feedback ist voll wichtig. Sonst kann man sich nicht steigern.«

Geben uns diese Beschreibungen sachdienliche Hinweise, wie Führung in fünf, zehn oder fünfzehn Jahren aussehen könnte? Sagen sie zumindest etwas über die Erwartungen zukünftiger Mitarbeiterinnen aus? Oder ist das Organisationsbild meiner Töchter viel zu sehr von der Schule, einem zweifellos alles andere als agilen System, geprägt? Zugegeben: Ausgerechnet aus der Schulerfahrung die Zukunft unternehmerischer Selbstorganisation deuten zu wollen, erinnert an das berüchtigte Lesen aus dem Kaffeesatz. Und doch bin ich davon überzeugt, dass meine Töchter bereits jetzt wesentliche Elemente der zukünftigen Arbeitswelt er- und vorleben. Das lässt sich an der allgegenwärtigen Digitalisierung festmachen, am ständigen Vernetztsein oder an der Geschwindigkeit, mit der auf interessant erscheinende Impulse reagiert wird. Jedenfalls werde ich das Gefühl nicht los, dass sich unser Verständnis von Agilität noch stark ändern wird.

»Prognosen sind schwierig«, wusste schon der legendäre Volkskomiker Karl Valentin, »besonders, wenn sie die Zukunft betreffen.« Stellt sich die Frage, welche richtungsweisenden Erkenntnisse wir am Ende dieses Buches festhalten können. Wo steht die Kultur der Selbstorganisation zu Beginn des 21. Jahrhunderts? Wohin könnte die Reise gehen? Und wie könnten die nächsten Etappen auf dem Weg zu Unternehmen aussehen, die den Anforderungen einer agilen Welt gewachsen sind? Das kleine Manifest, das Ihnen darauf Antworten liefern soll, umreißt noch einmal das aktuelle Arbeitsfeld. In Teil I des Buches habe ich gezeigt, warum Lean und Systemdenken dafür genauso unerlässliche Eckpfeiler sind wie Selbstorganisation. Auf diesem Feld gestalten selbstorganisierte Unternehmen acht Bereiche, die in Teil II ausführlich dargestellt wurden:

1. Ihren Fokus, der die gesamte Organisation konsequent an den Kunden ausrichtet.
2. Ihre Arbeitsflüsse, in denen sie für diese Kunden Wert generieren.
3. Ihr Radarsystem, das sie auf allen Ebenen laufend mit relevanten Rückmeldungen versorgt.
4. Ihr Entscheidungsmanagement, das Autorität nicht mit Hierarchie, sondern mit Fach- und Situationskenntnis verknüpft.
5. Ihre Prozesse für kontinuierliche Verbesserung und Innovation.
6. Ihre Aufbauorganisation, die auf schlanke, dezentrale, lose gekoppelte Einheiten setzt.
7. Ihre Verteilung von Managementaufgaben
8. Ihr Konzept für Training und Coaching

Abb. IV–1 *Winterlicher Arbeitsfluss*

Ich habe versucht, diese Bereiche detailliert zu beschreiben und mit einer breiten Palette an guten Praktiken aus den unterschiedlichsten Unternehmen zu illustrieren. Für die Gestaltung dieser Palette habe ich wiederum zwei Funktionen in Stellung gebracht: Management und Coaching. In den von mir untersuchten Unternehmen treten diese Funktionen in unterschiedlicher Form und Intensität in Erscheinung. Zuallerst sozusagen in Reinkultur, als Linienmanagement, das die notwendigen Rahmenbedingungen für Selbstorganisation absteckt. Welche Infrastruktur braucht es? Wie müssen Informationsflüsse gestaltet sein? Welche Formen der Entlohnung und Erfolgsbeteiligung werden etabliert? Wie ist es um Aus- und Weiterbildung bestellt?

Die Fallbeispiele sollten jedenfalls ausreichend dokumentiert haben, warum der laufende Betrieb nicht mehr länger zentralistisch geführt werden kann. Um mit der Dynamik des Marktgeschehens mitzuhalten, muss nicht der arbeitende Mensch, sondern die Arbeit bestmöglich gesteuert werden. Diese Steuerung erfolgt am effizientesten durch diejenigen, die sich mit der jeweiligen Arbeit am besten auskennen – und die noch dazu in vielen Fällen den Kunden am nächsten sind. Dafür werden Aufgaben wie Entscheidungsbefugnisse, die früher hierarchisch gebündelt waren, bewusst aufgeteilt und es werden Hilfsmittel eingesetzt, die Transparenz und Übersicht gewährleisten. Visuelle Arbeitsmanagementsysteme scheinen dafür besonders geeignet. Sie führen die wesentlichen Elemente unserer Wertschöpfung vor Augen, halten uns auf den unterschiedlichen Ebenen auf dem Laufenden und signalisieren uns gegebenenfalls Handlungsbedarf.

Dass die Wahrnehmung dieser Signale ganz wesentlich davon abhängt, dass sich unterschiedliche Fachexperten auf konstruktive Weise miteinander vernetzen, führt uns von der Management- zur Coachingfunktion. Wie in Teil III des Buches dargestellt, haben sich die kollegiale Beratung und das kollegiale Feedback längst als besondere Katalysatoren für unternehmerische Agilität etabliert. Sie helfen, sich gemeinsam aufs Wesentliche zu konzentrieren und dafür ein breitgefächertes Kompendium an Wissen und Können einzusetzen. Das gilt gleichermaßen für den internen Austausch wie für den Austausch mit Kunden und anderen wesentlichen Stakeholdern. Indem Unternehmen auf mehr setzen als auf rhetorisches Empowerment, mobilisieren sie nicht nur mehr Energie und Motivation, sondern erhöhen auch ihre Wahrnehmungsfähigkeit. Alle Mitarbeiter können nunmehr gleichsam ihre Fühler ausstrecken und als Sensoren des Umweltgeschehens wirken. Ein breites, kundennahes Sensorium erleichtert es, sowohl lukrative Geschäftsmöglichkeiten wahrzunehmen als auch mögliche Marktrisiken.

Ich habe mehrfach betont, dass die dafür notwendigen Fähigkeiten nicht über Nacht entstehen. In diesem Sinne verstehe ich Coaching als Sammelbegriff für alle Beratungs-, Trainings- oder Moderationsmaßnahmen, die uns in der notwendigen Kompetenzentwicklung helfen. Das gilt für das kollegiale Coaching genauso wie für das externe Coaching von Managern oder das interne Coaching durch Manager. Der dritte Buchteil stellt ausführlich dar, wie es zu dieser Vielfalt an Coachingeinsätzen kommt, was Unternehmen und Mitarbeiter davon haben und welche Werkzeuge und Haltungen es braucht, um die damit verbundenen Aufgaben professionell zu bewältigen.

Bleibt zumindest ein Bereich, den ich noch relativ wenig beleuchtet habe: nämlich jene Zusammenarbeit, für die ich den Begriff der Sparringspartnerschaft eingesetzt habe. Worauf zielt eine solche Partnerschaft ab? Was bringt sie den daran Beteiligten? Und was hat ein Unternehmen davon? Auf den letzten Seiten dieses Buches möchte ich einige Antworten skizzieren, über deren spekulativen Charakter ich mir durchaus bewusst bin. Die Praxisbeispiele, die ich dazu vorlege, wollen für eine gewisse Verankerung sorgen. Dementsprechend hoffe ich, dass diese Beispiele Ihnen eine bessere Vorstellung vermitteln, warum ich das Sparring als ein zentrales Puzzlestück meines zukunftsweisenden Führungsbildes betrachte.

Langjährige Sparringspartnerschaft

Wie jede andere Beziehung braucht auch die Zusammenarbeit zwischen Manager und Coach Zeit, um sich zu entwickeln. Durch sorgsame Pflege kann diese Zusammenarbeit über die Jahre zu ungeahnten Reifegraden führen. Man lernt sich immer besser kennen, man weiß wechselseitig um seine Stärken und Schwächen, man meistert zusammen schwierige Herausforderungen, setzt mutige Interventionen, macht dabei zwangsläufig Fehler und versteht es, daraus zu lernen.

Ich schätze mich glücklich, dass ich im Laufe der Jahre einige Arbeitsbeziehungen gestalten durfte, die einen solchen Reifungsprozess durchliefen. Mit Hans Gruber, mittlerweile CTO bei der deutschen Vergleichsplattform *Verivox*, verbindet mich beispielsweise eine mittlerweile fast 10-jährige Arbeitsbeziehung, die uns in unterschiedlichen Konstellationen durch mehrere Unternehmen führte. Der Themenkreis Agilität und Selbstorganisation war dabei stets ein treuer Begleiter: Von den frühen Maßnahmen zur Entwicklung agiler Teams bei *bwin* über die Verbesserung der bereichsübergreifende Koordination bei *Tele2 Austria* bis hin zum agilen Coaching bei *eSailors,* wo wir technische und kulturelle Veränderungen umsetzten [Gruczel et al. 2016].

Was sich dabei herausgebildet und sukzessive verstärkt hat, ist ein umfassendes Vertrauen. Das inkludiert den Respekt für die Erfahrung des jeweils anderen, die Wertschätzung des professionellen Vorgehens, vor allem aber die wechselseitige Verpflichtung zur Offenheit. Letztere zeigt sich unter anderem darin, dass wir uns selten mit Standardthemen aufhalten. Stattdessen kommen wir rasch zum Problempunkt und mogeln uns dabei auch nicht über unsere eigenen Beiträge hinweg. Was könnten wir in unseren jeweiligen Verantwortungsbereichen übersehen haben? Welche weiteren Ursachen können wir identifizieren? Welche kritischen Fragen drängen sich uns auf? Und wie kommen wir zu praxistauglichen Antworten?

Je länger und intensiver die Zusammenarbeit, umso höher ist natürlich auch das Risiko, dass man irgendwann nicht mehr so recht weiß, wo die professionelle Partnerschaft aufhört und die persönliche Freundschaft anfängt. Dabei besteht die Gefahr, dass die professionelle Arbeit an Brennschärfe verliert und man unmerklich damit beginnt, dieselben blinden Flecken zu teilen. Ich denke, dass Hans Gruber und ich uns dieser möglichen Schattenseiten bewusst sind. Dem versuchen wir mit zwei Erhellungsstrategien zu begegnen: durch die Distanz zwischen den einzelnen Kooperationen, die auch schon einmal ein ganzes Jahr betragen kann, und durch eine Vielzahl an Feedbackschleifen:

→

- Auftragsbezogene Feedbackschleifen, etwa durch die Überprüfung der ursprünglich festgelegten Messkriterien
- Rollenspezifische Feedbackschleifen, beispielsweise durch die Auswertung der eigenen Coachingeinsätze, für die ich in Abschnitt 16.2 ein bewährtes Werkzeug vorgelegt habe.
- Anlassbedingte Feedbackschleifen, die wir, wie in Abschnitt 13.4 beschrieben, fallberaterisch bearbeiten.
- Persönliche Feedbackschleifen, die nach kollegialem Feedback rufen (siehe Kap. 14).

Diese Feedbackschleifen sorgen bislang immer wieder für neue Überraschungen und halten uns gut in Bewegung.

Mit dem Begriff des Sparrings nehme ich einmal mehr auf die Welt des Sports Bezug. »Übungsring«, »Schlagabtausch«, »Probekampf« – das sind einige der Bilder, die gemeinhin mit Sparring assoziiert werden. Aus dem Englischen kommend, verspricht der Begriff eine intensive Begegnung. *To spar with someone* bedeutet wortwörtlich »sich mit jemandem auseinandersetzen«. In vielen Kampfsportarten ist Sparring eine besondere Form des Trainings, bei dem man sich schlagkräftig auf den echten Wettkampf vorbereitet. Es geht also nicht um freundliches Abtasten, sondern um eine möglichst realitätsnahe Vorbereitung, bei der die Grundkondition, die Beweglichkeit, aber auch Offensiv- wie Defensivaktionen trainiert werden. Mit anderen Worten: Es wird richtig zugeschlagen. Zugleich begegnet man sich aber sozusagen in freundschaftlicher Absicht. Es geht ums Üben, nicht ums Gewinnen – was die zusätzliche Schutzbekleidung erklärt, die Verletzungen vermeiden soll. Das oberste Ziel der Sparringspartner ist es, die eigenen Fähigkeiten so zu verbessern, dass sie bestmöglich für den Ernstfall gerüstet sind.

Das sportliche Vorbild scheint mir zur agilen Unternehmenswelt zu passen wie die sprichwörtliche Faust aufs Auge. Im organisationsspezifischen Sparring können nämlich eine Menge wichtiger Führungsfähigkeiten trainiert werden:

- Das Grundvertrauen in die eigenen Fähigkeiten, die es unter Beweis zu stellen gilt.
- Das Grundvertrauen in die Fähigkeiten der anderen, die wir ausloten.
- Die Bereitschaft zu einer Begegnung auf Augenhöhe.
- Das Vertrauen, durch die Auseinandersetzung miteinander zu lernen.
- Das Wissen, dass es für die Entwicklung einer solchen Lerngemeinschaft Zeit braucht.
- Die Fähigkeit, sich offen auszutauschen, gemeinsam laut zu denken und mithilfe des anderen über die eigenen Perspektiven hinauszugehen.
- Die Lust an der wechselseitigen Herausforderung auf Grundlage eines professionellen Selbstbewusstseins, mit dem man sich aus gutem Grund immer wieder in den Übungsring begibt.

- Das Lernen aus den vorhandenen Unterschieden: Was kann ich? Was kann der andere? Was können wir uns voneinander abschauen? Wie helfen wir einander das, was wir noch nicht so gut können, zu üben?
- Die Bereitschaft, sich wechselseitig in die Pflicht zu nehmen.
- Die Bereitschaft, gemeinsam für die persönliche wie für die Organisationsentwicklung Verantwortung zu tragen.

Looping into the future

Mike Beyer lerne ich beim allerersten Training kennen, das mein Koautor Klaus Leopold und ich nach dem Erscheinen unseres Kanban-Buches leiten [Leopold & Kaltenecker 2013]. Schon der Titel des Trainings stellte gewissermaßen die Weichen für die besondere Zusammenarbeit, die uns seit damals verbindet: Kanban, Change, Leadership. Kanban war insofern wichtig, da Mike der Erste ist, der visuelles Arbeitsmanagement bei den *Schweizerischen Bundesbahnen* einsetzte (siehe dazu auch Abschnitt 5.2). Der Change-Aspekt war bedeutsam, da der neue Managementansatz anfänglich vor allem daran krankte, dass er die Mitarbeiter nicht wirklich erreichte. Leadership erklärte sich wiederum aus der Notwendigkeit, das Prinzip Führung auf allen Ebenen der von Mike geleiteten UNO-Abteilung zu beleben.

Was ich in der Folge mitgestalten durfte, gehört für mich ins Bilderbuch einer gepflegten Sparringskultur. Aus der ersten Kooperation mit Klaus und mir erwuchs eine Serie von Trainings- und Beratungsschleifen, die sich bis heute fortsetzt: von einer Retrospektive mit allen UNO-Mitarbeitern über ein solides Basistraining und die Anwendung des Gelernten auf die aktuellen Kanban-Systeme bis hin zu regelmäßigen Führungscoachings.

Im Zuge dieser Schleifen entwickelte sich UNO zu einem echten Rollenmodell in Sachen kontinuierlicher Verbesserung. Die Teams übernehmen inzwischen die volle Verantwortung für ihre Arbeitssysteme, managen ihre Arbeit über das gemeinsame Board, optimieren laufend dessen Design und entsenden Delegierte für die Gesamtsteuerung der Abteilung. Hinzu kommt, dass Mike parallel dazu an einer konsequenten Weiterentwicklung seiner Managementrolle arbeitet. Wie kann er die Fixierung von Führung auf eine Rolle überwinden? Was muss er tun, um Verantwortung auf mehrere Schultern zu verteilen? Und welche sonstigen Faktoren gilt es zu beachten, wenn Selbststeuerung in allen Bereichen gefördert werden soll?

Ein längeres Sabbatical 2014 stellte ihn vor die Herausforderung, darauf klare Antworten zu geben. In einem weiteren Sparring arbeiteten wir daran, Mikes gesamte Leitungsagenden zu klar definierten Verantwortungspaketen zusammenzuschnüren und ein Konzept auszuarbeiten, wie diese Pakete in der Delegiertenrunde aufgeteilt werden konnten. Das ehrgeizige Vorhaben lief besser als gedacht. Nicht nur, dass Mike ein störungsfreies Sabbatical genießen konnte – nach seiner Rückkehr bestand überhaupt keine Notwendigkeit, wieder alle Agenden an sich zu ziehen. Vielmehr gewann er nun mehr Freiraum, um sich auf anderen Ebenen für die mittlerweile unternehmensweit ausgerufene Agilisierung einzusetzen: sei es nun gemeinsam mit anderen Abteilungsleitern,

→

innerhalb des sogenannten Solution Centers, dem UNO angehört, als Gastgeber für alle, die UNO einen Hausbesuch abstatten, oder als Vortragender auf verschiedenen Fachkonferenzen (*https://www.beyer.ch*).

In schöner Regelmäßigkeit treffen wir einander, um uns über unsere jeweiligen Einsätze auszutauschen. Die Kultur, die wir dabei entwickelt haben, hat auch zur Folge, dass unser Sparring längst nicht mehr von formalen Mandaten abhängig ist. Das bringt uns wie von Zauberhand geleitet zu immer neuen Verbesserungsideen. Mit fast spielerischer Leichtigkeit können wir kritische Selbstreflexion mit Fragen der unternehmerischen Selbstorganisation verbinden und ernsthaftes Nachdenken mit Humor würzen. Man darf gespannt sein, wohin uns die nächsten Schleifen führen!

Die Trainingsliste unterstreicht, dass die Sparringsidee keineswegs auf die Zusammenarbeit von Managern und Coaches beschränkt ist. Im Gegenteil: Sie ist in den unterschiedlichsten Konstellationen wirksam. Man denke etwa an folgende:

- Die persönliche Auseinandersetzung mit Kunden im Rahmen gemeinsamer User Labs, Prototyping-Workshops oder Interviews zu Produktideen oder Lösungsvorschlägen (Kap. 4).
- Die Vernetzung mit relevanten Stakeholdern zum Zwecke einer inhaltlichen Präsentation, einer allgemeinen Leistungsschau oder eines bestimmten Veränderungsvorhabens, über das sie informiert und für das sie gewonnen werden sollen (Kap. 6)
- Die vielfältigen Formen der kollegialen Beratung wie Pairing, Mentoring, fachliche Interessengemeinschaften oder supervisionsartige Gruppen, die gemeinsam an schwierigen Arbeitssituationen arbeiten (siehe dazu Kap. 13).
- Das kollegiale Feedback, das mithilfe ausgewählter Methoden oder als wesentlicher Teil des Arbeitsalltags eingesetzt wird und eine intensive Auseinandersetzung auf persönlicher Ebene fördert (Kap. 14).
- Das Hin- und Hertänzeln zwischen Sicherheit und Unsicherheit im Managementcoaching (Kap. 15)
- Den fachlichen wie sozialen Schlagabtausch, den Manager und Mitarbeiter miteinander verfolgen (Kap. 16).

In selbstorganisierten Unternehmen findet man eine breite Palette solcher Interaktionen. Unabhängig davon, ob diese Interaktionen nun als Sparring gesehen werden oder nicht, erzeugen sie ein großes Kräftefeld, von dem alle Beteiligten enorm profitieren. Immerhin handelt es sich um sehr viele positive Kräfte, die hier zusammenwirken: die Kraft, die mit der fachlichen Vertiefung einhergeht, mit der Freude über wertschätzende Diskussionen, mit der Lust, einen noch besseren Job zu machen, oder mit der grundsätzlichen Arbeitsfreude, die gute Rahmenbedingungen beschert. Und ich wage zu behaupten, dass es genau diese Vielfalt an Impulsen ist, die heutzutage die Führungskultur eines Unternehmens prägt – eben nicht die singuläre Instanz einer Führungskraft, sondern das Zusammenwirken vieler Führungskräfte.

Agile Underground

Es scheint Beziehungen zu geben, die quasi immer schon existiert haben: Verbindungen, die im Untergrund wirken, Wahlverwandtschaften, die aufgrund ähnlicher Interessen zustande kommen, oder ungeplante Begegnungen, die doch nicht ganz zufällig sind. So fühlt es sich jedenfalls an, wenn ich an meine Zusammenarbeit mit Mike Rumpler denke. Wir hörten viele Geschichten übereinander, bevor wir das erste Mal miteinander redeten, wir waren in derselben agilen Community unterwegs, ohne uns groß auszutauschen, wir liefen einander auf Konferenzen über den Weg und verfolgten dabei doch unterschiedliche Richtungen. Dementsprechend kann ich gar nicht sagen, wann wir eigentlich unseren höchsteigenen *Casablanca*-Moment hatten, jenen »Beginn einer wunderbaren Freundschaft«, die sich heute in privaten Treffen ebenso niederschlägt wie in professionellen Einsätzen.

In jedem Fall ist Mike, aktueller Entwicklungsleiter bei der *PKE Electronics AG* in Wien, für mich ein besonderes Vorbild in Sachen Pioniergeist. In beiden Unternehmenskontexten, in denen wir gemeinsam im Einsatz waren, hat er das Eis des traditionellen Managements gebrochen und zu einem spürbaren Klimawandel in Richtung Agilität beigetragen. Bei der *PKE* wie bei seiner früheren Führungstätigkeit bei der schweizerischen *Kaba* haben wir zudem mehrtägige Trainings zum Thema *Selbstorganisierte Teams führen* gestaltet. Weit über diese Sondereinsätze hinaus verfolgt Mike den agilen Gedanken in geradezu unermüdlicher Weise wie beispielsweise durch das Design cross-funktionaler Entwicklungsteams, durch den Einsatz visueller Arbeitsmanagementsysteme für eine umsichtige Steuerung (Abb. IV–2) oder durch seinen internen Einsatz in Sachen agiler Organisatonsentwicklung.

Abb. IV–2 *Visuelles Arbeitsmanagement bei der PKE*

→

Nicht all seine Initiativen fallen gleich auf fruchtbaren Boden. Doch mit seiner Beharrlichkeit, manche würden vielleicht sagen Sturheit, hat er vieles erreicht. Steter Tropfen höhlt bekanntlich jeden Stein – sogar den der Managementweisen. Längst geht unsere Sparringspartnerschaft weit über die offiziellen Trainings- und Beratungsmandate hinaus. Wir treffen uns genau so gerne, um uns zu offenen Fragestellungen auszutauschen, um heiße Themen zu diskutieren, mit denen wir gerade beschäftigt sind, um gemeinsam Artikel zu schreiben [Kaltenecker & Rumpler 2016] oder um mein neues Buch zu reviewen. Und es würde mich – Stichwort: Verbindungen im Untergrund – gar nicht wundern, wenn Mike gerade einen neuen Streich in Sachen Agilisierung ausheckt, während ich diese Zeilen schreibe ...

An dieser Stelle ließe sich eine simple Rechnung aufmachen: Je höher die Bereitschaft zu einer sparringsartigen Auseinandersetzung, desto effektiver ist die Führungsleistung eines Unternehmens. Um effektiv zu sein, braucht es freilich Koordination. Ein völlig freies Spiel der Kräfte kann leicht in die Zerstreuung führen. Darin liegt meiner Ansicht nach die besondere Verantwortung von Linienmanagern. Ihre primäre Aufgabe ist es, für eine Bündelung der vorhandenen Kräfte zu sorgen. Sie tun das in drei charakteristischen Rollen:

1. Als Designer, die in den unterschiedlichsten Bereichen gute Rahmenbedingungen für Selbstorganisation sicherstellen.
2. Als Choreografen, die sich systemübergreifend um agile Interaktionen kümmern.
3. Als Coaches, die bei aller Systemorientierung nicht die einzelnen Mitarbeiter vergessen.

Unternehmen wie *AutoScout24*, *ImmobilienScout24*, *Traum-Ferienwohnungen* oder *Computest* zeigen, dass diese Rollen weder zu einer neuen Vereinsamung noch zu einer Überforderung des Linienmanagements führen müssen, sondern demonstrieren, wie neue Koalitionsformen funktionieren: eine cross-funktionale Gruppe von Sales-, Produkt-, Marketing- und IT-Leitern, die gemeinsam die Gesamtverantwortung trägt, das regelmäßige Sparring zwischen Geschäftsführer und Organisationsentwickler oder die laufende Beratung zwischen CEO, Fach- und Prozesscoaches.

Bevor ich Ihnen zum Abschluss ein letztes Beispiel serviere, möchte ich die Idee der Führungskoalition noch mit einem Zitat stärken. Dieses Zitat stammt aus Karl Weicks und Kathleen Sutcliffes Buch *Das Unerwartete managen*, das sich mit der Frage beschäftigt, was Unternehmen aus Extremsituationen lernen können. Sie fragen sich vielleicht, was Extremsituationen mit dem Alltag selbstorganisierter Unternehmen zu tun haben sollen? Und wieso ich das Unerwartete ins Spiel bringe, wenn es um das Managen von Agilität geht? Es ist der Begriff der

Achtsamkeit, mit dem ich Ihre Zweifel besänftigen möchte. Und achtsam zu sein bedeutet, sich an folgenden fünf Verhaltensmustern zu orientieren [Weick & Sutcliffe 2003, S. 7]:

1. Sie richten Ihre Aufmerksamkeit eher auf Ihre Fehler als auf Ihre Erfolge.
2. Sie schrecken vor grob vereinfachenden Interpretationen zurück.
3. Sie entwickeln ein feines Gespür für betriebliche Abläufe.
4. Sie streben nach Flexibilität.
5. Sie haben große Hochachtung vor fachlichem Wissen und Können, was sich unter anderem darin zeigt, dass Sie Entscheidungsbefugnisse zu den Experten wandern lassen.

Ich wünsche Ihnen, dass Sie in Ihrem gesamten Unternehmen eine solche Achtsamkeit kultivieren können, auf dass Ihnen Extremsituationen erspart bleiben. Selbstorganisation, davon bin ich überzeugt, ist dafür jedenfalls ein hervorragender Katalysator.

Kokreatives Organisationsdesign

Eine besonders inspirierende Sparringspartnerschaft darf ich derzeit bei dem niederländischen Spezialisten für Testing & Security *Computest* mitgestalten. Im flotten Dreier mit den beiden Vorständen Hartger Ruijs und Clemens Riedl sind wir gerade dabei, Schritt für Schritt eine neue Unternehmensverfassung umzusetzen. Dabei gelingt es uns bislang ausgezeichnet, unsere unterschiedlichen Erfahrungsschätze kongenial miteinander zu verbinden: Hartgers operativen Erfahrungen als Gründer und langjähriger CEO von *Computest*, Clemens' Erfahrungen als langjähriger Manager und strategischer Vordenker und meine Erfahrungen mit agilen Unternehmen in den unterschiedlichsten Bereichen. Darauf aubauend modellieren wir im besten Sinne der Kokreation ein neues Organisationsdesign.

Es versteht sich, dass Selbstorganisation ein zentrales Thema dieses Designs darstellt. Aber zumindest genau so wichtig ist die Förderung der Führungskultur auf allen Ebenen. Das zeigt sich darin, dass wir uns immer wieder den kritischen Rückmeldungen anderer Spezialisten stellen. Parallel dazu gibt es Themen wie kollegiales Feedback, Besprechungskultur, Reifegrad der Teams oder das Marketing, die wir in unterschiedlichen Konstellationen bearbeiten. Auf diese Weise entsteht ein Netzwerk von agilen Interaktionen, die unser *Big Picture* immer wieder mit den Perspektiven der Human-Resource-Verantwortlichen, der technischen Fachcoaches oder der sogenannten *Playing Captains* kurzschließen.

Darüber hinaus haben wir eine neue Form der Community ins Leben gerufen, bei der Vertreter mehrerer selbstorganisierter Unternehmen durch wechselseitige Hausbesuche in mehreren Etappen miteinander lernen.

Literatur

[Ackoff 1994] Ackoff, R. L.: *From Mechanistic to Social Systemic Thinking.* In: Systems Thinking in Action Conference. Pegasus Communications, 1994. *http://acasa.upenn.edu/socsysthnkg.pdf.*

[Adkins 2010] Adkins, L.: *Coaching Agile Teams.* Addison-Wesley Professional, 2010.

[Adorno 1997] Adorno, T. W.: *Minima Moralia.* Suhrkamp Verlag, 1997.

[Anderson 2011] Anderson, D. J.: *Kanban. Evolutionäres Change Management für IT-Organisationen.* dpunkt.verlag, 2011.

[Anderson & Uhlig 2015] Anderson, K.; Uhlig, J.: *Das Agile Unternehmen. Wie Organisationen sich neu erfinden.* Campus Verlag, 2015.

[Andrey & Jung 2016] Andrey, G.; Jung, P. E.: *Selbst organisiertes Unternehmen. Fallstudie zur Einführung von Holocracy.* In: *zfo – Zeitschrift Führung + Organisation,* 06/2016, S. 384–389.

[Arnold 2016] Arnold, H.: *Wir sind Chef. Wie eine unsichtbare Revolution Unternehmen verändert.* Haufe, 2016.

[Baldauf o.J.] Baldauf, C.: *Retromat. http://plans-for-retrospectives.com/index.html?id=36-110-37-13-16.*

[Beck et al. 2001] Beck, K. et al.: *Manifesto for Agile Software Development.* 2001, *http://agilemanifesto.org/.*

[Brown 2009] Brown, T.: *Change by Design.* HarperCollins, 2009.

[Brown & Duguid 2000] Brown, J.S.; Duguid, P.: *The Social Life of Information.* Harvard Business Review Press, 2000.

[Buchinger 1997] Buchinger, K.: *Supervision in Organisationen. Den Wandel begleiten.* Carl Auer Verlag, 1997.

[Burrows 2015] Burrows, M.: *Kanban. Verstehen, einführen, anwenden.* dpunkt.verlag, 2015.

[**Carney & Getz 2009**] Carney, B. M.; Getz, I.: *Freedom, Inc. Free Your Employees and Let Them Lead Your Business to Higher Productivity, Profits, and Growth.* Crown Business, 2009.

[**Conway 1968**] Conway, M. E.: *How Do Committees Invent?* 1968. *http://www.melconway.com/Home/Committees_Paper.html.*

[**Coutu & Kauffman 2009**] Coutu, D.; Kauffman, C.: *What Can Coaches Do for You?* Harvard Business Review, January 2009, *https://hbr.org/2009/01/what-can-coaches-do-for-you.*

[**Davis & Sedley 2009**] Davis, R.; Sedley, L.: *Agile Coaching.* O'Reilly, 2009.

[**Derby & Larsen 2006**] Derby, E.; Larsen D.: *Agile Retrospectives.* Addison-Wesley, 2006.

[**Dievernich 2007**] Dievernich, F.: *Achtung Organisation! Vorsicht Management.* Kulturverlag Kadmos, 2007.

[**Doppler & Lauterburg 2002**] Doppler, K.; Lauterburg, C.: *Change Management. Den Unternehmenswandel gestalten.* Campus Verlag, 2002.

[**Dörner 1996**] Dörner, D.: *The Logic of Failure.* Metropolitan Books, 1996.

[**Drucker 1999**] Drucker, P. F.: *Management Challenges for the 21st Century.* Collins Business, 1999.

[**Eoyang 2002**] Eoyang, G. H.: *Conditions for Self-Organizing in Human Systems.* Ph.D. Dissertation, Union Institute, 2002.

[**Foerster 1973**] Foerster, H. v.: *Über das Konstruieren von Möglichkeiten.* Suhrkamp Verlag, 1973.

[**Gloger 2017** Gloger, S.: *Demokratisch, praktisch, gut. New Work bei Traum-Ferienwohnungen.* In: ManagerSeminare, Heft 227, Februar 2017, S. 26–34.

[**Gruczel et al. 2016**] Gruczel, M.; Kaltenecker, S.; Gruber, H.: *Agile Sailors. A Journey from a Monolothic Approach to Microservices.* 2016. *https://www.infoq.com/articles/agile-sailors-microservices?utm_source=infoq&utm_medium=popular_widget&utm_campaign=popular_content_list&utm_content=homepage.*

[**Gysinn & Capriuoli 2015**] Gysinn, A.; Capriuoli, T.: *Die hierarchiefreie Bank – Umsetzungsschritte und Erfahrungen.* In: Seidel, M.; Liebtrau, A.: *Banking & Innovation 2015. Ideen und Erfolgskonzepte von Experten für die Praxis.* Springer Gabler, 2015, S. 85–91.

[**Hackman 2002**] Hackman, J. R.: *Leading Teams.* Harvard Business Review Press, 2002.

[**Hamel 2011**] Hamel, G.: *First, Let's Fire All the Managers.* Harvard Business Review, December 2011. *https://hbr.org/2011/12/first-lets-fire-all-the-managers.*

[Hargens 2000] Hargens, J.: *Bitte nicht helfen! Es ist auch so schon schwer genug. (K)ein Selbsthilfebuch*. Carl Auer Verlag, 2000.

[Hockling 2012] Hockling, S.: *Wenn der Chef auch coachen will*. 2012. *http://www.zeit.de/karriere/beruf/2012-09/chefsache-coaching*.

[Hofert 2016] Hofert, S.: *Agiler führen. Einfache Maßnahmen für bessere Teamarbeit, mehr Leistung und höhere Kreativität*. Springer Gabler, 2016.

[Hofstadter 2007] Hofstadter, D.: *I Am a Strange Loop*. Basic Books, 2007.

[Hope & Fraser 2003] Hope, J.; Fraser, R.: *Beyond Budgeting*. Harvard Business Review Press, 2003.

[Hope et al. 2011] Hope, J.; Bunce, P.; Röösli, F.: *The Leader's Dilemma*. Jossey-Bass, 2011.

[Hoppmann & Stötzel 1997] Hoppmann K.; Stötzel, B.: *Demokratie am Arbeitsplatz. Ein Modellversuch zur Mitwirkung von Arbeitnehmern an betrieblichen Entscheidungsprozessen*. Campus Verlag, 1997.

[Hubbard 2014] Hubbard, D. W.: *How to Measure Anything*. Wiley, 2014.

[Huijbers 2010] Huijbers, P.: *Care in the Neighbourhood: Better Home Care at Reduced Cost. 2010. http://interlinks.euro.centre.org/model/example/NeighbourhoodCare-BetterHomeCareAtReducedCost.*

[Humble et al. 2017] Humble, J.; Molesky, J.; O'Reilly, B.: *Lean Enterprise. Mit agilen Methoden zum innovativen Unternehmen*. O'Reilly, 2017.

[Janssen 2016] Janssen, B.: *Die stille Revolution. Führen mit Sinn und Menschlichkeit*. Ariston Verlag, 2016.

[Jerome 1994] Jerome, P. J.: *Coaching Through Effective Feedback*. Jossey-Bass Pfeiffer, 1994.

[Kaduk et al. 2013] Kaduk, S.; Osmetz, D.; Wüthrich, H. A.; Hammer, D.: *Musterbrecher. Die Kunst, das Spiel zu drehen*. Murmann Verlag, 2013.

[Kahneman 2011] Kahneman, D.: *Thinking, Fast and Slow*. Farrar, Straus and Giroux, 2011.

[Kaltenecker 2015a] Kaltenecker, S.: *Peer Feedback Loops*. 2015. *http://www.infoq.com/articles/peer-feedback-loops-1, http://www.infoq.com/articles/peer-feedback-loops-2, http://www.infoq.com/articles/peer-feedback-loops-3*.

[Kaltenecker 2015b] Kaltenecker, S.: *Selbstorganisierte Teams führen. Arbeitsbuch für Lean und Agile Professional*. dpunkt.verlag, 2015.

[Kaltenecker & Beyer 2014] Kaltenecker, S.; Beyer, M.: *Kanban on track – Evolutionary Change Management at the Swiss railways*. 2014. *http://www.infoq.com/articles/kanban-on-track*.

[**Kaltenecker & Myllerup 2011**] Kaltenecker, S.; Myllerup, B.: *Agile and Systemic Coaching*. 2011. *https://www.scrumalliance.org/community/articles/2011/may/agile-systemic-coaching*.

[**Kaltenecker & Rumpler 2016**] Kaltenecker, S.; Rumpler, M.: *Werkzeugkiste Kanban. Vom Arbeitsstau zum Wertstrom*. In: OrganisationsEntwicklung 3/2016, S. 85–91.

[**Kant 1784**] Kant, I.: *Beantwortung der Frage: Was ist Aufklärung?* In: *Berlinische Monatsschrift* 4 (1784), S. 481–494.

[**Kniberg 2011**] Kniberg, H.: *Lean from the Trenches*. Pragmatic Bookshelf, 2011.

[**Kniberg & Ivarsson 2012**] Kniberg, H.; Ivarsson, A.: *Scaling Agile @ Spotify with Tribes, Squads, Chapters and Guilds*. 2012. *http://blog.crisp.se/2012/11/14/henrikkniberg/scaling-agile-at-spotify*.

[**Kotrba & Miarka 2015**] Kotrba, V.; Miarka, R.: *Agile Teams lösungsfokussiert coachen*. dpunkt.verlag, 2015.

[**Kotter 2014**] Kotter, J.: *Accelerate. Building Strategic Agility for a Faster-Moving World*. Harvard Business Review Press, 2014.

[**Krämer & Trenkler 2006**] Krämer, W.; Trenkler, G.: *Lexikon der populären Irrtümer. 500 kapitale Mißverständnisse, Vorurteile, Denkfehler von Abendrot bis Zeppelin*. Piper Verlag, 2006.

[**Kühl 1998**] Kühl, S.: *Wenn die Affen den Zoo regieren. Die Tücken der flachen Hierarchie*. Campus Verlag, 1998.

[**Laloux 2014**] Laloux, F.: *Reinventing Organizations*. Nelson Parker, 2014.

[**Lave & Wenger 1991**] Lave, J.; Wenger, E.: *Situated Learning. Legitimate Peripheral Participation*. Cambridge University Press, 1991.

[**Leopold 2016**] Leopold, K.: *Kanban in der Praxis. Vom Teamfokus zur Wertschöpfung*. Hanser Verlag, 2016.

[**Leopold & Kaltenecker 2013**] Leopold, K.; Kaltenecker, S.: *Kanban in der IT. Eine Kultur kontinuierlicher Verbesserung schaffen*. Hanser Verlag, 2013.

[**Liker & Convis 2011**] Liker, J. K.; Convis, G. L.: *The Toyota Way to Lean Leadership*. McGraw-Hill, 2011.

[**Lohmann & Lohmann 2016**] Lohmann, D.; Lohmann, U.: *… und heute leg ich los! Die völlig andere Art, im Job zu leben*. Linde Verlag, 2016.

[**Looss 2006**] Looss, W.: *Unter vier Augen. Coaching für Manager*. EHP Verlag, 2006.

[**Luft & Ingham 1955**] Luft, J.; Ingham, H.: *The Johari window. A Graphic Model of Interpersonal Awareness*. In: Proceedings of the Western Training Laboratory in Group Development. UCLA, 1955.

[**Luhmann 1994**] Luhmann, N.: *Soziale Systeme*. Suhrkamp Verlag, 1994.

[Luhmann 2000] Luhmann, N.: *Organisation und Entscheidung.* Verlag für Sozialwissenschaften, 2000.

[Magennis 2016] Magennis, T.: *Top Ten Date and Forecasting Tips.* 2016. *http://focusedobjective.com/top-ten-data-forecasting-tips/.*

[Martens 2016] Martens, A.: *Was kann Coaching?* In: ManagerSeminare, Heft 218, Mai 2016, S. 70-79.

[Maurya 2013] Maurya, A.: *Running Lean. Das How-to für erfolgreiche Innovationen.* O'Reilly, 2013.

[Mintzberg 2004] Mintzberg, H.: *Managers Not MBAs: A Hard Look at the Soft Practice of Managing and Management Development.* Berrett-Koehler Publishers, 2004.

[Mintzberg 2010] Mintzberg, H.: *Managen.* Gabal, 2010.

[Mintzberg et al. 2004] Mintzberg, H.; Ahlstrand, B.; Lampel, J.: *Strategy Safari. Eine Reise durch die Wildnis des strategischen Managements.* Ueberreuter Verlag, 2004.

[Mois & Baldauf 2016] Mois, T.; Baldauf, C.: *24 Work Hacks ... auf die wir gerne früher gekommen wären.* Sipgate, 2016.

[Olesen 2013] Olesen, A.: *Handelsbanken: Consistency at its Best. Case Report.* 2013. *https://gallery.mailchimp.com/33069b15098259cee2f42cf2b/files/Handelsbanken_Consistency_at_its_Best_02.pdf?utm_source=Autoresponder+kampagne+juli+2015&utm_campaign=b04b30d4bd-&utm_medium=email&utm_term=0_c851225309-b04b30d4bd-199903217.*

[Ortmann 2011] Ortmann, G.: *Kunst des Entscheidens. Ein Quantum Trost für Zweifler und Zauderer.* Velbrück Verlag, 2011.

[Peters 1989] Peters, T.: *Thriving on Chaos. Handbook for a Management Revolution.* Pan Books, 1989.

[Radatz 2003] Radatz, S.: *Beratung ohne Ratschlag: Systemisches Coaching für Führungskräfte und BeraterInnen.* Celeritas Publishing, 2003.

[Reinertsen 2009] Reinertsen, D. G.: *The Principles of Product Development Flow.* Celeritas Publishing, 2009.

[Rico et al. 2009] Rico, D.; Sayani, H.; Sone, S.: *The Business Value of Agile Software Methods. Maximizing ROI with Just-in-time Processes and Documentation.* J. Ross Publishing, 2009.

[Ries 2011] Ries, E.: *The Lean Startup. How constant innovation creates radically different businesses.* Portfolio Penguin, 2011.

[Robertson 2015] Robertson, B. J.: *Holacracy. The Revolutionary Management System that Abolishes Hierarchy.* Random House, 2015.

[**Roock 2014**] Roock, A.: *Culture is the True North*. 2014. *https://www.infoq.com/articles/scaling-at-jimdo*.

[**Rother 2009**] Rother, M.: *Toyota Kata*. McGraw-Hill, 2009.

[**Rother & Shook 2003**] Rother, M.; Shook, J.: *Learning to See*. Version 1.3. Lean Enterprise Institute, 2003.

[**Russell 2006**] Russell, B.: *The Conquest of Happiness*. Routledge, 2006.

[**Schein 1999**] Schein, E. H.: *Process Consultation Revisited. Building the Helping Relationship*. Addison-Wesley, 1999.

[**Schein 2013**] Schein, E. H.: *Humble Inquiry*. Berrett-Koehler Publishers, 2013.

[**Schlesinger 2015**] Schlesinger, F.: *ImmobilienScout 24 – unsere agile Reise*. In: Wolf, H. (Hrsg.): *Agile Projekte mit Scrum, XP und Kanban*. dpunkt.verlag, 2015, S. 169–184.

[**Schwaber & Sutherland 2016**] Schwaber, K.; Sutherland, J.: *The Scrum Guide*. 2016. *http://www.scrumguides.org/docs/scrumguide/v2016/2016-Scrum-Guide-US.pdf#zoom=100*.

[**Seddon 2003**] Seddon, J.: *Freedom from Command and Control*. Triarchy Press Ltd, 2003.

[**Seddon 2008**] Seddon, J.: *Systems Thinking in the Public Sector*. Triarchy Press Ltd, 2008.

[**Semler 1993**] Semler, R.: *Maverick. The Success Story Behind the World's Most Unusual Workplace*. Warner Books, 1993.

[**Senge 2011**] Senge, P.: *Lehrmeister für Organisationen*. In: Havard Business Manager, 6/2011.

[**Steinfest 2008**] Steinfest, H.: *Cheng*. Piper Verlag, 2008.

[**Stoffel 2015**] Stoffel, M.: *Mitarbeiter führen Unternehmen –Demokratie und Agilität bei der Haufe-umantis AG*. In: Settelberger, T.; Welpe I.; Boes, A.: *Das demokratische Unternehmen. Neue Arbeits- und Führungskulturen im Zeitalter digitaler Wirtschaft*. Haufe Gruppe, 2015, S. 263–286.

[**Teerlink & Ozley 2000**] Teerlink, R.; Ozley, L.: *More Than a Motorcycle. The Leadership Journey at Harley-Davidson*. Harvard Business Press, 2000.

[**The Standish Group 2014**] o.A.: *Chaos Report – White Paper*, 2014. *https://www.projectsmart.co.uk/white-papers/chaos-report.pdf*.

[**Tietze 2003**] Tietze, K.-O.: *Kollegiale Beratung. Problemlösungen gemeinsam entwickeln*. Rowohlt Verlag, 2003.

[**Vacanti 2015**] Vacanti, D.: *Actionable Agile Metrics for Predictability. An Introduction*. Leanpub, 2015.

[Wagner 2002] Wagner, W.: *Uni-Angst und Uni-Bluff. Wie studieren und sich nicht verlieren.* EVA Europäische Verlagsanstalt, 2002.

[Weick & Sutcliffe 2003] Weick, K. E.; Sutcliffe, K. M.: *Das Unerwartete managen. Was Unternehmen aus Extremsituationen lernen können.* Klett-Cotta Verlag, 2003.

[Weinberg 1985] Weinberg, J.: *The Secrets of Consulting.* Dorset House, 1985.

[Weisbord & Janoff 2007] Weisbord, M.; Janoff, S.: *Don't Just Do Something, Stand There!* Berrett-Koehler Publishers, 2007.

[Werner 2015] Werner, G. W.: *Womit ich nie gerechnet habe. Die Autobiographie.* Bastei Lübbe Verlag, 2008.

[Wimmer 2009] Wimmer, R.: *Kraftakt radikaler Umbau. Change Management zur Krisenbewältigung.* In: OrganisationsEntwicklung 03/2009, S. 4–11.

[Womack & Jones 1996] Womack, J. P.; Jones, D. T.: *Lean Thinking.* Schuster & Schuster, 1996.

[Zeuch 2015] Zeuch, A.: *Alle Macht für Niemand. Aufbruch der Unternehmensdemokraten.* Murmann Publishers, 2015.

Index

Siegfried Kaltenecker

Selbstorganisierte Teams führen

Arbeitsbuch für Lean & Agile Professionals

1. Auflage 2016,
244 Seiten,
komplett in Farbe, Broschur
€ 32,90 (D)

ISBN:
Print 978-3-86490-332-8
PDF 978-3-86491-885-8
ePub 978-3-86491-886-5
mobi 978-3-86491-887-2

»Die besten Architekturen, Anforderungen und Entwürfe entstehen durch selbstorganisierte Teams«, behauptet das Agile Manifest. Diese Behauptung wirft einige Fragen auf: Wie sehen solche Teams aus? Welche Form der Führung brauchen sie? Und wie kann diese so umgesetzt werden, dass sie Selbstorganisation fördert?

Dieses Buch bietet praxisorientierte Antworten auf all diese Fragen. Der Autor beschreibt, wie Führung in einem sich selbst organisierenden Umfeld funktioniert, und gibt viele Hinweise, wie die eigenen Führungskompetenzen durch den Einsatz bewährter Techniken kontinuierlich ausgebaut werden können. Er wendet sich an erfahrene Entwickler oder junge Tester, Teamleiter oder Scrum Master, Abteilungsleiter oder Produktmanager – unter dem Blickwinkel systemischer Selbstorganisation sind alle im Team oder der Organisation gleichermaßen gefordert.

»Auf der Suche nach Antworten auf die Frage, wie Führungsarbeit im 21. Jahrhundert gestaltet werden kann, findet sich in diesem übersichtlich strukturierten Buch ein reichhaltiger Fundus auf 150 lesefreundlichen Seiten – ergänzt durch knackig und plastisch beschriebene Tools auf weiteren 100 Seiten.«

SQ-Magazin, März 2016

dpunkt.verlag
www.dpunkt.de

Rini van Solingen

Der Bienenhirte – über das Führen von selbstorganisierten Teams

Ein Roman für Manager und Projektverantwortliche

Aus dem Niederländischen von Rolf Dräther

2. Quartal 2017,
ca. 134 Seiten, Broschur
ca. € 19,95 (D)

ISBN: 978-3-86490-495-0

Immer mehr Organisationen beginnen mit selbstorganisierten Teams zu arbeiten. Manager müssen die Transformation oft selbst initiieren und begleiten, wissen jedoch nicht, was ihre Rolle nach dem Übergang sein wird. Und wenn sie sich selbst nicht verändern, werden sie oft eher zum Hindernis als zum motivierenden Faktor.

Dieses Buch erzählt die Geschichte von Mark, einer Führungskraft in einer großen Supermarktkette, die auch auf Selbstorganisation umstellt. Während eines Urlaubs besucht Mark seinen Opa, der ihm von seiner eigenen Veränderung vom Schafhirten hin zum Imker erzählt und was er dabei gelernt hat. Diese klugen und praktischen Lektionen scheinen überraschend gut auf Marks Situation zu passen. Sie helfen ihm, eine Liste von Dingen zu erstellen, die er anders machen bzw. die er sein lassen muss. Denn die Crux ist es, zu »entmanagen« und alte Gewohnheiten zu entlernen. Dieses Buch erzählt, wie das geht.

»Ein inspirierendes Buch, dessen kluge und praktische Lektionen von Marks Großvater mir geholfen haben, erfolgreiches Arbeiten mit selbstorganisierten Teams wirklich zu verstehen. Direkt anwendbar!«
Teun van der Vorm, CIO ANWB

dpunkt.verlag
www.dpunkt.de

Rezensieren & gewinnen!

Besprechen Sie dieses Buch und helfen Sie uns und unseren Autoren, noch besser zu werden.

Als Dankeschön verlosen wir jeden Monat unter allen neuen Einreichungen fünf dpunkt.bücher. Mit etwas Glück sind dann auch Sie mit Ihrem Wunschtitel dabei.

Wir freuen uns über eine aussagekräftige Rezension, aus der hervorgeht, was Sie an diesem Buch gut finden, aber auch was sich verbessern lässt. Dabei ist es egal, ob Sie den Titel auf Amazon, in Ihrem Blog oder bei YouTube besprechen.

Schicken Sie uns einfach den Link zu Ihrer Besprechung und vergessen Sie nicht, Ihren Wunschtitel anzugeben:
www.dpunkt.de/besprechung oder besprechung@dpunkt.de

dpunkt.verlag

dpunkt.verlag GmbH · Wieblinger Weg 17 · 69123 Heidelberg
fon: 0 62 21/14 83 22 · fax: 0 62 21/14 83 99